EUL VERLAG

VENTURE CAPITAL UND INVESTMENT BANKING

Herausgegeben von Prof. Dr. Klaus Nathusius

Neue Folge, Band 6
Johannes Steegmann
Funktionen der Hausbank bei der Unterstützung von Unternehmensgründungen
Lohmar – Köln 2006 ◆ 302 S. ◆ € 49,- (D)
ISBN-13: 978-3-89936-507-8 ◆ ISBN-10: 3-89936-507-0

Neue Folge, Band 7
Judith Winand
Venture Capital als Finanzierungsinstrument für Medienunternehmen – Analyse für TV-Produktionsunternehmen und Internet-Content-Providing-Unternehmen
Lohmar – Köln 2006 ◆ 138 S. ◆ € 36,- (D)
ISBN-13: 978-3-89936-524-5 ◆ ISBN-10: 3-89936-524-0

Neue Folge, Band 8
Jens Ortgiese
Value Added by Venture Capital Firms – An Analysis on the Basis of New Technology-Based Firms in the USA and Germany
Lohmar – Köln 2007 ◆ 366 S. ◆ € 54,- (D) ◆ ISBN 978-3-89936-621-1

Neue Folge, Band 9
Björn Wolf
Einflussfaktoren der Finanzierung junger Unternehmen – Eine empirische Untersuchung des Finanzierungsverhaltens deutscher Gründungen
Lohmar – Köln 2007 ◆ 286 S. ◆ € 48,- (D) ◆ ISBN 978-3-89936-626-6

Neue Folge, Band 10
Axel Löntz
Finanzierung junger Unternehmen durch Business Angels – Eine betriebswirtschaftliche und steuerliche Analyse
Lohmar – Köln 2007 ◆ 324 S. ◆ € 52,- (D) ◆ ISBN 978-3-89936-637-2

JOSEF EUL VERLAG

Venture Capital und Investment Banking · Neue Folge, Band 10
Herausgegeben von Prof. Dr. Klaus Nathusius

StB Dr. Axel Löntz

Finanzierung junger Unternehmen durch Business Angels

Eine betriebswirtschaftliche und steuerliche Analyse

EUL VERLAG

Bibliographische Information der Deutschen Bibliothek

Die Deutsche Bibliothek verzeichnet diese Publikation in der Deutschen Nationalbibliographie; detaillierte bibliographische Daten sind im Internet über <http://dnb.ddb.de> abrufbar.

Dissertation, Universität Augsburg, 2007

ISBN 978-3-89936-637-2
1. Auflage November 2007

Printed in Germany
Druck: RSP, Troisdorf

JOSEF EUL VERLAG GmbH
Brandsberg 6
D-53797 Lohmar
Tel.: +49 (0) 22 05 / 90 10 6-6
Fax: +49 (0) 22 05 / 90 10 6-88
http://www.eul-verlag.de
info@eul-verlag.de

Bei der Herstellung unserer Bücher möchten wir die Umwelt schonen. Dieses Buch ist daher auf säurefreiem, 100% chlorfrei gebleichtem, alterungsbeständigem Papier nach DIN 6738 gedruckt.

Vorwort

Den Einfluss der Besteuerung auf die Finanzierung junger, innovativer Unternehmen zu untersuchen und darauf aufbauend eine alternativ mögliche Besteuerungskonzeption für von Business Angels vollzogene Existenzgründungsfinanzierungen zu entwickeln, war Ziel dieser externen Promotion am Lehrstuhl für Betriebswirtschaftliche Steuerlehre der Universität Augsburg. Die hierbei entstandene Arbeit wurde von der Wirtschaftswissenschaftlichen Fakultät im Sommersemester 2007 als Dissertation angenommen.

Mein besonders herzlicher Dank gilt meinem akademischen Lehrer und Doktorvater, Herrn Professor Dr. *Michael Heinhold* für das in mich gesetzte Vertrauen. Sein wissenschaftlicher Weitblick und Rat wie auch sein Verständnis für die Sorgen und Nöte eines externen Doktoranden haben wesentlich zum Gelingen der Arbeit beigetragen. Ebenso möchte ich Herrn Professor Dr. *Manfred Steiner* für die bereitwillige und unverzügliche Erstellung des Zweitgutachtens danken. Für die Übernahme des Vorsitzes im Rahmen der mündlichen Prüfung bin ich Herrn Professor Dr. Dres. h. c. *Adolf G. Coenenberg* zu Dank verpflichtet.

Für die großzügige Unterstützung durch flexible Arbeitszeiten und allzeit gegenwärtiges Verständnis für Wissenschaft und Forschung darf ich meinem Arbeitgeber Deloitte. in München und insbesondere Herrn RA/StB Dr. *Norbert Endres*, Frau WP/StB *Birgitta Mentel* und Herrn RA Professor Dr. *Otmar Thömmes* danken.

Besonders herzlich danke ich meiner Frau *Cornelia*, die mir während meiner Promotion stets mit großartiger und uneingeschränkter persönlicher Unterstützung zur Seite stand und mir aus manchem Motivationstief herausgeholfen hat sowie meinen Eltern *Axel* und *Ruth Löntz*, denen diese Arbeit gewidmet ist.

Schließlich soll nicht unerwähnt bleiben, dass mir auch geistliche Unterstützung zuteil wurde, weshalb ich diese Danksagung mit einem Bibelvers beschließen möchte, in dem Gott durch Jesaja 41, 12 zu uns spricht: „…ich fasse dich bei der Hand und sage zu dir: Fürchte dich nicht! Ich selbst, ich helfe dir!"

München/Haar, im Oktober 2007 Axel Löntz

Inhaltsverzeichnis

Abbildungsverzeichnis

Abkürzungsverzeichnis

Abb.	Abbildung
Abs.	Absatz
Abschn.	Abschnitt
AG	Aktiengesellschaft bzw. Aktiengesellschaft (Zeitschrift)
AktG	Aktiengesetz i.d.F. der Bekanntmachung vom 06.09.1965 (BGBl. I 1965, S. 1089), in der durch Gesetz vom 21.12.2006 (BGBl. I 2006, S. 3332) geänderten Fassung
Anm.	Anmerkung
AO	Abgabenordnung 1977 i.d.F. der Bekanntmachung vom 01.10.2002 (BGBl. I 2002, S. 3866, berichtigt BGBl. I 2003, S. 61), in der durch Gesetz vom 13.12.2006 (BGBl. I 2006, S. 2878) geänderten Fassung
Art.	Artikel
Aufl.	Auflage
BB	Betriebs-Berater (Zeitschrift)
BBK	Buchführung, Bilanz, Kostenrechnung (Zeitschrift)
BC	Bilanzbuchhalter und Controller (Zeitschrift)
BFH	Bundesfinanzhof
BFHE	Sammlung der Entscheidungen des Bundesfinanzhofs
BFH/NV	Sammlung amtlich nicht veröffentlichter Entscheidungen des BFH
BFuP	Betriebswirtschaftliche Forschung und Praxis (Zeitschrift)
BGB	Bürgerliches Gesetzbuch i.d.F. der Bekanntmachung vom 02.01.2002 (BGBl. I 2002, S. 42, berichtigt S. 2909 und BGBl. I 2003, S. 738), in der durch Gesetz vom 22.12.2006 (BGBl. I 2006, S. 3416) geänderten Fassung
BGBl.	Bundesgesetzblatt
BGH	Bundesgerichtshof
BGHZ	Amtliche Sammlung von Entscheidungen des BGH in Zivilsachen
BMF	Bundesministerium der Finanzen
BStBl.	Bundessteuerblatt
BT-Drucks.	Bundestags-Drucksache
BVerfG	Bundesverfassungsgericht
BVerfGE	Amtliche Sammlung der Entscheidungen des BVerfG
BVK	Bundesverband deutscher Kapitalbeteiligungsgesellschaften e.V.
bzw.	beziehungsweise
DB	Der Betrieb (Zeitschrift)
DBW	Die Betriebswirtschaft (Zeitschrift)

DM	Deutsche Mark
DNotZ	Deutsche Notar-Zeitschrift (Zeitschrift)
DStR	Deutsches Steuerrecht (Zeitschrift)
DStZ	Deutsche Steuerzeitung (Zeitschrift)
DSWR	Datenverarbeitung/Steuer/Wirtschaft/Recht (Zeitschrift)
DWS-Institut	Wissenschaftlicher Arbeitskreis des Deutschen Wissenschaftlichen Instituts der Steuerberater e.V.
EStB	Der Ertragsteuerberater (Zeitschrift)
EStG	Einkommensteuergesetz i.d.F. der Bekanntmachung vom 19.10.2002 (BGBl. I 2002, S. 4210, berichtigt BGBl. I 2003, S. 179), in der durch Gesetz vom 13.12.2006 (BGBl. I 2006, S. 2915) geänderten Fassung
EStR	Einkommensteuer-Richtlinien 2005 i.d.F. der Bekanntmachung vom 16.12.2005 (BStBl. I, Sondernummer 1/2005)
et. al.	et alteri (und andere)
etc.	et cetera
EUR	Euro
f.	folgende
FAZ	Frankfurter Allgemeine Zeitung (Zeitung)
FB	Finanzbetrieb (Zeitschrift)
ff.	fortfolgende
FR	Finanzrundschau (Zeitschrift)
FTD	Financial Times Deutschland (Zeitung)
GewStÄndG	Gesetz zur Änderung des Gewerbesteuergesetzes und anderer Gesetze vom 19.12.2003 (BGBl. I 2003, S. 2922)
GewStDV	Gewerbesteuer-Durchführungsverordnung i.d.F. der Bekanntmachung vom 15.10.2002 (BGBl. I 2002, S. 4180), in der durch Gesetz vom 13.12.2006 (BGBl. I 2006, S. 2878) geänderten Fassung
GewStG	Gewerbesteuergesetz i.d.F. der Bekanntmachung vom 15.10.2002 (BGBl. I 2002, S. 4167), in der durch Gesetz vom 13.12.2006 (BGBl. I 2006, S. 2878) geänderten Fassung
GewStR	Gewerbesteuer-Richtlinien 1998 i.d.F. der Bekanntmachung vom 21.12.1998 (BStBl. I, Sondernummer 2/1998, S. 91)
GG	Grundgesetz für die Bundesrepublik Deutschland i.d.F. der Bekanntmachung vom 23.05.1949 (BGBl. 1949, S. 1), in der durch Gesetz vom 28.08.2006 (BGBl. I 2006, S. 2034) geänderten Fassung
ggfs.	gegebenenfalls
GmbH	Gesellschaft mit beschränkter Haftung

GmbHG	Gesetz betreffend die Gesellschaften mit beschränkter Haftung i.d.F. der Bekanntmachung vom 20.05.1898 (RGBl. 1898, S. 846), in der durch Gesetz vom 10.11.2006 (BGBl. I 2006, S. 2553) geänderten Fassung
GmbHR	GmbH-Rundschau (Zeitschrift)
GmbH-StB	GmbH-Steuerberater (Zeitschrift)
GmbH & Co. KG	GmbH und Compagnie Kommanditgesellschaft
GrS	Großer Senat
GStB	Gestaltende Steuerberatung (Zeitschrift)
HGB	Handelsgesetzbuch i.d.F. der Bekanntmachung vom 10.05.1897 (RGBl. 1897, S. 219), in der durch Gesetz vom 17.11.2006 (BGBl. I 2006, S. 2606) geänderten Fassung
Hrsg.	Herausgeber
i.d.F.	in der Fassung
IDW	Institut der Wirtschaftsprüfer
INF	Die Information (Zeitschrift)
InsO	Insolvenzordnung i.d.F. der Bekanntmachung vom 05.10.1994 (BGBl. I 1994, S. 2866), in der durch Gesetz vom 22.12.2006 (BGBl. I 2006, S. 3416) geänderten Fassung
IPO	Initial Public Offering
IStR	Internationales Steuerrecht (Zeitschrift)
i.V.m.	in Verbindung mit
IWB	Internationale Wirtschaftsbriefe (Zeitschrift)
JbFfSt	Jahrbuch der Fachanwälte für Steuerrecht
JStG 2007	Jahressteuergesetz 2007 vom 13.12.2006 (BGBl. I 2006, S. 2878)
KGaA	Kommanditgesellschaft auf Aktien
KÖSDI	Kölner Steuerdialog (Zeitschrift)
KStG	Körperschaftsteuergesetz i.d.F. der Bekanntmachung vom 15.10.2002 (BGBl. I 2002, S. 4144), in der durch Gesetz vom 13.12.2006 (BGBl. I 2006, S. 2878) geänderten Fassung
M&A	Mergers & Acquisitions (Zeitschrift)
MBI	Management-Buy-In
MBO	Management-Buy-Out
MoMiG	Gesetz zur Modernisierung des GmbH-Rechts und zur Bekämpfung von Missbräuchen (in der Fassung des Referentenentwurfs vom 30.05.2006)
m.w.N.	mit weiteren Nachweisen
NJW	Neue Juristische Wochenschrift (Zeitschrift)
Nr.	Nummer

NWB	Neue Wirtschaftsbriefe (Zeitschrift)
NZG	Neue Zeitschrift für Gesellschaftsrecht (Zeitschrift)
OFD	Oberfinanzdirektion
o.V.	ohne Verfasser
ProtErklG	Gesetz zur Umsetzung der Protokollerklärung der Bundesregierung zur Vermittlungsempfehlung zum Steuervergünstigungsabbaugesetz vom 22.12.2003 (BGBl. I 2003, S. 2840)
R.	Richtlinie
RFH	Reichsfinanzhof
RFHE	Amtliche Sammlung der Entscheidungen des RFH
RGBl.	Reichsgesetzblatt
Rn.	Randnummer
RStBl.	Reichssteuerblatt
Rz.	Randziffer
S.	Seite
SEStEG	Gesetz über steuerliche Begleitmaßnahmen zur Einführung der Europäischen Gesellschaft und zur Änderung weiterer steuerrechtlicher Vorschriften vom 07.12.2006 (BGBl. I 2006, S. 2782)
sog.	so genannt bzw. so genannte
SolZG	Solidaritätszuschlaggesetz 1995 i.d.F. der Bekanntmachung vom 15.10.2002 (BGBl. I 2002, S. 4130), in der durch Gesetz vom 13.12.2006 (BGBl. I 2006, S. 2878) geänderten Fassung
Sp.	Spalte
StÄndG 2007	Steueränderungsgesetz 2007 vom 19.07.2006 (BGBl. I 2006, S. 1652)
StB	Der Steuerberater (Zeitschrift)
Stbg	Die Steuerberatung (Zeitschrift)
StbJb	Steuerberater-Jahrbuch
StBKR	Steuerberater-Kongress-Report
StBp	Die steuerliche Betriebsprüfung (Zeitschrift)
SteuerStud	Steuer und Studium (Zeitschrift)
StSenkG	Gesetz zur Senkung der Steuersätze und zur Reform der Unternehmensbesteuerung vom 23.10.2000 (BGBl. I 2000, S. 1433)
StuB	Steuern und Bilanzen (Zeitschrift)
StuW	Steuer und Wirtschaft (Zeitschrift)
TDM	Tausend Deutsche Mark
Tz.	Textziffer
UmwStG	Umwandlungssteuergesetz vom 07.12.2006 (BGBl. I 2006, S. 2782 bzw. S. 2791)

UntStFG	Gesetz zur Fortentwicklung des Unternehmenssteuerrechts vom 20.12.2001 (BGBl. I 2001, S. 3858)
UR	Umsatzsteuer-Rundschau (Zeitschrift)
vgl.	vergleiche
vs.	versus
WiB	Wirtschaftliche Beratung (Zeitschrift)
WiSt	Wirtschaftswissenschaftliches Studium (Zeitschrift)
wiwo	Wirtschaftswoche (Zeitung)
WPg	Die Wirtschaftsprüfung (Zeitschrift)
ZfB	Zeitschrift für Betriebswirtschaft (Zeitschrift)
zfbf	Zeitschrift für betriebswirtschaftliche Forschung (Zeitschrift)
ZfgK	Zeitschrift für das gesamte Kreditwesen (Zeitschrift)
ZRP	Zeitschrift für Rechtspolitik (Zeitschrift)

Symbolverzeichnis

α	Beteiligungsquote des Unternehmers
AK	Anschaffungskosten der Beteiligung
BGL	Bemessungsgrundlage
D	Dividendenzahlungen des Gründungsunternehmens
EF	Gesamtsteuerbelastung bei Eigenfinanzierung
FB	Freibetrag
FF	Gesamtsteuerbelastung bei Fremdfinanzierung
G	Gewinn- bzw. Verlustanteil eines stillen Gesellschafters
GewE	Gewerbeertrag
GewE *	obere Grenze des gewerbesteuerlichen Mindestbesteuerungsintervalls
GewSt	Gewerbesteuerschuld
JÜ	Jahresüberschuss vor Zinsen und Steuern
KSt	Körperschaftsteuerschuld
M	Steuerbilanzabweichungen
m	Steuermesszahl
h	Hebesatz
s_{ESt}	Einkommensteuersatz
$s_{ESt,SolZ}$	kombinierter Einkommensteuer- und Solidaritätszuschlagsatz
s_{GewSt}	„effektiver" Gewerbesteuersatz
s_{KSt}	Körperschaftsteuersatz
$s_{KSt,SolZ}$	kombinierter Körperschaftsteuer- und Solidaritätszuschlagsatz
s_{SolZ}	Solidaritätszuschlagsatz
s^{BA}	kombinierter Differenzsteuersatz des Business Angels
s^{U}	kombinierter Differenzsteuersatz des Unternehmers
S	Gesamtbelastungsdifferenz
S^{BA}	Belastungsdifferenz des Business Angels
S^{GmbH}	Belastungsdifferenz des Gründungsunternehmens
S^{U}	Belastungsdifferenz des Unternehmers
S_{GewSt}	Gewerbesteuer-Belastungsdifferenz

$S_{KSt,SolZ}$	Körperschaftsteuer- und Solidaritätszuschlag-Belastungsdifferenz
W^{BA}	beteiligungsbezogene Werbungskosten des Business Angels
W^{U}	beteiligungsbezogene Werbungskosten des Unternehmers
VA_{GewSt}	gewerbesteuerlicher Verlustabzug
VA_{KSt}	körperschaftsteuerlicher Verlustabzug
VE	Veräußerungserlös
VG	Veräußerungsgewinn
VK	Veräußerungskosten
VV_{GewSt}	gewerbesteuerlicher Verlustvortrag
VV_{KSt}	körperschaftsteuerlicher Verlustvortrag
Z	Zinsen
zvE	körperschaftsteuerliches Einkommen
zvE^*	obere Grenze des körperschaftsteuerlichen Mindestbesteuerungsintervalls

Teil I: Grundlagen

Existenzgründungen sind für den Wirtschaftsstandort Deutschland von wesentlicher Bedeutung, da Innovationen den Motor für die wirtschaftliche Entwicklung einer Volkswirtschaft bilden.[1] Ein exportorientiertes und durch Rohstoffmangel gekennzeichnetes Land wie die Bundesrepublik Deutschland wird seine internationale Wettbewerbsfähigkeit auf den Weltmärkten langfristig nur dann sichern können, wenn es gelingt, mit dem Technologiefortschritt durch Entwicklung modernster Produkte und Verfahren Schritt zu halten. Insbesondere jungen Unternehmen kommt in diesem Kontext eine Schlüsselrolle zu, da diese besonders gut geeignet sind, kurzfristige Innovationsschübe in absatzfähige Produkte und Verfahren zu transformieren.[2]

Die Umsetzung Erfolg versprechender Innovationsvorhaben in marktfähige Produkte bzw. wettbewerbsfähige Unternehmen erfordert – neben technischem und betriebswirtschaftlichem Wissen – insbesondere auch hohe Sach- und Immaterialinvestitionen. Das wiederum bedingt einen erheblichen Bedarf an risikobereitem Kapital, mit dem die Produktentwicklung sowie der Markteintritt zu finanzieren sind. Da die Innovatoren in der Regel nicht über das dafür erforderliche Kapital verfügen und sich auf Grund des hohen Risikos nur begrenzt über Kredite finanzieren können, resultiert hieraus die Notwendigkeit der Innovationsfinanzierung durch private Risikokapitalgeber. Diese Funktion wird zwischenzeitlich auch in Deutschland vermehrt durch Business Angels wahrgenommen, wobei steuerliche Aspekte deren Finanzierungsentscheidung zunehmend beeinflussen.[3]

I-1 Einleitung

Business Angels – private Investoren, die sich an Wachstumsunternehmen beteiligen und diesen neben den erforderlichen finanziellen Mitteln insbesondere auch Know-How zur Verfügung stellen – leisten einen erheblichen Beitrag zur Schließung der „Finanzierungslücke“. Dennoch wird das in Deutschland vorhandene Potential privater Unternehmensgründungen gegenwärtig nicht ausgeschöpft, wobei – wie die ehemalige Bundesregierung eingeräumt hat – die Rückständigkeit des deutschen Wagniskapitalmarktes, die

---

1 Vgl. Heitzer, B. (2000), S. 1.

2 Vgl. Fischer, L. (1987), S. 8 f.

3 Zu der zunehmenden Bedeutung steuerlicher Fragestellungen bei Business Angel-Finanzierungen vgl. Watrin, C./Struffert, R. (2004), S. 563 und die dort zitierte Studie.

Schwierigkeiten bei der Veräußerung von Risikokapitalbeteiligungen und auch die auf Sicherheit ausgerichtete Mentalität der Kapitalgeber unter anderem durch ein steuerlich ungünstiges Umfeld mitbedingt sind.[1] An diesem Punkt setzt die vorliegende Arbeit an, die das Engagement eines Business Angels aus betriebswirtschaftlicher und steuerlicher Sicht analysiert und darauf aufbauend ein Konzept für die Besteuerung von Gründungsfinanzierungen anregt.[2]

I-1.1 Ausgangspunkt, Problemstellung und Zielsetzung

Die Frühphase der Unternehmensentwicklung ist wesentlich durch Unsicherheit hinsichtlich der zukünftigen Erträge gekennzeichnet. Dies führt in Verbindung mit den eingeschränkten Fremdfinanzierungsmöglichkeiten dazu, dass insbesondere zu Beginn der unternehmerischen Tätigkeit private Investoren in Erscheinung treten, die jungen Unternehmen risikobereites Kapital zur Verfügung stellen.[3]

Die Chancen, dass ein Risikokapitalgeber und ein designierter Unternehmensgründer zusammenfinden („Matching"), haben sich in den letzten Jahren mit der Gründung sog. „Business Angels-Netzwerke" wesentlich verbessert.[4] Nachdem der Risikokapitalgeber und der (potentielle) Kapitalnehmer in Kontakt getreten sind, hat der Business Angel zu beurteilen, ob er die Beteiligungsgelegenheit weiter verfolgt.[5] Ist die sog. Beteiligungswürdigkeitsprüfung positiv verlaufen und der Business Angel grundsätzlich dazu bereit, das Gründungsvorhaben zu finanzieren, handeln Kapitalgeber und -nehmer die Bestandteile des Beteiligungsvertrages aus, wobei neben der Festlegung der Informations-, Mitwirkungs- und Entscheidungsrechte des Business Angels insbesondere die Höhe und die Modalitäten der Kapitalbereitstellung Gegenstand der Vertragsverhandlungen sind.

Der zur Umsetzung einer innovativen Idee erforderliche Aufbau eines Unternehmens ist ein äußerst komplexer Prozess. Entsprechendes gilt – auch ohne Rücksichtnahme auf die Besteuerung – für die gesamte Finanzierung des Projektes. Diese Komplexität steigt

---

[1] Vgl. BT-Drucks. 376/98, S. 13.

[2] So trägt das geltende Steuerrecht weder der gesamtwirtschaftlichen Bedeutung junger und innovativer Unternehmen noch den mit diesen Investitionen verbundenen unternehmerischen Risiken ausreichend Rechnung, vgl. Leuner, R./Lindenau, L./Westphal, R. (2002), S. 701.

[3] Zur Finanzierung mittels Innovationsdarlehen vgl. Kulicke, M./Broß, U./Gundrum, U. (1997).

[4] Zu den Business Angels-Netzwerken bzw. „Matching Services" vgl. Nittka, I. (2000), S. 107 ff.

[5] Zum Ablauf des üblicherweise mehrstufig organisierten Selektions- bzw. Entscheidungsprozesses vgl. Brettel, M./Jaugey, C./Rost, C. (2000), S. 153 f. Zur Bewertung von Gründerteams durch Venture Capital-Investoren vgl. Franke, N./Gruber, M./Henkel, J./Hoisl, K. (2004), S. 651 ff.

nochmals erheblich, falls die mit den jeweiligen Finanzierungsalternativen verbundenen Steuerwirkungen in die Betrachtung einbezogen werden.[1] Die im geltenden Recht gegebene Anbindung der Steuerbelastung an zivilrechtliche Vertragsformen führt dazu, dass insbesondere die Unternehmensfinanzierung wesentlich von steuerlichen Überlegungen beeinflusst wird.[2] Aus diesem Grund werden in der Praxis oftmals Finanzierungsgestaltungen umgesetzt, die von einer bestimmten steuerlichen Zielsetzung ausgehend den betriebswirtschaftlichen Erfordernissen weitestgehend gerecht werden sollen, diese jedoch nicht in den Vordergrund stellen.[3] Das bedingt einen Zielkonflikt zwischen der betriebswirtschaftlich gebotenen und der steuerlich vorteilhaften Ausgestaltung der Kapitalüberlassung, der die Steuerpflichtigen teilweise zu Dispositionen veranlasst, die sie ohne die entsprechenden steuerlichen Vorgaben so nicht getroffen hätten. Zwar kann konstatiert werden, dass das Engagement von Business Angels grundsätzlich von außersteuerlichen Erwägungen dominiert wird; der absolute wie auch der relative Umfang der steuerlichen Konsequenzen macht es trotzdem erforderlich, diese in die Finanzierungsentscheidung einzubeziehen. Aus diesem Grund befasst sich der am geltenden Steuerrecht orientierte Teil dieser Untersuchung damit, inwieweit die Anbindung des Steuerrechts an das Zivilrecht die Finanzierungsentscheidung von Business Angels und damit korrespondierend die Kapitalstruktur risikokapitalfinanzierter Unternehmen beeinflusst.[4]

Business Angels engagieren sich in der Regel in einem relativ frühen Entwicklungsstadium von Wachstumsunternehmen, deren entwicklungsintensive Gründungsvorhaben einer Finanzierung bedürfen, welche die Liquidität schont und diese in der Aufbauphase nicht mit Zins- sowie Tilgungsverpflichtungen belastet, denen keine bzw. nur unsichere Umsätze gegenüberstehen.[5] Aus diesem Grund sollte insbesondere in der Frühphase der Unternehmensentwicklung die Kapitalausstattung des Gründungsunternehmens von der Besteuerung losgelöst primär an ökonomischen Kriterien orientiert ausgestaltet werden können, was auf Grund der im geltenden Recht fehlenden Finanzierungsneutralität nicht

---

1 Wenngleich bei jungen Wachstumsunternehmen regelmäßig mit Anlaufverlusten zu rechnen ist, sind die steuerlichen Konsequenzen der Kapitalausstattung bei dem Gründungsunternehmen und bei seinen Anteilseignern in die Finanzierungsentscheidung einzubeziehen.

2 Ein Problem der Anknüpfung des Zivilrechts an das Steuerrecht liegt darin, dass mit der Entscheidung für eine bestimmte Vertragsform Einfluss auf die Höhe der Steuerbelastung genommen werden kann, vgl. Schreiber, U. (1987), S. 1.

3 Das führt häufig zu relativ komplexen und mit zum Teil erheblichen Implementierungskosten verbundenen Finanzierungsgestaltungen, die immer auch ein gewisses Betriebsprüfungsrisiko in sich tragen, sofern sie primär steuerlich motiviert sind.

4 Kritisiert wird die an zivilrechtlichen Wertungen orientierte Ausgestaltung des Steuerrechts beispielsweise von Schneider, D. (1989), S. 329.

5 Vgl. Albach, H./Hunsdiek, D. (1987), S. 569.

möglich ist.[1] Das führt zum zweiten Schwerpunkt dieser Untersuchung – dem Entwurf eines auf Gründungsfinanzierungen fokussierten Besteuerungskonzeptes, welches diese zwar nicht begünstigt, die Finanzierungsentscheidung aber von rein steuerlich motivierten Überlegungen entlastet. Ein vor diesem Hintergrund umgestaltetes steuerliches Umfeld sollte dazu führen, dass bei von Business Angels vollzogenen Existenzgründungsfinanzierungen betriebswirtschaftliche Aspekte wieder mehr in den Vordergrund rücken und Wachstumsunternehmen frühzeitig Risikokapital in Gestalt von Beteiligungskapital zur Verfügung gestellt wird.[2] Als Zielsetzung dieses zweiten Hauptteils kann damit der Entwurf eines praktisch und politisch umsetzbaren, den Erfordernissen von Gründungsfinanzierungen gerecht werdenden Besteuerungskonzepts formuliert werden.

I-1.2 Abgrenzung zu anderen Untersuchungen

Zu dem Themenbereich Venture Capital- bzw. Risikokapitalfinanzierungen existiert zwischenzeitlich ein umfangreicher Literaturbestand, wobei sich die Diskussion auf die Finanzierungstätigkeit von Venture Capital-Gesellschaften und die Finanzierung kleiner und mittlerer Unternehmen konzentriert.[3] Zwar wird der Tätigkeit von Business Angels in der betriebswirtschaftlichen Literatur in der jüngeren Vergangenheit zunehmend Aufmerksamkeit entgegengebracht, allerdings beschränken sich diese Beiträge auf einzelne Aspekte eines Business Angel-Engagements.[4] Ein deutlich zu geringer Stellenwert wird hingegen dem Einfluss eingeräumt, den die Besteuerung auf das Finanzierungsverhalten dieser Investorengruppe ausübt.[5] Eine umfassende betriebswirtschaftliche Analyse, die das gesamte finanzielle Engagement eines Business Angels von seinem Einstieg bis zur Anteilsveräußerung aus steuerlicher Sicht nachvollzieht, existiert bisher nicht. Insofern

[1] Die Finanzierungsneutralität repräsentiert einen Spezialfall des umfassenderen Konzepts der Entscheidungsneutralität. Zu weiteren Neutralitätsausprägungen vgl. König, R./Wosnitza, M. (2004), S. 142 ff.

[2] In der gegenwärtig zu beobachtenden politischen Diskussion über eine mögliche Neuordnung der Unternehmensbesteuerung wird dieser Aspekt nicht berücksichtigt. Zu den Eckpunkten der ab 2008 geplanten Steuerreform vgl. o.V. (2006), S. 9.

[3] Monographien zur Finanzierungstätigkeit von Venture Capital-Gesellschaften wurden etwa veröffentlicht von Heitzer, B. (2000) und Schefczyk, M. (2000). Zur Finanzierung kleiner und mittlerer Unternehmen vgl. beispielsweise Kaufmann, F./Kokalj, L. (1996) und Gerke, W./Bank, M./Neukirchen, D./ Rasch, S./Rasch, S./Schröder, M./Spengel, C./Steiger, M./Westerheide, P. (1995). Zur Finanzierung von Unternehmen in den frühen Entwicklungsphasen vgl. Posner, D. (1996) und Sidler, S. (1997).

[4] So diskutiert Westphal, R. (2005) unter anderem den Kundennutzen von Business Angel-Netzwerken, wogegen Lübke, N. (2004) die Transaktionsbeziehungen zwischen Kapitalgeber und Existenzgründer thematisiert und Schütz, C. (2005) auf die Exitstrategien von Business Angels eingeht. Das Risikomanagement bei Business Angels ist Gegenstand des Beitrags von Kollmann, T. (2004).

[5] Vgl. jedoch die Beiträge von Watrin, C./Struffert, R. (2004), S. 563 ff. und Leuner, R./Lindenau, L./ Westphal, R. (2002), S. 700 ff.

möchte die vorliegende Arbeit einen Beitrag zur Schließung der hier bestehenden Lücke leisten.

Im zweiten Hauptteil steht dagegen die Frage im Vordergrund, wie ein Abbau der die Eigenkapitalausstattung diskriminierenden Wirkungen des geltenden Rechts im Bereich von Gründungsfinanzierungen erreicht werden kann, um eine steuerlich unbeeinflusste Finanzierung zumindest zu Beginn der unternehmerischen Tätigkeit zu ermöglichen und wie sich ein entsprechend ausgestaltetes „Gründungsrecht" in das bestehende Steuersystem integrieren lässt. Ein steuerlich ungünstiges Umfeld manifestiert sich, neben den als zu hoch angesehenen Steuersätzen, insbesondere in fehlender Entscheidungsneutralität.[1] Das Konzept der Entscheidungsneutralität betreffend existiert hinsichtlich seiner unterschiedlichen Ausprägungen gleichfalls ein reicher Literaturfundus;[2] diese Publikationen beschäftigen sich allerdings nicht mit den spezifischen, bei Risikokapitalfinanzierungen relevanten Fragestellungen und lassen insbesondere den Aspekt der Umsetzbarkeit häufig unberücksichtigt.[3] Der hier unterbreitete Vorschlag einer integrativen Partialreform skizziert ein (auf den geltenden Gewinnermittlungsvorschriften basierendes) gründungsfokussiertes Steuerrecht, das praktisch und auch politisch potentiell umsetzbar erscheint und durch dessen Implementierung die ertragsteuerliche Behandlung von Risikokapitalfinanzierungen einer zielgerichteten Neuordnung zugeführt werden könnte.

I-1.3 Gang der Untersuchung

Zu Beginn der Untersuchung erfolgt eine grundlegende Charakterisierung bzw. Einordnung von Venture Capital-Finanzierungen, wobei insbesondere die bei Innovationsfinanzierungen durch Business Angels bedeutsamen Gesichtspunkte im Mittelpunkt der Betrachtung stehen. Hierbei ist im Wesentlichen auf die in der Frühphase der Unternehmensentwicklung bestehenden Finanzierungsprobleme und auf Bedeutung, Notwendigkeit und Möglichkeiten steuerplanerischer Überlegungen bzw. steuerorientierter Gestaltungen einzugehen. Teil I schließt mit der Darstellung des für den weiteren Fortgang der

---

1 So empfinden Existenzgründer nach ihren Finanzierungsproblemen die Höhe der Steuerbelastung als die zweitwichtigste Schwierigkeit bei einer Unternehmensgründung, vgl. Albach, H. (1997), S. 444 f.

2 Zum Konzept der Entscheidungsneutralität vgl. beispielsweise Elschen, R. (1991), S. 99 ff., Wagner, F. W. (1992), S. 2 ff. und die in Abschnitt III-1.2.1 angegebene Literatur. Zur Entscheidungsneutralität konsumorientierter Steuersysteme vgl. Heinhold, M. (1999), S. 73 ff.

3 So wird in der betriebswirtschaftlichen Literatur im Zusammenhang mit investitionsneutral wirkenden Steuersystemen beispielsweise der ökonomische Gewinn als Bemessungsgrundlage diskutiert. Wenngleich eine solche Bemessungsgrundlage einige – aus betriebswirtschaftlicher Sicht – wünschenswerte Eigenschaften aufweist, ist sie in Bezug auf eine mögliche Implementierung eher ungeeignet.

Untersuchung maßgebenden Modells, das idealtypisch ein in der Rechtsform der GmbH geführtes Beteiligungsunternehmen unterstellt, an welchem mehrheitlich eine natürliche Person als Existenzgründer und ein deutscher Business Angel beteiligt sind.[1]

Anhand des Grundmodells werden in dem steuerplanerisch orientierten ersten Hauptteil (Teil II) de lege lata diejenigen ertragsteuerlich bedeutsamen Fragestellungen analysiert, welche sich im Hinblick auf die Kapitalausstattung des Beteiligungsunternehmens stellen. Diese Ist-Analyse orientiert sich an dem für Risikofinanzierungen maßgebenden dreistufigen Standardmodell, welches das Engagement der Kapitalgeber in die Investitions-, Betreuungs- und die Desinvestitionsphase unterteilt. Die Investitionsphase hat die erstmalige Ausstattung des Gründungsunternehmens mit „externen" finanziellen Mitteln zum Gegenstand, weshalb die außersteuerlichen Bestimmungsfaktoren der Finanzierung durch Business Angels dargestellt werden und auf die Steuerwirkungen der unterschiedlichen Finanzierungsmöglichkeiten einzugehen ist. Die sich an die Investitionsphase anschließende Betreuungsphase umfasst die gesamte Beteiligungsdauer des Risikokapitalgebers, wobei in Abhängigkeit von der Entwicklung des Beteiligungsunternehmens die Frage im Vordergrund steht, inwieweit dessen Um- bzw. Nachfinanzierung von der Besteuerung beeinflusst wird. Schließlich endet das Engagement des Business Angels mit der Desinvestitionsphase, welche die Realisierung des Wertzuwachses der Anteile bzw. den Ausstieg aus dem Gründungsunternehmen zum Gegenstand hat.

Nachdem im ersten Hauptteil der Einfluss des geltenden Steuerrechts auf die Kapitalausstattung junger Unternehmen dargestellt wurde, beschäftigt sich die Untersuchung in ihrem zweiten Hauptteil (Teil III) de lege ferenda mit einer möglichen Neuordnung. Der Entwurf wird als Partialreform modelliert und basiert auf den als kapitalstrukturrelevant identifizierten Neutralitätsausprägungen. Nach Auswahl eines grundsätzlich geeigneten Besteuerungskonzepts werden mögliche Ausgestaltungen eines Gründungsrechts untersucht und deren Wirkungen hinsichtlich der als relevant identifizierten Ziele analysiert. Teil III schließt mit der Frage, welche Folgen die nach der Beendigung der „Gründungsphase" notwendige Überleitung der Steuersubjekte in das geltende Recht nach sich zieht und wie das Gründungsrecht in der Besteuerungspraxis umgesetzt werden könnte.

Die Arbeit endet in Teil IV mit einer thesenartig formulierten Zusammenfassung der Ergebnisse.

---

[1] Die Bezeichnungen „Existenzgründer", „Gründer" und „Unternehmer" werden nachfolgend synonym verwendet und sind geschlechtsneutral zu verstehen. Letzteres gilt für die Person des Business Angels entsprechend.

I-2 Innovationsfinanzierung und Steuern

Venture Capital spielt sich in einem Spannungsfeld besonderer Chancen und Risiken ab. Die Erfolgsgeschichten von Unternehmen wie Microsoft, Apple, Compaq, Intel oder Cisco wurden mit Hilfe von Venture Capital geschrieben, was sicherlich einen Großteil der Faszination des Venture Capital-Phänomens ausmacht. Davon abgesehen bieten aus rein ökonomischer Sicht Investitionen in junge Wachstumsunternehmen die Chance auf außerordentlich hohe Renditen.[1] Das Geschäft der Innovationsfinanzierung stellt jedoch erhebliche Anforderungen an die Kapitalgeber und berührt ein weites Feld betriebswirtschaftlicher Fragestellungen.[2]

Bevor die für den weiteren Fortgang der Untersuchung maßgebenden Bestimmungsfaktoren der Innovationsfinanzierung dargestellt werden, erfolgt in Abschnitt I-2.1 eine Begriffsdefinition und -abgrenzung. Hieran schließt sich in Abschnitt I-2.2 eine grundsätzliche Charakterisierung des formellen (institutionellen) Venture Capital-Geschäfts an, das von Beteiligungsgesellschaften und Industrieunternehmen („Corporate Venture Capital“) betrieben wird.[3] Des Weiteren werden in diesem Abschnitt die Besonderheiten dargestellt, die sich bei von Business Angels vollzogenen Innovationsfinanzierungen als bedeutsam erweisen, bevor abschließend in Abschnitt I-2.3 einige bei Frühphasenfinanzierungen relevante steuerplanungsorientierte Aspekte diskutiert werden.

I-2.1 Terminologische und inhaltliche Abgrenzung

Venture Capital ist zwischenzeitlich auch für den Laien ein gängiger Begriff. Gleichwohl ist eine exakte Definition kaum möglich, denn zu unterschiedlich ist die Verwendung des Begriffs in der Praxis und sind die Abgrenzungen, die in den zahlreichen Publikationen zu diesem Thema vorgenommen worden sind. Der aus den USA stammende Begriff wird in Deutschland häufig mit den Begriffen Wagnis- oder Risikokapital übersetzt.[4] Diese Übersetzung gibt jedoch nicht die richtige Bedeutung des Begriffs wieder, da „venture“ im angelsächsischen Raum mehr den Chancen- als den Risikocharakter in den Vordergrund stellt, wogegen im deutschsprachigen Raum die Begriffe Wagnis oder

---

1 Vgl. Bascha, A./Walz, U. (2000), S. 410.

2 Eine Übersicht über die Vielzahl der zu bewältigenden Aufgaben geben Leopold, G. (1999), S. 471 ff. sowie Kußmaul, H./Richter, L. (2000), S. 1155 ff. und dieselben (2000a), S. 1195 ff.

3 Eine Klassifizierung von Beteiligungsgesellschaften findet sich bei Funke, K.-H. (1992), S. 1108.

4 Seltener sind die Übersetzungen Chancen-, Innovations- oder Zukunftskapital, vgl. Fischer, L. (1987), S. 10. Vereinzelt ist auch der Begriff Entwicklungskapital zu finden, vgl. Wittneben, D. (1997), S. 3.

Risiko eher negative Assoziationen hervorrufen.[1] Beteiligungskapital wird dann als Risikokapital bezeichnet, wenn (1) eine Rückzahlungsverpflichtung nicht besteht, (2) kein Kündigungsrecht des Kapitalgebers existiert, (3) kein fester Zinsanspruch vereinbart ist und (4) das Kapital im Insolvenzfall verloren geht;[2] somit stellt Venture Capital nur eine Teilmenge innerhalb des weiten Feldes „Risikokapital" dar, das beispielsweise auch die Beteiligung an börsennotierten Gesellschaften und jede andere Form der Investition von Finanzmitteln ohne Sicherheiten umfasst.[3] Da ungeachtet der weit verbreiteten Verwendung von Anglizismen auf deren Gebrauch hier weitgehend verzichtet werden soll, wird im Folgenden grundsätzlich der Begriff Risikokapital verwendet. Der Terminus Venture Capital wird für Abgrenzungszwecke vorwiegend in Verbindung mit formellem Kapital benutzt, wogegen der Ausdruck Risikokapital hauptsächlich im Zusammenhang mit informellem Kapital Gebrauch findet.[4]

Unter dem Terminus Venture Capital versteht man allgemein eine spezielle Form der langfristigen, aber zeitlich begrenzten Unternehmens- bzw. Innovationsfinanzierung mit risikotragendem Kapital.[5] Falls keine vollständige Eigenfinanzierung durch die Kapitalgeber erfolgt, werden den jungen Unternehmen vorwiegend eigenkapitalähnliche Mittel zur Verfügung gestellt.[6] Andererseits können auch nicht vollständig besicherte oder mit einer Rangrücktrittsklausel ausgestattete Darlehen als Risikokapital eingestuft werden.[7] Wenngleich der Schwerpunkt der Finanzierungstätigkeit in der Bereitstellung haftenden Eigenkapitals oder aber eigenkapitalähnlicher Mittel liegt, ist es für diese Untersuchung nicht zielführend, Venture Capital bzw. Risikokapital auf diese beiden Finanzierungsinstrumente einzugrenzen;[8] aus diesem Grund werden nachfolgend unter diesen Begriffen sämtliche risikotragenden, von außen zugeführten Mittel wie Beteiligungskapital, eigenkapitalähnliche Mittel und unbesichertes Fremdkapital verstanden.[9]

---

1 Vgl. Grisebach, R. (1989), S. 2.

2 Vgl. Albach, H./Hunsdiek, D./Kokalj, L. (1986), S. 166 f.

3 Vgl. Leopold, G. (1999), S. 470. Venture Capital stellt dementsprechend auch nur ein Teilsegment des gesamten Private Equity-Marktes dar, vgl. Rudolph, B./Fischer, C. (2000), S. 49.

4 Im Gegensatz zum formellen oder auch institutionellen Venture Capital bezeichnet das sog. informelle Kapital insbesondere die von Business Angels bereitgestellten Finanzmittel.

5 Da bei den Existenzgründern regelmäßig mit Anlaufverlusten zu rechnen ist, ist die Beteiligungsdauer eher langfristig angelegt, vgl. Pahlen, D. (1998), S. 225.

6 Vgl. Eberhart, J. (2000), S. 10.

7 Vgl. Kaufmann, F./Kokalj, L. (1996), S. 8.

8 Angesichts dieser schwerpunktmäßigen Ausrichtung wird Venture Capital mitunter auch als risikotragende Finanzierung risikobehafteter Unternehmensgründungen bezeichnet, vgl. hierzu Weitnauer, W. (2000), S. 5.

9 So unter anderem auch Nittka, I. (2000), S. 27 und bereits Hartmann, R. (1974), S. 74 (Letztgenannter wurde zitiert nach Betsch, O./Groh, A. P./Schmidt, K. (2000), S. 15).

Ein weiterer Aspekt im Rahmen der Begriffsabgrenzung betrifft den Kapitalnehmer. Unter Venture Capital wird heute nicht nur, wie zeitweilig gefordert, die Eigenkapitalfinanzierung von Unternehmensgründungen durch sog. Innovateure verstanden, sondern das gesamte Eigenkapitalgeschäft mit kleinen und mittleren Unternehmen bis zur Erreichung der Börsenreife.[1] Das Kapital dient vornehmlich dem Aufbau des Unternehmens oder der Entwicklung eines Produkts, wird jedoch auch für die Umstrukturierung eines Unternehmens im Rahmen eines Management-Buy-Out, bei der Unternehmensnachfolge oder bei einer Ausgründung benötigt.[2] Nachfolgend wird Venture Capital ausschließlich in seiner Bedeutung für die Gründungs- bzw. Wachstumsfinanzierung junger, nicht börsennotierter Unternehmen verstanden.[3]

I-2.2 Venture Capital und Business Angels

Nach dieser terminologischen und inhaltlichen Abgrenzung wird in Abschnitt I-2.2.1 zunächst Venture Capital als Finanzierungsinstrument in seinen Grundzügen charakterisiert.[4] Im Anschluss daran behandelt Abschnitt I-2.2.2 den „Lebenszyklus“ eines jungen Wachstumsunternehmens und die besondere Bedeutung von Venture Capital für dessen Entwicklung. In Abschnitt I-2.2.3 werden abschließend die Besonderheiten bei Business Angels-Finanzierungen dargestellt.

I-2.2.1 Venture Capital als Instrument der Innovationsfinanzierung

Im Folgenden steht die Funktion von Venture Capital unter besonderer Berücksichtigung der Zielsetzungen der an einer solchen Finanzierung beteiligten Parteien im Fokus der Betrachtung, um die einzelwirtschaftliche Bedeutung von Venture Capital deutlich zu machen.[5] Die eigentliche Funktion von Venture Capital besteht darin, Unternehmen mit demjenigen Investitionskapital zu versorgen, das nicht über andere Finanzierungsar-

---

1 Vgl. Leopold, G. (1999), S. 470.

2 Vgl. Weitnauer, W. (2000), S. 5.

3 Unter den Begriff der Gründungs- und Wachstumsfinanzierung sollen alle Maßnahmen fallen, die den Unternehmensaufbau und den frühen Expansionsprozess in finanzieller Hinsicht tangieren.

4 Eine grundlegende Charakterisierung beinhaltet grundsätzlich auch eine Übersicht über den deutschen Venture Capital-Markt. Da dies für den Fortgang der Arbeit entbehrlich erscheint, soll an dieser Stelle auf die einschlägige Literatur verwiesen werden, etwa auf Leopold, G./Frommann, H. (1998), S. 39 ff. (zur historischen Entwicklung), Betsch, O./Groh, A. P./Schmidt, K. (2000), S. 34 ff. (zu den Rahmenbedingungen) oder Heitzer, B. (2000), S. 55 ff. (zu einer Analyse des deutschen Marktes), jeweils mit weiteren Nachweisen.

5 Zur gesamtwirtschaftlichen Bedeutung von Venture Capital vgl. Schefzcyk, M. (2000), S. 14.

ten erlangt werden kann. Die Kapitalbereitstellung erfolgt in der Regel für einen mittel- bis langfristigen Zeitraum von fünf bis zehn Jahren. Sofern die Innovationsfinanzierung in Gestalt von Beteiligungskapital erfolgt, werden regelmäßig Minderheitsbeteiligungen eingegangen.[1] Mit der Kapitalvergabe ist oftmals die aktive Unterstützung des Managements verbunden.[2]

I-2.2.1.1 Einsatzbereich

Wie bereits angedeutet wurde, ist Venture Capital eine risikotragende Finanzierungsmethode für risikobehaftete Existenzgründungen, wobei am Anfang des Gründungsprozesses meist eine technische Idee steht.[3] Die Situation von technologieorientierten Jungunternehmen ist im Wesentlichen durch die technischen Entwicklungsrisiken, aber auch die Unsicherheiten über die Entwicklung des Marktes sowie der Wettbewerber gekennzeichnet. Grundsätzlich kann davon ausgegangen werden, dass die Existenzgründer auf Grund ihres Wissens und ihrer beruflichen Vergangenheit die Voraussetzungen für eine erfolgreiche Produkt- oder Verfahrensentwicklung mitbringen, allerdings haben sie nur selten Erfahrungen in der Gründung und im Aufbau von jungen Unternehmen.[4] Auf der anderen Seite sehen sich die (potentiellen) Kapitalgeber bei innovativen Geschäftsideen mit komplexen Prognoseproblemen hinsichtlich der Beurteilung der technischen Realisierbarkeit und des Marktpotentials konfrontiert, wobei das technische Know-How zur Abschätzung der Realisierbarkeitschancen oftmals fehlt.[5] Schließlich haben die kapitalnachfragenden Unternehmen einen relativ hohen Finanzierungsbedarf, verfügen jedoch selten über besicherungsfähige Wirtschaftsgüter.[6] Dies alles führt in Verbindung mit der fehlenden persönlichen Kreditwürdigkeit der Unternehmensgründer und der traditionell konservativen Risikoeinstellung der Kreditinstitute dazu, dass Wachstumsunternehmen oftmals nicht auf den Bankkredit als „klassisches" Finanzierungsinstrument zurückgreifen können.[7]

---

1 Vgl. Schefczyk, M. (2000a), S. 18.

2 Vgl. dazu Abschnitt I-2.2.2.4.

3 Statt Finanzierungsmethode wird im Schrifttum auch der Begriff „Finanztechnologie" verwendet, vgl. Schmidt, R. H. (1985), S. 431.

4 Vgl. Betsch, O./Groh, A. P./Schmidt, K. (2000), S. 1.

5 Vgl. Hartmann-Wendels, T. (1987), S. 16.

6 Zur Sicherheitenproblematik insbesondere bei kleinen und mittleren Unternehmen vgl. Kaufmann, F. (1997), S. 150 f.

7 Die in Deutschland vorherrschende Fremdfinanzierungskultur hat den Nachteil, dass mit Fremdkapital Innovationen und ein rasches Unternehmenswachstum vielfach nicht in ausreichendem Maß finanziert werden können, vgl. Betsch, O./Groh, A. P./Schmidt, K. (2000), S. 6 f.

Des Weiteren ist zu berücksichtigen, dass beispielsweise im Technologiebereich der Zeitraum, bis erste nennenswerte Umsätze durch die Markteinführung der Produkte und Dienstleistungen erzielt werden, drei bis fünf Jahre umfassen kann.[1] Aus diesem Grund ist die Innenfinanzierung aus einbehaltenen Gewinnen, Abschreibungsgegenwerten und Rückstellungen in der Praxis kaum möglich. Da die Finanzierungsmöglichkeiten durch Kreditinstitute begrenzt sind, bleibt letztlich nur die (externe) Beteiligungsfinanzierung als zweite Möglichkeit der Außenfinanzierung.[2]

Dieses (externe) Eigenfinanzierungsbedürfnis ist oftmals mit fehlendem betriebswirtschaftlichem Wissen der Unternehmensgründer verbunden und führt zu Venture Capital als Finanzierungsmöglichkeit.

I-2.2.1.2 Formelle Kapitalgeber

Für den Kapitaltransfer von einem Investor zu einem kapitalsuchenden Unternehmen existieren zwei grundsätzliche Möglichkeiten, die in der Finanzierungspraxis umgesetzt werden: entweder beteiligen sich die Investoren unmittelbar an einem Wachstumsunternehmen oder mittelbar über eine Venture Capital-Gesellschaft.[3] Bei einer unmittelbaren (direkten) Beteiligung erwerben die Investoren ohne Zwischenschaltung eines Finanzintermediärs selbst Anteile an einem zu finanzierenden Unternehmen; diesem Investorenkreis sind neben Familienangehörigen und Freunden insbesondere die Business Angels zuzuordnen.[4] Erfolgt die Beteiligung dagegen (mittelbar) über einen Finanzintermediär, bewegt man sich im Bereich des formellen Venture Capital, innerhalb dessen zwischen förderorientierten und renditeorientierten Venture Capital-Gesellschaften unterschieden wird; des Weiteren ist Corporate Venture Capital diesem Bereich zuzuordnen.[5] Die unterschiedlichen „Quellen“ von Venture Capital sind in Abbildung I-1 auf der folgenden Seite zusammengefasst, wobei der Staat als möglicher Venture Capital-Geber nicht berücksichtigt wurde.

---

1 Vgl. Betsch, O./Groh, A. P./Schmidt, K. (2000), S. 1.

2 Eigene Mittel der Unternehmens- bzw. Existenzgründer sind im Normalfall nur in sehr geringem Umfang vorhanden, vgl. Engelmann, A./Juncker, K./Natusch, I./Tebroke, H.-J. (2000), S. 18.

3 In der Literatur wird zwischen Venture Capital-Gesellschaften und Kapitalbeteiligungsgesellschaften unterschieden, vgl. Fanselow, K.-H./Stedler, H. (1988), S. 555. Bei dieser Unterscheidung wird das Betätigungsfeld von Venture Capital-Gesellschaften auf die Frühphasenfinanzierung junger Technologieunternehmen beschränkt, wogegen Kapitalbeteiligungsgesellschaften in reife Unternehmen traditioneller Branchen investieren.

4 Business Angels werden als informelle Kapitalgeber in Abschnitt I-2.2.3.1 gesondert betrachtet.

5 Zum Begriff des Corporate Venture Capital vgl. Witt, P./Brachtendorf, G. (2002), S. 681 ff. Hierbei handelt es sich in der Regel um direkte Beteiligungen, vgl. Engelmann, A./Heitzer, B. (2001), S. 217.

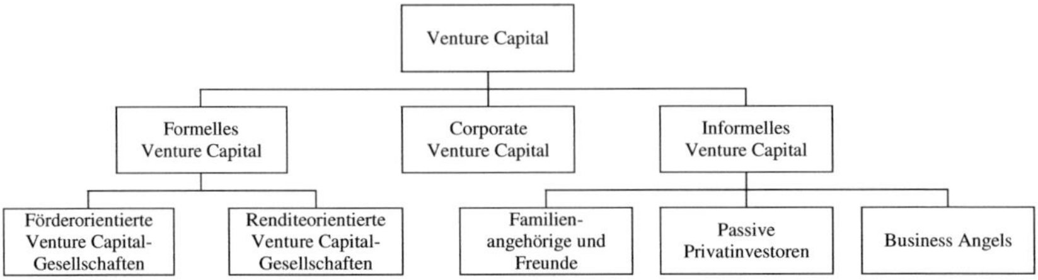

Abb. I-1: Potentielle Venture Capital-Geber
(Quelle: in Anlehnung an Heitzer, B. (2000), S. 34)

Im Hinblick auf die von den Kapitalgebern verfolgte Geschäftspolitik lassen sich im Wesentlichen drei verschiedene Strategien unterscheiden:[1] (1) Venture Capital als „Pionier“-Aufgabe mit dem Ziel, neue Konzepte für Produkte bzw. Dienstleistungen zu finden, (2) Venture Capital als eine Art „Financial Engineering“, bei dem insbesondere der finanzielle Erfolg einer Entwicklung im Vordergrund steht und schließlich (3) Venture Capital als breit angelegtes Geschäftsfeld, das sich am Bedarf derjenigen Unternehmen orientiert, für deren Kapitalbedarf es sonst keine externen Kapitalgeber gäbe.

Corporate Venture Capital kann mit der Bereitstellung von Venture Capital durch Industrieunternehmen umschrieben werden.[2] Hierbei handelt es sich um eine (zeitlich befristete) Bereitstellung von Beteiligungskapital und Managementunterstützung von etablierten an junge, hoch innovative Unternehmen unter gleichzeitiger Einräumung von Informations-, Kontroll- und Mitspracherechten, wobei überwiegend in der Frühphase der Unternehmensentwicklung investiert wird.[3] Die Kapitalgeber verfolgen primär strategische Ziele (finanzielle Ziele treten in den Hintergrund), wogegen die Kapitalempfänger hauptsächlich finanzielle Ziele verfolgen.[4] Corporate Venture Capital bietet sowohl für den Kapitalgeber als auch für den Kapitalnehmer zahlreiche Vorteile:[5] so hat der Investor frühzeitig Zugang zu Innovationen, was die wohl wichtigste Zielsetzung darstellt. Es können mit einem relativ kleinen Investitionsvolumen neue Geschäftsfelder erschlossen, strategische Positionen aufgebaut und Spin-Offs an den Konzern gebunden werden. Des Weiteren dient die Vergabe von Corporate Venture Capital der eigenen Imageverbesserung und es kann – aus finanziellen Gesichtspunkten bedeutsam – eine hohe Rendite erwirtschaftet werden. Für die kapitalsuchenden Unternehmer ist Corporate Venture Capi-

---

[1] Vgl. nachfolgend Leopold, G./Frommann, H. (1998), S. 7.

[2] Vgl. hierzu Schüppen, M./Ehlermann, C. (2000). Zu den Strukturmerkmalen klassischer Venture Capital- und Corporate Venture Capital-Gesellschaften vgl. Weber, C./Dierkes, M. (2002), S. 545 ff.

[3] Vgl. Lorenz, M./Seeliger, C. W. (2000), S. 658.

[4] Vgl. Schween, K. (1996), S. 89.

[5] Vgl. ausführlich zu den Motiven Lorenz, M./Seeliger, C. W. (2000), S. 659 f.

tal eine interessante Alternative zu den (klassischen) Venture Capital-Gesellschaften, da das eigene unternehmerische Risiko auf Grund der Branchenerfahrung der Kapitalgeber beschränkt ist.[1] Weitere Vorteile sind die Nutzung der Forschungs- bzw. Produktionsinfrastruktur des etablierten Unternehmens, die Nutzung der Einkaufsmacht des Konzerns bei der Beschaffung von Roh-, Hilfs- und Betriebsstoffen oder die Angabe des Kapitalgebers als ersten Referenzkunden. Bei Corporate Venture Capital-Finanzierungen kann die Beteiligung des kapitalgebenden Unternehmens direkt oder indirekt über eine eigene oder dritte Venture Capital-Gesellschaft erfolgen, wobei die beiden letztgenannten Varianten bereits den Übergang zum „klassischen" formellen Venture Capital markieren.[2]

Bei indirekten Beteiligungen sind zwischen Investoren und Beteiligungsunternehmen Venture Capital-Gesellschaften als Finanzintermediäre geschaltet, die Kapital bei Investoren akquirieren und zeitlich befristet in Unternehmen investieren.[3] Die in Deutschland tätigen Venture Capital-Gesellschaften lassen sich beispielsweise anhand des Geschäftszwecks (Renditeerzielung oder Wirtschaftsförderung) klassifizieren.[4] Gesellschaften mit dem Ziel der Wirtschaftsförderung sind vorwiegend die mittelständischen Beteiligungsgesellschaften, die beispielsweise die Stärkung der regionalen Wirtschaftskraft und des Arbeitsmarktes verfolgen; diese Gesellschaften können auch Unternehmen finanzieren, die wegen zu geringer Wachstumsaussichten für die renditeorientierten Venture Capital-Gesellschaften nicht in Frage kommen.[5] Bei den renditeorientierten Gesellschaften steht hingegen die finanzielle Zielsetzung im Vordergrund, weshalb diese in der Regel nur in Gründungsunternehmen mit entsprechend hohem Wachstumspotential investieren.[6] Da ein solch hohes Wachstumspotential generell mit einem hohen Risiko einhergeht, leistet diese Investorengruppe (mehr oder minder) umfassende Beratungs- und Betreuungsleistungen. Im Unterschied zu den förderorientierten Beteiligungsgesellschaften streben die renditeorientierten Venture Capital-Gesellschaften die Veräußerung ihrer Beteiligung zu einem möglichst hohen Preis an.

---

1 So sind der etablierte Corporate Venture Capital-Geber und das Gründungsunternehmen häufig in der gleichen, zumindest aber in einer verwandten Branche tätig, da sich andernfalls keine Synergieeffekte erzielen lassen.

2 Vgl. Lessat, V./Hemer, J./Eckerle, T./Kulicke, M./Licht, G./Nerlinger, E. (1999), S. 146 f.

3 Zu den Auswirkungen des StSenkG auf Venture Capital-Fonds vgl. Lorenz, C. (2001), S. 821 ff. und auf Kapitalbeteiligungsgesellschaften vgl. Kußmaul, H./Junker, A. (2000), S. 421 ff. Zur Besteuerung von Wagniskapitalgesellschaften vgl. Hohaus, B./Inhester, M. (2003), S. 1080 f.

4 Vgl. Wupperfeld, U. (1996), S. 79, zitiert nach Heitzer, B. (2000), S. 35.

5 Vgl. Heitzer, B. (2000), S. 35; in jedem Bundesland gibt es eine Mittelständische Beteiligungsgesellschaft oder eine vergleichbare Einrichtung, die eine auf das jeweilige Bundesland beschränkte Beteiligungspolitik verfolgt.

6 Zum Wachstumspotential vgl. Engelmann, A./Juncker, K./Natusch, I./Tebroke, H.-J. (2000), S. 49 ff.

I-2.2.1.3 Potentielle Kapitalnehmer

Im Gegensatz zu den heterogenen Zielsetzungen der Kapitalgeber haben die Kapitalnehmer primär finanzielle Ziele – die Sicherstellung des erforderlichen (Eigen-)Kapitals zur Verwirklichung ihrer Geschäftsidee.[1] Dieses (externe) Finanzierungsbedürfnis zeigt jedoch nur eine Seite der Venture Capital-Medaille, da häufig auch ein Bedarf an Managementunterstützung festzustellen ist, der wesentlich von den individuellen unternehmerischen Fähigkeiten der Unternehmensgründer abhängt und – neben dem Wachstumspotential – ein zentrales Merkmal potentieller Venture Capital-Nehmer darstellt.[2]

Insbesondere die oben angesprochenen „Innovationsspezialisten" haben den Schwerpunkt ihrer Geschäftstätigkeit auf die Frühphasenfinanzierung gelegt und finden ihr Betätigungsfeld hauptsächlich bei neu gegründeten Unternehmen, die eine Innovation entwickeln und vermarkten wollen.[3] Junge bzw. neu gegründete Unternehmen fallen regelmäßig in die Kategorie der kleinen und mittleren Unternehmen, welche über qualitative und auch quantitative Kriterien von anderen Unternehmen abgegrenzt werden können.[4] Zu den qualitativen Merkmalen zählen die rechtliche sowie wirtschaftliche Selbständigkeit des Unternehmens, die Einheit von Eigentum und Leitung sowie die eingeschränkten Möglichkeiten der externen Kapitalbeschaffung.[5] Als quantitative Abgrenzungskriterien werden oftmals die Bilanzsumme, die Höhe des Umsatzes sowie die Anzahl der beschäftigten Mitarbeiter herangezogen.[6] Mittels der genannten qualitativen und quantitativen Merkmale wird allerdings noch eine Vielzahl von Unternehmen erfasst, die sich in ihrer Struktur, ihrem Alter, ihrer Wachstumsdynamik sowie den daraus abzuleitenden Finanzierungsmöglichkeiten und -anforderungen teilweise erheblich voneinander unterscheiden. Die spezifische Gruppe der Venture Capital-finanzierten Unternehmen soll im nächsten Abschnitt unter Zuhilfenahme des Unternehmenslebenszykluskonzepts anhand qualitativer Kriterien charakterisiert werden.[7]

---

1 Vgl. Breer, E. (1999), S. 43.

2 Zur Beratung bzw. Betreuung von Existenz- und Unternehmensgründungen durch Steuerberater vgl. Klandt, H./Michalowski, K. (1999), S. 100 ff.

3 Vgl. Leopold, G./Frommann, H. (1998), S. 16.

4 Vgl. nachfolgend Heitzer, B. (2000), S. 9.

5 Insbesondere aus der Einheit von Eigentum und Leitung ergibt sich eine starke persönliche Prägung der Unternehmen durch die Eigentümer. Diese Einheit verlangt nicht, dass das Unternehmen formell ausschließlich von den Eigentümern geleitet wird; ihr faktischer Einfluss auf die betrieblichen Entscheidungen ist ausreichend, vgl. Wossidlo, P. R. (1993), Sp. 2890 f.

6 Vgl. Gerke, W./Bank, M. (1999), S. 10. Zu möglichen Ausprägungen der quantitativen Abgrenzungskriterien vgl. Leopold, G. (1999), S. 471.

7 Qualitative Merkmale werden den Besonderheiten der zu charakterisierenden Unternehmen besser gerecht, sind jedoch durch ein geringes Maß an Operationalisierbarkeit gekennzeichnet.

I-2.2.2 Venture Capital in der Unternehmensentwicklung

Innerhalb der Unternehmensentwicklung wird grundsätzlich zwischen verschiedenen Phasen mit spezifischen finanzierungsrelevanten Merkmalen der Unternehmen differenziert. Mit jedem Entwicklungsstadium sind typische Aufgaben- bzw. Problemstellungen und unterschiedliche Bedürfnisse hinsichtlich Managementunterstützung sowie Kapitalbereitstellung verbunden, welche als Anforderungsprofil an potentielle Investoren interpretiert werden können.

I-2.2.2.1 Unternehmenslebenszykluskonzept

Das an das Modell des Produktlebenszyklus angelehnte Unternehmenslebenszykluskonzept besagt, dass ein Unternehmen mehrere Entwicklungsphasen durchläuft.[1] Diese sind vereinfacht in Abbildung I-2 wiedergegeben:

Finanzierungsphase	Gründungsphase (Early Stage)			Expansionsphase (Expansion Stage)		Reifephase (Late Stage)
	Seed	Start-Up	First Stage	Second Stage	Third Stage	Bridge; Turnaround; MBO; MBI
Unternehmensphase	Gründungsidee und Geschäftskonzept	Unternehmensgründung	Produktion und Markteinführung	Marktdurchdringung	Produktions- und Vertriebsprogrammerweiterung	Vorbereitung Börsengang; Restrukturierung; Übernahme durch das Management

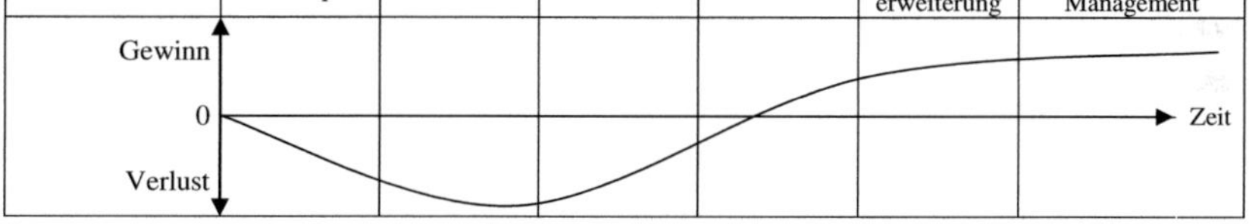

Abb. I-2: Unternehmenslebenszykluskonzept
(Quelle: in Anlehnung an Heinke, V. G./Heitzer, B. (1999), S. 215)

Da sich die Entwicklung eines Unternehmens als ein individuell ablaufender Prozess mit fließenden Übergängen darstellt und auch nicht alle Phasen sequentiell durchlaufen werden (müssen), zeigt Abbildung I-2 lediglich einen idealtypischen Verlauf; allgemein gültige Aussagen, beispielsweise hinsichtlich der zeitlichen Dauer der einzelnen Phasen, können hieraus nicht abgeleitet werden.[2] Gleichwohl kann das Konzept als Bezugspunkt zur Ermittlung finanzierungsrelevanter Merkmale von Unternehmen und damit auch der Anforderungen an mögliche Kapitalgeber verwendet werden, da sich die Phasen anhand

[1] Das Produktlebenszykluskonzept besagt, dass neu am Markt eingeführte Produkte (ähnlich wie biologische Organismen) eine Reihe idealtypischer Phasen durchlaufen, vgl. Meffert, H. (1998), S. 328 ff. Zur Kritik am Produktlebenszykluskonzept vgl. Coenenberg, A. G./Baum, H.-G. (1992), S. 56 ff.

[2] Vgl. Heitzer, B. (2000), S. 11. Des Weiteren besteht die Möglichkeit, den Verlauf der Phasen aktiv zu beeinflussen, vgl. Zemke, I. (1995), S. 28.

der anfallenden Managementaufgaben und der Höhe bzw. Struktur des benötigten Kapitals unterscheiden; das Modell ermöglicht damit die Analyse der Beziehungen zwischen dem Entwicklungsstadium und den Finanzierungsmöglichkeiten von Unternehmen.[1]

Wenngleich in der Literatur teilweise auch andere Zuordnungen gewählt werden, lassen sich drei idealtypische Entwicklungsphasen im Leben von Unternehmen identifizieren:[2] die Gründungs-, die Expansions- sowie die Reifephase. Als Gründungsphase wird der Abschnitt im Leben von Unternehmen bezeichnet, der die Zeit von der Ideenfindung über die Prototypen-Entwicklung bis zur Markteinführung des Produkts umfasst.[3] Wurde dieses erstmalig am Markt angeboten, folgt im Lebenszykluskonzept die Expansionsphase, in welcher der Markt durchdrungen, das Produktions- sowie Vertriebsprogramm erweitert und die Gewinnschwelle erreicht wird. Unternehmen, die sich in der Reifephase befinden, sind in der Regel bereits am Markt etabliert und fallen deshalb nicht in den Anwendungsbereich klassischer Venture Capital-Finanzierungen.[4] Die Finanzierungstätigkeit von Venture Capital-Gesellschaften zeigt im Rahmen des Lebenszykluskonzepts, dass diese vorwiegend in der Gründungs- bzw. Expansionsphase anzutreffen sind.[5] Aus diesem Grund werden nachfolgend Unternehmen der Gründungs- und Expansionsphase als „jung" bezeichnet und deren finanzierungsrelevanten Merkmale in Grundzügen dargestellt. Die Verschiedenartigkeit der individuellen Finanzierungsbedürfnisse ist hierbei unter anderem in der Höhe, dem Charakter und der geplanten Verwendung des Kapitals begründet.[6]

I-2.2.2.2 Gründungsphase

Die Gründungsphase unterteilt sich gemäß Abbildung I-2 in die Seed-, die Start-Up- und in die First Stage-Phase. Die Seed-Phase ist dadurch gekennzeichnet, dass zunächst nur eine Produktidee vorliegt, die es weiter zu konkretisieren gilt.[7] Der Existenzgründer

---

[1] Vgl. Heitzer, B. (2000), S. 11.

[2] So ordnen Engelmann, A./Juncker, K./Natusch, I./Tebroke, H.-J. (2000), S. 26 in Anlehnung an Zemke, I. (1995), S. 29 die First Stage der Expansionsphase zu, wogegen beispielsweise Betsch, O./Groh, A. P./Lohmann, L. G. E. (2000), S. 311 nur die Phasen Early Stage und Late Stage unterscheiden.

[3] Nachfolgend wird nicht zwischen Produkten, Verfahren und Dienstleistungen differenziert.

[4] Die Zuordnung der „Turnaround"-Finanzierung zu der Reifephase ist nicht zwingend, da sich die Notwendigkeit einer solchen Sonderfinanzierung auch in einer früheren Unternehmensentwicklungsphase ergeben kann, vgl. Heitzer, B. (2000), S. 14.

[5] Vgl. BVK (1998), S. 24; die im BVK zusammengeschlossenen Kapitalgeber vereinigen etwa 90% des gesamten Anlagevolumens auf sich und gelten deshalb als Indiz für den Gesamtmarkt, vgl. Engel, R./ Hofacker, K. (2001), Fußnote 3 auf S. 204.

[6] Vgl. Posner, D. (1996), S. 9.

[7] Ein Unternehmen im rechtlichen Sinne liegt zu diesem Zeitpunkt in der Regel noch nicht vor.

muss das Unternehmenskonzept erstellen, den Business Plan ausarbeiten, potentielle Investoren von der Tragfähigkeit seiner Idee überzeugen und die Unternehmensgründung vorbereiten. Das Risiko ist in der Seed-Phase besonders hoch, da nicht sichergestellt ist, dass sich die Idee in ein marktfähiges Produkt transformieren (technisches Realisationsrisiko) und sich dieses später auch vermarkten lässt (Marktrisiko).[1] Daher umfassen die in der Seed-Phase zu finanzierenden Aktivitäten primär Forschungs- und Entwicklungstätigkeiten sowie Marktrecherchen und Machbarkeitsstudien bis hin zur Erstellung von Prototypen.[2] In der Start-Up-Phase wird das Produkt bis zur Marktreife entwickelt und das Unternehmen (als rechtlich und wirtschaftlich selbständige Einheit) errichtet.[3] Eine Start-Up-Finanzierung umfasst sämtliche mit der Unternehmensgründung verbundenen Aktivitäten. Auch sind wegen der noch nicht abgeschlossenen Produktentwicklung weiter Forschungs- und Entwicklungsaufwendungen zu finanzieren. In der First Stage wird schließlich ein Marketingkonzept entwickelt und das Produkt am Markt eingeführt. Daher sind in dieser Entwicklungsphase eines Unternehmens im Wesentlichen der Aufbau von Produktionskapazitäten (in sachlicher und personeller Hinsicht) und von Vertriebskanälen zu finanzieren.

In der (frühen) Gründungsphase erfolgt wegen des extrem hohen Verlustrisikos meist noch keine Beteiligungsfinanzierung mit formellem Venture Capital.[4] Dementsprechend setzt der Unternehmer zunächst sein eigenes Kapital ein; weiteres Kapital kann in dieser Lebenszyklusphase von der Familie und Freunden oder über die Teilnahme an Existenzgründungsprogrammen erlangt werden. Die hauptsächlichen Kapitalgeber sind in dieser Phase jedoch Business Angels.

I-2.2.2.3 Expansionsphase

Eine erfolgreiche Unternehmensentwicklung vorausgesetzt, wächst das Unternehmen in die Expansionsphase. Diese Phase wird im Lebenszykluskonzept in die Second Stage und in die Third Stage untergliedert. In der Second Stage erzielt das Unternehmen erste Erfolge und erreicht den Break-even.[5] Die Aktivitäten in der Second Stage sind im We-

---

1 Vgl. Sidler, S. (1997), S. 9. Zu diesen beiden Risiken vgl. Klemm, A. H. (1988), S. 59 f.

2 Vgl. Heitzer, B. (2000), S. 12 mit weiteren Nachweisen.

3 Zu den letzten beiden Abschnitten der Gründungsphase vgl. auch Weitnauer, W. (2000), S. 147 ff.

4 Vgl. Schmeisser, W. (2000), S. 189 f. Bei Venture Capital-Gesellschaften ist allerdings ein verstärktes Engagement auch in dieser Entwicklungsphase erkennbar, vgl. dazu Bohne, A. (1998), S. 14 und o.V. (1998), S. 23; Letztgenannte(r) wurde zitiert nach Betsch, O./Groh, A. P./Schmidt, K. (2000), S. 13.

5 Das Erreichen der Gewinnschwelle ist nach der Definition des BVK zentrales Merkmal der Expansionsphase, vgl. BVK (1999), S. 31. Zum Break-even vgl. Coenenberg, A. G. (2003), S. 261 ff.

sentlichen auf die weitere Marktdurchdringung gerichtet. Die Third Stage hat die Erweiterung des Produktions- sowie Vertriebsprogramms zum Gegenstand. In dieser Phase ist auch die Erschließung neuer Absatzmärkte Gegenstand der Aktivitäten.[1]

In der Expansionsphase ändert sich der Kreis (potentieller) Kapitalgeber. Die eigenen Mittel des Existenzgründers sind zu diesem Zeitpunkt in der Regel aufgebraucht und die absolute Höhe des Kapitalbedarfs macht es für die Familie oder Freunde häufig unmöglich, den Gründer weiter zu unterstützen.[2] Als wesentliche Anbieter treten jetzt Venture Capital-Gesellschaften, Industrieunternehmen oder Kreditinstitute in Erscheinung.[3] Mitunter kann bereits in dieser Entwicklungsphase auch ein Börsengang vollzogen werden, so dass der anonyme Kapitalmarkt gleichfalls eine mögliche Risikokapitalquelle für ein expandierendes Wachstumsunternehmen darstellt.

I-2.2.2.4 Managementunterstützung

Im Unterschied zur klassischen Fremdfinanzierung durch Kreditinstitute ist die Venture Capital-Finanzierung maßgeblich dadurch charakterisiert, dass der Kapitalgeber das Management aktiv unterstützt und im Gegenzug hierfür Kontroll- und Mitspracherechte einfordert.[4] Aus den vorstehenden Ausführungen wurde deutlich, dass in Abhängigkeit von der jeweiligen Lebenszyklusphase typische Managementprobleme auftreten, die im Folgenden angedeutet werden:[5] insbesondere in der Seed- bzw. Start-Up-Phase fehlt es dem Gründer häufig an kaufmännischer Professionalität, weshalb die Unterstützung bei betriebswirtschaftlichen Fragen das zentrale Betätigungsfeld der Venture Capital-Geber bildet.[6] Ferner benötigt der Unternehmer in der Start-Up-Phase und auch der First Stage die Unterstützung des Kapitalgebers bei der Auswahl von Führungskräften und von ope-

---

1 Die Umsetzung neuer Ideen in marktfähige Produkte ist häufig erst bei einem weltweiten Vertrieb lohnend, vgl. Fischer, L. (1987), S. 8 f. Insbesondere vor diesem Hintergrund kommt der Erschließung neuer regionaler Absatzmärkte besondere Bedeutung zu.

2 Nach einer von Posselt, J.-W. (1999), S. 75 zitierten Studie übersteigen die Gründungsaufwendungen technologieorientierter Unternehmen die „herkömmlicher" Unternehmen etwa um das Vierfache.

3 Im Gegensatz zur Anfangsphase der Unternehmensentwicklung hat das Gründungsunternehmen in der Expansionsphase erste Markterfolge erzielt und verfügt über besicherbare Vermögensgegenstände, so dass nunmehr auch die Fremdfinanzierung über Kreditinstitute erwogen werden kann, vgl. Schefczyk, M. (2000a), S. 36.

4 Die den Venture Capital-Gesellschaften eingeräumten Rechte gehen meist über das dem Kapitalanteil entsprechende Maß weit hinaus, vgl. Bascha, A./Walz, U. (2000), S. 410.

5 Vgl. dazu Schefczyk, M. (2000a), S. 37. Zu den weiteren Leistungen sog. „Inkubatoren" vgl. Heitzer, B./Engelmann, A. (2001), S. 96 ff.

6 Zum Inhalt der Managementunterstützung vgl. ausführlich Betsch, O./Groh, A. P./Schmidt, K. (2000), S. 132 ff. Sofern beispielsweise ein intaktes Rechnungswesen zu implementieren ist, erstreckt sich die Unterstützung auch auf diesen Bereich, vgl. Kußmaul, H./Richter, L. (2000a), S. 1197.

rativ tätigem Personal. Die Expansionsphase ist im Wesentlichen durch den Aufbau von Marktposition und Image gekennzeichnet, was gleichfalls ein weites Feld an Beratungsbedarf impliziert. Grundsätzlich kann festgehalten werden, dass mit der kontinuierlichen Fortentwicklung im Rahmen des Lebenszykluskonzepts die technischen Qualifikationen des Gründers zu Gunsten betriebswirtschaftlicher Kompetenzen zunehmend in den Hintergrund treten.[1]

Hinsichtlich der Beratungsunterstützung können in der Praxis zwei ambivalente Verhaltensweisen von Venture Capital-Gesellschaften beobachtet werden:[2] (1) die passive Beobachtungsvariante bzw. (2) die Betreuung als aktiver Partner.[3] Öffentlich geförderte Kapitalbeteiligungsgesellschaften leisten in der Regel keine Managementunterstützung, wogegen erwerbswirtschaftlich orientierte Venture Capital-Gesellschaften grundsätzlich eine laufende Betreuung und Beratung anbieten, allerdings in sehr unterschiedlicher Intensität.[4] Die Möglichkeit, Beratungsunterstützung zu gewähren, ergibt sich für Venture Capital-Gesellschaften formal auf Grund ihrer Miteigentümerstellung und inhaltlich auf Grund ihrer Erfahrungen bei der Begleitung anderer Gründungsunternehmen.[5]

Aus dem innovativen Charakter des Gründungsvorhabens, dem hiermit verbundenen Erfordernis der schnellen Umsetzung des Unternehmenskonzeptes zur Erreichung einer gefestigten Marktposition, der Abhängigkeit des Unternehmenserfolges von der Person des Gründers und dem Fehlen retrospektiver Unternehmensdaten ergibt sich für die Kapitalgeber in besonderem Maße die Notwendigkeit eines Risikomanagements, das etwa im Rahmen der Betreuung des Gründungsunternehmens ausgeübt werden kann.[6]

I-2.2.3 Innovationsfinanzierung durch Business Angels

Nachdem die wesentlichen Charakteristika von Venture Capital-Finanzierungen dargestellt wurden, sind nun die Besonderheiten von Innovationsfinanzierungen durch Business Angels in ihren Grundzügen zu erörtern, wobei eine Beschränkung auf diejenigen Aspekte erfolgt, die für den weiteren Fortgang der Arbeit bedeutsam sind.

---

1 Vgl. Heitzer, B. (2000), S. 13.

2 Zur Beratungsunterstützung von Business Angels vgl. auch Abschnitt I-2.2.3.1.

3 Vgl. Leopold, G./Frommann, H. (1998), S. 174 ff.

4 Vgl. Schröder, C. (1992), S. 242. Zu den Gründen, die aus Sicht der Venture Capital-Gesellschaften für eine aktive Beratungsunterstützung sprechen, vgl. Leopold, G./Frommann, H. (1998), S. 174 f.

5 Vgl. Schefczyk, M./Gerpott, T. J. (1998), S. 143 ff., die empirisch nachgewiesen haben, dass Venture Capital-Gesellschaften weniger eine kontinuierliche Beratungsunterstützung zur Erzielung von Wettbewerbsvorteilen anbieten und stattdessen eher in Gremien ihrer Portfoliounternehmen mitarbeiten.

6 Vgl. zu den einzelnen Aspekten ausführlich Heitzer, B. (2000), S. 16 ff.

I-2.2.3.1 Klassifizierung von Business Angels

Sämtliche Business Angel-Aktivitäten haben grundsätzlich gemeinsam, dass sich die Kapitalgeber frühzeitig in einem jungen Wachstumsunternehmen engagieren. Hinsichtlich der Motivation, die dem Engagement zu Grunde liegt, existieren allerdings erhebliche Unterschiede, insbesondere im Vergleich zu Venture Capital-Gesellschaften. Einen Überblick über die verschiedenen Quellen informellen Kapitals gibt Abbildung I-3:[1]

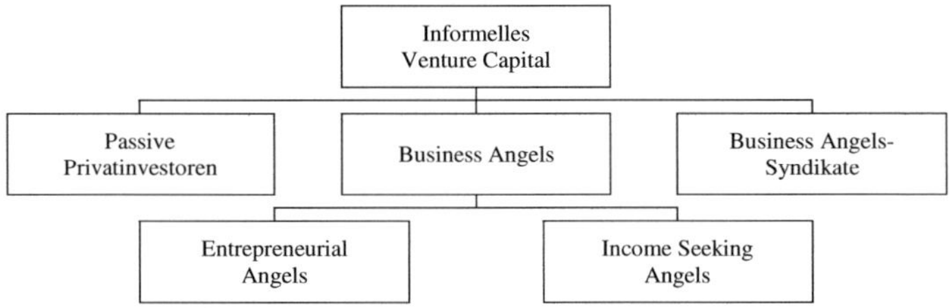

Abb. I-3: Segmentierung des informellen Venture Capital-Marktes
(Quelle: modifizierte Darstellung in Anlehnung an Engelmann, A./Heitzer, B. (2001), S. 216)

Der vorstehend wiedergegebene Ausschnitt aus dem informellen Risikokapitalmarkt betrifft ausschließlich Business Angels, unter denen auch passive Privatinvestoren anzutreffen sind;[2] steht ein privater Investor aus Zeitmangel oder wegen fehlendem persönlichen Interesse einem Unternehmen mit seinem Wissen nicht zur Verfügung, handelt es sich nicht um einen Business Angel im eigentlichen Sinn, so dass diese Investorengruppe im Folgenden unberücksichtigt bleibt.[3] Hierbei ist zu beachten, dass im Falle des Zusammenschlusses mehrerer Business Angels zu einem Investorenteam (sog. „Syndikat") nicht immer alle Investoren eine aktive Rolle in der Beteiligung einnehmen; es handelt sich gleichwohl um einen Business Angel, wenn der in diesem Fall passive Investor bei mindestens einer anderen Beteiligung eine aktive Rolle innehat.[4] Der Zusammenschluss mehrerer Business Angels wird auf Grund der hier unterstellten idealtypischen Anteilseignerstruktur ebenfalls nicht in die Betrachtung einbezogen.[5]

Somit verbleiben als „klassische" Vertreter der „Entrepreneurial Angel" und der „Income Seeking Angel", die neben Renditezielen auch nicht-monetäre Zielsetzungen wie

[1] In der Literatur wurden zahlreiche Versuche unternommen, Business Angels zu klassifizieren, vgl. dazu ausführlich Nittka, I. (2000), S. 87.

[2] Passive Business Angels dürften eher an von Venture Capital-Gesellschaften aufgelegten Fonds beteiligt sein, welche bei gegebenen Renditevorstellungen die größtmögliche Risikodiversifikation ermöglichen, vgl. Engelmann, A./Heitzer, B. (2001), S. 217.

[3] Als rein renditeorientierte Anleger stellen sie jedoch eine wichtige Quelle privaten Kapitals für junge Technologieunternehmen dar, vgl. Brettel, M./Jaugey, C./Rost, C. (2000), S. 108.

[4] Vgl. ebenda, S. 108. Zu den Business Angels-Netzwerken vgl. Nittka, I. (2000), S. 107 ff.

[5] Zur Anteilseignerstruktur vgl. Abschnitt I-3.1.

die Verwirklichung altruistischer und hedonistischer Motive verfolgen.[1] Entrepreneurial Angels denken unternehmerisch und können aus ihrer Tätigkeit als selbständiger Unternehmer oder im Management von Unternehmen einschlägige Erfahrungen und Kontakte vorweisen, die für das Beteiligungsunternehmen einen hohen „value added" gewährleisten können. Auch Income Seeking Angels sind unternehmerisch orientiert und besitzen erste Erfahrungen und Kenntnisse in der Branche, beschränken sich jedoch meist auf ein Zielunternehmen und suchen hierüber Gelegenheit, eine Managementposition in diesem Unternehmen zu erlangen.[2]

Sowohl Entrepreneurial Angels als auch Income Seeking Angels gehen in der Regel direkte Beteiligungen an einem Zielunternehmen ein, weshalb sie gleichermaßen geeignet sind, innerhalb der idealtypischen Gesellschafterstruktur den Risikokapitalgeber zu repräsentieren.[3] Auch haben diese beiden Arten von Business Angels gemeinsam, dass sie nicht allein aus altruistischen und hedonistischen Gründen investieren und dem Zielunternehmen mit ihren Erfahrungen unterstützend zur Seite stehen. So ist die Beziehung eines Business Angels zu einem Kapitalnehmer durch einen über die finanzielle Transaktion hinausgehenden Beitrag gekennzeichnet.[4] Diese Beiträge stellen neben der Kapitalüberlassung den wesentlichen Nutzen dar, den Business Angels für Unternehmen stiften und konkretisieren sich unter anderem im Knüpfen von Kontakten, in der informellen Betreuung und Beratung sowie teilweise auch in der operativen Unterstützung bis zu der phasenweisen Vollzeit- oder Teilzeittätigkeit in dem finanzierten Unternehmen.[5] Im Zusammenhang mit der in Abschnitt I-2.2.2.4 bereits angedeuteten Betreuungsintensität wird auch bei Business Angel-Engagements unterschieden, wobei das Spektrum von der sog. „hands-on"- bis zur „hands-off"-Betreuung reicht. Die erstgenannte Variante meint dabei die aktive Betreuung junger Unternehmen, welche in der Finanzierungspraxis den Regelfall darstellt und auch im Folgenden unterstellt wird;[6] dagegen beschränkt sich die passive Betreuung auf die regelmäßige Kontrolle des (oftmals bereits etablierten) Unternehmens und wird hier nicht weiter betrachtet.

---

[1] Zu einer detaillierten Systematisierung vgl. Benjamin, G. A./Margulis, J. (1996), S. 101 f., zitiert nach Engelmann, A./Heitzer, B. (2001), S. 217.

[2] Zur Managementerfahrung von Business Angels vgl. Brettel, M./Jaugey, C./Rost, C. (2000), S. 136 ff.

[3] Zu möglichen Beteiligungsformen vgl. Abschnitt II-1.2.1.

[4] Vgl. Kirchner, H. (1998), S. 3.

[5] Den unterschiedlichen Erfahrungshintergründen entsprechend sind allerdings nicht sämtliche Business Angels gleichermaßen in der Lage oder gewillt, alle diese Beiträge zu leisten, vgl. Brettel, M./Jaugey, C./Rost, C. (2000), S. 107.

[6] So ist die „hands-on"-Betreuung der Beteiligungsunternehmen bei Business Angels obligatorisch, vgl. Niederöcker, B. (2001), S. 282.

I-2.2.3.2 Anforderungen an den Kapitalnehmer

Der vorstehend beschriebene, den weiteren Ausführungen zu Grunde liegende Typus eines renditeorientierten und aktiv tätigen Business Angels stellt seinerseits spezifische Anforderungen an die Person des Kapitalnehmers, die im Weiteren in ihren Grundzügen charakterisiert werden.[1] Da Business Angels mit ihrem Engagement die Erzielung einer dem Risiko angemessenen Rendite anstreben, ist zunächst auf den Geschäftsgegenstand eines Gründungsunternehmens einzugehen.[2] Grundsätzlich bevorzugen Business Angels neue, innovative Geschäftsideen für ihre Beteiligungsaktivitäten, so dass vorwiegend in wachstumsintensive Technologieunternehmen mit einem hohen Kapitalbedarf investiert wird, wobei die Beteiligungen überwiegend den technologieintensiven Bereichen High Tech, Biotech/Healthcare sowie Telekommunikation zuzuordnen sind.[3] Hierbei ist von Bedeutung, dass der erforderliche Kapitalbedarf oftmals nur von Entrepreneurial Angels aufgebracht werden kann, wogegen Income Seeking Angels grundsätzlich weniger dazu geeignet sind, die benötigten Investitionssummen aufzubringen.[4] Schließlich ist im Hinblick auf den Geschäftsgegenstand des Beteiligungsunternehmens von Bedeutung, dass Business Angels hauptsächlich in Branchen investieren, in denen sie selbst tätig waren, so dass sie auf diesem Wege in der Lage sind, einen größeren Nutzen zu stiften als dies bei einer Beteiligung in einem ihnen fremden Markt möglich wäre.[5]

Eine ausreichende Kapitaldecke des Business Angels, die „richtige" Branche des Beteiligungsunternehmens und ein tragfähiges Geschäftskonzept vorausgesetzt, bestimmen „weiche" Faktoren die Auswahlentscheidung des Risikokapitalgebers, wobei das Management-Team den mit Abstand wichtigsten Entscheidungsfaktor bildet.[6] Diese hohe Bedeutung des Managements resultiert im Wesentlichen aus der Tatsache, dass informelle Investoren (im Gegensatz zu Venture Capital-Gesellschaften) üblicherweise nicht in der Lage sind, das Management auszuwechseln oder selbst die Führung des Beteiligungsun-

---

1 Bei den Anforderungen von Venture Capital-Gesellschaften an zu finanzierende Unternehmen stehen an den ersten beiden Rangstellen die Qualität des Managements und die Positionierung im Markt, vgl. Rams, A./Remmen, J. (1999), S. 687.

2 Vgl. Hemer, J. (1999), S. 192. Zu den (hier nicht behandelten) Investitionsentscheidungen von klassischen Venture Capital-Gesellschaften und von Corporate Venture Capital-Gesellschaften vgl. Dierkes, M./Weber, C. (2002), S. 685 ff.

3 Vgl. Brettel, M./Jaugey, C./Rost, C. (2000), S. 174.

4 Vgl. Nittka, I. (2000), S. 88 und Engelmann, A./Heitzer, B. (2001), S. 217. Zu den durchschnittlichen Investitionssummen vgl. Brettel, M./Jaugey, C./Rost, C. (2000), S. 171.

5 Vgl. Brettel, M./Jaugey, C./Rost, C. (2000), S. 175.

6 So erachten 96% der befragten Business Angels das Management-Team als „sehr wichtig", vgl. hierzu sowie nachfolgend Brettel, M./Jaugey, C./Rost, C. (2000), S. 155 ff. Mangelndes Vertrauen in die Person des Gründers stellt den am häufigsten genannten Grund dar, warum Business Angels sich bietende Beteiligungsgelegenheiten ablehnen.

ternehmens zu übernehmen, weshalb Business Angels die Minimierung der Risiken aus dieser Prinzipal-Agent-Beziehung anstreben.[1] Des Weiteren sind noch das Wachstumspotential und die Einzigartigkeit des Produktes für die Mehrzahl der informellen Investoren von entscheidender Bedeutung, wogegen beispielsweise die Absehbarkeit des präferierten Exit-Mechanismus oder aber die Wettbewerbsintensität innerhalb des relevanten Marktes die Entscheidungsfindung grundsätzlich nicht beeinflussen.[2] Fehlendes betriebswirtschaftliches bzw. kaufmännisches Wissen des Unternehmensgründers stellt in der Praxis hingegen keinen Ablehnungsgrund dar, was wohl darauf zurückzuführen ist, dass die Kapitalgeber in diesen Bereichen selbst über profunde Kenntnisse verfügen.

Auf Grund der mit dem Engagement verbundenen möglicherweise unkalkulierbaren Risiken spielen haftungsrechtliche Fragen eine zentrale Rolle, weshalb zu berücksichtigen ist, dass Business Angels ausschließlich in haftungsbeschränkte Unternehmen (AG, GmbH, GmbH & Co. KG) investieren.[3]

I-2.2.3.3 Vorteile der Finanzierung durch Business Angels

Oben wurde deutlich, dass die Finanzierung durch Business Angels den Gründungsunternehmen eine Reihe von nicht-monetären Vorteilen bietet, wogegen die Bedeutung der Kapitalausstattung per se bislang nur am Rande thematisiert wurde. Der Hauptgrund für das öffentliche und wissenschaftliche Interesse, welches der Frühphasenfinanzierung junger Technologieunternehmen entgegengebracht wird, ist die in diesem Segment des Kapitalmarktes erwartete Finanzierungslücke („equity gap").[4] Der Begriff der Finanzierungslücke beschreibt dabei die für den Bedarf junger Unternehmen unzureichende Verfügbarkeit von Risikokapital und bezeichnet die Differenz zwischen Kapitalangebot und -nachfrage, die zur Folge hat, dass zumindest ein Teil der jungen Unternehmen weniger Kapital als ursprünglich geplant aufnehmen kann. Obwohl sich die Verfügbarkeit von Risikokapital in den letzten Jahren stark erhöht hat, ist auch heute noch davon auszugehen, dass eine Finanzierungslücke besteht.[5]

---

1 Zur Prinzipal-Agent-Beziehung bei Innovationsfinanzierungen vgl. Heitzer, B. (2000), S. 138 ff.

2 Diese beiden Faktoren werden von weniger als einem Drittel der befragten informellen Investoren bei der Auswahlentscheidung berücksichtigt, vgl. Brettel, M./Jaugey, C./Rost, C. (2000), S. 155.

3 Nach Weitnauer, W. (2000), S. 150 stellen Venture Capital-Geber haftendes Eigenkapital nur zur Verfügung, falls es sich bei dem Gründungsunternehmen um eine Kapitalgesellschaft handelt.

4 Zur Frage der Existenz einer Eigenkapitallücke vgl. Schneider, D. (1986), S. 2293 ff.

5 Zustimmend Pape, D. (2003), S. 950, der ausdrücklich darauf hinweist, dass die Finanzierungslücke in den mittelständischen Unternehmen zwischenzeitlich „bedrohliche Ausmaße" annimmt.

Die Frage nach den Ursachen der Finanzierungslücke wurde in der Literatur ausführlich behandelt und soll hier nicht wiedergegeben werden.[1] Angesichts ihrer gesamtwirtschaftlichen Bedeutung stellt sich allerdings die Frage nach deren Folgen.[2] So stellt die Finanzierung das Kernproblem junger Technologieunternehmen dar, die sich in der Regel mit Problemen bei der Finanzierung des Unternehmensaufbaus konfrontiert sehen.[3] Sofern junge Unternehmen ihr Wachstum nicht aus eigener Kraft finanzieren können, sind sie auf externes Eigenkapital angewiesen, für dessen Beschaffung prinzipiell zwei institutionalisierte Wege existieren: der Gang an die Börse oder aber die Finanzierung mittels Venture Capital bzw. Risikokapital. Wenngleich sich die Möglichkeiten der Finanzierung über den anonymen Kapitalmarkt in den vergangenen Jahren verbessert haben, steht dieser Weg den in der Gründungsphase befindlichen Unternehmen in der Regel (noch) nicht offen. Da, wie bereits angedeutet, eine Fremdfinanzierung über Kreditinstitute vielfach ebenfalls ausscheidet, müsste die Unternehmensgründung ceteris paribus mangels Kapital unterbleiben, falls die benötigten Finanzmittel nicht von Business Angels oder Venture Capital-Gesellschaften bereitgestellt werden. Entsprechendes gilt, falls der Unternehmer die Gründung mit eigenen Mitteln finanziert hat, diese aber nicht ausreichen, um das Produkt fertig zu entwickeln bzw. am Markt einzuführen. In diesem Fall hätte eine Unternehmensgründung stattgefunden, die auf Grund fehlenden Kapitals jedoch nicht erfolgreich wäre.[4] Dieser Engpass bei der Unternehmensfinanzierung liegt neben der Höhe des Kapitalbedarfs auch in dessen Unterschätzung begründet.[5]

Über die absolute Höhe des Kapitalbedarfs lassen sich keine allgemein gültigen Aussagen treffen, da dieser je nach Unternehmenstyp und Branche differiert. Grundsätzlich kann jedoch festgehalten werden, dass ein wesentlicher Vorteil der Finanzierung durch Business Angels in dem erstmaligen Zugang zu finanziellen Mitteln für junge, innovati-

---

1 Für deren Beantwortung bieten sich zwei Erklärungsansätze an: so besteht einerseits die Möglichkeit, dass der Kapitalbedarf höher ist als das -angebot, zum anderen ist auch denkbar, dass die Lücke in der Ineffizienz des Risikokapitalmarktes begründet ist und schließlich können sich beide Effekte überlagern, indem absolut ein Nachfrageüberhang besteht, welcher durch Marktineffizienzen zusätzlich verstärkt wird, vgl. dazu ausführlich Brettel, M./Jaugey, C./Rost, C. (2000), S. 97. Zu älteren Erklärungsansätzen vgl. Nittka, I. (2000), S. 92 f.

2 Die Existenz der Finanzierungslücke impliziert, dass sich Unternehmensgründungen nicht vollständig über das eingebrachte Kapital der Gründer, Fremdkapital und einbehaltene Gewinne finanzieren können, vgl. Brettel, M./Jaugey, C./Rost, C. (2000), S. 93 und die dort zitierte Literatur.

3 Vgl. Lessat, V./Hemer, J./Eckerle, T./Kulicke, M./Licht, G./Nerlinger, E. (1999), S. 87. Das Finanzierungsproblem stellt nach einer empirischen Untersuchung aus dem Jahr 1987 aus der Sicht junger Unternehmen eine der Hauptschwierigkeiten dar, vgl. Hunsdiek, D. (1987), S. 87 ff.

4 In diesem Sinne interpretieren Kußmaul, H./Richter, L. (2000), S. 1160 die Finanzierungslücke.

5 So wird der Kapitalbedarf beispielsweise unterschätzt, sofern Weiter- und Anpassungsentwicklungen erforderlich sind, falls Aufträge vorfinanziert werden müssen oder wenn sich der Zeitpunkt der Markteinführung verzögert, vgl. hierzu ausführlich die Studie von Baier, W./Pleschak, F. (1996), S. 35.

ve Wachstumsunternehmen besteht, die mangels besicherungsfähiger Wirtschaftsgüter ohne dieses Finanzierungsinstrument nicht die für eine Gründung erforderlichen Finanzierungsmittel erhalten würden. Der Problematik des absolut hohen Kapitalbedarfs kann zum einen dadurch begegnet werden, dass die Kapitalausstattung des Business Angels etwa als „Anstoßfinanzierung" dient und dass durch dessen Kontakte im Zeitablauf weitere Kapitalgeber hinzutreten, um so die Gesamtfinanzierung des Unternehmens sicher zu stellen.[1] Des Weiteren könnte, falls der Lead-Investor nicht willens oder nicht in der Lage ist, den gesamten Kapitalbedarf aufzubringen, diesem Problem durch Investorenteams begegnet werden.[2] Ein weiterer Ansatzpunkt liegt in noch nicht aktiven Business Angels; vermutlich existiert auch in Deutschland ein erhebliches Potential an nicht aktiviertem Kapital, das von „Virgin" bzw. „Latent" Angels bereitgestellt werden könnte.[3]

Sofern der Kapitalbedarf unterschätzt wurde, kann diesem Problem durch eine rechtzeitige Kontaktaufnahme mit dem Risikokapitalgeber begegnet werden, indem versucht wird, eine Anschlussfinanzierung zu erreichen. Falls eine unverändert positive Entwicklungsperspektive des Gründungsunternehmens glaubhaft gemacht werden kann, sollten sich Business Angels relativ kurzfristig dazu bereit erklären, ihr Engagement unter Einsatz weiterer persönlicher und finanzieller Mittel aufrecht zu erhalten.[4]

I-2.3 Steuerplanung in der Gründungs- und Expansionsphase

Im Folgenden ist in Abschnitt I-2.3.1 zunächst auf die Notwendigkeit und Bedeutung steuerorientierter Überlegungen in der Gründungs- und Expansionsphase einzugehen. In Abschnitt I-2.3.2 werden die wesentlichen Grundlagen der betrieblichen Steuerplanung dargestellt, bevor in Abschnitt I-2.3.3 die Möglichkeiten und Grenzen steuerorientierter Gestaltungen diskutiert werden.

---

1 In diesem Fall nimmt der Business Angel die Funktion eines sog. „Lead-Investors" ein, wobei Nittka, I. (2000), S. 83 in diesem Zusammenhang auf die Signalwirkung hinweist, die von dem Engagement eines Business Angels auf andere Geschäftspartner des Gründungsunternehmens und auch auf spätere Investoren ausgeht.

2 Zu den Funktionen und Leistungen des Lead-Investors vgl. Weitnauer, W. (2000), S. 185 ff.

3 Unter Latent Angels werden potentielle Kapitalgeber verstanden, die wegen Mangel an Gelegenheiten in den letzten drei Jahren nicht investiert haben, wogegen Virgin Angels noch nie in ein junges Unternehmen investiert haben, vgl. Nittka, I. (2000), S. 88.

4 Ist die Gründung erfolgreich angelaufen, stehen einem Unternehmen zunehmend auch die klassischen Finanzierungswege offen. Falls eine viel versprechende Gründungsidee allerdings nicht wie zunächst geplant in ein marktfähiges Produkt umgesetzt werden kann, folgt hieraus in der Regel ein erheblicher Nachfinanzierungsbedarf und ein späteres Erreichen des Break-even. An dieser Stelle versagt oftmals eine klassische Fremdfinanzierung durch Kreditinstitute mit dem Ergebnis, dass das Unternehmen gescheitert wäre.

I-2.3.1 Notwendigkeit steuerplanungsorientierter Überlegungen

Die Aufnahme einer unternehmerischen Tätigkeit ist oftmals mit einer längeren Verlustphase verbunden, was zu der Frage führt, warum Ressourcen für die Planung der betrieblichen Steuerbelastung bereitgestellt werden sollen, wenn keine Steuerzahlungen zu erwarten sind.[1] Wird allein die Ebene des Unternehmens betrachtet, scheint diese Frage (zumindest vordergründig) berechtigt. Allerdings sind auch in der Gründungs- bzw. Expansionsphase ungeachtet der anfänglichen Verlustsituation zahlreiche Steuerwirkungen zu berücksichtigen.[2] Diese nachfolgend zu beschreibenden Zusammenhänge sind in Abbildung I-4 in komprimierter Form graphisch aufbereitet.

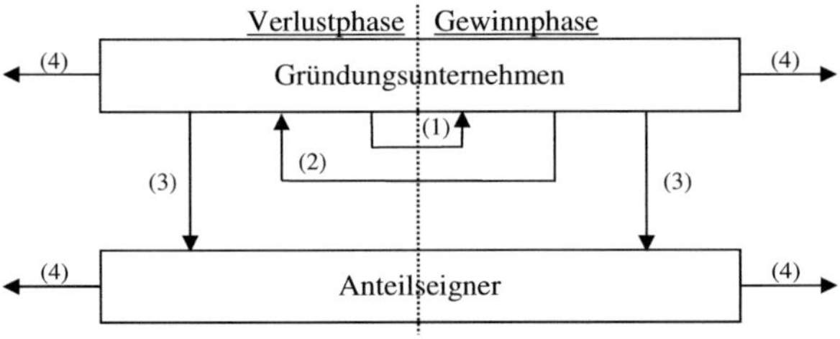

Abb. I-4: Steuerplanungsrelevante Beziehungen
(Quelle: eigene Darstellung)

Solange die ertragsteuerlichen Bemessungsgrundlagen auf Unternehmensebene keine positiven Werte annehmen (Verlustphase), stellt sich die Notwendigkeit steuerorientierter Gestaltungen in Ermangelung steuerbedingter Zahlungsabflüsse zunächst nicht.[3] Sofern allerdings ein erfolgreicher Entwicklungsverlauf zu verzeichnen ist, tritt das Beteiligungsunternehmen irgendwann in die Gewinnphase ein, so dass spätestens zu diesem Zeitpunkt die Berücksichtigung der Besteuerung bei der Entscheidungsfindung geboten ist. In Folge der längerfristigen Steuerwirkungen zahlreicher betrieblicher Dispositionen wirken sich die während der Verlustphase getroffenen Entscheidungen generell auf die zukünftige Steuerbelastung aus (1).[4] Das wiederum erfordert eine vorausschauende Er-

1 So verursacht die Berücksichtigung der Besteuerung bei Entscheidungen Kosten, die aus der Beschaffung und Auswertung steuerlicher Informationsquellen resultieren, vgl. Jung, H. (1984), S. 36.

2 Zunächst stellt sich dem Gründer die Frage nach der Rechtsform des Unternehmens. Wenngleich sich bei praxisnaher Betrachtung für innovative Unternehmensgründer letztlich nur Kapitalgesellschaften als mögliche Rechtsformen anbieten, könnte das Unternehmen vor dem Einstieg des Business Angels als Personenunternehmen geführt werden, um so steuerliche Vorteile – beispielsweise durch die Wahl der Gewinnermittlungsart – zu nutzen; vgl. zu diesem Aspekt Pickert, G. (1994), S. 1581 ff. Eine sich hieran anschließende (grundsätzlich steuerneutral mögliche) Umwandlung des Einzelunternehmens in eine Kapitalgesellschaft steht dem nicht entgegen.

3 Im Folgenden werden nur Ertragsteuern in die Betrachtung einbezogen. Zur Relevanz anderer Steuerarten vgl. Abschnitt I-3.1.3.

4 Zu denken ist hierbei unter anderem an die Wahl des Abschreibungsverfahrens, falls sich die betriebsgewöhnliche Nutzungsdauer der erworbenen Wirtschaftsgüter über die Verlustphase hinaus erstreckt.

gebnisplanung einerseits und in der Verlustphase eine an steuerlichen Gesichtspunkten orientierte betriebliche Disposition andererseits, um nachteilige Steuerwirkungen in der Gewinnphase zu vermeiden (2). In diesem Zusammenhang kann also grundsätzlich festgehalten werden, dass auch die zu Beginn der unternehmerischen Tätigkeit getroffenen steuerrelevanten Dispositionen Folgen für die weitere Unternehmensentwicklung entfalten, woraus sich das Erfordernis der angemessenen Berücksichtigung steuerlicher Überlegungen bereits in der Gründungs- bzw. Expansionsphase ergibt.[1]

Wenn die allein unternehmensbezogene Betrachtungsebene verlassen und die Sphäre der Gesellschafter mit berücksichtigt wird, erweitert sich das Feld für steuerorientierte Gestaltungen erheblich (3). Dies gilt sowohl für den Unternehmer als auch für den Risikokapitalgeber. Der Gründer ist regelmäßig in dem Unternehmen aktiv und erhält dafür eine Tätigkeitsvergütung, welche er (unabhängig von der steuerlichen Situation der Gesellschaft) zu versteuern hat. Obwohl in der Verlustphase der Frage nach der optimalen Gewinnverwendungspolitik prinzipiell keine Bedeutung zukommt, ist für seine Person zu prüfen, ob möglicherweise steuerliche Gestaltungsspielräume bestehen und wie diese genutzt werden können. Entsprechendes gilt für den Business Angel, denn sobald dieser dem Beteiligungsunternehmen beitritt, stellt sich die Frage nach der (auch unter steuerlichen Gesichtspunkten) optimalen Finanzierung. Ferner ist zu berücksichtigen, dass der Risikokapitalgeber oftmals entgeltlich für das Gründungsunternehmen tätig ist, weshalb auch diesbezüglich steuerliche Gestaltungsspielräume zu eruieren sind.

Ein weiterer Aspekt betrifft die Verlustnutzung, da auf Grund des bei Risikofinanzierungen gegebenen mehrstufigen Gesellschafterwechsels besonderes Augenmerk darauf zu legen ist, dass die Verlustvorträge durch die Anteilsveräußerung nicht untergehen.[2]

Schließlich ist zu berücksichtigen, dass neben den „laufenden" Besteuerungsvorgängen, konkretisiert in der steuerlichen Behandlung von Tätigkeitsvergütungen, Ausschüttungen und Zinszahlungen, auch einmalige Vorgänge wie die Beteiligungsveräußerung durch den Risikokapitalgeber, die Sanierung oder die Liquidation des Gründungsunternehmens Ansatzpunkte für steuerlich motivierte Gestaltungen bieten (in Abbildung I-4 unter (4) zusammengefasst).

---

[1] Schließlich ist darauf hinzuweisen, dass nach einer Umfrage der Deutschen Ausgleichsbank aus dem Jahr 1998, bei der 3000 Jungunternehmer befragt wurden, jeder sechste Gründer die Steuerbelastung als ein Existenzgründungserschwernis bzw. -hindernis ansieht, vgl. Wolff, S. (1998), S. 166.

[2] Dabei wird stillschweigend unterstellt, dass die in der Verlustphase entstandenen steuerlichen Verlustvorträge grundsätzlich nutzbar sind, was jedoch dann nicht gegeben ist, sofern die Finanzverwaltung dem Gründungsunternehmen fehlende Gewinnerzielungsabsicht nachweisen kann. Der Nachweis der Gewinnerzielungsabsicht ist deshalb sorgfältig zu planen, vgl. Stollenwerk, A. (1997), S. 113 ff.

Die vorstehenden Ausführungen sollten die Notwendigkeit und die Bedeutung einer angemessenen Berücksichtigung der Besteuerung auch in dieser frühen Unternehmensentwicklungsphase deutlich machen. Es hat sich gezeigt, dass – von der Ertragslage des Gründungsunternehmens unabhängig – einem Steuerplaner ein weites Betätigungsfeld offen steht, das im Folgenden auf die im Zusammenhang mit der Finanzierungstätigkeit des Business Angels relevanten Fragestellungen eingegrenzt wird.

I-2.3.2 Grundlagen der betrieblichen Steuerplanung

Gegenstand der einzelwirtschaftlichen Steuerpolitik ist eine Vielzahl von Aktionsparametern zur Sachverhalts- sowie Darstellungsgestaltung mit dem Ziel, die Steuerbelastung planmäßig zu beeinflussen.[1] Die zentralen Aufgaben der Steuerplanung umfassen die Ermittlung (Steuerlastprognose) sowie Analyse steuerlicher Zielwirkungen (Steuerlastanalyse) und die Auswahl der steuerlich günstigsten Alternative (Steuerlastoptimierung).[2] Im Hinblick auf den erstgenannten Punkt ist von Bedeutung, dass sich auf Grund der Komplexität des deutschen Steuersystems die Ermittlung der aus einer betrieblichen Entscheidung resultierenden Steuerbelastung als relativ kompliziert darstellt, so dass zunächst auf die Instrumente der Steuerplanung einzugehen ist.[3]

I-2.3.2.1 Instrumente der Steuerplanung

Die betriebswirtschaftliche Analyse betrieblicher Entscheidungen bedarf eines effektiven Instrumentariums. Mit der kasuistischen Veranlagungssimulation („veranlagungskonforme Belastungsrechnung") und der Teilsteuerrechnung stehen zwei Verfahren für die quantitative steuerliche Analyse betriebswirtschaftlicher Fragen zur Verfügung.[4]

Bei der kasuistischen Veranlagungssimulation werden die sich bei Realisierung einer bestimmten Entscheidungsalternative ergebenden Steuerveranlagungen simuliert, um so die Steuerbelastungen unterschiedlicher Handlungsalternativen zu ermitteln und mitein-

---

[1] Vgl. Wotschofsky, S. (1999), S. 1615. Hieraus wird deutlich, dass man im Rahmen der Steuerplanung unternehmerische Entscheidungen plant, durch die steuerlich relevante Tatbestände realisiert werden, so dass Steuern per se nicht Gegenstand der eigentlichen Planung sind, vgl. Klöne, H. (1980), S. 3.

[2] Vgl. Jung, H. (1984), S. 49.

[3] Vgl. dazu Hauer, G. (1993), S. 4. An der Gültigkeit dieser Aussage hat sich auch nach Einführung des Halbeinkünfteverfahrens nichts geändert. Vgl. grundlegend zur betrieblichen Steuerplanung Wagner, F. W./Dirrigl, H. (1980) und Siegel, T. (1982).

[4] Zu weiteren, praktisch weniger bedeutsamen Modellen vgl. Mann, G. (1991), S. 59 ff. Eine Übersicht über die verschiedenen Methoden der Steuerplanung gibt Hebig, M. (1986), S. 8. Zum Erklärungswert simultaner Unternehmensplanungsmodelle vgl. Heinhold, M. (1989), S. 689 ff.

ander zu vergleichen.[1] Es wird also für den zu planenden Sachverhalt eine vollständige Veranlagungsrechnung modellmäßig nachvollzogen. Ein wesentlicher Nachteil der Veranlagungssimulation ist darin begründet, dass die durch eine Gestaltungsmaßnahme verursachten Wechselwirkungen der Veränderung von steuerlichen Bemessungsgrundlagen nicht sichtbar werden.[2] So lassen sich bei der Anwendung dieses Steuerplanungsinstruments insbesondere die von einem zu beurteilenden Projekt oder Sachverhalt ausgehenden Steuerwirkungen nicht unmittelbar betriebswirtschaftlichen Einzelgrößen zuordnen, wie dies im Rahmen der Teilsteuerrechnung möglich ist.[3]

Mit Hilfe der Teilsteuerrechnung wird versucht, die Ermittlung der exakten Steuerbelastung zu verkürzen.[4] Dabei werden nicht die jeweiligen Belastungen durch die Einzelsteuern sukzessive ermittelt, sondern die auf isolierte Bemessungsgrundlagenteile bezogenen Teilsteuern, indem die (juristischen) Bemessungsgrundlagen in ihre betriebswirtschaftlich relevanten Bestandteile zerlegt werden. Die für jede (entscheidungsrelevante) Steuerart existierenden Grundgleichungen werden dann zu einer Gesamtsteuergleichung zusammengefasst, die nach den jeweiligen Bemessungsgrundlagenteilen geordnet wird.[5] Auf die einzelnen Teilbemessungsgrundlagen werden die entsprechenden Teilsteuersätze (Multifaktoren) angewendet.[6] Da bei der Teilsteuerrechnung die Einflussfaktoren der Steuerbelastung in quantifizierbarer Form abgebildet werden, stellt sie die betriebswirtschaftliche Auswertung einer Steuerbelastungsrechnung dar.[7]

Eine korrekte Anwendung beider Verfahren führt letztlich zum selben Ergebnis – der gesamten Steuerbelastung einer gegebenen Handlungsalternative. Falls bei einem Alternativenvergleich ausschließlich auf den Gesamteffekt – definiert als Steuerlastdifferenz zwischen zwei Handlungsalternativen – abgestellt wird, ist es grundsätzlich bedeutungslos, welchem Verfahren der Vorzug eingeräumt wird. Hingegen unterscheiden sich die Verfahren wesentlich in den Möglichkeiten der Analyse der Ergebnisse, da sich bei der

[1] Vgl. Beranek, A. (1999), S. 495. Zur kasuistischen Veranlagungssimulation vgl. beispielhaft Herzig, N./Schiffers, J. (1994), S. 103 ff. und Herzig, N./Kessler, W. (1992), S. 232 ff.

[2] Vgl. Schneeloch, D. (1994), S. 4.

[3] Vgl. Ottersbach, J. H. (2000), S. 781.

[4] Zur Funktionsweise der Teilsteuerrechnung vgl. Rose, G. (1968), S. 1 ff. und speziell Rose, G. (1973), S. 56 ff. Eine kompakte Darstellung findet sich beispielsweise bei Rose, G. (1979), S. 293 ff. und bei Wotschofsky, S. (2001), S. 652 ff.

[5] Vgl. Scheffler, W. (1991), S. 72.

[6] Problematisch ist dabei, dass für die Berechnungen sämtliche Steuersätze bekannt sein müssen, die bei nicht proportionalen Tarifen von der Höhe der Bemessungsgrundlage abhängen; diese sind auf Grund der Zerlegung in Teilbemessungsgrundlagen systembedingt jedoch nicht bekannt, vgl. dazu Kußmaul, H. (1998), S. 376.

[7] Vgl. Eggesiecker, F./Ruhl, U. (1980), S. 167.

Veranlagungssimulation die Gesamtsteuerbelastung aus der Summe der verschiedenen Steuerarten (ohne Erkennbarkeit des Anteils einer betriebswirtschaftlichen Größe daran) zusammensetzt, wogegen bei der Teilsteuerrechnung für jeden Bemessungsgrundlagenteil die Effektivbelastung offen gelegt wird (allerdings nicht erkennbar ist, auf welchen Steuerarten diese beruht).[1] Da eine strukturierte Analyse der steuerlichen Folgen unterschiedlicher Finanzierungsalternativen die exakte Quantifizierung der mit diesen Handlungsprogrammen verbundenen Steuerwirkungen erfordert, wird im Weiteren die Teilsteuerrechnung – jedoch begrenzt auf finanzierungsrelevante Fragestellungen – als Planungsinstrument verwendet.

In Teil II werden an das Teilsteuerrechnungskonzept angelehnt Belastungsfunktionen entwickelt, mit welchen es möglich ist, unterschiedliche Strategien bei der Finanzierung junger Unternehmen durch Business Angels auf ihre steuerliche Vorteilhaftigkeit hin zu untersuchen.[2] Besondere Aufmerksamkeit kommt dabei der Operabilität der Funktionen zu, damit diese in einem konkreten Einzelfall als Entscheidungshilfe hinsichtlich der zu wählenden Finanzierungspolitik dienen können.[3]

I-2.3.2.2 Ertragsteuerliche Zielfunktionen

Nach Auswahl des Planungsinstrumentariums ist zu klären, an welcher Zielfunktion sich Gestaltungsüberlegungen orientieren, das heißt welche Motivation den Handlungen der Entscheidungsträger zu Grunde liegt;[4] wie insbesondere in Bezug auf die Person des Business Angels deutlich wurde, können dessen Handlungsmotive sowohl monetärer als auch nicht monetärer Art sein. Im Hinblick auf steuermotivierte Gestaltungen ist jedoch davon auszugehen, dass diese eher selten auf nicht monetäre Gründe zurückgeführt werden können.[5] Aus diesem Grund werden sie hier ausgeklammert, so dass im Folgenden eine Beschränkung auf monetäre Zielsetzungen erfolgt. Die Vorteilhaftigkeit einer Gestaltungsvariante kann im Rahmen eines Planungsmodells nur anhand einer vorher fest-

---

[1] Vgl. Scheffler, W. (1991), S. 74.

[2] Zum Prozess der Steuerplanung und der Entwicklung eines quantitativen Steuerplanungssystems vgl. Schiffers, J. (1997), S. 42 ff. und zur Verbindung von Steuerplanung und Controlling vgl. Herzig, N./ Zimmermann, M. (1998), S. 1141 ff. sowie insbesondere Zimmermann, M. (1997). Zu den Anforderungen an ein Steuerplanungsmodell vgl. Hauer, G. (1993), S. 8 ff.

[3] Ein Entscheidungsmodell gilt als operabel, wenn es in realen betrieblichen Entscheidungssituationen angewendet werden kann, vgl. Beranek, A. (1993), S. 27.

[4] Zum sog. „derivativen" Steuermanagement, das zum einen die Herbeiführung „steuerbewusster" nicht steuerlicher Gestaltungen und zum anderen die Unterstützung des Managements mit steuerrelevanten Informationen umfasst, vgl. Federmann, R. (1996), S. 244 f.

[5] Vgl. Schneeloch, D. (1994), S. 5.

gelegten, auf einen Entscheidungsträger bezogenen Zielfunktion beurteilt werden. In der Literatur werden diesbezüglich drei mögliche Ausprägungen unterschieden:[1]

(1) Vermögenstreben: der Entscheidungsträger entnimmt jährlich einen festen Betrag für konsumptive Zwecke und strebt an, sein Vermögen am Ende des Planungszeitraums zu maximieren.

(2) Entnahmestreben: der Entscheidungsträger möchte unter der Bedingung, dass am Ende des Planungszeitraums ein vorgegebenes Endvermögen erreicht wird, seine jährlichen Entnahmen maximieren.

(3) Wohlstandsstreben: ein Entscheidungsträger maximiert neben den Entnahmen zugleich das betriebliche Vermögen zum Ende des Planungshorizonts.

Bevor eine Zielfunktion ausgewählt werden kann, ist zunächst zu bestimmen, wer als Entscheidungsträger anzusehen ist, was bei Gründungsfinanzierungen der Unternehmer sein dürfte, da diesem in der Regel die Stimmrechtsmehrheit zusteht;[2] allerdings nimmt der Risikokapitalgeber in seiner Funktion als Managementberater faktisch eine Stellung ein, die von seinen nominellen Stimmrechten nur unzureichend repräsentiert wird. Falls Business Angels dem Besitz formeller Rechte keine Bedeutung zumessen, vertreten sie überwiegend die Meinung, dass Konflikte zwischen Unternehmensgründern und Beteiligungskapitalgebern nicht über die Ausübung formaler Rechte, sondern auf eine informelle und persönliche Art geregelt werden sollten.[3] Das lässt auf eine hohe Konsensfähigkeit und auch -willigkeit der beteiligten Parteien schließen, weshalb für die weitere Analyse ein „einheitlicher" Entscheidungsträger unterstellt wird.

Steuerzahlungen gehen als negative Komponente in ein Planungsmodell ein, da diese das Vermögen mindern. Demnach wird ein gesellschaftsrechtlich mit dem Unternehmen verbundener Entscheidungsträger die Minimierung der Unternehmensteuerbelastung anstreben, welche die Gesamtheit der anlässlich der Realisierung unternehmensbezogener Tatbestände entstehenden Steuern umfasst. In Bezug auf eine Risikokapitalfinanzierung setzt das voraus, dass beide Gesellschafter nicht auf finanzierungsbezogene Entnahmen angewiesen sind. Bei einem „typischen" Business Angel sollte das erfüllt sein, da dieser meistens über ein erhebliches sonstiges Einkommen verfügt.[4] Etwas anderes könnte für

---

[1] Vgl. dazu Schneider, D. (1992), S. 65 ff.

[2] Wie oben dargelegt wurde, streben Business Angels grundsätzlich Minderheitsbeteiligungen an.

[3] Vgl. Brettel, M./Jaugey, C./Rost, C. (2000), S. 177. Die Bedeutung, die Business Angels dem Besitz und dem Anteil der Stimmrechte zubilligen, variiert allerdings beträchtlich.

[4] Im Jahre 2000 lag der Median der Haushaltseinkommen deutscher Business Angels in einem Intervall von TDM 500 bis TDM 999, vgl. Brettel, M./Jaugey, C./Rost, C. (2000), S. 140.

den Gründer gelten, der oftmals sein gesamtes Vermögen in das Unternehmen investiert hat und daher über kein finanzielles „Polster" verfügt; andererseits sind Business Angel-Finanzierungen dadurch gekennzeichnet, dass der Gründer in dem Unternehmen tätig ist und hierfür eine Vergütung bezieht. Obwohl die (fixe) Vergütung im Branchenvergleich oftmals unterdurchschnittlich ausfällt, sollte sie zur Sicherung des Lebensunterhalts ausreichen, so dass auch der Unternehmer nicht auf Dividenden angewiesen ist.[1]

Damit bildet die Höhe der Unternehmensteuerbelastung ein grundsätzlich geeignetes Kriterium für die Analyse der Vorteilhaftigkeit möglicher Finanzierungsalternativen, so dass nachfolgend ausschließlich Steuerzahlungen betrachtet werden, deren Minimierung allerdings in zweifacher Hinsicht zu präzisieren ist:[2] so kann nicht der Absolutbetrag der Steuerschuld das maßgebende Vorteilhaftigkeitskriterium bilden, sondern immer nur die mit einer bestimmten Gestaltungsmaßnahme verbundene Steuerersparnis.[3] Zum anderen ist bei mehrperiodischen Planungszeiträumen neben der Höhe der Steuerbelastung auch deren Entstehungszeitpunkt zu berücksichtigen, so dass „Steuerbelastungsminimierung" im Folgenden die Zielsetzung beschreibt, dass der mit einer bestimmten finanzierungsbezogenen Gestaltungsmaßnahme verbundene Barwert der Steuerentlastungen maximal wird.[4]

I-2.3.3 Möglichkeiten und Grenzen steuerlicher Gestaltungen

Bei steuerlichen Entscheidungen ist eine enge Verknüpfung zwischen ökonomischen und rechtlichen Elementen gegeben.[5] Daher bestimmen die geltenden steuergesetzlichen Regelungen Ansatzpunkte und auch Grenzen steuerlicher Gestaltungen, die nachfolgend in ihren Grundzügen dargestellt werden.

---

[1] So bevorzugen 63% der Business Angels unterdurchschnittliche Fixgehälter für die Unternehmer, vgl. Brettel, M./Meier, D./Reißig-Thust, S. (2004), S. 439.

[2] Die Beschränkung auf Steuerzahlungen erfordert, dass sich die Entscheidungsalternativen im Bruttoeinkommen nicht unterscheiden, vgl. dazu ausführlich Adam, D. (1998), S. 56. Sofern wie hier davon ausgegangen wird, dass die „nicht steuerliche Situation" des Unternehmens von finanzierungsbezogenen steuerlichen Gestaltungsmaßnahmen unbeeinflusst bleibt, kann eine Beschränkung auf Steuerzahlungen gerechtfertigt werden.

[3] Die Steuerbelastung könnte einfach dadurch minimiert werden, indem auf die Erzielung jeglicher Gewinne, Umsätze etc. verzichtet wird, vgl. Nieland, M. (1997), S. 63. Das kann allerdings nicht das Ziel einer renditeorientierten unternehmerischen Tätigkeit sein.

[4] So lässt sich die übergeordnete Zielsetzung eines jeden steuerorientierten Vorgehens mit dem Terminus „relative Steuerbarwertminimierung" umschreiben, was sowohl die Minimierung des Barwertes der Steuerbelastungen als auch die Maximierung des Barwertes der Steuerentlastungen umfasst, vgl. Rödder, T. (1991), S. 52 f.; vgl. dazu auch Abschnitt I-2.3.3.1.

[5] Daher ist die angemessene Berücksichtigung der Beziehungen zwischen betriebswirtschaftlichem und steuerrechtlichem Bereich Voraussetzung für eine einfache und zweckmäßige Entscheidungsfindung, vgl. Wagner, F. W. (1993), Sp. 4054.

I-2.3.3.1 Ansatzpunkte

Oben wurde als ertragsteuerliche Zielfunktion die relative Steuerbarwertminimierung bestimmt, definiert als Maximierung des Barwerts der aus Steuergestaltungsmaßnahmen resultierenden Steuereinsparungen. Die relative Barwertminimierung setzt dabei voraus, dass der wirtschaftliche Erfolg des Unternehmens aus steuerlicher Sicht als Datum aufgefasst wird, so dass als Ansatzpunkt für eine Steuergestaltung nicht die Beeinflussung des wirtschaftlichen Erfolgs an sich, sondern vielmehr dessen steuerliche Qualifizierung gesehen werden kann.[1]

Wird die zu beeinflussende Größe „relativer Steuerbarwert" in ihre Bestandteile aufgegliedert, können als dessen Determinanten die Bemessungsgrundlage und der Steuersatz identifiziert werden. Diese beiden Bestimmungsgrößen sind im Folgenden auf ihre Bedeutung hinsichtlich der Finanzierungstätigkeit des Business Angels zu untersuchen. In Bezug auf die Bemessungsgrundlage sind prinzipiell zwei Fragen von Interesse: einmal die Frage nach ihrer absoluten Höhe, da der Steuersatz an diese Größe unmittelbar anknüpft, und zum anderen die Frage, in welchem Veranlagungszeitraum sie ihre steuerliche Wirkung entfaltet.[2] Im Hinblick auf den Steuersatz ist ausschließlich dessen Höhe von Bedeutung, wobei – da ein Sondertarif für die Finanzierung junger Wachstumsunternehmen nicht existiert – die Möglichkeiten für eine diesbezügliche Beeinflussung der Steuerbelastung eng begrenzt sind. Da der Körperschaft- und der Gewerbesteuersatz (letzterer zumindest prinzipiell) konstant sind, kann lediglich versucht werden, die Höhe des Einkommensteuersatzes zu beeinflussen.[3] Dies ist wegen der im Einkommensteuerrecht kodifizierten Tarifstruktur ausschließlich über die Höhe der Bemessungsgrundlage möglich.

Eine ertragsteuerliche Bemessungsgrundlage setzt sich regelmäßig aus positiven und negativen Komponenten zusammen. Im Zusammenhang mit der Finanzierungstätigkeit sind grundsätzlich zwei Formen von Zahlungsströmen zu unterscheiden: die Kapitalausstattung und die für die Kapitalüberlassung zu leistenden Entgelte. Da der finanziellen Ausstattung eines Unternehmens im deutschen Steuerrecht grundsätzlich keine steuerli-

---

[1] Vgl. Hötzel, O. (1997), S. 60.

[2] Der letztgenannte Punkt erlangt insofern Bedeutung, als er zwar die Gesamtsteuerbelastung prinzipiell unberührt lässt, in Folge der im Rahmen der Barwertermittlung vorzunehmenden Abzinsung Be- bzw. Entlastungen jedoch umso mehr an Gewicht verlieren, je weiter sie in der Zukunft liegen und je höher der (nachfolgend nicht näher betrachtete) Diskontierungssatz ist.

[3] Lediglich das Gewerbesteuergesetz kennt für gleiche Bemessungsgrundlagen unterschiedliche Steuersätze, die aus den jeweiligen Hebesätzen der hebeberechtigten Gemeinden resultieren. Da jedoch die Hebesätze von der Finanzierungsstruktur unabhängig und dementsprechend hier nicht entscheidungsrelevant sind, wird im Folgenden von einem konstanten Gewerbesteuersatz ausgegangen.

che Relevanz zukommt, sind letztlich nur die „Kapitalüberlassungsentgelte“ von Bedeutung. Da sich der Gesetzgeber des Weiteren dafür entschieden hat, dass für die Eigenkapitalüberlassung geleistete Entgelte aus dem versteuerten Gewinn zu entrichten sind, ist der Gestaltungsspielraum auf Unternehmensebene im Wesentlichen auf die Fremdfinanzierung beschränkt.[1]

Im Gegensatz zu dem Gründungsunternehmen, bei dem eine (finanzierungsbedingte) Beeinflussung der Steuerbelastung nur über Zinsaufwendungen möglich ist, stehen auf Ebene der Gesellschafter beide Komponenten für eine zielgerichtete Beeinflussung der Bemessungsgrundlage und auch des Steuersatzes offen. Die für die Kapitalüberlassung geleisteten Entgelte erhöhen die steuerpflichtigen Einkünfte der Kapitalgeber ganz oder teilweise, so dass im Hinblick auf deren positive Bemessungsgrundlagenkomponente im Rahmen der Steuerplanung sowohl der betragsmäßige wie auch der zeitliche Aspekt zu berücksichtigen ist.[2] Des Weiteren haben die Anteilseigner im Zusammenhang mit der Kapitalausstattung des Beteiligungsunternehmens oftmals auch Belastungen zu tragen, die gleichfalls in die Betrachtung einzubeziehen sind.[3] Die nachstehende Abbildung I-5 stellt diese Zusammenhänge in komprimierter Form dar:

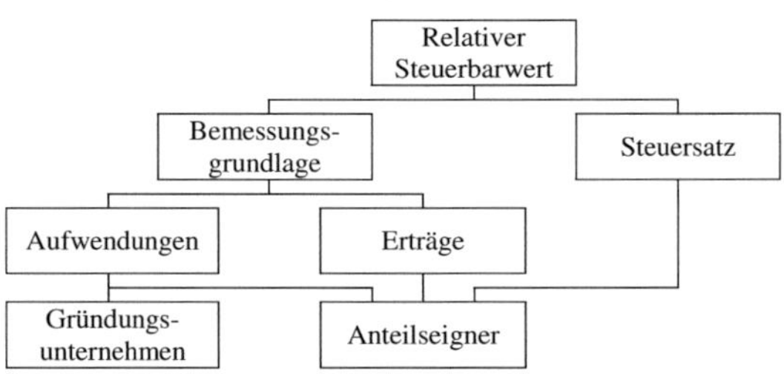

Abb. I-5: Ansatzpunkte finanzierungsorientierter Steuergestaltungen
(Quelle: eigene Darstellung)

Üblicherweise wird innerhalb der Steuerplanung zwischen zwei Formen von Gestaltungsmöglichkeiten unterschieden: der steuerorientierten Sachverhaltsgestaltung sowie der steuerlichen Wahlrechtsausübung.[4] Die erste Gruppe dieser Möglichkeiten erfordert gewisse nicht steuerliche Entscheidungsfreiheiten; sofern diese existieren, bietet es sich

[1] Die Steuerung des Zuflusses des wirtschaftlichen Erfolgs von Unternehmen an ihre Anteilseigner über die Art der Kapitalbereitstellung – aber auch über Tätigkeits- bzw. Leistungsvergütungen – stellt eine Möglichkeit der steuerlichen Erfolgsqualifizierung dar.

[2] Eine weitere (bei Risikofinanzierungen maßgebliche) Ertragskomponente stellt der Veräußerungserlös dar, der Gegenstand einer steuerorientierten Desinvestitionsplanung ist. Vgl. hierzu Abschnitt II-3.

[3] Diesen Belastungen umfassen beispielsweise Beratungs- und Beurkundungskosten, Vermittlungsprovisionen und grundsätzlich auch Refinanzierungsaufwendungen.

[4] Vgl. hierzu exemplarisch Hötzel, O. (1997), S. 72 f. und die dort angegebene Literatur.

an, solche Entscheidungen unter Berücksichtigung auch der steuerlichen Konsequenzen zu treffen. Diesem Bereich ist die Ausgestaltung der Finanzierung des Gründungsunternehmens zuzuordnen.[1] Für die zweite Gruppe der Gestaltungsmöglichkeiten ist dagegen kennzeichnend, dass ein Sachverhalt als gegeben anzusehen ist, so dass die Gestaltungsfreiheit auf die steuerliche Abbildung dieses (bereits realisierten) Sachverhalts reduziert wird; dabei handelt es sich in der Regel um Ansatz- und Bewertungswahlrechte, welche die zeitliche Verlagerung steuerlicher Bemessungsgrundlagen zulassen.[2] Dieser Bereich spielt für die Finanzierungsplanung keine Rolle und wird daher nicht weiter betrachtet.

Im Gegensatz zu den steuerbilanziellen Wahlrechten stellt sich bei der Gestaltung der Finanzierungsstruktur nicht das Problem, dass die gesamte Höhe der Bemessungsgrundlage konstant ist. So kann die Finanzierungsstruktur theoretisch für jeden Besteuerungsabschnitt neu gestaltet und an sich verändernde Gegebenheiten angepasst werden, ohne dass die in der Vergangenheit gewählte Finanzierungsstruktur darauf einen Einfluss hat. Andererseits sind mit den jeweiligen Finanzierungsalternativen Entgelte für die Kapitalüberlassung verbunden, deren Besteuerungszeitpunkt auf Ebene der Kapitalgeber (weitgehend) beliebig bestimmt werden kann, da das Engagement der an einem Gründungsunternehmen beteiligten Parteien erheblich über die Dauer eines Besteuerungszeitraums hinausgeht.[3] Damit sind die als Belastungsdifferenzen darzustellenden Steuerwirkungen der verschiedenen Finanzierungsalternativen in eine Barwertbetrachtung zu integrieren, um deren Auswirkungen auf den Vermögensendwert zu berechnen, wobei sich die weiteren Ausführungen auf die Ermittlung der mit den jeweiligen Finanzierungsalternativen verbundenen Steuerwirkungen beschränken.[4]

I-2.3.3.2 Grenzen der steuerlichen Gestaltung

Nachdem vorstehend auf die Ansatzpunkte und Möglichkeiten steuerorientierter Gestaltungen eingegangen wurde, sind abschließend noch deren Grenzen zu behandeln, da die steuerliche Gestaltungsfreiheit in verschiedenen Dimensionen eingeschränkt ist. Be-

---

[1] Maßgebend ist hierbei, dass bei dieser Gruppe von Wahlrechten die Höhe der Bemessungsgrundlage variabel ist, weshalb diese mit dem Begriff steuerliche „Optionsrechte" umschrieben werden können, vgl. Wagner F. W. (1993), Sp. 4056.

[2] Die betreffenden Wahlrechte werden als „steuerbilanzpolitische Aktionsparameter" bezeichnet, da sie zu einer steuerlichen Manövriermasse in Höhe des zeitlich verlagerbaren Gewinns führen, vgl. hierzu ebenfalls Wagner, F. W. (1993), Sp. 4056.

[3] So können etwa bei der Fremdkapitalvergabe endfällige Zinsen vereinbart werden, um den Zeitpunkt der Einkommensteuerzahlung in die Zukunft zu verschieben, falls der Kapitalgeber die Zinsen erst bei Zufluss zu versteuern hat.

[4] Zur dynamischen Teilsteuerrechnung für mehrperiodige Planungszeiträume vgl. Eisenach, M. (1974).

vor in Teil II unterschiedliche Finanzierungsgestaltungen diskutiert werden, erscheint es geboten, die Grenzen des Gestaltungsspielraums aufzuzeigen. So wird die gestalterische Dispositionsfreiheit hauptsächlich durch das Legalitätsprinzip, das Anerkennungsrisiko sowie durch dominierende nicht steuerliche Zielsetzungen beschränkt.[1]

Steuerpflichtige können ihre steuerlich relevanten Sachverhalte so gestalten, dass die hiermit verbundene Steuerbelastung möglichst gering wird.[2] Dieses Recht findet jedoch dann seine Grenzen, falls Gestaltungen nicht mehr als rechtmäßig anzusehen sind.[3] Vereinfacht gesprochen meint das Legalitätsprinzip, dass Sachverhalte so zu gestalten sind, dass sie nicht die Tatbestände der §§ 41, 42 oder 369 ff. AO erfüllen.

Andererseits bewegen sich interessante Gestaltungen oftmals in den Grenzbereichen insbesondere der beiden erstgenannten Vorschriften, so dass sämtliche Steuergestaltungen anhand der dort aufgestellten Kriterien zu überprüfen sind.[4] Führt diese Prüfung zu dem Ergebnis, dass die steuerliche Anerkennung durch die Finanzbehörden zweifelhaft ist, sind grundsätzlich zwei Konstellationen zu unterscheiden: sofern die Nichtanerkennung zu Konsequenzen führt, die auch ohne Ergreifen der Gestaltungsmaßnahme eingetreten wären, sollte diese Maßnahme realisiert werden, da sich die Situation des Steuerpflichtigen nur verbessern, nicht aber verschlechtern kann. Dies stellt sich jedoch anders dar, falls die drohende Nichtanerkennung gegenüber dem Nichtergreifen der Maßnahme (oder gegenüber einer Alternativgestaltung) zu steuerlichen Nachteilen führt. In diesem Fall sollte auf Grund des Anerkennungsrisikos entweder auf diese Gestaltung verzichtet oder aber ihre Anerkennung im Vorfeld mit der Finanzverwaltung abgestimmt werden.

Schließlich ist zu berücksichtigen, dass die Besteuerung zwar einen wichtigen Impuls für die Ausgestaltung der Finanzierungsstruktur liefert, dass diese Entscheidung jedoch nicht ausschließlich auf Grundlage steuerlicher Motive getroffen werden sollte (und oftmals auch nicht getroffen werden kann).[5] Somit kann sich eine steuerorientierte Gestal-

---

[1] Ergänzend sei an dieser Stelle noch auf das Wirtschaftlichkeitsprinzip hingewiesen, welches den steuerlichen Gestaltungsspielraum weder rechtlich noch durch außersteuerliche Entscheidungspräferenzen einengt, sondern ein rationales Verhalten der Wirtschaftssubjekte verlangt. Das bedeutet für den hier betrachteten Fall der Steuerplanung, dass eine Gestaltungsmaßnahme dazu beiträgt, dass sich die wirtschaftliche Situation der Entscheidungsträger insgesamt verbessert, was beispielsweise dann nicht gegeben wäre, falls die Realisierung einer Maßnahme im Vorfeld mehr kostet als sie nachträglich in Gestalt von Steuerersparnissen einbringt.

[2] So grundlegend bereits RFH (1944), S. 435 und beispielsweise auch BFH (1951), S. 181.

[3] Vgl. Herzig, N. (1981), S. 20, zitiert nach Hötzel, O. (1997), S. 75.

[4] Vgl. nachfolgend Hötzel, O. (1997), S. 75.

[5] Der Steuerplanung liegt demnach keine autonome Zielsetzung zu Grunde, sondern sie stellt eine Zielsetzung sekundärer Art dar, anhand derer außersteuerliche und übergeordnete Entscheidungen auf ihre „Steuerverträglichkeit“ hin überprüft werden können, vgl. Hötzel, O. (1997), S. 74.

tung nur in einem Rahmen bewegen, durch welchen die dominierenden unternehmenspolitischen Zielsetzungen nicht tangiert werden.[1] Da nicht immer eindeutig feststellbar ist, welcher Zielsetzung in einem konkreten Einzelfall die größere Bedeutung zukommt, müssen die Ausführungen an dieser Stelle auf den Hinweis beschränkt bleiben, dass dominante außersteuerliche Präferenzen den steuerlichen Gestaltungsspielraum einengen.

I-3 Modellvorstellung

Auf der allgemeinen Charakterisierung von Venture Capital-Finanzierungen und den Besonderheiten bei Innovationsfinanzierungen durch Business Angels aufbauend wird in Abschnitt I-3.1 zunächst der Analyserahmen vorgestellt, welcher der weiteren Untersuchung zu Grunde liegt, bevor in Abschnitt I-3.2 das für Risikofinanzierungen maßgebende Drei-Phasen-Modell beschrieben wird.

I-3.1 Analyserahmen

Im Rahmen der Modellvorstellung ist vorab auf die typisierende Beteiligungsstruktur einzugehen. Anschließend werden in Abschnitt I-3.1.1 die Rahmendaten und Prämissen sowie in Abschnitt I-3.1.2 die Leistungsbeziehungen zwischen den beteiligten Parteien besprochen, soweit sie für die weitere Untersuchung bedeutsam sind. Abschließend sind in Abschnitt I-3.1.3 die bei Gründungsfinanzierungen zu berücksichtigenden Steuerarten zu diskutieren.

Der weiteren Untersuchung liegt eine idealtypische Beteiligungsstruktur zu Grunde, die von einem Gründungsunternehmen mit zwei natürlichen Personen als Anteilseigner ausgeht, wobei der Existenzgründer mehrheitlich an dem Unternehmen beteiligt ist und der Business Angel die verbleibenden Anteile hält. Dies wurde in nachstehender Abbildung I-6 graphisch veranschaulicht:

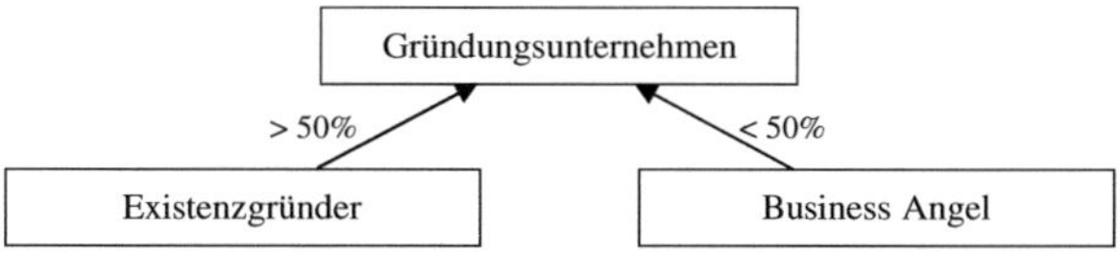

Abb. I-6: Typisierende Beteiligungsstruktur
(Quelle: eigene Darstellung)

[1] Zu unternehmenspolitisch begründeten Grenzen der Steuerplanung vgl. Rödder, T. (1988), S. 355 ff.

Aus der Beschränkung auf diese Beteiligungsstruktur resultieren grundsätzlich keine Einschränkungen der Aussagefähigkeit, da es jederzeit möglich ist, das Modell um weitere Gesellschafter zu erweitern, so dass beispielsweise Teamgründungen berücksichtigt werden könnten.[1] Des Weiteren wäre es auch möglich, Business Angel-Syndikate in das Modell einzubeziehen.[2]

In der Regel beteiligen sich Business Angels direkt (unmittelbar) an einem Existenzgründungsunternehmen.[3] Allerdings sind, was aus Abbildung I-6 nicht ersichtlich ist, in Bezug auf den Business Angel bei Gründungsfinanzierungen neben unmittelbaren auch mittelbare Beteiligungsstrukturen denkbar, welche aus steuerlicher Sicht Ansatzpunkte für Finanzierungsgestaltungen liefern und ebenfalls einbezogen werden könnten.[4]

I-3.1.1 Rahmendaten

Die Konzentration auf die Frühphase der Unternehmensentwicklung ermöglicht eine von einschränkenden Annahmen weitgehend losgelöste Analyse, da die beteiligten Parteien in dieser Phase in ihrer Entscheidungsfindung relativ frei sind. Gleichwohl scheint es auf Grund der Vielschichtigkeit von Risikokapitalfinanzierungen erforderlich, einige nicht steuerliche Rahmendaten festzulegen, um den Analyserahmen zu konkretisieren.[5] Der Detaillierungsgrad ist hierbei so zu wählen, dass das Modell zwar eine Vielzahl von Gründungsfinanzierungen abdeckt, gleichzeitig aber dessen Komplexität in vertretbaren Grenzen gehalten wird.[6]

I-3.1.1.1 Beteiligungsunternehmen

In der Gründungsforschung wird zwischen unterschiedlichen Gründungsformen und -modellen differenziert.[7] Dabei wird den Merkmalen Strukturexistenz, Innovationsgrad

---

1 Das ist von Bedeutung, da Teamgründungen einen wachsenden Anteil an allen neu errichteten technologieorientierten Unternehmen stellen, vgl. Albach, H./Hunsdiek, D. (1987), S. 568.

2 Wie bereits angedeutet, werden darunter informelle Gruppen von aktiven Privatinvestoren verstanden, die gemeinschaftlich und direkt in ein Unternehmen investieren, vgl. Nittka, I. (2000a), S. 253.

3 Vgl. anstatt vieler Niederöcker, B. (2001), S. 281 und Engelmann, A./Heitzer, B. (2001), S. 217.

4 Zu den grundsätzlichen Beteiligungsmöglichkeiten vgl. Leuner, R./Lindenau, L./Westphal, R. (2002), S. 701 ff. und Abschnitt II-1.2.1. Zur intermediären Finanzierungsstruktur bei Venture Capital-Finanzierungen vgl. Pape, U./Beyer, S. (2001), S. 630.

5 Auf steuerlich relevante Annahmen wird an den entsprechenden Stellen in Teil II und III eingegangen.

6 Zur Komplexitätsreduktion bei Steuerplanungsfragen vgl. Wagner, F. W. (1993), Sp. 4060 f.

7 Vgl. dazu ausführlich Nathusius, K. (2003), S. 158 ff. Zu weiteren Aspekten der Gründungsforschung vgl. Schmude, J./Leiner, R. (1999), S. 109 ff. sowie zum externen Gründungsmanagement Koch, L. T. (1999), S. 307 ff.

und Selbständigkeitsgrad besonderes Interesse zuteil.[1] Hier wird von einer selbständigen und originären Unternehmensneugründung ausgegangen;[2] dem Innovationsgrad der Geschäftsidee soll dabei keine Bedeutung zukommen.

Die Einschränkung hinsichtlich der Rechtsform des Beteiligungsunternehmens folgt der Venture Capital-Praxis, wonach bei der überwiegenden Anzahl aller Risikofinanzierungen das zu finanzierende Unternehmen als Kapitalgesellschaft geführt wird.[3] Im Folgenden wird von der Rechtsform der GmbH ausgegangen, da die AG – selbst in Gestalt der „kleinen Aktiengesellschaft" – für das Gründungsunternehmen im Regelfall erst im Zusammenhang mit einem Börsengang in Betracht kommt.[4]

I-3.1.1.2 Existenzgründer

Die zu realisierende Existenzgründung soll im Rahmen einer Vollerwerbsgründung erfolgen, so dass der Unternehmer außer den unternehmensbezogenen Einkünften keine weiteren Einkünfte erzielt.[5] Der Unternehmensgründer soll ledig, kinder- und konfessionslos sowie unbeschränkt einkommensteuerpflichtig sein.

Sofern der Unternehmer dem Beteiligungsunternehmen Kapital zur Verfügung stellt, soll dies ausschließlich in Gestalt der Eigenfinanzierung erfolgen, was im Einklang mit der Venture Capital-Praxis steht, da es (insbesondere institutionelle) Kapitalgeber befürworten, wenn die Gründer Eigenkapital investieren.[6] Das von dem Unternehmer eingebrachte Eigenkapital soll dabei seine gesamten Ersparnisse umfassen.

---

1 Das Merkmal der Strukturexistenz unterscheidet originäre Gründungen, die als vollständiger Neustart angelegt werden und derivative Gründungen, bei denen bestehende Unternehmensstrukturen als Ausgangspunkt für das Gründungsvorhaben dienen. Der Innovationsgrad bezieht sich auf das Geschäfts- und Unternehmenskonzept und differenziert zwischen innovativen Gründungen, mit denen erstmalig neue Faktorkombinationen realisiert werden sowie imitierenden Gründungen, die in ihren Unternehmenskonzepten Vorbildern von bereits existierenden Unternehmen oder Konzepten folgen; weiterhin sind in diesem Zusammenhang technologieorientierte Unternehmensgründungen zu berücksichtigen. Der Selbständigkeitsgrad bezieht sich auf den Status der im Gründungsprozess als prozessverantwortlich Handelnden. Zu weiteren Einzelheiten vgl. Nathusius, K. (2003), S. 160 ff.

2 Originäre Neugründungen haben zwar ein höheres Risiko als Firmenübernahmen, weisen jedoch auch ein erheblich höheres Wachstumspotential auf, vgl. Preisendörfer, P. (1999), S. 65. Zu den Bedingungen für den Innovationserfolg vgl. Albach, H. (1999), S. 3 ff.

3 Vgl. anstatt vieler Nittka, I. (2000), S. 105, Schefczyk, M./Peterson, C. (2001), S. 441 und Leuner, R./ Lindenau, L./Westphal, R. (2002), S. 700. Zum Einfluss externer Berater auf die Rechtsformwahlentscheidung von Existenzgründern vgl. Breithecker, V./Baumann, A. (1998), S. 221 ff.

4 Vgl. Pfeifer, A. (1999), S. 1668.

5 Das Merkmal der Vollerwerbsgründung gilt in der Gründungsforschung als Kriterium für die Definition einer erfolgreichen Existenzgründung, vgl. Frank, H./Korunka, C./Lueger, M. (1999), S. 263.

6 Hiervon kann eine positive Motivation und Konzentration auf die Firmenentwicklung ausgehen, vgl. Weitnauer, W. (2000), S. 120; auch aus Sicht der Gründer kann es wünschenswert sein, Eigenkapital zu investieren, um nicht „mit leeren Händen" vor den Kapitalgebern zu stehen.

I-3.1.1.3 Business Angel

Die erste Eigenkapitaltranche stammt üblicherweise von dem Existenzgründer selbst oder aus dem Familien- und Freundeskreis.[1] In diesem Zusammenhang wird kontrovers diskutiert, ob Freunde und/oder Familienmitglieder auch als Business Angels anzusehen sind.[2] Im Folgenden soll der Risikokapitalgeber weder freundschaftliche noch familiäre Beziehungen zu dem Gründer unterhalten, so dass von einem natürlichen Interessenkonflikt ausgegangen werden kann.

Oben wurde deutlich, dass Business Angels häufig auch aus altruistischen und hedonistischen Gründen (intrinsische Motive) tätig werden.[3] Dies äußert sich unter anderem wohl auch darin, dass die Managementunterstützung häufig ohne besonderes Entgelt erbracht wird.[4] Andererseits wurde herausgestellt, dass nicht finanzielle Motive nur selten die treibende Kraft sind, die hinter Steuergestaltungsüberlegungen stehen, weshalb hier allein finanzielle (extrinsische) Motive berücksichtigt werden. Da von einer aktiven Managementunterstützung des (renditeorientiert agierenden) Business Angels ausgegangen wird, soll diese grundsätzlich entgeltlich erfolgen.[5]

Der Business Angel soll ebenfalls ledig, kinder- und konfessionslos sein. Des Weiteren wird auch für seine Person die unbeschränkte Steuerpflicht (§ 1 Abs. 1 EStG) unterstellt. Der Risikokapitalgeber soll über die dem Gründungsunternehmen zur Verfügung zu stellenden finanziellen Mittel frei verfügen können, so dass er sich diesbezüglich bei Dritten nicht refinanzieren muss.[6]

I-3.1.2 Leistungsbeziehungen zwischen den beteiligten Parteien

Nach dieser grundlegenden Definition werden im Weiteren die aus steuerlicher Sicht bedeutsamen Leistungsbeziehungen zwischen den beteiligten Parteien präzisiert. Soweit diese bereits angesprochen wurden, werden sie hier um weitere Annahmen ergänzt, um die Leistungsbeziehungen in geeigneter Weise zu charakterisieren.

---

1 Dies wird auch „3f"-money („friends, family and fools") genannt, vgl. Weitnauer, W. (2000), S. 120.

2 Vgl. Brettel, M./Meier, D./Reißig-Thust, S. (2004), S. 432; zustimmend Bell, M. G. (1999), S. 374 f.

3 Im Gegensatz dazu dominieren bei den Kapitalnehmern finanzielle Ziele, vgl. Breer, E. (1999), S. 43.

4 Vgl. Brettel, M./Jaugey, C./Rost, C. (2000), S. 177, wonach nur zwei von insgesamt 200 Gründungsunternehmen, in denen Business Angels Beratungshilfe geleistet haben, für diese bezahlen mussten.

5 In der Praxis engagiert sich die Mehrzahl der Business Angels „hands-on", vgl. Peters, H.-H./Stedler, H. R. (2002), S. 555 und auch Abschnitt I-2.2.3.1.

6 So liegt das durchschnittliche Privatvermögen deutscher Business Angels bei etwa TDM 11.500, vgl. hierzu Brettel, M./Jaugey, C./Rost, C. (2000), S. 140 f. Der Refinanzierung des Engagements dürfte in der Praxis deshalb keine Bedeutung zukommen.

I-3.1.2.1 Tätigkeitsvergütungen

In der Regel führt der Unternehmer die Geschäfte des Beteiligungsunternehmens, ist aber zumindest in dem Unternehmen tätig. Auf Grund der Annahme einer Vollerwerbsgründung und mangels anderweitiger Einkünfte soll der Unternehmensgründer ein nach § 19 EStG steuerpflichtiges Gehalt beziehen. In der Praxis ist eine gewinnbasierte Ausgestaltung der Entlohnung am gebräuchlichsten, die häufig ein Fixgehalt in Verbindung mit einem variablen Gehaltsbestandteil (in Form von hier nicht relevanten Aktienoptionen oder in Gestalt eines leistungsabhängigen Bonus) vorsieht.[1]

Der Risikokapitalgeber übt bei der Unternehmensführung zwar eine aktive Rolle aus, jedoch in der Regel nicht im Rahmen eines Angestelltenverhältnisses, so dass der Business Angel aus der Tätigkeit in dem Beteiligungsunternehmen keine Einkünfte aus nicht selbständiger Arbeit beziehen soll.[2]

I-3.1.2.2 Gewinnausschüttungen

Im Hinblick auf Risikofinanzierungen und Gewinnausschüttungen kann festgehalten werden, dass die Kapitalnehmer generell „Gewinnverteilungsregeln mit Einbehaltungskomponente" bevorzugen.[3] Ebenso haben bei den Kapitalgebern Ausschüttungen keine übergeordnete Priorität, da der Veräußerungsgewinn den wesentlichen Beitrag zu deren angestrebter Zielrendite liefert.[4] Bei einer praxisnahen Betrachtung sind allerdings auch laufende Beteiligungserträge zu berücksichtigen.[5]

Da Gewinnverteilungsregeln nicht vorab festgelegt, sondern an die jeweilige Ertragslage angepasst werden, wird von einer ergebnisabhängigen Ausschüttungspolitik ausgegangen.[6] In diesem Zusammenhang können neben „regulären" Ausschüttungen (die den Gesellschaftern ihrer Beteiligungsquote entsprechend zufließen) auch sog. inkongruente Gewinnausschüttungen in Betracht kommen.[7]

---

1 Vgl. Brettel, M./Meier, D./Reißig-Thust, S. (2004), S. 434.

2 Anders stellt sich dies bei Income Seeking Angels dar; vgl. hierzu Abschnitt I-2.2.3.1.

3 Vgl. Arnold, W. (1989), S. 207 ff. Da Gewinnausschüttungen als Gegenleistung für die Eigenkapitalüberlassung anzusehen sind, werden sie hier im Rahmen der Leistungsbeziehungen behandelt.

4 Vgl. aus der Fülle der Literatur stellvertretend Heitzer, B./Sohn, C. (1999), S. 397.

5 So kann in Bezug auf Venture Capital- und Kapitalbeteiligungsgesellschaften nicht genau festgestellt werden, welcher Entgelttyp (Gewinnausschüttungen oder realisierte Wertsteigerung) für die befristete Eigenkapitalüberlassung typisch ist, vgl. Fanselow, K.-H./Stedler, H. (1988), S. 555.

6 Typische Motive für Gewinnthesaurierungen sind der Finanzierungsbedarf des Unternehmens und das Interesse an einer günstigen Innenfinanzierung, vgl. Schefczyk, M. (2000), S. 20.

7 Zur disquotalen Gewinnverteilung bei Kapitalgesellschaften vgl. Groh, M. (2000), S. 1433 ff. und insbesondere Blumers, W./Beinert, S./Witt, S.-C. (2002), S. 565 ff. sowie dieselben (2002a), S. 616 ff.

I-3.1.2.3 Management Fee

Business Angels leisten in der Regel eine aktive unternehmerische Beratung und Betreuung des finanzierten Unternehmens, ohne jedoch das laufende Tagesgeschäft zu beeinflussen. Falls die Managementunterstützung nicht unentgeltlich erfolgt, stellt sich die Frage nach der Art der Entlohnung, wobei im Folgenden davon ausgegangen wird, dass sich der Business Angel seine Tätigkeit in Gestalt eines als „Management Fee" bezeichneten Honorars vergüten lässt, welches bei ihm zu Einkünften aus selbständiger Arbeit (§ 18 EStG) führt.[1]

Da das Gründungsunternehmen als GmbH geführt wird, könnte auch der Gründer auf Grund des Trennungsprinzips gegenüber „seinem" Unternehmen gesondert zu vergütende sowie steuerlich anzuerkennende Beratungsleistungen erbringen. Diese Möglichkeit soll im Weiteren nicht berücksichtigt werden, so dass alle Tätigkeiten des Unternehmers durch sein Gehalt abgegolten sind.

I-3.1.2.4 Fremdkapitalzinsen

Die bisherigen Ausführungen haben verdeutlicht, dass Business Angels neben Eigenkapital auch auf eigenkapitalähnliche Mittel als Finanzierungsinstrument zurückgreifen oder Fremdkapital zur Verfügung stellen. In diesem Zusammenhang ist zu konstatieren, dass die eigenkapitalähnlichen bzw. hybriden Finanzierungsinstrumente für die Kapitalgeber grundsätzlich als vorteilhaft angesehen werden.[2] Deren Eigenkapitalcharakter erlaubt es den Kapitalgebern, an den Wachstumschancen des Gründungsunternehmens zu partizipieren, wogegen sich auf Grund des Fremdkapitalcharakters (bzw. der damit verbundenen Rückzahlungsverpflichtung) Rückschlüsse auf die Qualität des finanzierungsbedürftigen Unternehmens ziehen lassen.[3] Insofern gehen von einer Mischfinanzierung positive Wirkungen auf den Beteiligungserfolg aus.

Aus diesem Grund wird im Folgenden auch die Finanzierung mit Fremdkapital oder eigenkapitalähnlichen Mitteln in die Betrachtung einbezogen, wobei diese grundsätzlich auf Basis einer fremdüblichen Verzinsung erfolgen soll.

---

[1] Einen anderen Weg gehen sog. „Berater-Angels", die als selbständige Berater Leistungen erbringen, diese mit Rücksicht auf die anfänglich knappe Liquidität des Beteiligungsunternehmens jedoch nicht sofort in Rechnung stellen und als Ausgleich dafür an der späteren Wertsteigerung ihrer Anteile profitieren, vgl. Weitnauer, W. (2000), S. 121.

[2] Vgl. nachfolgend Brettel, M./Meier, D./Reißig-Thust, S. (2004), S. 434 f.

[3] Zur Eignung hybrider Finanzierungsinstrumente als Anreiz- bzw. Kontrollmechanismen vgl. Bascha, A./Walz, U. (2000), S. 410 ff.

I-3.1.3 Einzubeziehende Steuerarten

Die bisherigen Ausführungen sind implizit von der Annahme ausgegangen, dass ausschließlich Ertragsteuern einen Einfluss auf die Gründungsfinanzierung ausüben und in die Betrachtung einzubeziehen sind. Diese Vermutung ist im Folgenden zu hinterfragen, wobei unentgeltliche (schenkungsteuerpflichtige) Vermögenstransfers zwischen den an der Existenzgründungsfinanzierung beteiligten Parteien nicht berücksichtigt werden, da diese indirekt über die Verneinung freundschaftlicher bzw. familiärer Beziehungen ausgeschlossen wurden.

In Bezug auf risikokapitalfinanzierte Unternehmens- bzw. Existenzgründungen sind grundsätzlich sämtliche Steuerarten bedeutsam, da Steuern unabhängig von der Besteuerungsbasis einen Abfluss an Zahlungsmitteln bewirken, so dass ein Ausschluss einzelner Steuerarten zunächst nicht gerechtfertigt erscheint.[1] Dennoch werden hier nur solche Steuern berücksichtigt, die (1) Entscheidungsrelevanz besitzen, da sie bei verschiedenen Finanzierungen in unterschiedlicher Höhe anfallen bzw. durch Sachverhaltsgestaltungen beeinflusst werden können und (2) dem Wirtschaftlichkeitsprinzip folgend materiell von Bedeutung sind.[2]

I-3.1.3.1 Ertragsteuern

Besteuerungsbasis der Ertragsteuern ist das Einkommen in Gestalt der am Markt erwirtschafteten Vermögensmehrung. Zu den Ertragsteuern rechnen neben der Einkommen-, der Körperschaft- und der Gewerbesteuer auch die Zuschlagsteuern wie Kirchensteuer und Solidaritätszuschlag. Die erstgenannten, drei „großen" Ertragsteuern erfüllen die oben dargestellten Kriterien uneingeschränkt und werden dementsprechend berücksichtigt; die Kirchensteuer bleibt auf Grund der angenommenen Konfessionslosigkeit der natürlichen Personen außer Betracht. Der Solidaritätszuschlag wird als Ergänzungsabgabe erhoben, knüpft aus technischen Gründen jedoch an die Einkommen- bzw. Körperschaftsteuer an und wird demnach ebenfalls berücksichtigt.[3] Die beiden besonderen Erhebungsformen der Einkommensteuer, die Lohn- und die Kapitalertragsteuer, werden hingegen nicht gesondert betrachtet.

---

1 Vgl. Hötzel, O. (1997), S. 6, der sich allerdings auf den Grenzpreis eines Unternehmens bezieht.

2 So im Zusammenhang mit einem Unternehmenskauf König, W./Zeidler, G. W. (1996), S. 1098 f. Das bedeutet für die betriebswirtschaftliche Planung, dass alle Steuerarten in die Planung einzubeziehen sind, die im betreffenden Planungsbereich weder entscheidungsfix sind noch wie eine Zielsteuer wirken, vgl. Wagner, F. W. (1993), Sp. 4054.

3 Der Solidaritätszuschlag rechnet zu den sog. Annexsteuern, vgl. Kußmaul, H. (1998), S. 293.

I-3.1.3.2 Substanzsteuern

Substanzsteuern haben die Besteuerung des Besitzes von Wirtschaftsgütern zum Gegenstand und umfassen seit dem Wegfall der Gewerbekapitalsteuer und der Nichterhebung der Vermögensteuer nur noch die Grundsteuer. Die zu den Real- oder Objektsteuern rechnende Grundsteuer besteuert im weiteren Sinne die Mittelverwendung und wäre im Rahmen der Investitionsentscheidung, ob das Geschäft auf eigenem oder auf gemietetem Grund und Boden betrieben werden soll, zu berücksichtigen. Im Hinblick auf die Kapitalbereitstellung kommt ihr jedoch keine Entscheidungserheblichkeit zu, so dass sie im Folgenden nicht betrachtet wird.

I-3.1.3.3 Verkehr- und Verbrauchsteuern

Diese Steuerarten besteuern die Verwendung von Einkommen sowie Vermögen und umfassen (neben diversen Verbrauchsteuern) im Wesentlichen die Umsatzsteuer als allgemeine und die Grunderwerbsteuer als spezielle Verkehrsteuer.[1] Für die Grunderwerbsteuer gelten die zur Grundsteuer getroffenen Ausführungen entsprechend, so dass diese Steuerart mangels Entscheidungsrelevanz gleichfalls nicht berücksichtigt wird.

Damit verbleibt als letzte zu betrachtende Steuerart die Umsatzsteuer, die von nahezu allen Aktivitäten des Gründungsunternehmens berührt wird und zahlreiche betriebswirtschaftliche Dispositionen beeinflusst.[2] Dies gilt nicht für die Finanzierungstätigkeit des Business Angels, da sowohl die Finanzierung des Gründungsunternehmens als auch die Entrichtung der Kapitalüberlassungsentgelte umsatzsteuerlich irrelevante Vorgänge darstellen.[3] Da im Weiteren von einem vollständig vorsteuerabzugsberechtigten Unternehmen ausgegangen wird, ist auch in Bezug auf die gegebenenfalls umsatzsteuerpflichtige Management Fee kein Gestaltungspotential gegeben. Demgemäß wird die Umsatzsteuer ebenfalls aus der Betrachtung ausgeklammert, so dass im Folgenden eine Beschränkung auf die in Abschnitt I-3.1.3.1 beschriebenen Ertragsteuern erfolgt.

---

[1] Weitere kleinere Verkehrsteuern sind beispielsweise die Versicherung-, die Feuerschutzsteuer und die Kraftfahrzeugsteuer, die nachfolgend unberücksichtigt bleiben. Die Verbrauchsteuern sind zwar in ihrer fiskalischen Bedeutung nicht zu unterschätzen, besitzen im Hinblick auf die Existenzgründungsfinanzierung jedoch keine Entscheidungsrelevanz und bleiben unberücksichtigt.

[2] Da die Umsatzsteuer ein Preisbestandteil der von Konsumenten erworbenen Güter und Dienstleistungen ist, wirkt sie sich über die abgesetzte Menge auf den Gesamtumsatz eines Unternehmens aus und beeinflusst insoweit mittelbar den Unternehmenserfolg; die grundsätzlich erfolgsneutrale Behandlung der Umsatzsteuer im Rechnungswesen schließt dabei nicht aus, dass diese einen wesentlichen Erfolgsfaktor repräsentieren kann, vgl. Kupsch, P./Achtert, F./Göckeritz, B. (1997), S. 143.

[3] Zum Abzug der auf Leistungen lastenden Vorsteuer, die von einer Aktiengesellschaft anlässlich einer Kapitalerhöhung in Anspruch genommen wurden, vgl. jüngst Jäger, A. (2006), S. 171 f.

I-3.2 Typisierter Ablauf des Finanzierungsprozesses

Jede Venture Capital-Beteiligung läuft in ihrem zeitlichen Ablauf nach einem relativ ähnlichen Muster ab, an dem sich Teil II dieser Untersuchung orientiert und das im Folgenden in seinen Grundzügen skizziert wird.[1] Der gesamte Ablauf des Finanzierungsengagements von Business Angels lässt sich dem sog. Drei-Phasen-Modell folgend in die Investitions- (Abschnitt I-3.2.1), die Betreuungs- (Abschnitt I-3.2.2) und schließlich die Desinvestitionsphase (Abschnitt I-3.2.3) unterteilen.[2]

I-3.2.1 Investitionsphase

Der erste Abschnitt einer Risikofinanzierung wird im Fachschrifttum auch als Investmententscheidungsphase oder Entscheidungsphase bezeichnet. Diese Phase kann weiter in die Teilabschnitte Kontaktaufnahme, Grobprüfung sowie Vorauswahl, Detailprüfung und Bewertung und letztlich Beteiligungsverhandlung und Vertragsabschluss gegliedert werden.[3] Sie umfasst die Zusammenführung von Kapitalangebot und -nachfrage, ausgehend von der ersten Kontaktaufnahme bis zum Abschluss des Beteiligungsvertrages.[4]

Wesentliches Ziel eines kapitalsuchenden Unternehmers ist die Sicherstellung des für die Umsetzung der Geschäftsidee benötigten Kapitals, woraus die besondere Bedeutung der Investmententscheidungsphase für die (weitere) Entwicklung eines Gründungsunternehmens deutlich wird.[5] Neben der Finanzierung des Unternehmens sind in dieser Phase aus steuerlicher Sicht noch weitere Aspekte von Interesse, die allerdings nicht behandelt werden.[6] Im Folgenden wird der als Investitionsphase bezeichnete erste Abschnitt einer Risikofinanzierung an der vorliegenden Aufgabenstellung orientiert dahingehend eingegrenzt, als ausschließlich die erstmalige Ausstattung des Beteiligungsunternehmens mit finanziellen Mitteln betrachtet wird. Wie einleitend bereits angedeutet wurde, kann dies mit der Zielsetzung umschrieben werden, auch steuerlich optimale Rahmenbedingungen für die weitere Unternehmensentwicklung zu schaffen.

---

1 Vgl. Sidler, S. (1997), S. 47.

2 Vgl. beispielsweise Engelmann, A./Juncker, K./Natusch, I./Tebroke, H.-J. (2000), S. 94 ff., Kußmaul, H./Richter, L. (2000a), S. 1195 ff. und Pfeifer, A. (1999), S. 1669. Ein Vier-Stufen-Modell wird von Seibert, H.-D. (1998), S. 231 ff. vorgeschlagen.

3 Vgl. Bell, M. G. (1999), S. 372 mit weiteren Nachweisen.

4 Den typischen Ablauf der Entscheidungsphase bei einer Finanzierung durch Business Angels stellen Engelmann, A./Heitzer, B. (1999), S. 457 ff. dar. Zu den Auswahlkriterien von Gründungsfinanciers bzw. Venture Capitalists vgl. Eberhart, J. (2000a), S. 335 ff. sowie Brettel, M. (2002), S. 305 ff. Zum Beteiligungsvertrag bei Wachstumsfinanzierungen vgl. Hergeth, A./Mingau, K. (2001), S. 1217 ff.

5 Vgl. Breer, E. (1999), S. 43.

6 Zu diesen zählen beispielsweise die Tax Due Diligence und die Unternehmensbewertung.

I-3.2.2 Betreuungsphase

An die Investitionsphase schließt sich die fünf- bis zehnjährige sog. Betreuungsphase (auch Zusammenarbeitsphase oder Monitoring genannt) an, welche die gesamte Beteiligungsdauer des Risikokapitalgebers umfasst.[1] Sofern das Gründungsunternehmen durch Business Angels finanziert wird, kann diese Phase grob mit der Gründungs- und Expansionsphase gleich gesetzt werden.[2] Die in der Investitionsphase bereit gestellten Mittel werden investiert und die Unternehmensentwicklung wird – wesentlich auch durch die Beratungs- bzw. Betreuungstätigkeit des Business Angels – vorangetrieben. Neben der Festlegung einer angemessenen Rollenverteilung sind insbesondere der von dem Business Angel zu leistende Input sowie seine Kontroll- und Informationsrechte möglichst detailliert zu bestimmen.[3]

Die Betreuungsphase ist unter anderem dadurch gekennzeichnet, dass sich die in der Investitionsphase hinsichtlich des technischen Risikos und des Marktrisikos bestehende Unsicherheit zunehmend verringert. Des Weiteren lässt sich der künftige Kapitalbedarf genauer abschätzen. So besteht bei Venture Capital-Finanzierungen nach einer gewissen Zeit vielfach ein zusätzlicher Finanzierungsbedarf, welcher definitionsgemäß in der Betreuungsphase zu decken ist. Neben einer solchen Nachfinanzierung kann sich auch die Situation einstellen, dass das ursprünglich gewählte Finanzierungsdesign nicht mehr angemessen ist, worauf in der Betreuungsphase mittels einer Umfinanzierung zu reagieren ist. Schließlich verlässt das Gründungsunternehmen während der Beteiligungsdauer des Business Angels regelmäßig die Verlust- und tritt in die Gewinnphase über, weshalb die anfänglich dominierende Verluststeuerplanung zunehmend durch eine steuerorientierte Gewinnverwendungsplanung zu ersetzen ist.

Andererseits tritt oftmals die Situation ein, dass sich die mit der Beteiligung verbundenen Erwartungen nicht erfüllen. Falls weiter eine positive Unternehmensentwicklung erwartet wird und glaubhaft gemacht werden kann, sind noch während der Betreuungsphase geeignete Sanierungsmaßnahmen zu ergreifen, um so den Fortbestand des Unternehmens zu sichern. Sehen die Gründungsgesellschafter dagegen keine Möglichkeit, der bisherigen Unternehmensentwicklung noch eine positive Wendung zu geben, ist entweder der Verkauf oder aber die Liquidation des Unternehmens zu erwägen, was letztlich den Übergang zur Desinvestitionsphase markiert.

---

[1] Vgl. Kußmaul, H./Richter, L. (2000a), S. 1197.

[2] Vgl. zu diesen beiden Unternehmensentwicklungsphasen die Abschnitte I-2.2.2.2 und I-2.2.2.3.

[3] Vgl. Engelmann, A./Juncker, K./Natusch, I./Tebroke, H.-J. (2000), S. 97.

I-3.2.3 Desinvestitionsphase

Schließlich wird im Drei-Phasen-Modell das Engagement eines Risikokapitalgebers durch die Desinvestitionsphase beendet, die im Wesentlichen die steueroptimale Realisierung der erzielten Wertsteigerungen zum Gegenstand hat. Wenngleich es für die Entscheidung des Business Angels und des Unternehmers nicht unerheblich ist, mögliche Zeitpunkte und Wege des späteren Ausstiegs aus der befristeten Beteiligung zu kennen, soll dieser Aspekt erst in der Desinvestitionsphase berücksichtigt werden.[1]

In dieser Phase sind in einem ersten Schritt mögliche Exitkanäle zu eruieren. So sind die Desinvestitionsmaßnahmen aktiv und sorgfältig zu planen, da diese als kritische Erfolgsfaktoren des Engagements anzusehen sind.[2] Im Falle einer positiv verlaufenen Geschäftsentwicklung ist entweder ein Folgeinvestor zu suchen oder aber der Börsengang vorzubereiten. Ist die Unternehmensentwicklung hingegen negativ verlaufen oder haben die Sanierungsmaßnahmen nicht den gewünschten Erfolg gebracht, ist eine Liquidation des Gründungsunternehmens in Erwägung zu ziehen.

Sämtliche dieser drei Phasen werfen steuerliche Fragestellungen für die an der Gründungsfinanzierung beteiligten Parteien auf und bieten Ansatzpunkte für steuerorientierte Gestaltungen, die Gegenstand des folgenden zweiten Teils dieser Untersuchung sind.[3]

---

1 So wird vorgeschlagen, dass bereits im Beteiligungsvertrag möglichst detaillierte Regelungen über die Modalitäten und Vorkaufs- bzw. Rückkaufsrechte festgelegt werden, um Streitigkeiten zu vermeiden und das weitere Wachstum des Unternehmens nicht zu blockieren, vgl. Pfeifer, A. (1999), S. 1670.

2 Vgl. Heitzer, B. (2000), S. 51.

3 Nicht eingegangen wird dabei auf die Frage, welchen Einfluss die Art der Finanzierung auf den Wert eines Unternehmens ausübt.

Teil II: Steuerplanung

Aufbauend auf der vorstehend beschriebenen idealtypischen Beteiligungsstruktur ist im Folgenden auf die unterschiedlichen betriebswirtschaftlichen sowie steuerlichen Fragestellungen einzugehen, welche sich bei der Finanzierung junger Unternehmen stellen. Der Aufbau des nun folgenden „Steuerplanungsteils" orientiert sich an dem dreistufigen Standardmodell, so dass in Abschnitt II-1 die Investitions-, in Abschnitt II-2 die Betreuungs- und schließlich in Abschnitt II-3 die Desinvestitionsphase behandelt wird. An dieser Stelle ist noch auf den übergeordneten Bezugsrahmen des Modells hinzuweisen, das in der Investitionsphase die Schaffung optimaler Rahmenbedingungen unterstellt, die in der Betreuungsphase dazu genutzt werden, das Beteiligungsunternehmen zum Erfolg zu führen und dessen Wert zu steigern, um in der abschließenden Desinvestitionsphase den Wertzuwachs durch die Veräußerung der Beteiligung zu realisieren.

Wie einleitend bereits erwähnt wurde, befasst sich dieser Teil der Untersuchung mit der Frage, inwieweit das geltende Steuerrecht das Finanzierungsverhalten von Business Angels und damit korrespondierend die Kapitalstruktur junger, risikokapitalfinanzierter Wachstumsunternehmen beeinflusst. Auf Grund der Vielzahl möglicher Finanzierungsgestaltungen muss dabei eine Beschränkung auf die aus Sicht der Praxis bedeutsamsten Aspekte erfolgen.

II-1 Investitionsphase

Die Investitionsphase hat nach der hier verwendeten Begriffsdefinition die erstmalige Finanzierung des Unternehmens durch den Business Angel zum Gegenstand. Eine allein an steuerlichen Gesichtspunkten orientierte Ausgestaltung der Kapitalstruktur ist jedoch nicht sinnvoll und oftmals auch nicht möglich. Aus diesem Grund ist in Abschnitt II-1.1 vorab auf einige wesentliche Determinanten der Finanzierungsstruktur einzugehen. Die erstmalige Risikokapitalbereitstellung ist Gegenstand der folgenden beiden Abschnitte, wobei Abschnitt II-1.2 die Beteiligungsfinanzierung als Grundfall und Abschnitt II-1.3 mögliche Finanzierungsvarianten behandelt.[1] In Abschnitt II-1.4 wird die Eignung der Finanzierungsinstrumente für die Investitionsphase zusammenfassend dargestellt.

[1] Dem Gesellschafter einer Kapitalgesellschaft ist es grundsätzlich freigestellt, ob dieser sein Unternehmen mit Eigen- oder Fremdkapital ausstattet, vgl. BFH (1992), S. 532. Zur Finanzierungsfreiheit vgl. grundlegend Herzig, N. (1994), S. 589 ff.

II-1.1 Determinanten der Finanzierungsstruktur

Zunächst sind die Determinanten der Finanzierungsstruktur zu betrachten, die sich in einem ersten Schritt aus den nicht steuerlichen, im Weiteren zu definierenden Rahmenbedingungen ableiten lassen (Abschnitt II-1.1.1). Diese originär finanzierungsbezogenen Bestimmungsfaktoren sind anschließend um die Ertragsaussichten des Unternehmens zu ergänzen, da die Ertragslage einen wesentlichen Einfluss auf die aus Unternehmenssicht ertragsteuerlich vorteilhafte Kapitalausstattung ausübt. Abschließend ist in einem dritten Schritt (Abschnitt II-1.1.3) die individuelle steuerliche Situation des Business Angels in die Betrachtung einzubeziehen, die seine Finanzierungsentscheidung ebenfalls erheblich beeinflusst.

II-1.1.1 Nicht steuerliche Determinanten

Dominierende, nicht steuerliche Entscheidungspräferenzen bilden einen bestimmenden Faktor für die Ausgestaltung des Engagements des Business Angels. Diese können ein weites Feld umfassen und werden im Weiteren als Ausschlusskriterien verstanden.[1] Zu nennen sind in diesem Zusammenhang beispielsweise die – hier nicht weiter behandelten – Aspekte der Ausgestaltung der Informations-, Kontroll- oder Mitspracherechte und der Leitung des Unternehmens.[2] Wird etwa unterstellt, dass der Business Angel zunächst ausschließlich eine Stille Beteiligung eingeht, sind seine formalen Informations- und Kontrollrechte relativ eingeschränkt.[3] Falls der Kapitalgeber das Engagement an die Bedingung knüpft, dass ihm weitere Rechte eingeräumt werden, der Unternehmer dazu aber nicht bereit ist, müsste das Engagement unterbleiben.[4] Das Entsprechende gilt, sofern der Kapitalgeber beispielsweise ein Mitspracherecht bei der Unternehmensführung einfordert, der Kapitalnehmer auf Grund der in Deutschland weit verbreiteten „Herr-im-Haus-Mentalität" aber die alleinige Geschäftsführungsbefugnis für sich beansprucht.[5]

---

1 So gibt beispielsweise der Wert des Unternehmens verbunden mit einer bestimmten Zielbeteiligungsquote den maximalen Eigenkapitaleinsatz eines rational agierenden Risikokapitalgebers vor.

2 Vgl. dazu etwa Heitzer, B. (2000), S. 179 ff. und die dort angegebene Literatur.

3 Die Kontrollrechte stiller Gesellschafter entsprechen denen von Kommanditisten, vgl. Stehle, H./Stehle, A. (1995), S. 36. Zu den Informationsrechten von Kommanditisten vgl. Hahn, V. (1997), S. 741 ff. und Wellkamp, L. (1996), S. 51 ff. Business Angels sind in der Regel bestrebt, nicht öffentlich in Erscheinung zu treten, vgl. etwa Engelmann, A./Heitzer, B. (1999), S. 458 und Von Boehm-Bezing, C. L. (1999), S. 600. Eine Stille Beteiligung kommt diesem Bestreben grundsätzlich entgegen.

4 Im Gegensatz dazu strebt ein Kapitalgeber bei einer Management-Beteiligung an, sich für die Zeit des Investments das Know-How und die Mitarbeit des Managements zu sichern, indem dieses an dem Unternehmen beteiligt wird, vgl. hierzu Hohaus, B./Inhester, M. (2003a), S. 1765 ff.

5 Vgl. zu diesem Problembereich Leopold, G./Frommann, H. (1998), S. 95 ff. Das Tagesgeschäft wird von den Investoren in der Regel allerdings nicht beeinflusst, vgl. o.V. (1999), S. 265.

Ein weiterer Aspekt betrifft die (voraussichtliche) Dauer des Engagements des Business Angels, da die Kapitalnehmer prinzipiell eine langfristige Kapitalüberlassung unter Einräumung von Kündigungsrechten bevorzugen.[1] Da diese und ähnliche Aspekte nachfolgend unberücksichtigt bleiben, werden im Zusammenhang mit den nicht steuerlichen Determinanten der Kapitalstruktur ausschließlich diejenigen Gesichtspunkte betrachtet, welche die Kapitalausstattung des Beteiligungsunternehmens durch den Business Angel unmittelbar beeinflussen.[2]

II-1.1.1.1 Finanzierungspräferenzen

In diesem Zusammenhang sind an erster Stelle die Finanzierungspräferenzen der Unternehmensgründer zu nennen. So ist die Bereitstellung haftenden Beteiligungskapitals durch die Risikokapitalgeber zwingend damit verbunden, dass der Unternehmer Anteile an „seinem" Unternehmen abgeben muss, wobei die abzutretenden Anteile ceteris paribus umso höher sind, je mehr Eigenkapital von dritter Seite bereitstellt wird. Da ein Unternehmensgründer in der Regel bestrebt ist, möglichst lange die Anteilsmehrheit zu behalten, legt dies die Vermutung nahe, dass eine ausschließliche Eigenfinanzierung nicht seine unumschränkte Zustimmung finden wird.[3] Andererseits sind die Engagements von Business Angels durch die Bereitstellung von Eigenkapital charakterisiert, so dass auch hier die Finanzierung zumindest teilweise mit Beteiligungskapital erfolgen soll.[4]

Neben der absoluten Höhe des Kapitalbedarfs ist auch dessen zeitlicher Anfall zu berücksichtigen.[5] Grundsätzlich kann zwischen dem Kapitalgeber und dem Kapitalnehmer vereinbart werden, dass der gesamte Kapitalbedarf für das Projekt durch eine einmalige Zahlung zu Beginn des Engagements gedeckt wird oder aber dass die Kapitalzufuhr stu-

---

1 Vgl. Schefczyk, M. (2000), S. 20 und die dort angegebene Literatur.

2 Der Art der Finanzierung durch den Risikokapitalgeber kommt auch im Hinblick auf die nachfolgend nicht betrachteten staatlichen Fördermittel Bedeutung zu, da ein häufiges Kriterium für deren Auszahlung ist, dass sich der Lead-Investor mit Eigenmitteln in mindestens gleicher Höhe wie der öffentliche Fördermittelgeber beteiligt und er nachweist, dass die Mittel zur freien Verwendung der Gesellschaft eingezahlt wurden, vgl. Weitnauer, W. (2000), S. 185. Zu den Möglichkeiten der Förderung durch öffentliche bzw. staatliche Kapitalgeber vgl. ausführlich Von Collrepp, F. (1998), S. 240 ff.

3 So auch das Modell der „Pecking Order", rezitiert bei Aerni, M. (1999), S. 222 ff.

4 Dann stellt sich in einem nächsten Schritt die (hier nicht weiter behandelte) Frage nach dem Wert des Unternehmens bzw. der Höhe der Anteile, die im Zuge der Beteiligungsfinanzierung abzugeben sind. Zur Bewertung junger Wachstumsunternehmen vgl. Achleitner, A.-K./Nathusius, E. (2005), S. 333 ff., Achleitner, A.-K. (2001), S. 927 ff., Peemöller, V. H./Beckmann, C. (2001), S. 5 ff. und Peemöller, V. H./Geiger, T./Barchet, H. (2001), S. 334 ff. sowie Solbach, M. C. (1999), S. 201 ff.

5 Hinsichtlich der absoluten Höhe des Kapitalbedarfs soll davon ausgegangen werden, dass es die Vermögenssituation des Risikokapitalgebers zulässt, das Beteiligungsunternehmen alleine zu finanzieren. Sofern die Finanzierung durch einen Income Seeking Angel erfolgt, soll auch dieser über die erforderlichen finanziellen Mittel verfügen; vgl. hierzu auch Abschnitt I-2.2.3.1.

fenweise erfolgt und dem Unternehmer jeweils nur der Kapitalbetrag zur Verfügung gestellt wird, der zur Realisation genau definierter Zwischenziele erforderlich ist („Capital Staging"). Im Weiteren wird von einer als „bedarfsadäquate Finanzierung" bezeichneten gestaffelten Kapitalzuführung ausgegangen.[1] Hierbei werden zwei Finanzierungsrunden betrachtet, so dass sich an die Kapitalbereitstellung in der Investitionsphase eine weitere Finanzierung in der Betreuungsphase anschließt.

Falls der Wert des Gründungsunternehmens im Zeitablauf steigt, hat die bedarfsadäquate Finanzierung für einen Gründer den Vorteil, dass für das jeweils benötigte Kapital weniger Unternehmensanteile abzugeben sind.[2] Für einen Risikokapitalgeber bringt eine gestaffelte Kapitalvergabe den wesentlichen Vorteil, dass er die Entwicklung des Unternehmens zunächst eine Weile beobachten und Informationen über die Managementqualitäten des Gründers, den Fortschritt der Produktentwicklung und die Marktchancen des innovativen Produkts gewinnen kann, bevor über eine weitere Kapitalzuführung zu entscheiden ist.[3] Falls die explizit vereinbarten oder implizit erwarteten Ziele nicht erreicht werden, besteht die Möglichkeit, eine weitere Kapitalzuführung zu vermeiden oder aber diese nur gegen eine höhere Beteiligungsquote zu gewähren; werden die Ziele hingegen erreicht oder übertroffen, kann der Unternehmer Kapital zu günstigeren Konditionen erhalten, als dies bei einer Vollfinanzierung zu Beginn des Projektes möglich wäre.[4]

Darüber hinaus kann festgehalten werden, dass die stufenweise Kapitalbereitstellung zahlreiche weitere Vorteile bietet, beispielsweise dient sie der Vermeidung der Liquidationsverschleppung, der Einschränkung opportunistischer Verhaltensweisen des Unternehmers, der Schadensbegrenzung des Risikokapitalgebers und auch der Steigerung der Glaubwürdigkeit des Gründers.[5]

---

1 Dies wird als konstitutives Merkmal von Venture Capital-Finanzierungen angesehen, vgl. Bascha, A./ Walz, U. (2000), S. 411. Zu den sog. „Meilensteinregelungen" vgl. ausführlich Hoffmann, R./Hölzle, A. (2004), S. 233 ff., zu diesbezüglichen steuerlichen Problemen vgl. Frizlen, U./Möhrle, M. (2003), S. 121 ff. Nach der empirischen Untersuchung von Hommel, U./Ritter, M./Wright, M. (2003), S. 328 nimmt die Häufigkeit meilensteinbasierter Finanzierungen auf einer Skala von 1 (fast nie) bis 5 (fast immer) bei Frühphasenfinanzierungen den Wert 3,5 an.

2 So kann beispielsweise bei „Internet-Unternehmen" bereits nach einigen wenigen Wochen eine erhebliche Steigerung des Unternehmenswerts zu verzeichnen sein.

3 Somit kann jede Investition als Option auf eine weitere Investition in der nächsten Stufe interpretiert werden; die erste Investition wird durchgeführt, um hierdurch in den Besitz einer Option zu gelangen, welche die Möglichkeit bietet, eine erfolgversprechende Anschlussinvestition durchzuführen, die ohne die ursprüngliche Investition unmöglich wäre, vgl. dazu Grünbichler, A./Keiber, K. (1999), S. 151 ff.

4 Vgl. Heitzer, B. (2000), S. 182. Indessen bietet auch die „Vollfinanzierung" für beide Seiten Vorteile: der Gründer erlangt ein gewisses Maß an Unabhängigkeit, da er nicht mehr auf die Nachfinanzierung angewiesen ist, muss jedoch im Gegenzug mehr Anteile zu einem vergleichsweise günstigen Preis abtreten, was dem Kapitalgeber entgegen kommt, der dann aber ein höheres Risiko trägt.

5 Vgl. zu diesen Aspekten Heitzer, B. (2000), S. 183 f. und die dort angegebene Literatur.

II-1.1.1.2 Finanzierungskonditionen

Die Finanzierungskonditionen hängen eng mit den Finanzierungspräferenzen zusammen und sind deshalb an zweiter Stelle zu nennen. Aus Sicht des Risikokapitalgebers ist der Unternehmenswert zum Investitionszeitpunkt von entscheidender Bedeutung, da der Einstiegspreis einen maßgeblichen Einfluss auf die realisierbare Rendite ausübt. Dessen Ermittlung ist insbesondere bei jungen Unternehmen in der Regel hochgradig unsicherheitsbehaftet; gleichwohl wird im Folgenden eine zutreffende Unternehmenswertermittlung vorausgesetzt.[1]

Anhand des Unternehmenswerts und der anfangs angestrebten Zielbeteiligungsquote kann der (vorläufige) maximale Eigenkapitaleinsatz eines Risikokapitalgebers berechnet werden. Sofern der Kapitalbedarf das maximal mögliche Beteiligungskapital übersteigt, ist bereits in der Investitionsphase die Eigenfinanzierung durch den Einsatz zusätzlicher Finanzierungsinstrumente zu ergänzen. Ist dagegen eine vollständige Eigenfinanzierung in der ersten Finanzierungsrunde möglich, unterliegt der Risikokapitalgeber hinsichtlich seiner Finanzierungsentscheidung diesbezüglich keiner Restriktion, wovon nachfolgend ausgegangen wird.

Das bedeutet bei anteiliger Fremdfinanzierung, dass zwischen den beteiligten Parteien eine Einigung über die Fremdfinanzierungskonditionen zu treffen ist. Dabei wird der Unternehmer bestrebt sein, eine möglichst lange Kapitalüberlassung zu möglichst günstigen Konditionen zu erreichen, wogegen die Bestrebungen eines Business Angels nicht eindeutig bestimmt werden können.[2] Zum einen könnte er (aus kurzfristiger Sicht) einen möglichst hohen – dem Risiko angemessenen – Fremdkapitalzins verlangen. Das würde mit einer ebenfalls hohen finanziellen Belastung des Gründungsunternehmens einhergehen, was dieses jedoch in seinem Bestand gefährden könnte.[3] Aus diesem Grund könnte ein Business Angel im Hinblick auf den erwarteten Veräußerungsgewinn Fremdkapital zu vergleichsweise günstigen Konditionen bereitstellen. Letztlich liegt es im Ermessen des Gründers und des Business Angels, auf welchen Zinssatz sie sich einigen, wobei im Fall der verzinslichen Fremdfinanzierung ein das Unternehmen nicht in seinem Bestand gefährdender Zinssatz unterstellt wird.[4]

---

[1] So beruht die in der ersten Finanzierungsrunde gefundene Bewertung eher auf pragmatischen denn auf analytischen Verfahren, vgl. Weitnauer, W. (2000), S. 195.

[2] Die Finanzierungskonditionen umfassen im Fall der Fremdfinanzierung nicht nur die Höhe der zu entrichtenden Zinsen, sondern auch die Tilgungsmodalitäten, denen auf Grund der von dem Unternehmer angestrebten langfristigen Kapitalüberlassung entscheidende Bedeutung zukommt.

[3] Vgl. Fischer, L. (1987), S. 9.

[4] Dieser Zinssatz soll, wie die übrigen Vereinbarungen auch, einem Drittvergleich standhalten.

Im Zusammenhang mit den Finanzierungskonditionen ist abschließend noch auf zwei Aspekte einzugehen: zum einen das erwartete Ausschüttungsverhalten und zum anderen die Konditionen betreffend eine mögliche spätere Wandelung von nicht als Eigenkapital zur Verfügung gestellten finanziellen Mitteln. Hinsichtlich des Ausschüttungsverhaltens wurde davon ausgegangen, dass sich dieses an der wirtschaftlichen Situation des Unternehmens orientiert, so dass Dividendenzahlungen generell in Erwägung zu ziehen sind.[1] In Bezug auf den zweiten Punkt ist von Bedeutung, ob die Wandelung von Nicht-Eigenkapital in Beteiligungskapital („Umfinanzierung") auf Basis des zum Finanzierungszeitpunkts gegebenen Unternehmenswerts oder aber des Unternehmenswerts zum Zeitpunkt der Wandelung erfolgt.[2] Im Weiteren wird davon ausgegangen, dass dem „Wandelungspreis" die Wertverhältnisse zum Zeitpunkt der Finanzierung, also im Vorfeld festgelegte Konditionen, zu Grunde liegen.[3]

II-1.1.1.3 Bilanzstruktur des Beteiligungsunternehmens

Des Weiteren beeinflusst das „Bilanzbild" des Gründungsunternehmens die Auswahl eines Finanzierungsinstruments. So sind die Finanzierungsmöglichkeiten beispielsweise dadurch eingeschränkt, dass das Gründungsunternehmen entweder bereits überschuldet ist oder aber die Überschuldung droht, so dass eine Zuführung insbesondere von Beteiligungskapital geboten ist.[4] Sofern sich das kapitalsuchende Unternehmen in dieser unternehmensbedrohenden Situation befindet, schließt das eine Finanzierung durch Business Angels jedoch nicht aus, da die Ursache in unterschiedlichen (hier nicht zu erörternden) Bereichen liegen kann.[5] Gleichwohl werden in diesem Fall die grundsätzlich möglichen Finanzierungsalternativen faktisch eingeschränkt.[6]

Ein weiterer Aspekt betrifft den (hier vernachlässigten) Fall, dass der Unternehmensgründer eine die Kapitalbereitstellung des Business Angels flankierende Fremdfinanzierung beispielsweise durch Kreditinstitute anstrebt, um so die Unternehmensfinanzierung

---

[1] Vgl. Abschnitt I-3.1.2.2.

[2] Die Umfinanzierung wird in Abschnitt II-2.1.2 behandelt.

[3] Damit ist eine „kontinuierliche" Unternehmensbewertung entbehrlich, die bei einem „variablen" Wandelungspreis zur Bestimmung des optimalen Wandelungszeitpunkts erforderlich wäre.

[4] Überschuldung als ein Insolvenztatbestand liegt nach § 19 Abs. 2 Satz 1 InsO vor, wenn „das Vermögen des Schuldners die bestehenden Verbindlichkeiten nicht mehr deckt". Zur Überschuldung vgl. anstatt vieler Christ, J. (2000), S. 205 ff.

[5] Beispielsweise könnte ein bereits mit einem anderen Risikokapitalgeber vereinbartes, aber noch nicht vollzogenes Engagement aus von dem Unternehmer nicht zu verantwortenden Gründen quasi „in letzter Sekunde" gescheitert sein.

[6] Hier wird eine von solch restriktiven Faktoren unabhängige Finanzierungsentscheidung unterstellt.

auf eine breitere Basis zu stellen und sich gegenüber dem Business Angel eine gewisse Unabhängigkeit zu sichern.[1] Dies kommt zum einen dem in Deutschland weit verbreiteten Unabhängigkeitsstreben von Existenzgründern entgegen. Zum anderen ist es grundsätzlich sinnvoll, dass eine Abhängigkeit von einem Risikokapitalgeber vermieden und eine Mischfinanzierung realisiert wird.[2] Das erfordert jedoch, dass der Business Angel vorwiegend haftendes Eigenkapital zur Verfügung stellt, um so eine Fremdfinanzierung durch Banken überhaupt erst zu ermöglichen.[3]

II-1.1.2 Ertragsaussichten und Liquiditätslage

Die oben beschriebenen nicht steuerlichen Determinanten der Finanzierungsstruktur sind nunmehr um die Ertragsaussichten und die Liquiditätslage des Gründungsunternehmens zu ergänzen.[4] So liefert beispielsweise die prognostizierte Liquiditätsentwicklung einen ersten Anhaltspunkt für eine mögliche Gestaltung der Risikokapitalfinanzierung, da eine Vergabe verzinslicher Fremdmittel oftmals bereits im Vorhinein ausgeschlossen werden kann, wenn die Liquiditätslage des Unternehmens auch ohne Berücksichtigung des Kapitaldienstes „angespannt“ ist.[5]

Im Zusammenhang mit der Ertragslage sind auch steuerliche Belange in die Betrachtung einzubeziehen, da sich die Vorteilhaftigkeit einer Finanzierungsalternative erst bei Berücksichtigung dieser beiden Aspekte erschließt. Dabei wird zunächst die Ebene des Gründungsunternehmens betrachtet, da dieses den Ausgangspunkt einer steuerorientierten Finanzierungsplanung bildet.[6]

---

1 So ist eine Fremdfinanzierung schon allein auf Grund des Engagements des Business Angels denkbar, welcher nach außen eine gewisse Repräsentations- und auch Bonitätsfunktion ausübt, vgl. Weitnauer, W. (2000), S. 186. Das könnte zu einem gesteigerten Vertrauen der Banken in das junge Unternehmen führen, so dass dieses Fremdkapital auch von Kreditinstituten erhalten könnte.

2 Vgl. Weitnauer, W. (2000), S. 12.

3 So wird von einem geringeren Kapitalgeberrisiko ausgegangen, wenn die kapitalsuchenden Unternehmen eine hohe Eigenkapitalquote aufweisen, vgl. Kußmaul, H. (1996a), S. 439 mit weiteren Nachweisen. Zur Bedeutung der Bilanzanalyse für das Kreditureil eines Kreditinstituts vgl. Riebell, C. (1999), S. 62 ff.

4 Das Engagement von Business Angels basiert üblicherweise auf einem Business-Plan, der die voraussichtliche Entwicklung des Beteiligungsunternehmens widerspiegelt. Zur Gewährleistungshaftung für die Angaben des Unternehmensverkäufers in Geschäfts- bzw. Business-Plänen vgl. Von Bernuth, W. H. (1999), S. 1689 ff.

5 So stellt auch die Zahlungsunfähigkeit nach § 17 Abs. 2 InsO einen Insolvenztatbestand dar; hiernach ist ein Schuldner zahlungsunfähig, sofern er nicht in der Lage ist, seine fälligen Zahlungsverpflichtungen zu erfüllen. Dauerndes Unvermögen wird nicht mehr vorausgesetzt, ebenso wenig kommt es auf das Merkmal der Wesentlichkeit an; lediglich geringfügige Liquiditätslücken können allerdings außer acht bleiben.

6 Zur Einkommenssituation des Risikokapitalgebers, die ebenfalls in die Betrachtung einzubeziehen ist, vgl. Abschnitt II-1.1.3.

II-1.1.2.1 Positive Ertragslage

Eine positive Ertragslage soll dadurch gekennzeichnet sein, dass während der gesamten Beteiligungsdauer des Business Angels das körperschaftsteuerliche Einkommen und der Gewerbeertrag positive Werte annehmen und demnach ab dem Zeitpunkt der Unternehmensgründung Steuerzahlungen zu leisten sind. Solchermaßen konstant positive Geschäftsergebnisse erfordern während der Beteiligungsdauer des Business Angels grundsätzlich keine steuerlich motivierte Umgestaltung der Finanzierungsstruktur, dürften bei Risikofinanzierungen allerdings einen Ausnahmefall darstellen.

Bei einer positiven Ertragslage eröffnet sich dem Steuerplaner das gesamte Spektrum der Gewinnsteuerplanung, wogegen bei dieser Geschäftsentwicklung der Verluststeuerplanung keine Bedeutung zukommt.[1] Mit dem Beginn der unternehmerischen Tätigkeit an sollten demzufolge die Instrumente der steuerorientierten Sachverhaltsgestaltung und der steuerlichen Wahlrechtsausübung eingesetzt werden, um die Unternehmensteuerbelastung zielgerichtet zu beeinflussen.[2]

Auf Grund der auf Unternehmensebene proportionalen Steuertarife lautet die planerische Vorgabe, möglichst viel Aufwand vorzuverlagern, um so die gegenwärtige Steuerbelastung zu minimieren.[3] Im Hinblick auf die Finanzierungsstruktur bedeutet dies, dass der Risikokapitalgeber dem Gründungsunternehmen (zumindest teilweise) verzinsliches Fremdkapital zur Verfügung stellen sollte, um über die Gesellschafterfremdfinanzierung Einfluss auf die Steuerbelastung zu nehmen.

Andererseits stehen dem Gründungsunternehmen in dem Fall einer positiven Ertragslage neben Risikokapital auch die traditionellen Finanzierungsquellen, insbesondere die Fremdfinanzierung durch Kreditinstitute, aber auch die Innenfinanzierung offen, so dass sich die Frage stellt, weshalb der Unternehmensgründer auf Risikokapital zurückgreifen und hierfür Anteile an dem Unternehmen abgeben sollte.[4] Da ein solcher Geschäftsverlauf für Business Angel-finanzierte Unternehmen eher untypisch ist, wird eine positive Ertragslage im Folgenden nicht weiter berücksichtigt.

---

1 Unter „Verluststeuerplanung" werden hier Gestaltungsmaßnahmen verstanden, welche die Sicherung aufgelaufener Verlustvorträge und deren Nutzung zum Gegenstand haben.

2 Bei einer solch positiven Geschäftsentwicklung sollte das Beteiligungsunternehmen über ausreichend liquide Mittel verfügen, um die Steuerbelastung über Leistungsvergütungen und Kapitalüberlassungsentgelte beeinflussen zu können.

3 Diese Zielsetzung kann, sofern es sich um sofort auszahlungswirksamen Aufwand handelt, im Widerspruch zu dem Liquiditätsziel stehen. Ein Modell zur simultanen Finanz-, Bilanz- und Erfolgsplanung wurde entwickelt von Elschen, R./Trompeter, F./Wolf, R. (1998), S. 1827 f.

4 Eine Finanzierungslücke dürfte bei einer positiven Ertragslage nicht gegeben sein.

II-1.1.2.2 Mittel- bis langfristig negative Ertragslage

Eine mittel- bis langfristig negative Ertragslage soll dadurch charakterisiert sein, dass die ertragsteuerlichen Bemessungsgrundlagen ohne Berücksichtigung der Finanzierung während der gesamten Beteiligungsdauer des Risikokapitalgebers ausschließlich negative Werte annehmen. Der Mindestbesteuerung kommt bei dieser Geschäftsentwicklung keine Bedeutung zu.[1] Auch ist auf Unternehmensebene eine Gewinnsteuerplanung entbehrlich, wogegen der Verluststeuerplanung besondere Bedeutung zukommt.[2] Bei einer in diesem Sinne kontinuierlich negativen Ertragslage ist es prinzipiell nicht erforderlich, die Finanzierungsstruktur des Gründungsunternehmens während der Beteiligungsdauer des Business Angels umzustellen.[3]

Ein mittel- bis langfristig negativer Geschäftsverlauf ist durch die Existenz gewerbe- und körperschaftsteuerlicher Verlustvorträge charakterisiert, weshalb im Rahmen jedes Anteilseignerwechsels darauf zu achten ist, dass diese Verlustvorträge nicht untergehen. Angesprochen sind dabei die Vorschriften § 8 Abs. 4 KStG bzw. § 10a Satz 6 GewStG.[4] Nach § 8 Abs. 4 Satz 1 KStG muss eine Kapitalgesellschaft, die einen steuerlichen Verlust nutzen will, nicht nur rechtlich, sondern auch wirtschaftlich mit derjenigen Kapitalgesellschaft identisch sein, die den Verlust verursacht hat. Während die rechtliche Identität bei Kapitalgesellschaften unproblematisch ist, soll die wirtschaftliche Identität nach dem Willen des Gesetzgebers insbesondere dann auszuschließen sein, falls mehr als die Hälfte der Anteile an der Gesellschaft übertragen wurden und die Gesellschaft ihren Geschäftsbetrieb mit „überwiegend neuem Betriebsvermögen“ fortführt oder diesen wieder aufnimmt (§ 8 Abs. 4 Satz 2 KStG).[5] Ohne auf die Ausprägungen der Tatbestandsmerk-

1 Unter dem Stichwort „Mindestbesteuerung“ hat der Gesetzgeber durch das StEntlG die Verrechnung von positiven und negativen Einkünften eingeschränkt, vgl. Brandenberg, H. B. (2000), S. 268. Nachfolgend werden unter dem Begriff der „Mindestbesteuerung“ ausschließlich die eingeschränkten Verrechnungsmöglichkeiten von Verlustvorträgen verstanden.

2 Steuerplanungsaktivitäten entfalten auf Unternehmensebene ceteris paribus dann keine Wirkung, falls das Unternehmen Verluste erzielt; insofern steht die Sicherung der Verlustvorträge im Vordergrund.

3 Das gilt zumindest dann, wenn diese Unternehmensentwicklung antizipiert und bei der Finanzierungsentscheidung berücksichtigt wurde.

4 Beide Vorschriften haben den grundsätzlich identischen Regelungsinhalt, da § 10a Satz 6 GewStG die Vorschrift des § 8 Abs. 4 KStG für Zwecke der Gewerbesteuer als entsprechend anwendbar erklärt, so dass im Folgenden nur die körperschaftsteuerliche Regelung betrachtet wird. Die Vorschrift wurde ursprünglich in das Körperschaftsteuergesetz eingefügt, um den steuerlich motivierten Erwerb von Verlustmänteln weitgehend vermögensloser Gesellschaften zu unterbinden, vgl. Kraft, G. (2001), S. 112. Nach Janssen, B. (2005), S. 857 ff. bedarf es jedoch einer Gesetzesänderung, damit § 8 Abs. 4 KStG diesem Zweck gerecht wird.

5 Zur wirtschaftlichen Identität vgl. jüngst Stahlschmidt, M. (2006), S. 913 ff. Falls die wirtschaftliche Identität wechselt, könnte das Sanierungsprivileg (§ 8 Abs. 4 Satz 3 KStG) einen Ausweg darstellen, vgl. hierzu Häger, M./Forst, P. (1999), S. 98 f. Zur jüngeren BFH-Rechtsprechung zu § 8 Abs. 4 KStG vgl. Grube, F./Altrichter-Herzberg, T. (2005), S. 284 ff.

male im Einzelnen einzugehen, kann grundsätzlich festgehalten werden, dass beiden im Rahmen von Risikofinanzierungen Bedeutung zukommt:[1] zum einen übersteigt der von dem Business Angel einzuzahlende Betrag regelmäßig die von dem Unternehmensgründer geleistete finanzielle Erstausstattung des Gründungsunternehmens bei weitem.[2] Zum anderen ist im Rahmen einer gestaffelten Beteiligungskapitalzuführung ein mehrstufiger Anteilsübergang zu verzeichnen, der auf Grund des hohen absoluten Kapitalbedarfs und des bei einer negativen Unternehmensentwicklung vergleichsweise geringen Preises der Anteile dazu führen kann, dass die 50%-Grenze überschritten wird. Da die Tatbestandsmerkmale kumulativ erfüllt sein müssen, ist vor einer jeden Kapitalzuführung zu prüfen, inwieweit die Grenzen des § 8 Abs. 4 KStG durch frühere Anteilsübergänge bereits ausgeschöpft wurden.[3]

Die Problematik des Untergangs von steuerlichen Verlustvorträgen stellt sich jedoch nicht nur im Zusammenhang mit der Kapitalausstattung durch den Business Angel, sondern betrifft sein gesamtes Finanzierungsengagement bis hin zu seinem Exit. Sofern der Risikokapitalgeber nicht schon seit der Gründung des Unternehmens an diesem beteiligt ist, sondern erst später einsteigt, liegen zum Zeitpunkt seines Anteilserwerbs steuerliche Verlustvorträge vor. Diese sind (wie auch die bis zu jeder weiteren Finanzierungsrunde entstandenen Verlustvorträge) anteilig bedroht, von § 8 Abs. 4 KStG erfasst zu werden. Wenngleich sich das während der Beteiligungsdauer des Business Angels nicht in höheren Steuerzahlungen äußert, repräsentieren die Verlustvorträge einen zukünftig zu erzielenden Veräußerungserlös, so dass sowohl der Ein- als auch der Ausstieg eines Business Angels grundsätzlich von § 8 Abs. 4 KStG berührt wird.[4] Das wiederum macht deutlich, dass auch ohne die Berücksichtigung laufender Kapitalüberlassungsentgelte steuerliche Vorschriften die Finanzierung junger Wachstumsunternehmen wesentlich beeinflussen, indem sie beispielsweise (wie im Fall des § 8 Abs. 4 KStG) eine Minderheitsbeteiligung von Risikokapitalgebern nahe legen.

---

[1] Zu den Tatbestandsmerkmalen vgl. BMF-Schreiben (1999), S. 455 und Hörger, H./Endres, N. (1999), S. 569 ff., Bock, V./Meissner, B. (1999), S. 1069 ff. oder Gehrke, H.-D./Krohn, D. (2000), S. 46 ff.

[2] So starten die Gründer eines innovativen Unternehmens regelmäßig mit einer Kapitalausstattung, die das für die Gründung einer Kapitalgesellschaft erforderliche Nennkapital nicht übersteigt, vgl. Heßler, A./Mosebach, P. (2002), S. 52.

[3] Aus diesem Grund sollte der Business Angel eine steuerorientierte Vergangenheitsanalyse des Beteiligungsunternehmens durchführen, vgl. dazu Löffler, C. (2002). Zu den verschiedenen „Due Diligence-Arten“ vgl. Barthel, C. W. (1999), S. 365 ff. und zum idealtypischen Ablauf einer für Business Angels gleichermaßen bedeutsamen „Financial Due Diligence“ vgl. Ganzert, S./Kramer, L. (1995), S. 579 ff.

[4] Falls im Rahmen der Anteilsveräußerung ein Untergang von Verlustvorträgen unvermeidlich ist, stellt sich die Frage, ob und wie diese im Vorfeld noch genutzt werden können. Mögliche Strategien zeigen Groß, S./Steiger, J. (2004), S. 1203 ff. und Hoffmann, W.-D. (2001), S. 124 auf.

Für das Ergebnisszenario einer mittel- bis langfristig negativen Ertragslage kann für das Gründungsunternehmen aus Sicht der laufenden Ertragsteuerplanung die grundsätzliche Zielvorgabe formuliert werden, steuerlichen Aufwand möglichst in die Zukunft zu verlagern.[1] Da Eigenkapital im Vergleich zu verzinslichem Fremdkapital nicht zu einer laufenden Belastung des Ergebnisses führt, trägt die Eigenfinanzierung zumindest dazu bei, dass sich die Ertragslage des Gründungsunternehmens nicht weiter verschlechtert.[2] Demgegenüber würden Fremdkapitalzinsen letztlich nur dazu führen, dass weitere Verlustvorträge „auflaufen", die das Problem der Mindestbesteuerung verschärfen können. Infolgedessen sollte bei einer erwarteten mittel- bis langfristig negativen Ertragslage das Gründungsunternehmen aus ertragsteuerlicher Sicht vorwiegend mit Beteiligungskapital ausgestattet werden.[3]

Eine während des gesamten (längerfristig angelegten) Finanzierungsengagements des Business Angels erwartete negative Ertragslage dürfte in der Praxis einen Ausnahmefall darstellen. Insofern ist nachfolgend noch ein drittes, für Business Angel-Finanzierungen „typisches" Ergebnisszenario zu untersuchen.

II-1.1.2.3 Kurzfristig negative Ertragslage

Zwischen den beiden vorstehend beschriebenen Extremen ist eine hier als kurzfristig negative Ertragslage bezeichnete Geschäfts-/Unternehmensentwicklung angesiedelt, die bei Business Angel-Finanzierungen den Regelfall darstellen dürfte und im Weiteren als maßgebend angenommen wird. Die kurzfristig negative Ertragslage wird dergestalt definiert, dass zu Beginn der unternehmerischen Tätigkeit Verluste erwirtschaftet werden, das Unternehmen aber noch vor dem Exit des Business Angels die Gewinnzone erreicht und daher in der Betreuungsphase der Übergang von der Verlust- hin zur Gewinnsteuerplanung zu vollziehen ist.[4]

Das Problem des Untergangs von Verlustvorträgen durch den Eintritt eines Business Angels stellt sich auch bei einer kurzfristig negativen Ertragslage, wobei diesem Aspekt

[1] So auch Laule, G. (1983), S. 312. Da jeder Aufwand „irgendwann" zu einem Abfluss an Zahlungsmitteln führt, trägt diese Vorgabe auch der regelmäßig angespannten Liquiditätslage Rechnung.

[2] Die sofortige Ergebniswirkung der Fremdkapitalzinsen könnte allerdings insoweit vermieden werden, als diese nach § 255 Abs. 3 Satz 2 HGB bzw. R. 6.3 Abs. 4 EStR aktiviert werden dürfen, vgl. hierzu ausführlich Winnefeld, R. (2000), S. 950 f.

[3] Darüber hinaus ist bei dieser Geschäftsentwicklung eine Bereitstellung von Eigenkapital auch vor dem Hintergrund des § 19 InsO zu erwägen.

[4] Gemäß Abbildung I-2 findet der Übertritt von der Verlust- in die Gewinnzone in der Expansionsphase statt, also in der Regel noch während des Engagements des Business Angels.

insofern eine weitaus größere Bedeutung zukommt, als das Gründungsunternehmen die die Gewinnzone noch während der Beteiligungsdauer des Business Angels erreicht und seine vortragsfähigen Verluste verbraucht. Damit kommt gegebenenfalls die Mindestbesteuerung gemäß § 10d Abs. 2 Satz 1 EStG i.V.m. § 8 Abs. 1 Satz 1 KStG zum tragen.[1] Von der Mindestbesteuerung sind vor allem diejenigen Unternehmen betroffen, die den Übergang von der Verlust- in die Gewinnzone schaffen – also Unternehmen, deren Geschäftsentwicklung durch eine kurzfristig negative Ertragslage gekennzeichnet ist.[2] Die Vorschriften zur Mindestbesteuerung bestimmen, dass das zu versteuernde Einkommen bzw. der Gewerbeertrag um noch nicht verrechnete Fehlbeträge vorangegangener Wirtschaftsjahre bis maximal EUR 1.000.000 zu kürzen ist; soweit die Bemessungsgrundlage diesen Sockelbetrag übersteigt, ist der überschießende Betrag bis zu 60% um die verbleibenden (noch nicht verrechneten) Fehlbeträge zu kürzen, der restliche Betrag unterliegt der Besteuerung.[3] Demzufolge wird die Verlustverrechnung tendenziell in spätere Veranlagung- bzw. Erhebungszeiträume verschoben, was zu einem negativen Zinseffekt führt.[4] Sofern das Beteiligungsunternehmen in der Gewinnphase den Sockelbetrag übersteigende ertragsteuerliche Bemessungsgrundlagen erwirtschaftet, ist dementsprechend die Mindestbesteuerung in die Betrachtung einzubeziehen.[5]

Die planungsorientierte Zielvorgabe für diese Ertragsentwicklung ergibt sich als Synthese aus den oben beschriebenen Ergebnisszenarien. In der Verlustphase ist darauf hinzuwirken, dass Steueraufwand weitgehend in die Zukunft verschoben wird, wogegen in der Gewinnphase darauf zu achten ist, dass zum einen die Mindestbesteuerung nicht zur Anwendung kommt und zum anderen eine maximale Aufwandsvorverlagerung erreicht wird – Letzteres zumindest dann, wenn die Verlustvorträge verbraucht wurden. Das bedeutet, dass in der Investitionsphase im Allgemeinen die Eigenfinanzierung zu erwägen ist, wogegen in der zweiten (annahmegemäß in der Gewinnphase stattfindenden) Finanzierungsrunde der zusätzliche Kapitalbedarf des Gründungsunternehmens auch in Form von Fremdkapital befriedigt werden könnte bzw. sollte.

---

1 Die Mindestbesteuerung gilt nach § 10a Sätze 1 und 2 GewStG auch für die Gewerbesteuer. Zum Einfluss der Mindestbesteuerung auf die Gewerbesteuer vgl. Koetz, A./Heinz, C. (2005), S. 670 ff.

2 Vgl. Herzig, N./Wagner, T. (2003), S. 225. Zu den Auswirkungen der Mindestbesteuerung auf die Risikoverteilung zwischen Fiskus und Steuerpflichtigen vgl. Djanani, C./Pummerer, E. (2004), S. 158 ff.

3 Somit ist im Rahmen der Prüfung des Business-Plans besonderes Augenmerk darauf zu richten, ob die Mindestbesteuerung zutreffend berücksichtigt wurde.

4 Vgl. hierzu Köster, T./Schiffers, J. (2002), S. 1219. Darüber hinaus verschärft die Mindestbesteuerung grundsätzlich die Wirkungen des § 8 Abs. 4 KStG.

5 Hierbei ist zu beachten, dass eine Berücksichtigung des Verlustabzugs bei der Teilsteuerrechnung nur über zusätzliche Rechenschritte möglich ist, vgl. Scheffler, W. (1991), S. 75.

II-1.1.3 Einkommenssituation des Business Angels

Schließlich ist die Einkommenssituation des Kapitalgebers zu betrachten, da die endgültige Beurteilung der Vorteilhaftigkeit einer Finanzierungsvariante zwingend auch die Gesellschafterebene zu berücksichtigen hat.[1] Im Gegensatz zu dem Existenzgründer bezieht der Business Angel weitere Einkünfte, so dass prinzipiell ein steuerpflichtiges Einkommen in einer der beiden „Proportionalzonen" des § 32a EStG unterstellt wird.[2] Hinsichtlich des Spitzensteuersatzes hat sich durch die im Rahmen des StÄndG 2007 eingeführte sog. „Reichensteuer" eine Änderung ergeben: dieser steigt ab dem Veranlagungszeitraum 2007 von 42% für den EUR 250.000 übersteigenden Teil des steuerpflichtigen Einkommens auf 45%.[3] Da die Reichensteuer typischerweise Business Angels betreffen wird, liegt den weiteren Ausführungen die Annahme zu Grunde, dass das steuerpflichtige Einkommen des informellen Investors auch ohne die Einkünfte aus dem Gründungsunternehmen den Betrag von EUR 250.000 übersteigt.

Andererseits ist die Tätigkeit von Business Angels extrem unsicherheitsbehaftet, was sich nicht nur in den angestrebten Renditen, sondern auch in der Anzahl an „Flops" ausdrückt, die informelle Risikokapitalgeber erwarten.[4] Das hiermit verbundene Teil- bzw. Totalausfallrisiko kann durch die Realisierung einzelner Verlustbeteiligungen entweder zu einem Abrutschen der steuerpflichtigen Einkünfte in den sog. „Progressionsbereich" (EUR [7.665; 52.151]) bzw. in die „untere Proportionalzone" (EUR [52.152; 250.000]) führen oder ein negatives steuerliches Einkommen zur Folge haben.[5] Auf Grund der im Durchschnitt realisierten Investitionsvolumina, der Anzahl der von informellen Investoren eingegangenen Beteiligungen und ihres jährlichen Haushaltseinkommens wird hier von einer Berücksichtigung negativer steuerlicher Einkünfte jedoch abgesehen.[6]

---

1 So umfasst die Unternehmensbesteuerung die Gesamtheit der Steuerzahlungen, die von der Unternehmung selbst oder deren Eigentümern anlässlich der Verwirklichung unternehmungsbezogener Tatbestände geleistet werden, vgl. Kupsch, P./Achtert, F./Göckeritz, B. (1997), S. 1.

2 In Deutschland lag das durchschnittliche jährliche Haushaltseinkommen von zwei Dritteln der in 2000 befragten Business Angels bei DM 500.000, vgl. Brettel, M./Jaugey, C./Rost, C. (2000), S. 139 f.

3 Sind im zu versteuernden Einkommen über EUR 250.000 Gewinneinkünfte enthalten, kommt (vorerst nur für 2007) der Entlastungsbetrag des § 32c EStG zum tragen, vgl. Melchior, J. (2006), S. 1302.

4 Im Durchschnitt erwarten Business Angels, dass sich 27% der Beteiligungen in ihrem Portfolio erheblich unter den Erwartungen entwickeln, vgl. Brettel, M./Jaugey, C./Rost, C. (2000), S. 165 f.

5 Der Veräußerungsverlust kann grundsätzlich dann genutzt werden, falls die Anteile entweder in einem Betriebsvermögen gehalten werden oder eine Beteiligung im Sinne der §§ 17, 23 EStG vorliegt.

6 Das durchschnittliche Investitionsvolumen beläuft sich auf DM 432.000 pro Beteiligung, vgl. Brettel, M./Jaugey, C./Rost, C. (2000), S. 170. Bei einem Mittelwert von 4,8 Beteiligungen je Business Angel und 27% erwarteten Flops (hier als Totalverlust interpretiert) ergibt sich unter der unrealistischen Annahme, dass alle Verluste in einem einzigen Veranlagungszeitraum realisiert werden, näherungsweise ein erwarteter und zur Hälfte steuerlich berücksichtigungsfähiger Verlust von etwa EUR 286.000 pro Investor, der das jährliche Haushaltseinkommen deutscher Business Angels nicht übersteigen sollte.

Wenngleich Planungsüberlegungen in Bezug auf einen möglichen Verlustrück- bzw. -vortrag bei informellen Kapitalgebern keine praktische Bedeutung zukommt und diese demzufolge aus der weiteren Betrachtung ausgeschlossen wurden, ist eine etwaige sich aus der Veräußerung einzelner Verlustbeteiligungen ergebende steuerplanungsrelevante Änderung des zu versteuernden Einkommens von Business Angels näher zu beleuchten. Falls sich dieses auch nach der Verlustrealisation weiterhin in der „oberen Proportionalzone" bewegt, bleibt der für Planungszwecke maßgebende Grenzsteuersatz unverändert, so dass die Finanzierungsentscheidung nicht beeinflusst wird.[1] Sofern hingegen in Folge (einer oder auch mehrerer) Verlustrealisationen die „Reichengrenze" von EUR 250.000 in einem Veranlagungszeitraum unterschritten wird und die (steuerpflichtigen) Einkommen der zukünftigen Veranlagungszeiträume diesen Betrag voraussichtlich übersteigen, kann die Finanzierungsentscheidung davon insoweit tangiert werden, als durch die Ausreichung verzinslichen Fremdkapitals der (in diesem Veranlagungszeitraum) niedrigere Steuersatz genutzt werden könnte. Andererseits ist die Kapitalstruktur des Beteiligungsunternehmens am Business-Plan orientiert und dementsprechend langfristig angelegt, so dass die kurzfristige Fremdkapitalvergabe nur dem Ausgleich eines kurzfristigen Liquiditätsengpasses des Unternehmens dienen sollte, ansonsten aber einer bedarfsadäquaten Finanzierung zuwider läuft und deshalb nicht das geeignete Instrument darstellt, um auf kurzfristige Grenzsteuersatzänderungen zu reagieren;[2] daher wird für die Finanzierungsentscheidung keine steuerplanungsrelevante Einkommensänderung des Business Angels berücksichtigt und von einem konstanten (maximalen) Grenzsteuersatz ausgegangen.[3]

II-1.2 Beteiligungsfinanzierung als Grundfall

Die vorstehenden Ausführungen haben verdeutlicht, dass Business Angels zumindest in der Investitionsphase in der Regel Beteiligungskapital zur Verfügung stellen und dass das bei Anlaufverlusten aus betriebswirtschaftlicher Sicht auch das prinzipiell geeignete Finanzierungsinstrument darstellt. Aus diesem Grund ist im Folgenden zunächst auf die Beteiligungsfinanzierung als „Grundfall" einzugehen.[4]

---

1 Dies setzt einen zeitkonstanten Einkommensteuertarif voraus, wovon hier ausgegangen wird.

2 Soll die Steuerbelastung des Risikokapitalgebers kurzfristig beeinflusst werden, steht mit der Management Fee hierfür ein weitaus flexibleres Instrument zur Verfügung.

3 Die steuerplanungsorientierte Zielvorgabe lautet damit, Erträge möglichst spät entstehen zu lassen und korrespondierend Aufwendungen zeitlich so weit als möglich vorzuziehen.

4 Zur Vergabe von Eigenkapital aus Förderprogrammen vgl. Haller, H. (1999), S. 269 ff. Zu anderen Finanzierungshilfen vgl. Kußmaul, H./Schäfer, R. (2000), S. 340 ff. und Hammer, A. (2000), S. 154 ff.

Ein wesentliches Merkmal von Business Angel-Finanzierungen ist die direkte Beteiligung des Risikokapitalgebers, wobei unterschiedliche Möglichkeiten bestehen, wie die Beteiligungsstruktur ausgestaltet wird; dies wird in Abschnitt II-1.2.1 diskutiert. Welche einmaligen steuerlichen Folgen aus der erstmaligen Risikofinanzierung des Gründungsunternehmens erwachsen, ist Gegenstand der Ausführungen in Abschnitt II-1.2.2, bevor abschließend in Abschnitt II-1.2.3 die laufenden steuerlichen Folgen des Einstiegs eines Business Angels dargestellt werden.

II-1.2.1 Mögliche Beteiligungsformen

Eine direkte Beteiligung des Risikokapitalgebers meint im Weiteren, dass sich dieser nicht über einen Finanzintermediär, sondern selbst an dem Wachstumsunternehmen beteiligt. Dabei wird unterschieden zwischen einer unmittelbaren (im Privatvermögen oder in einem Betriebsvermögen gehaltenen) Beteiligung und einer mittelbaren Beteiligung (über eine inländische Kapitalgesellschaft).

II-1.2.1.1 Unmittelbare Beteiligung

Eine unmittelbare Beteiligung bedeutet im hier verstandenen Sinn, dass der Business Angel selbst Gesellschafter des Gründungsunternehmens wird. Wird der Geschäftsanteil im Privatvermögen gehalten, ist im Hinblick auf die geplante Anteilsveräußerung zu unterscheiden, ob eine Beteiligung im Sinne des § 17 EStG gegeben ist oder nicht.[1] Sofern dies – was nachfolgend unterstellt wird – erfüllt ist, rechnet der Veräußerungsgewinn zu den Einkünften aus Gewerbebetrieb, weshalb in Bezug auf die Einkommensteuer grundsätzlich nicht danach zu differenzieren ist, ob die Beteiligung im Privat- oder aber in einem Betriebsvermögen gehalten wird.[2] Etwas anderes gilt für die Gewerbesteuer, da ein Veräußerungsgewinn im Sinne des § 17 EStG zwar den Einkünften aus Gewerbebetrieb

---

1 Dies ist dann der Fall, wenn der Business Angel innerhalb der letzten fünf Jahre am Kapital des Beteiligungsunternehmens mittel- oder unmittelbar zu mehr als 1% beteiligt war (§ 17 Abs. 1 Satz 1 EStG). § 23 EStG, der nach § 23 Abs. 2 Satz 2 EStG der Regelung des § 17 EStG vorgeht, kommt auf Grund der in der Regel mehrjährigen Beteiligungsdauer von Business Angels keine Bedeutung zu. So haben bei einer Studie nur 4% der befragten Business Angels einen Desinvestitionszeitpunkt von unter zwei Jahren als erwartet angegeben, vgl. Brettel, M./Jaugey, C./Rost, C. (2000), S. 166 f.

2 Dies gilt zumindest dann, sofern der Freibetrag des § 17 Abs. 3 EStG überschritten ist. Veräußert der Business Angel innerhalb eines Veranlagungszeitraums Anteile an verschiedenen Kapitalgesellschaften, sind diese Veräußerungsvorgänge für die Gewährung des Freibetrags nicht zusammenzurechnen. Etwas anderes soll gelten, falls innerhalb eines Veranlagungszeitraums mehrmals Anteile an derselben Gesellschaft veräußert werden, vgl. Herrmann, C./Heuer, G./Raupach, A. (2005), § 17, Anm. 272 und jüngst Schmidt, L. (2006), § 17, Rz. 193; eine andere Auffassung vertreten Littmann, E./Bitz, H./Pust, H. (2006), § 17, Rz. 19.

zuzurechnen ist, nach Abschn. 39 Abs. 1 Nr. 2 GewStR jedoch nicht der Gewerbesteuer unterliegt, wogegen der Veräußerungsgewinn grundsätzlich mit (nach § 35 EStG auf die Einkommensteuer anrechenbarer) Gewerbesteuer belastet wird, wenn die Beteiligung in einem Betriebsvermögen gehalten wurde.[1] In der Praxis wird eine vollständige Anrechnung der Gewerbesteuer allerdings die Ausnahme darstellen, so dass davon auszugehen ist, dass gewerbliche Einkünfte höher belastet sind als nicht gewerbliche Einkünfte.[2]

Weiterhin ist hinsichtlich der Veräußerungsgewinnbesteuerung § 6b Abs. 10 EStG zu beachten, wonach Steuerpflichtige die Gewinne aus der Veräußerung von Kapitalgesellschaftsanteilen bis zu einem Betrag von EUR 500.000 pro Veranlagungszeitraum unversteuert lassen können, sofern eine Übertragung auf bestimmte Wirtschaftsgüter bzw. auf Anteile an Kapitalgesellschaften erfolgt.[3] Dies ist allerdings nur dann möglich, wenn die Anteile mindestens sechs Jahre ununterbrochen im Anlagevermögen einer inländischen Betriebsstätte gehalten wurden: während die sechsjährige Behaltefrist die praktische Bedeutung der Vorschrift erheblich einschränkt, so dass diese für die überwiegende Mehrzahl der in Deutschland agierenden Business Angels nicht relevant sein dürfte, stellt die geforderte Zuordnung der Anteile zum Anlagevermögen ein wesentliches Hindernis für die Inanspruchnahme der Vergünstigung dar.[4] Nach § 247 Abs. 2 HGB sind als Anlagevermögen nur Vermögensgegenstände auszuweisen, die dauernd dem Geschäftsbetrieb zu dienen bestimmt sind.[5] Dagegen gehören nach der BFH-Rechtsprechung diejenigen Vermögensgegenstände zum Umlaufvermögen, deren Zweck in der Veräußerung liegt;[6] für die Zuordnung kommt es in erster Linie auf die objektive Funktionsbestimmung an.[7] Entscheidend für die Abgrenzung sind somit die wirtschaftliche Zweckbestimmung und die vorgesehene Verwendungsdauer im Betrieb. Die Zweckbestimmung kann sich dabei

1 Eine zusätzliche Belastung mit Gewerbesteuer ergibt sich allerdings nur, wenn der Gewerbeertrag den Freibetrag des § 11 Abs. 1 Satz 3 Nr. 1 GewStG überschreitet. Die Vorschrift des § 35 EStG gewährt für die gewerblichen Einkünfte des Einkommensteuergesetzes eine Steuerermäßigung in Gestalt einer pauschalierten Anrechnung des 1,8-fachen des Gewerbesteuermessbetrages auf die Einkommensteuer, vgl. dazu BMF-Schreiben (2002), S. 533 und insbesondere Korezkij, L. (2003).

2 Vgl. Daragan, H./Ley, U./Strahl, M. (2000), S. 1979.

3 Durch das SEStEG wurde in § 3 Nr. 40 Satz 1 Buchstabe a EStG ein neuer Satz 3 eingefügt: hiernach wird seit dem 12.12.2006 (dem Tag der Gesetzesverkündigung) die hälftige Steuerbefreiung von Veräußerungsgewinnen im Betriebsvermögen für den Teil des Veräußerungsgewinns nicht mehr gewährt, der auf einen voll steuerwirksamen Abzug gemäß § 6b EStG oder einen ähnlichen Abzug von den Anschaffungskosten entfällt.

4 So haben lediglich 23% der befragten Business Angels einen Investitionszeitraum von mehr als sechs Jahren als erwartet angegeben, vgl. Brettel, M./Jaugey, C./Rost, C. (2000), S. 166 f.

5 Für das Steuerrecht ist die handelsrechtlich getroffene Unterscheidung maßgebend, vgl. Herrmann, C./ Heuer, G./Raupach, A. (2005), § 6, Anm. 253.

6 Vgl. BFH (1995), S. 320.

7 Vgl. Winnefeld, R. (2000), S. 516.

aus der Art der Sache oder dem Willen des Unternehmers ergeben.[1] Falls die objektive Funktion keine (hinreichend deutliche) Zuordnung ermöglicht, ist nach dem objektiv erkennbaren Willen des Steuerpflichtigen zu forschen.[2] Dieser liegt, dem Wesen von Risikofinanzierungen folgend, in dem bereits zum Investitionszeitpunkt geplanten Verkauf der Anteile, so dass die Zuordnung der Beteiligung zum Anlagevermögen grundsätzlich ausscheidet und § 6b Abs. 10 EStG nicht zur Anwendung kommen sollte.

Neben dem Veräußerungsgewinn sind jedoch noch weitere Steuerwirkungen bei der Entscheidung zu berücksichtigen, ob die Beteiligung aus steuerlichen Gründen dem Betriebs- oder dem Privatvermögen zugeordnet werden sollte.[3] Dividenden kommt hierbei keine Bedeutung zu, falls die Gewinnausschüttungen nicht als Streubesitzdividenden zu qualifizieren sind.[4] Ein abweichende Beurteilung ergibt sich hingegen, sofern nicht die der Beteiligung zuzurechnenden Einkünfte, sondern vielmehr Wertminderungen der Beteiligung betrachtet werden. Wenngleich § 17 EStG den Veräußerungsgewinn den Einkünften aus Gewerbebetrieb zuordnet, bleiben die Anteile Privatvermögen, weshalb beispielsweise eine Teilwertabschreibung auf die Beteiligung nicht vorgenommen werden kann, wogegen dies grundsätzlich dann möglich ist, falls die Anteile zu einem Betriebsvermögen gehören.[5] Ein weiterer Unterschied ergibt sich im Hinblick auf die steuerliche Wirksamkeit des Verlustes; während § 17 Abs. 2 Satz 4b EStG den Verlustabzug in bestimmten Fällen endgültig ausschließt, existiert eine solche Abzugsbeschränkung für in einem Betriebsvermögen gehaltene Kapitalgesellschaftsanteile grundsätzlich nicht.[6] Da in der Investitionsphase jedoch von einer positiven Unternehmensentwicklung auszugehen ist, kommt (zu diesem Zeitpunkt) der Geltendmachung etwaiger Wertminderungen, im Gegensatz zu dem Freibetrag des § 17 Abs. 3 EStG, keine Bedeutung zu.

---

1 Vgl. BFH (1987), S. 448. GmbH-Anteile sind ihrer Eigenart nach grundsätzlich dazu geeignet, sowohl dauerhaft als auch nur vorübergehend dem Geschäftsbetrieb zu dienen.

2 Vgl. BFH (1977), S. 684.

3 Im Zusammenhang mit der Zuordnung zu einem Betriebsvermögen ist zu beachten, dass gemäß BFH (1997), S. 399 die Einlage von Wirtschaftsgütern als gewillkürtes Betriebsvermögen nicht zulässig ist, wenn erkennbar ist, dass diese dem Betrieb nur Verluste bringen werden.

4 Andernfalls unterliegen sie gemäß § 8 Nr. 5 GewStG einer doppelten gewerbesteuerlichen Belastung, vgl. dazu Starke, P. (2005), S. 682. Nachfolgend wird eine Schachtelbeteiligung unterstellt, wobei zu beachten ist, dass (entgegen der in Abschn. 61 Abs. 1 Satz 12 bzw. Abschn. 65 Abs. 1 Satz 4 GewStR veröffentlichten Verwaltungsmeinung) der Kürzungsbetrag nach § 9 Nr. 2a GewStG nicht um Beteiligungsaufwendungen zu mindern ist, vgl. BFH (2006), S. 316. Das JStG 2007 stellt nunmehr klar, dass nur der Nettoertrag zu kürzen ist.

5 Zu den Voraussetzungen für Teilwertabschreibungen vgl. Tz. 11 ff. in BMF-Schreiben (2000), S. 372.

6 Bei der Prüfung der Verlustabzugsbeschränkung ist bedeutsam, dass nicht auf die gesamte Beteiligung abzustellen ist, sondern ein jeder Anteil an einer Kapitalgesellschaft gesellschafts- und steuerrechtlich selbständig bleibt und damit gesondert zu betrachten ist, vgl. BFH (1998), S. 691. Demzufolge ist eine unterschiedliche Behandlung der in den einzelnen Finanzierungsrunden erworbenen Anteile denkbar.

Bislang wurde davon ausgegangen, dass der Business Angel frei darüber entscheiden kann, ob er – wie hier unterstellt wird – eine Beteiligung seinem steuerlichen Privatvermögen zuordnet. Eine uneingeschränkte Wahlfreiheit ist jedoch nicht geben: so stellt die BFH-Rechtsprechung bei der Abgrenzung der vermögensverwaltenden von der gewerblichen Tätigkeit darauf ab, ob in erster Linie die „Fruchtziehung" aus eigenem Vermögen (Vermögensverwaltung) oder aber die Umschichtung von Vermögenswerten sowie die Verwertung der Vermögenssubstanz (gewerbliche Tätigkeit) im Vordergrund steht.[1] In der Zwischenzeit wurde höchstrichterlich entschieden, dass die Veräußerung von elf Beteiligungen innerhalb von drei Jahren eine gewerbliche Tätigkeit darstellt.[2] Wird ausschließlich auf diese Grenze abgestellt, kann wohl davon ausgegangen werden, dass ein „typischer" Business Angel nicht gewerblich tätig ist.[3]

II-1.2.1.2 Mittelbare Beteiligung

Neben einer unmittelbaren Beteiligung ist auch eine mittelbare Beteiligung denkbar, die so definiert wird, dass der Business Angel Alleingesellschafter einer in der Rechtsform der GmbH geführten und als „Zwischenholding" bezeichneten Kapitalgesellschaft ist, welche die Anteile an dem Gründungsunternehmen hält.[4] Eine vermögensverwaltende GmbH hätte aus steuerlicher Sicht den Vorteil, dass sie Gewinne aus Dividenden und Anteilsveräußerungen zu 95% körperschaft- und gewerbesteuerfrei vereinnahmen kann (§ 8b Abs. 1, 2 i.V.m. Abs. 3 Satz 1, Abs. 5 Satz 1 KStG bzw. § 7 Satz 1 GewStG).[5,6]

---

1 Vgl. hierzu beispielsweise BFH (1998a), S. 448 und BFH (2001), S. 809.

2 Vgl. BFH (2001), S. 809. Eine Übernahme der Kriterien zum gewerblichen Grundstückshandel – vgl. hierzu BMF-Schreiben (2004), S. 434 – lehnt der BFH jedoch ab, da sich nicht sämtliche handelbaren Wirtschaftsgüter nach einem einheitlichen Maßstab beurteilen lassen. So erkennt der BFH die Hauptkriterien eines gewerblichen GmbH-Händlers darin, ob GmbH-Anteile zur „Ware" geworden sind und kurzfristig (händlertypisch) umgeschlagen werden; vgl. zu diesem Problembereich Blumers, W./Witt, S.-C. (2002), S. 60 ff. und Wiese, G. T. (2002), S. 293 ff.

3 So lag im Jahr 2000 der Mittelwert der innerhalb von drei Jahren eingegangenen Beteiligungen bei 4,8 Engagements je Business Angel, vgl. Brettel, M./Jaugey, C./Rost, C. (2000), S. 170. Anderer Ansicht ist wohl Hey, F. E. (2002), S. 870, der davon ausgeht, dass (planmäßige) betriebswirtschaftliche Maßnahmen der Geschäftsorganisation zur Wertsteigerung von GmbHs mit dem anschließenden Verkauf der Anteile einen gewerblichen Beteiligungshandel begründen.

4 Nach Ansicht einiger Autoren ist diese Form der Beteiligung bei Business Angels vorherrschend, vgl. Leuner, R./Lindenau, L./Westphal, R. (2002a), S. 2411. Diese Aussage berücksichtigt allerdings nicht die durch das ProtErklG eingetretene Änderung hinsichtlich des pauschalen Betriebsausgabenabzugs.

5 Kritisch zu diesen pauschalierenden Regelungen äußern sich Maiterth, R./Wirth, H. (2004), S. 433 ff. Im Zusammenhang mit der Steuerfreiheit sind § 8b Abs. 2 Satz 4 bzw. Abs. 4 KStG zu beachten, wonach steuerfreie Beteiligungsveräußerungen nur unter bestimmten Voraussetzungen möglich sind. Zu den Haltefristen vgl. ausführlich Korn, K./Fuhrmann, C. (2001), S. 12845 ff.

6 Durch das JStG 2007 wurde auch für Erhebungszeiträume vor 2006 gesetzlich geregelt, dass die nach § 8b Abs. 5 KStG nicht abziehbaren Betriebsausgaben (5% der steuerbefreiten Einnahmen) keine Gewinnanteile im Sinne des § 9 Nr. 2a Satz 1 GewStG sind.

Sofern sich der Business Angel die Gewinne ausschütten lässt, sind diese zur Hälfte nachzuversteuern, so dass sich im Vergleich zur unmittelbaren Beteiligung eine höhere Gesamtbelastung ergibt:[1] per Saldo stehen einer höheren Einkommensteuerzahlung (unmittelbare Beteiligung) eine niedrigere Gewerbe- und Körperschaftsteuerzahlung sowie zusätzlich eine ausschüttungsbedingte Einkommensteuerzahlung gegenüber (mittelbare Beteiligung).[2] Eine allgemein gültige Aussage, welche Alternative bei Berücksichtigung des Zinseffektes vorteilhaft ist, verbietet sich daher.

Falls der Risikokapitalgeber beabsichtigt, seine mit Gründungsunternehmen erzielten Gewinne in voller Höhe zu reinvestieren, wird sich die Zwischenschaltung einer GmbH auf Grund der Steuerstundung wohl als vorteilhaft erweisen.[3] Andererseits können nach § 8b Abs. 3 Satz 3 KStG Veräußerungsverluste und Teilwertabschreibungen mit steuerlicher Wirkung nicht geltend gemacht werden, was die prinzipielle Vorteilhaftigkeit der mittelbaren Beteiligung einschränkt.[4]

Ob sich eine vermögensverwaltende Zwischenholding in einem konkreten Einzelfall tatsächlich als vorteilhaft zeigt, hängt jedoch nicht nur von der steuerlichen Behandlung der mit Gründungsunternehmen erzielten Gewinne bzw. Verluste ab, da ergänzend auch die Reinvestitionsstrategie bzw. die weitere Vermögensplanung des Risikokapitalgebers in die Betrachtung einzubeziehen sind. Aus diesem Grund sollen die Ausführungen hier auf den kurzen Hinweis beschränkt werden, dass sich ein Beteiligungsengagement über eine Zwischenholding-GmbH im Vergleich zu einer unmittelbaren Beteiligung als eine sinnvolle Alternative darstellen könnte.[5]

---

1 Zu den steuerlichen Folgen im Fall der Zwischenschaltung einer Personengesellschaft vgl. Goksch, S./ Buge, R. (2004), S. 1550 ff.

2 Die spätere Einkommensteuerzahlung des Business Angels fällt auf Grund der Definitivbelastung auf Ebene der GmbH geringfügig niedriger aus als ohne Zwischenschaltung einer Kapitalgesellschaft.

3 Vgl. dazu Elser, T. (2001), S. 807 ff. Ein Unternehmen, das nicht ausschüttet, ist für die Anteilseigner letztlich jedoch wertlos, so dass eine „Vollthesaurierungsannahme" über die gesamte Lebensdauer der GmbH unrealistisch ist und zu irgendeinem Zeitpunkt eine Ausschüttung unterstellt werden muss, vgl. Löhr, D. (2001), S. 353. Das andere Ende auf der Skala möglicher Ausschüttungsstrategien bildet die Vollausschüttung. Dabei ergibt sich allerdings eine höhere Gesamtbelastung als bei der unmittelbaren Beteiligung, die bei als identisch unterstellten Zahlungsterminen nicht durch Zinseffekte kompensiert werden kann. Zur Kritik an der Vollausschüttunghypothese vgl. Löhr, D. (1992), S. 525 ff.

4 Wenngleich dieser Aspekt die Zuordnung einer einzelnen Beteiligung nicht beeinflussen sollte, könnte sich eine Zwischenholding über alle Beteiligungen hinweg insgesamt als nachteilig erweisen.

5 Des Weiteren ist in diese Überlegungen die Vorschrift des § 8b Abs. 7 Satz 2 KStG einzubeziehen, da der Begriff des „Finanzunternehmens" nach Verwaltungsauffassung weit auszulegen ist und auch die vermögensverwaltende GmbH umfasst, vgl. BMF-Schreiben (2002a), S. 712; kritisch hierzu Wagner, S. (2002), S. 362 sowie ausführlich Dötsch, E./Jost, W. F./Pung, A./Witt, G. (2006), § 8b, Rz. 130 ff. mit weiteren Nachweisen. Wenngleich § 8b Abs. 7 Satz 2 KStG nach Streck, M. (2003), § 8b, Tz. 16 auf den Erwerb und die Veräußerung von GmbH-Anteilen mangels Handelbarkeit wohl keine Anwendung findet, sollte – wenn geplant ist, die Anteile mittelbar zu halten – dies vorweg im Rahmen einer verbindlichen Auskunft geklärt werden, vgl. Kühn, H.-U./Herold, C. (2002), S. 421.

II-1.2.2 Einmalige Besteuerung der Anteilsübertragung

Im Weiteren sind die einmaligen steuerlichen Folgen des Anteilserwerbs für die an der Übertragung beteiligten Parteien darzustellen. Die Beteiligung des Business Angels an dem Gründungsunternehmen erfolgt in der Praxis typischerweise in der Gestalt eines privatschriftlichen Beteiligungsvertrages, in dem sich der Unternehmensgründer gegenüber dem Investor verpflichtet, das Stammkapital der Gesellschaft um einen bestimmten Betrag zu erhöhen und (ausschließlich) ihn zur Übernahme der neuen Stammeinlage zuzulassen.[1] Der Investor verpflichtet sich im Gegenzug üblicherweise zur Übernahme der neuen Stammeinlage und zur Zahlung eines Aufgeldes auf den Geschäftsanteil.[2]

II-1.2.2.1 Beteiligungsunternehmen

Auf Ebene des Beteiligungsunternehmens sind in diesem Kontext zwei Aspekte von Bedeutung: die Stammkapitalerhöhung und die damit in unmittelbarem Zusammenhang stehende Einzahlung in die Kapitalrücklage.

Das Stammkapital einer GmbH kann auf zwei unterschiedliche Arten erhöht werden: entweder im Rahmen einer Kapitalerhöhung gegen Einlagen oder aber durch eine Kapitalerhöhung aus Gesellschaftsmitteln.[3] Da bei der zweitgenannten Variante keine neuen Stammeinlagen gebildet werden, verbleibt nur die Kapitalerhöhung gegen Einlagen, die sich als gesellschaftsrechtlicher Vorgang nicht auf das Einkommen der GmbH auswirkt.

Entsprechendes gilt auch für die Einzahlung des Business Angels in die Kapitalrücklage: da dieser Vorgang ebenfalls gesellschaftsrechtlich verursacht ist, stellt das Aufgeld (Agio) keine steuerpflichtige Vermögensmehrung dar.[4] Somit sind das Gründungsunternehmen betreffend aus der Ausgabe der Anteile – ausgenommen der Kosten der Eigenkapitalbeschaffung – keine steuerlichen Folgen zu ziehen.[5]

---

1 Vgl. Hergeth, A./Mingau, K. (2001), S. 1217.

2 Demgegenüber sind jedoch (insbesondere bei Gründerteams) auch Interessenlagen denkbar, in denen sich der eine oder andere Gründer gegen entsprechende Bezahlung von einem Teil seiner Beteiligung trennen möchte. Ein Erwerb der Anteile von dem Gründer wird hier nicht betrachtet.

3 Zur steuerlichen Behandlung der Umwandlung von Rücklagen in Nennkapital vgl. § 28 Abs. 1 KStG.

4 Das Agio ist nach § 27 Abs. 1 Satz 1 KStG dem steuerlichen Einlagekonto zuzuschreiben.

5 Für die Kosten der Kapitalerhöhung gilt das Veranlassungsprinzip, weshalb diese Kosten derjenige zu tragen hat, in dessen Rechtssphäre sie verursacht sind, vgl. BFH (2000), S. 545. Der Aufwand für die Beschaffung von Eigenkapital wie beispielsweise Gerichts- und Notariatsgebühren stellt handels- und steuerrechtlich sofort abzugsfähigen Aufwand dar, vgl. Kußmaul, H./Dreger, M./Leiderer, B. (1996), S. 341, Bieg, H. (1998), S. 353 sowie Lind, H./Faulmann, A. (2001), S. 601. Allerdings liegt eine verdeckte Gewinnausschüttung vor, wenn die GmbH diejenigen Kosten trägt, welche auf die Übernahme der neuen Kapitalanteile zurückzuführen sind, vgl. Altfelder, S./Hellmer, J./Grobshäuser, U./Preißer, M./Rümelin, J./Schütte, N./Zwirner, T. (2006), S. 246.

II-1.2.2.2 Unternehmer

Die steuerliche Situation des Gründers wird von der Stammkapitalerhöhung und der Übertragung des neuen Geschäftsanteils an den Business Angel grundsätzlich nicht berührt.[1] Jedoch ist in Bezug auf seine Person zu berücksichtigen, dass mit dem Beschluss der Gesellschafterversammlung über die Kapitalerhöhung ein Bezugsrecht an den neuen Anteilen entsteht, das einen Anspruch der Anteilseigner gegen die Gesellschaft auf den Erwerb eines Anteils an dem erhöhten Stammkapital begründet und veräußerbar ist. Sofern der Bezugsberechtigte (der Gründer) zu mehr als 1% an der GmbH beteiligt ist und dieser das Bezugsrecht veräußert, ist der Tatbestand des § 17 Abs. 1 Satz 3 EStG („Veräußerung von Anwartschaften") erfüllt.[2] Der entsprechende Veräußerungsgewinn unterliegt dem Halbeinkünfteverfahren.

In der Venture Capital-Praxis erfolgt eine Kapitalerhöhung unter Beteiligung Dritter jedoch regelmäßig nicht durch die Übertragung des Bezugsrechts für neue Anteile, vielmehr verzichtet der Gründer von vornherein auf die Teilnahme an der Kapitalerhöhung, so dass in diesem Fall ein Bezugsrecht nicht entsteht.[3] Sofern der Unternehmensgründer von dem Business Angel allerdings eine Ausgleichszahlung für den Verzicht erhält, ist hierin zumindest eine wirtschaftliche Verfügung über das Bezugsrecht zu sehen mit der Folge, dass auch in diesem Fall eine Veräußerung im Sinne des § 17 Abs. 1 Satz 3 EStG vorliegt.[4]

Sofern die Ausgleichszahlung nicht der verzichtende Unternehmensgründer, sondern das Unternehmen selbst – in Form einer Aufgeldzahlung in die Kapitalrücklage – erhält, führt das bei dem Gründer grundsätzlich zu keiner Steuerpflicht nach § 17 EStG. Jedoch kann die Steuerpflicht später entstehen, beispielsweise falls die Rücklage ausgeschüttet wird und/oder ein Missbrauch von Gestaltungsmöglichkeiten gemäß § 42 AO vorliegt.[5] Da die von dem Risikokapitalgeber geleisteten Einzahlungen im Regelfall für operative Zwecke verwendet werden und dementsprechend nicht für Ausschüttungen vorgesehen sind, sollten aus der Kapitalerhöhung auf der Ebene des Gründers im Ergebnis ebenfalls keine unmittelbaren steuerlichen Folgen zu berücksichtigen sein.

1 Beim Anteilseigner gilt in Bezug auf die Kapitalerhöhung grundsätzlich das Gleiche wie bei der Kapitalgesellschaft: es handelt sich um einen Vorgang, der keinen Einfluss auf die Höhe der steuerpflichtigen Einkünfte hat.

2 Vgl. Neu, N./Neumann, R./Neumayer, J. (2003), Rz. 1360.

3 Vgl. Schmidt, A. (1999), S. 356. Zum Bezugsrechtsausschluss bei Kapitalerhöhungen vgl. Heckschen, H. (2001), S. 1438 ff. und ausführlich Heckschen, H./Heidinger, A. (2005), S. 241 ff.

4 Vgl. BFH (1992a), S. 477.

5 Vgl. dazu Schmidt, A. (1999), S. 356 und die dort zitierte BFH-Rechtsprechung.

II-1.2.2.3 Business Angel

Schließlich wird der Business Angel als neu eintretender Anteilseigner von der Kapitalerhöhung tangiert. Bei diesem rechnet der Gegenwert des übernommenen Geschäftsanteils zu den Anschaffungskosten der Beteiligung und wirkt sich grundsätzlich erst im Rahmen der Beteiligungsveräußerung steuermindernd aus; Entsprechendes gilt auch für die Nebenkosten der Anschaffung.[1] Damit ergeben sich in der Investitionsphase aus der Kapitalzuführung und der Anteilsübertragung keine steuerlichen Folgen.[2]

Darüber hinaus hat ein Risikokapitalgeber im Vorfeld der Anteilsübertragung weitere Aufwendungen zu tragen.[3] In Folge des konstanten maximalen Grenzsteuersatzes sollte eine sofortige und umfassende Abzugsfähigkeit der Aufwendungen angestrebt werden.[4] Als Anschaffungskosten sind Aufwendungen zu qualifizieren, die von einem Käufer für die Erlangung eines Wirtschaftsgutes aufwendet werden.[5] Dementsprechend sind die im Zusammenhang mit dem Beteiligungserwerb entstehenden Kosten grundsätzlich als Anschaffungskosten zu qualifizieren und wirken sich erst im Zuge der Anteilsveräußerung steuermindernd aus.[6] Sind hingegen einzelne Aufwendungen als (sofort abziehbare) Betriebsausgaben zu qualifizieren, mindern diese die Einkommensteuer desjenigen Veranlagungszeitraums, in welchen die Investitionsphase fällt.[7]

II-1.2.3 Laufende Besteuerung nach Anteilsübertragung

Abschließend sind im Zusammenhang mit der Beteiligungsfinanzierung die sich aus dem Engagement des Business Angels ergebenden „laufenden" steuerlichen Wirkungen darzustellen. Der Untersuchung liegt hierbei ein an die Teilsteuerrechnung angelehntes, das Gründungsunternehmen und seine Gesellschafter berücksichtigendes Gesamtmodell zu Grunde, innerhalb dessen die durch finanzierungsbezogene Sachverhaltsgestaltungen

[1] Anschaffungsnebenkosten sind die von einem Erwerber getragenen Beurkundungskosten, Provisionen oder Maklergebühren, vgl. Schmidt, L. (2006), § 17, Rz. 161.

[2] Vgl. jedoch Fußnote 5 (letzter Satz) in Abschnitt II-1.2.2.1.

[3] Ein finaler Zusammenhang zwischen Einnahmen und Werbungskosten/Betriebsausgaben muss nicht bestehen, vielmehr geht die neuere Rechtsprechung des BFH und die herrschende Meinung von einem vom Veranlassungsprinzip geprägten Werbungskostenbegriff aus, vgl. Schmidt, L. (2006), § 9, Rz. 7.

[4] Zur Zuordnung von Aufwendungen zu den Einkünften im Sinne des § 17 bzw. 23 EStG vgl. Rieck, U. (2003), S. 1958 ff. Falls eine Zurechnung zu den Einkünften aus § 17 EStG erfolgt, handelt es sich um Betriebsausgaben.

[5] Vgl. BFH (2004), S. 597.

[6] Als Anschaffungs(neben)kosten zu qualifizierenden Aufwendungen kommt nur im Rahmen der §§ 17, 23 EStG Bedeutung zu, wogegen sie im Geltungsbereich des § 20 EStG steuerlich unbeachtlich sind.

[7] So sind für den Erwerb ertragbringender Wertpapiere aufgewendete Beratungskosten Werbungskosten und keine Anschaffungskosten, vgl. Schmidt, L. (2006), § 20, Rz. 230.

zu beeinflussende Gesamtbelastungsänderung *S* als Bezugsgröße dienen soll.[1] Diese beträgt in einem Besteuerungszeitraum:[2]

(1) $$S = S^{GmbH} + S^{U} + S^{BA}$$

Die Gesamtsteueränderung *S* setzt sich aus der Summe der Einzelbelastungsdifferenzen aller involvierten Parteien zusammen.[3] Um jedoch mit Steuerbelastungsdifferenzen rechnen zu können, ist in einem ersten Schritt ein Ausgangspunkt („Nullpunkt") zu definieren. In diesem Zusammenhang ist von Bedeutung, dass das Beteiligungsunternehmen nach § 5 Abs. 1 GmbHG mit mindestens EUR 25.000 Stammkapital auszustatten ist. Da das Gesellschaftsrecht keine darüber hinausgehende Außenfinanzierung verlangt, bildet die ausschließliche Eigenfinanzierung des Gründungsunternehmens diesen „Nullpunkt". Die sich auf Grundlage dieser Finanzierungsstruktur bei Gewinnthesaurierung ergebende Steuerbelastung wird im Weiteren als „Basissteuerbelastung" bezeichnet.[4]

Sofern eine weitere Kapitalzuführung notwendig ist, sind die steuerlichen Folgen der Außenfinanzierung jeweils im Verhältnis zur Basissteuerbelastung zu beurteilen. Dabei kann die Basissteuerbelastung selbst vernachlässigt werden. Aus diesem Grund werden nachfolgend ausschließlich diejenigen Belastungsdifferenzen betrachtet, die auf kapitalstrukturorientierte Sachverhaltsgestaltungen sowie die entsprechenden Entgelte (Zinsen bzw. Dividenden) zurückzuführen sind.[5]

Nachfolgend werden für Zwecke der Vorteilhaftigkeitsanalyse die laufenden Steuerwirkungen als Belastungsfunktionen formuliert, wobei allerdings zu berücksichtigen ist, dass der Formalisierungsgrad mit zunehmender Realitätsnähe anwächst.[6] Um die Komplexität in vertretbaren Grenzen zu halten, werden lediglich die für die Wahl der Finanzierungsentscheidung bedeutsamen steuerlichen Vorschriften berücksichtigt.[7]

---

1 Das setzt ein personenbezogenes Unternehmen voraus, was bei Business Angel-Finanzierungen in der Regel erfüllt ist. Zur Unterscheidung zwischen unternehmens- und personenbezogenen Gesellschaften vgl. Kußmaul, H./Dreger, M. (1997), S. 2349.

2 Im Weiteren bleiben „Übertragungsverluste", die zwischen der Bruttoauszahlung des Kapitalnehmers und der Nettoeinzahlung des Kapitalgebers „versickern", mit Ausnahme der Steuern unberücksichtigt. Zu solchen Transferverlusten vgl. Steiner, M./Kölsch, K. (1989), S. 410 f.

3 Für das Gründungsunternehmen wird ein kalenderjahrgleiches Wirtschaftsjahr unterstellt, so dass dessen Veranlagungs- bzw. Erhebungszeitraum mit dem Veranlagungszeitraum seiner Anteilseigner übereinstimmt.

4 Diese Basissteuerbelastung umfasst die Gesamtsteuerbelastung eines rein eigenfinanzierten Unternehmens einschließlich seiner Anteilseigner, soweit deren Einkünfte aus dem Unternehmen stammen und ihnen nicht in Form von Dividenden zufließen.

5 Die kapitalstrukturorientierten Maßnahmen beschränken sich dabei auf die Außenfinanzierung.

6 Vgl. Wagner, F. W. (1993), Sp. 4060.

7 Das bedeutet, dass das Modell die steuerrechtliche Realität nicht vollumfänglich widerspiegelt, da beispielsweise die einkommensteuerlichen Rundungsvorschriften vernachlässigt werden.

Den Ausgangspunkt der Analyse bilden die sich bei dem Gründungsunternehmen ergebenden laufenden steuerlichen Wirkungen. Die mangels Entscheidungsrelevanz nicht zu berücksichtigende Basissteuerbelastung eines Unternehmens wird von der Zuführung weiteren Eigenkapitals – abgesehen von den damit verbundenen Kosten – nicht berührt. Entsprechendes gilt auch im Hinblick auf Gewinnausschüttungen, da die Gewinne einer Kapitalgesellschaft bei dieser verwendungsunabhängig besteuert werden. Auf Ebene des Gründungsunternehmens sind demzufolge keine laufenden eigenfinanzierungsbedingten Steuerwirkungen zu berücksichtigen.

Im Gegensatz dazu wird die Steuerbelastung der Anteilseigner bei Eigenfinanzierung von zwei Seiten beeinflusst: von den mit *D* bezeichneten Dividenden wie auch von den mit *W* bezeichneten Werbungskosten.[1] Sofern die Gewinne einer Kapitalgesellschaft als Dividende *D* ausgeschüttet werden, sind diese nach § 20 Abs. 1 Nr. 1 EStG als Einkünfte aus Kapitalvermögen zu versteuern, fließen allerdings nach § 3 Nr. 40a EStG nur zur Hälfte in die Bemessungsgrundlage der Gesellschafter ein.[2] Korrespondierend sind nach § 3c Abs. 2 EStG die mit solchen Einkünften in einem wirtschaftlichen Zusammenhang stehenden Werbungskosten *W* nur hälftig abzugsfähig.[3] Die finanzierungsbedingte Veränderung der Einkommensteuer- bzw. Solidaritätszuschlagschuld S^U des Unternehmers beläuft sich unter Berücksichtigung seiner Beteiligungsquote α auf folgenden Betrag:[4]

$$(2) \qquad S^U = s^U \cdot 0{,}5 \cdot \left(\alpha \cdot D - W^U\right)$$

Da der Unternehmer im Rahmen einer Vollerwerbsgründung tätig ist und dem Beteiligungsunternehmen annahmegemäß ausschließlich Eigenkapital zur Verfügung gestellt hat, bezieht er außer seinem Gehalt und etwaigen Dividenden keine weiteren Einkünfte. Mit welchem Steuersatz die dem Gründer zufließenden Dividenden *D* belastet bzw. die Werbungskosten *W* entlastet werden, hängt von der Höhe der Gehaltszahlungen ab und kann demnach nicht allgemein gültig beantwortet werden, so dass für die Ermittlung der Belastungsdifferenz die Gesamthöhe der Bemessungsgrundlage bekannt sein muss.[5] Da

---

1 Wenngleich in der Verlustphase Ausschüttungen in der Regel nicht möglich sind, werden Dividenden bereits hier betrachtet; zur Ausschüttungsplanung vgl. Abschnitt II-2.2.2.

2 Unter Vernachlässigung der Progressionswirkungen sowie der Kirchensteuer werden Dividenden mit $0{,}5 \cdot s_{ESt,SolZ}$ besteuert, wobei $s_{ESt,SolZ} = s_{ESt} \cdot (1 + s_{SolZ})$ gilt und s_{ESt} den Differenzsteuersatz der Einkommensteuer und s_{SolZ} den Solidaritätszuschlagsatz (§ 4 Abs. 1 SolZG) repräsentiert; zur Berücksichtigung der Kirchensteuer in den Teilsteuersätzen vgl. Wurmsdobler, N. (2001), S. 846.

3 Das hälftige Abzugsverbot gilt unabhängig davon, ob einem Anteilseigner in einem Veranlagungszeitraum tatsächlich Dividenden zufließen.

4 Dabei bezeichnet s^U den auf den finanzierungsbedingt veränderten Teil der Bemessungsgrundlage des Unternehmers anzuwendenden kombinierten (die Einkommensteuer und den Solidaritätszuschlag berücksichtigenden) Differenzsteuersatz. Zum Differenzsteuersatz vgl. Heinhold, M. (1996a), S. 35 f.

5 Vgl. dazu bereits Abschnitt I-2.3.2.1.

der Existenzgründer ausschließlich „unternehmensbezogene" Einkünfte erzielt, sind die ihn betreffenden eigenfinanzierungsbezogenen Steuerwirkungen im Zusammenhang mit seiner Tätigkeitsvergütung zu sehen.[1] Da diese ex ante bekannt sein sollte, kann s^U unter Berücksichtigung der Einkünfte aus nicht-selbständiger Arbeit zutreffend berechnet und die voraussichtliche Steuerwirkung auf Ebene des Gründers ermittelt werden.

Bei einem „typischen" Business Angel stellt sich diese Berechnung auf Grund seiner übrigen Einkünfte und des hiermit verbundenen konstanten Grenzsteuersatzes erheblich einfacher dar. Infolgedessen gilt für die finanzierungsbedingte Belastungsänderung S^{BA} des informellen Investors bei Eigenfinanzierung das Folgende:[2]

(3) $$S^{BA} = s^{BA} \cdot 0{,}5 \cdot \left[(1-\alpha) \cdot D - W^{BA}\right]$$

Die für den Risikokapitalgeber unterstellte Einkommenssituation führt dazu, dass die eigenfinanzierungsbedingten Steuerwirkungen von der Höhe der Einkommensänderung unabhängig sind, da der Steuersatz des Business Angels davon nicht beeinflusst wird. In Formel (3) sind somit keine weiteren Rechenschritte im Hinblick auf die Ermittlung des Differenzsteuersatzes s^{BA} erforderlich.

Da sich das Gründungsunternehmen definitionsgemäß anfänglich in der Verlustphase befindet, können Dividendenzahlungen nicht geleistet werden. Demgemäß wird die Einnahmenseite durch die Finanzierung nicht beeinflusst und kann zunächst vernachlässigt werden.[3] Die Ausgabenseite in Form der finanzierungsbezogenen Werbungskosten kann gleichfalls vernachlässigt werden, da die Eigenfinanzierung annahmegemäß jeweils aus eigenen Mitteln der Gesellschafter erfolgte, so dass in Bezug auf die Kapitalausstattung keine berücksichtigungsfähigen Werbungskosten vorliegen.[4] Das bedeutet, dass im Fall der ausschließlichen Eigenfinanzierung in der Verlustphase auf Ebene der Anteilseigner keine finanzierungsbezogenen steuerlichen Wirkungen zu berücksichtigen sind.[5] Etwas anderes gilt jedoch, sofern weitere Finanzierungsformen in die Betrachtung einbezogen werden, was Gegenstand der folgenden Abschnitte ist.

---

1 Im Rahmen von Unternehmensbewertungen wird in der Praxis sowie in Teilen der Literatur der vom IDW mit 35% vorgeschlagene Einkommensteuersatz verwendet, vgl. IDW (2000), S. 830 und anstatt vieler Krolle, S./Knollmann, J. (2000), S. 78 mit weiteren Nachweisen. Dagegen halten Ollmann, M./ Richter, F. (1999), S. 173 f. einen Steuersatz von 30% bis 40% für eine geeignete Approximation zur Abbildung eines repräsentativen Anlegers.

2 s^{BA} beschreibt entsprechend den auf den finanzierungsbedingt veränderten Teil der Bemessungsgrundlage des Business Angels anzuwendenden kombinierten Differenzsteuersatz.

3 Folglich kommt dem Sparer-Freibetrag (§ 20 Abs. 4 Satz 1 EStG) bzw. dem Werbungskosten-Pauschbetrag (§ 9a Satz 1 Nr. 2 EStG) hier noch keine Bedeutung zu; vgl. dazu aber Abschnitt II-2.2.2.1.

4 Zur Systematik der Behandlung von Refinanzierungsentgelten vgl. Rogall, M. (2001), S. 1903 ff.

5 Vgl. aber Abschnitt II-1.2.2.2 und II-1.2.2.3 zu den einmaligen Steuerfolgen.

II-1.3 Finanzierungsalternativen

Aus betriebswirtschaftlicher Sicht ist es grundsätzlich sinnvoll, einem jungen Wachstumsunternehmen in der ersten Finanzierungsrunde Eigenkapital zur Verfügung zu stellen, da eine hohe Eigenkapitalbasis auf Grund ihrer Verlustausgleichsfunktion mit einer erhöhten Bestandsfestigung der Unternehmen einhergeht.[1] Jedoch sind auch Situationen vorstellbar, in denen eine ausschließliche Befriedigung des Kapitalbedarfs in der ersten Finanzierungsrunde über Eigenkapital nicht möglich oder aber nicht gewünscht ist.[2] Um den individuellen Bedürfnissen der Kapitalgeber und -nehmer angemessen Rechnung zu tragen, werden in der Praxis situationsabhängig verschiedene Finanzierungsinstrumente eingesetzt, die eine sinnvolle Ergänzung zur Eigenfinanzierung darstellen können.[3]

Vor diesem Hintergrund ist im Folgenden zwischen „klassischem" Fremdkapital, das Gegenstand der Ausführungen in Abschnitt II-1.3.1 ist, und eigenkapitalähnlichen Mitteln, die in Abschnitt II-1.3.2 behandelt werden, zu unterscheiden.

II-1.3.1 Fremdfinanzierung

Falls dem Gründungsunternehmen Fremdkapital zur Verfügung gestellt werden soll, stellt sich dem Business Angel analog zu dem vorstehend behandelten Fall der Eigenfinanzierung die Frage, ob die Darlehensforderung aus steuerlichen Gründen dem Privatvermögen oder aber einem Betriebsvermögen zugeordnet werden sollte. Im ersten Fall erzielt der Business Angel bei verzinslicher Kapitalüberlassung Einkünfte aus Kapitalvermögen (§ 20 Abs. 1 Nr. 7 EStG), wobei die Zinsen grundsätzlich in voller Höhe der Einkommensteuer unterliegen.[4] Falls das Beteiligungsunternehmen zur Darlehensrückzahlung nicht im Stande ist, die Forderung also ganz oder teilweise ausfällt, wirkt sich der Verlust der Kapitalanlage als eine nach § 20 EStG irrelevante Vermögensminderung steuerlich grundsätzlich nicht aus.[5]

---

1 Zur Messung des Eigenkapitals als Risikokapital vgl. Schneider, D. (1987), S. 185 ff.

2 So haben 35% der im Jahr 2000 befragten deutschen Business Angels einen Teil ihrer Investitionen in Form von Fremdkapital getätigt, vgl. Brettel, M./Jaugey, C./Rost, C. (2000), S. 173.

3 Beispielsweise könnte erwogen werden, die Anlaufverluste des Gründungsunternehmens in die Sphäre des Business Angels zu transferieren und dort steuerlich zu nutzen. Da der Business Angel prinzipiell eine Minderheitsbeteiligung anstrebt und die Stimmrechtsmehrheit beim Unternehmer verbleibt, kann hierzu nicht auf die Organschaft als Gestaltungsinstrument zurückgegriffen werden.

4 Der Business Angel kann den Sparerfreibetrag des § 20 Abs. 4 EStG in Anspruch nehmen, auf Grund der oben beschriebenen Einkommensverhältnisse ist allerdings davon auszugehen, dass dieser bereits durch anderweitige Kapitaleinkünfte ausgeschöpft ist, weshalb von einer Berücksichtigung abgesehen wird. Entsprechendes soll für den Werbungskosten-Pauschbetrag (§ 9a Satz 1 Nr. 2 EStG) gelten.

5 Vgl. Schmidt, L. (2006), S. 20, Rz. 230. Möglichkeiten zur Berücksichtigung des Forderungsverlustes zeigt Dautel, R. (2002), S. 1125 f. auf; vgl. dazu auch Abschnitt II-2.3.1.3.

Dies stellt sich gänzlich anders dar, sofern die Forderung in einem Betriebsvermögen des Kapitalgebers gehalten wird. Zwar unterliegen die Zinserträge als Einkünfte aus Gewerbebetrieb (§ 15 Abs. 1 Satz 1 Nr. 1 EStG) ebenfalls in voller Höhe der Einkommensteuer, sind jedoch – trotz der im Rahmen des § 35 EStG vorgesehenen Gewerbesteueranrechnung – bei dem Kapitalgeber in Summe vielfach höher belastet;[1] bei den korrespondierenden Zinsaufwendungen handelt es sich in aller Regel um Dauerschuldentgelte, die dem Gewerbeertrag des Beteiligungsunternehmens hälftig hinzuzurechnen sind und damit auch bei diesem teilweise der Gewerbesteuer unterliegen, was die Zuordnung der Forderung zu einem Betriebsvermögen steuerlich unattraktiv erscheinen lässt.[2] Demgegenüber kann ein Darlehensausfall als Betriebsausgabe geltend gemacht werden, da die Forderung nicht dem steuerlich irrelevanten Vermögensbereich zuzurechnen ist.[3]

Wie auch im Fall der Beteiligungsfinanzierung ist in Bezug auf eine etwaige Fremdfinanzierung davon auszugehen, dass der Business Angel einen Forderungsausfall nicht erwartet, so dass der steuerlichen Abzugsfähigkeit des Darlehensverlustes in der Investitionsphase keine grundsätzliche Bedeutung zukommt. Im Gegensatz hierzu schlägt sich die Gewerbesteuerpflicht der Zinsen in der Regel unmittelbar in einer höheren Steuerbelastung nieder, so dass für den Fall der Fremdkapitalvergabe eine Zuordnung der Darlehensforderung zum steuerlichen Privatvermögen des Business Angels unterstellt wird.

II-1.3.1.1 Verzinsliche Darlehen

Wird ein Darlehen an das Beteiligungsunternehmen ausgereicht, stellt sich die Frage, ob dieses verzinslich gestellt werden soll.[4] Entscheiden sich die beteiligten Parteien trotz des hiermit verbundenen – die Unternehmensliquidität belastenden – laufenden Kapitaldienstes für die Verzinslichkeit, sind die Zinsen auf Ebene des Gründungsunternehmens als Betriebsausgaben abzugsfähig.[5] Da – wie vorstehend angedeutet – von Dauerschuld-

---

1 So sind die Zinsen eines aus einem Betriebsvermögen gewährten Darlehens häufig höher besteuert als die eines privat gewährten Darlehens, da § 35 EStG in der Regel nur bei relativ niedrigen Hebesätzen die Gewerbesteuer vollständig kompensiert, vgl. Wesselbaum-Neugebauer, C. (2001), S. 186.

2 Zur Belastungswirkung gewerbesteuerlicher Hinzurechnungen bei Kapitalgesellschaften vgl. Kessler, W./Schiffers, J./Teufel, T. (2002), S. 167 ff.

3 Sofern es sich bei der Forderung nicht um notwendiges Betriebsvermögen handelt, ist ein Ausweis als gewillkürtes Betriebsvermögen zu prüfen; vgl. dazu Winnefeld, R. (2000), S. 324 ff.

4 Einmalige Kreditnebenkosten wie Bearbeitungsgebühren, Provisionen und dergleichen sollten bei der Gesellschafterfremdfinanzierung die Ausnahme darstellen und werden im Folgenden nicht betrachtet. Zu deren Behandlung vgl. Schmidt, L. (2006), § 6, Rz. 395.

5 Das gilt zumindest dann, falls keine verdeckte Gewinnausschüttung vorliegt, wovon hier ausgegangen wird. Des Weiteren wird im Hinblick auf § 8a KStG unterstellt, dass die an den Risikokapitalgeber zu entrichtenden Zinsen den Betrag von EUR 250.000 pro Jahr nicht übersteigen.

entgelten ausgegangen wird, sind diese auf Unternehmensebene dem Gewerbeertrag zur Hälfte wieder hinzuzurechnen (§ 8 Nr. 1 GewStG). Sofern Fremdkapitalzinsen in Höhe von *Z* als Betriebsausgabe behandelt wurden, entspricht deren Gewerbesteuereffekt dem folgenden Betrag S_{GewSt}:[1,2]

$$(4) \qquad S_{GewSt} = (-0{,}5 \cdot Z) \cdot s_{GewSt}$$

Da der „nominelle" Gewerbesteuersatz, definiert als das Produkt aus Steuermesszahl *m* (§ 11 Abs. 2 Nr. 2 GewStG) und Hebesatz *h* (§ 16 Abs. 1 GewStG), die Abzugsfähigkeit der Gewerbesteuer bei ihrer Bemessungsgrundlage nicht berücksichtigt, bezeichnet s_{GewSt} den „effektiven" (diese Abzugsfähigkeit berücksichtigenden) Gewerbesteuersatz.[3]

Abweichend dazu ist bei der Körperschaftsteuer der volle Zinsaufwand als Betriebsausgabe zu berücksichtigen. Da die Gewerbesteuer auch bei der Körperschaftsteuer abziehbar ist, resultiert aus den Zinsaufwendungen *Z* die folgende (Körperschaftsteuer und Solidaritätszuschlag betreffende) Steuerwirkung $S_{KSt,SolZ}$:[4,5]

$$(5) \qquad S_{KSt,SolZ} = (-Z) \cdot s_{KSt,SolZ} \cdot (1 - 0{,}5 \cdot s_{GewSt})$$

Die gesamte finanzierungsbedingte Steuerwirkung beträgt auf Ebene des Gründungsunternehmens $S^{GmbH} = S_{GewSt} + S_{KSt,SolZ}$, was sich wie folgt darstellen lässt:

$$(6) \qquad S^{GmbH} = (-Z) \cdot [0{,}5 \cdot s_{GewSt} + s_{KSt,SolZ} \cdot (1 - 0{,}5 \cdot s_{GewSt})]$$

Im Fall des Zuflusses der Kapitalüberlassungsentgelte beläuft sich die finanzierungsbedingte Steuermehrbelastung des Business Angels auf den folgenden Betrag:[6]

$$(7) \qquad S^{BA} = s^{BA} \cdot \{Z + 0{,}5 \cdot [(1 - \alpha) \cdot D - W^{BA}]\}$$

Des Weiteren sind auch die einmaligen Steuerwirkungen der Fremdkapitalvergabe zu berücksichtigen. Bei der Kapitaleinzahlung handelt es sich auf Ebene des Unternehmens um eine erfolgsneutrale Bilanzverlängerung, so dass die ertragsteuerlichen Bemessungsgrundlagen davon nicht beeinflusst werden. Etwas anderes gilt allerdings, falls Ein- und Rückzahlungsbetrag voneinander abweichen. Bei diesem Unterschiedsbetrag handelt es sich üblicherweise um ein Disagio oder Damnum, für das in der Steuerbilanz ein aktiver

1 Die Rundungsvorschrift des § 11 Abs. 1 Satz 3 GewStG bleibt nachfolgend unberücksichtigt.

2 Ergibt sich für den Erhebungszeitraum des Zinsabzugs auf Grund von Verlusten oder der Nutzung des Verlustvortrags keine Gewerbesteuerschuld, wirken sich die Zinsaufwendungen erst in einem späteren Erhebungszeitraum in Höhe von S_{GewSt} steuermindernd aus.

3 Hierbei gilt $s_{GewSt} = (m \cdot h) / (1 + m \cdot h)$. Zu den Auswirkungen des GewStÄndG auf die Hebesätze der Gemeinden vgl. Schmidt, B. (2004), S. 249 ff.

4 Es gilt $s_{KSt,SolZ} = s_{KSt} \cdot (1 + s_{SolZ})$, wobei s_{KSt} den Körperschaftsteuersatz bezeichnet.

5 Für $S_{KSt,SolZ}$ gilt das in Fußnote 2 zu S_{GewSt} Ausgeführte analog. Ferner ist zu berücksichtigen, in welchem Erhebungszeitraum die Gewerbesteuerschuld um S_{GewSt} gemindert wird.

6 Zur steuerlichen Vorteilhaftigkeit der Fremd- bzw. Eigenfinanzierung vgl. Abschnitt II-2.2.2.1 f.

Rechnungsabgrenzungsposten zu bilden ist.[1] Dessen Auflösung erfolgt planmäßig über die gesamte Laufzeit des Darlehens. Da die Auflösungsbeträge wie Zinsaufwendungen behandelt werden, mindern sie die ertragsteuerlichen Bemessungsgrundlagen des Beteiligungsunternehmens (ganz oder teilweise).[2] Auf Unternehmensebene ergeben sich aus steuerlicher Sicht im Vergleich zu den laufend zu entrichteten Zinszahlungen keine Unterschiede. Der fremdfinanzierende Business Angel hat das Damnum als Einkünfte aus Kapitalvermögen nach § 20 Abs. 2 Nr. 1 EStG zu versteuern.[3] Der Zufluss findet dabei im Zeitpunkt der Hingabe des gekürzten Darlehensbetrages statt;[4] bei der Vereinbarung der Finanzierungskonditionen sollte das berücksichtigt werden.

Da der Business Angel mit seinen Einkünften dem maximalen Grenzsteuersatz unterliegt, das Gründungsunternehmen bei der unterstellten kurzfristig negativen Ertragslage anfänglich aber keine Ertragsteuern bezahlt, steigt in der Verlustphase bei verzinslicher Fremdfinanzierung die Gesamtsteuerbelastung eines Veranlagungszeitraums (sog. „Aufwandsversteuerung“).[5] Daher könnte erwogen werden, endfällige Zinsen zu vereinbaren oder auf unverzinsliches Fremdkapital auszuweichen.

II-1.3.1.2 Unverzinsliche Darlehen

Die unverzinsliche Darlehensvergabe soll dadurch charakterisiert sein, dass ein Zinssatz von 0% vereinbart wurde und dass dem Gründungsunternehmen aus der Darlehensgewährung auch keine anderen wirtschaftlichen Nachteile erwachsen.[6] Da Zinsen nicht zu entrichten sind, kommt § 6 Abs. 1 Nr. 3 EStG zur Anwendung, wonach Verbindlichkeiten mit einer Restlaufzeit von mehr als zwölf Monaten mit 5,5% abzuzinsen sind, sofern es sich nicht um Anzahlungen oder Vorausleistungen handelt.[7]

---

1 Vgl. BFH (1969), S. 291.

2 Ein Disagio (Damnum) wird ebenfalls von § 8 Nr. 1 GewStG erfasst, jedoch nur insoweit, als die entsprechenden Beträge das Ergebnis belastet haben. Somit ist bei der Gewerbesteuer der Betrag, um den der aktive Rechnungsabgrenzungsposten aufgelöst wurde, dem Gewerbeertrag hälftig zuzurechnen.

3 Das Disagio stellt einen der besonderen Vermögensvorteile im Sinne des § 20 Abs. 2 Nr. 1 EStG dar, vgl. Zenthöfer, W./Schulze zur Wiesche, D. (2001), S. 814.

4 Vgl. BFH (1993), S. 93. Würde der Business Angel demgegenüber einen höheren als den Nominalbetrag zurückerhalten, würde der Zufluss im Rückzahlungszeitpunkt erfolgen, vgl. BFH (1974), S. 735.

5 Die Beziehung $0{,}5 \cdot s_{GewSt} + s_{KSt,SolZ} \cdot (1 - 0{,}5 \cdot s_{GewSt}) = 0$ gilt nur dann, sofern die hälftige Hinzurechnung von Dauerschuldentgelten von einem negativen körperschaftsteuerlichen Einkommen ausgehend nicht zu einem positiven Gewerbeertrag führt.

6 So können etwa bewertbare Verwendungsauflagen des Darlehensgebers wirtschaftlich als Verzinsung angesehen werden, vgl. BMF-Schreiben (1999a), S. 818.

7 Im Hinblick auf Gesellschafterdarlehen äußern sich kritisch Hauber, B./Kiesel, H. (2000), S. 1511 ff., wogegen nach Meinung der Finanzverwaltung § 6 Abs. 1 Nr. 3 EStG auch auf Gesellschafterdarlehen anzuwenden ist, vgl. Tz. 23 in BMF-Schreiben (2005), S. 699.

Das Beteiligungsunternehmen weist in diesem Fall in dem Wirtschaftsjahr der Darlehensgewährung einen (unrealisierten) Gewinn aus, dem auf Ebene des Business Angels keine Werbungskosten gegenüberstehen.[1] Der Abzinsungsgewinn wird in den folgenden Geschäftsjahren nach und nach wieder rückgängig gemacht, so dass aus der Abzinsung keine Mehr- bzw. Definitivbelastung, sondern lediglich eine zeitliche Verschiebung der Steuerzahlungen resultiert. Da sich die Steuerbilanzabweichungen *M* gleichermaßen bei der Gewerbesteuer niederschlagen, ergibt sich auf Ebene des Beteiligungsunternehmens folgende finanzierungsbedingte Steuerwirkung:[2]

(8)
$$S^{GmbH} = \begin{cases} \pm M \cdot \left(s_{GewSt} + s_{KSt,SolZ} - s_{GewSt} \cdot s_{KSt,SolZ}\right) \\ -Z \cdot \left[0{,}5 \cdot s_{GewSt} + s_{KSt,SolZ} \cdot \left(1 - 0{,}5 \cdot s_{GewSt}\right)\right] \end{cases}$$

Da die erstmalige Risikofinanzierung des Beteiligungsunternehmens annahmegemäß in der Verlustphase erfolgt, führt die Abzinsung nicht zu einer Steuerzahlung, sofern der „Abzinsungsertrag" den sonstigen steuerlichen Verlust nicht überkompensiert, was hier unterstellt wird.[3] Da mit der Vergabe unverzinslichen Fremdkapitals auf Unternehmensebene (zunächst) keine Liquiditätsbelastung verbunden ist, könnte dies neben der Eigenkapitalbereitstellung eine geeignete Finanzierungsalternative darstellen.[4]

Andererseits ist aus steuerlicher Sicht unter anderem darauf zu achten, dass die Kapitalüberlassungsdauer und die sich daraus ergebenden unmittelbaren Ergebniswirkungen, die in den gewerbe- und körperschaftsteuerlichen Verlustvorträgen ihren Niederschlag finden, im Zusammenspiel mit der (prognostizierten) Ertragslage des Beteiligungsunternehmens zu einem „optimalen" steuerlichen Ergebnis führen.[5] Die hiermit verbundenen relativ komplexen Planungsrechnungen könnten etwa dadurch umgangen werden, dass in einem einzigen Jahr ein (auch nur geringfügig) von Null verschiedener Zinssatz vereinbart wird.[6] Um eine sofortige Liquiditätsbelastung auf Unternehmensebene zu vermeiden, könnte ergänzend eine späte Fälligkeit des Zinsanspruchs vereinbart und so die Besteuerung des Zinsertrages bei dem Kapitalgeber in die Zukunft verlagert werden.[7]

---

1 Handelsrechtlich ist nach § 253 Abs. 1 Satz 2 HGB eine Abzinsung nicht zulässig, da diese einen Verstoß gegen das Realisationsprinzip (§ 252 Abs. 1 Nr. 4 HGB) darstellt.

2 Dabei beschreibt *+M* den Abzinsungsgewinn und entsprechend *–M* die Aufzinsungsverluste einzelner Veranlagungszeiträume.

3 Letztlich ist es Zweck der Steuerplanung, solche Steuerzahlungen zu vermeiden.

4 Gleichwohl ist zu berücksichtigen, dass die Verbindlichkeit zu einem späteren Zeitpunkt zu tilgen ist, wogegen Eigenkapital dem Unternehmen prinzipiell unbegrenzt zur Verfügung steht.

5 Eine entsprechend lange Darlehenslaufzeit unterstellt, können die Aufzinsungsverluste beispielsweise die Mindestbesteuerung beeinflussen.

6 Nach Tz. 13 in BMF-Schreiben (2005), S. 699 reicht das wohl aus, um die Abzinsung zu umgehen.

7 Dies wäre anders, falls der Business Angel die Forderung einem Betriebsvermögen zugeordnet hätte.

II-1.3.1.3 Typisch Stille Gesellschaft

Als dritte Fremdfinanzierungsalternative ist die „Stille Gesellschaft", die häufig auch als „Stille Beteiligung" bezeichnet wird, zu betrachten.[1] Eine Stille Gesellschaft (§§ 230 bis 236 HGB) entsteht, indem sich der Risikokapitalgeber durch eine Vermögenseinlage am Handelsgewerbe des Gründungsunternehmens beteiligt, ohne nach außen in Erscheinung zu treten. Der stille Gesellschafter leistet seine Einlage in das Vermögen des Betriebsinhabers und ist hierfür am Gewinn und gegebenenfalls auch am Verlust beteiligt.[2] Im Fall der typisch Stillen Beteiligung stellt die Einlage des Business Angels auf Ebene des Gründungsunternehmens Fremdkapital dar, so dass der Unternehmensgewinn durch den stillen Gewinnanteil gemindert wird; falls der stille Gesellschafter auch am Verlust beteiligt ist, mindert dessen Verlustanteil den Verlust des Gründungsunternehmens.

Der Business Angel erzielt bei einer Stillen Beteiligung nach § 20 Abs. 1 Nr. 4 EStG Einkünfte aus Kapitalvermögen, sobald ihm sein Gewinnanteil tatsächlich zufließt (§ 11 Abs. 1 EStG). Sofern das Gründungsunternehmen einen Gewinn erzielt, ist es aus Sicht der Körperschaftsteuer prinzipiell bedeutungslos, ob die Kapitalbereitstellung in Form verzinslichen Fremdkapitals oder aber in Gestalt einer stillen Einlage erfolgt, wogegen sich aus gewerbesteuerlicher Sicht die Stille Gesellschaft als vergleichsweise nachteilig darstellt, da der Gewinnanteil des stillen Gesellschafters gemäß § 8 Nr. 3 GewStG dem Gewerbeertrag in voller Höhe hinzuzurechnen ist.[3]

Hiervon abzugrenzen ist der Fall, dass das Beteiligungsunternehmen Verluste erzielt und die Verlustbeteiligung des Stillen vertraglich nicht ausgeschlossen wurde. Dabei ist zu unterscheiden zwischen laufenden Verlusten und Vermögensverlusten; laufende Verluste sind bis zur Höhe der Einlage nach § 20 Abs. 1 Nr. 4 EStG bei dem stillen Gesellschafter als Werbungskosten zu berücksichtigen.[4] Sofern die Verluste die stille Einlage

---

[1] Zur „atypisch" Stillen Gesellschaft vgl. Abschnitt II-1.3.2.2. Eine Stille Gesellschaft ist des Weiteren von den sog. „partiarischen Schuldverhältnissen" – das sind Schuldverhältnisse, bei denen die Gegenleistung in einem im Vorhinein noch nicht feststehenden Gewinn besteht – abzugrenzen. Dabei wird in der Regel eine gewinnabhängige Vergütung (ohne Verlustbeteiligung) gewährt. Da sich die steuerlichen Folgen von partiarischen bzw. festverzinslichen Darlehen nicht wesentlich unterscheiden, wird hierauf im Weiteren nicht gesondert eingegangen.

[2] Da die Einlage eines stillen Gesellschafters grundsätzlich auch in Know-How bestehen kann, könnte beispielsweise auch die Managementunterstützung Gegenstand der Einlage sein. Wenngleich mangels Bewertbarkeit in diesem Fall eine Bilanzierung der stillen Einlage ausscheidet, liegt eine Stille Gesellschaft mit allen steuerlichen Konsequenzen vor, vgl. Heinhold, M. (1996), S. 152.

[3] Die Hinzurechnung ist jedoch nicht vorzunehmen, sofern der Gewinnanteil beim Stillen der Gewerbesteuer unterliegt. Entsprechendes gilt nach Abschn. 50 Abs. 2 Satz 1 GewStR für einen Verlustanteil.

[4] Eigene Aufwendungen des stillen Gesellschafters können auch im Fall eines negativen Kapitalkontos als Werbungskosten abgesetzt werden, da diese kein Bestandteil des Unternehmensverlustes sind. Von der Berücksichtigung der Stillen Beteiligung zuzuordnender Werbungskosten wird hier abgesehen.

übersteigen, ist danach zu differenzieren, ob abweichend zu § 232 Abs. 2 Satz 1 HGB vereinbart wurde, dass der Business Angel weiter an den Verlusten teilnimmt; bejahendenfalls kommt gemäß § 15a Abs. 5 Nr. 1 EStG die Verlustausgleichsbeschränkung des § 15a EStG zum tragen.[1] Ein Verlust der Einlage entfaltet keine steuerliche Wirkung, da diese Vermögensminderung (wie ein Darlehensverlust auch) dem steuerlich irrelevanten Vermögensbereich des Investors zuzuordnen ist.[2] Demnach können über eine Stille Beteiligung Verluste des Gründungsunternehmens zumindest teilweise in die Privatsphäre des Risikokapitalgebers transferiert und dort mit dessen weiteren Einkünften steuermindernd verrechnet werden. Wird Formel (7) um die (sowohl positiven als auch negativen) stillen Gewinnanteile *G* des Business Angels erweitert, führt dies zu folgender finanzierungsbedingter Gesamtveränderung seiner Steuerbelastung:[3]

$$(9) \qquad S^{BA} = s^{BA} \cdot \{Z \pm G + 0{,}5 \cdot [(1-\alpha) \cdot D - W^{BA}]\}$$

Da bei einer kurzfristig negativen Ertragslage der Investitionsphase eine längere Verlustperiode des Gründungsunternehmens folgt, stellt sich aus Sicht der Gesellschaft die Stille Beteiligung als sinnvolle Alternative zu der festverzinslichen Fremdverschuldung dar, da sich die Vergütung eines stillen Gesellschafters regelmäßig an dem wirtschaftlichen Erfolg des Unternehmens orientiert, so dass in der Verlustphase keine erfolgsunabhängige, laufende Liquiditätsbelastung wie im Fall eines festverzinslichen Darlehens zu tragen ist. Aus Sicht des Business Angels hat eine Stille Beteiligung in der Verlustphase den wesentlichen Vorteil, dass die Unternehmensverluste mit seinen eigenen Einkünften verrechnet werden können und sich unmittelbar in einer Steuerentlastung äußern.[4]

Dem steht jedoch als Nachteil gegenüber, dass der Business Angel bei einer typisch Stillen Beteiligung weder an den stillen Reserven noch am Firmenwert partizipiert, sondern bei Beendigung des Engagements den Gegenwert seiner geleisteten Einlage erhält. Damit wird die typisch Stille Beteiligung der wesentlichen finanziellen Zielsetzung des

---

[1] Hiernach sind die Einlage übersteigende Verluste erfolgsneutral in ein negatives Kapitalkonto einzustellen, welches durch spätere Gewinnanteile erfolgsneutral wieder aufzufüllen ist, vgl. BFH (2002), S. 858. Zu den Einzelheiten vgl. Blaurock, U. (2003), S. 594 ff. und Schoor, H. W. (2001), S. 72 f.

[2] Entsprechendes gilt auch für die Veräußerung der Stillen Beteiligung an Gesellschaftsfremde, falls die Beteiligung nicht Betriebsvermögen ist und kein Fall des § 23 EStG vorliegt, vgl. Schmidt, L. (2006), § 20, Rz. 148. Etwas anderes gilt jedoch bei deren Auflösung, vgl. hierzu Abschnitt II-3.2.2.1.

[3] Falls *G* negative Werte annimmt, ist darauf zu achten, dass diese nur insoweit berücksichtigungsfähig sind, als die kumulierten Verluste die Höhe der stillen Einlage nicht übersteigen. Auf Ebene des Beteiligungsunternehmens ist Formel (8) entsprechend um den Term „$-(\pm G) \cdot s_{KSt,SolZ}$" zu erweitern.

[4] Die Verlustanteile des typisch stillen Gesellschafters sind nicht zu berücksichtigen, bevor der Jahresabschluss des Geschäftsinhabers festgestellt, der Verlustanteil berechnet und auch von der Einlage abgebucht worden ist, vgl. Schmidt, L. (2006), § 20, Rz. 143. Demnach wirken sich die Unternehmensverluste bei dem stillen Gesellschafter nicht in dem Veranlagungszeitraum ihrer Entstehung, sondern in der Regel erst in einem späteren Veranlagungszeitraum steuermindernd aus.

Business Angels in Gestalt der Realisierung eines möglichst hohen Veräußerungserlöses nicht gerecht. Folglich wird in der Praxis versucht, die steuerlichen Vorteile der Fremdfinanzierung mit der Teilhabe an den stillen Reserven und am Firmenwert zu verbinden. In welcher Form dies erfolgen kann, wird in den nächsten Abschnitten erörtert.

II-1.3.2 Mezzanine Finanzierung

Als hybrides Finanzierungsinstrument ist Mezzanine-Kapital grundsätzlich zwischen Eigen- und Fremdkapital einzuordnen und weist Charakteristika dieser beiden Finanzierungsformen auf.[1] Der Fremdkapitalcharakter folgt im Wesentlichen aus der befristeten Laufzeit, dem festen Rückzahlungsanspruch und den fixen Zinszahlungen, wogegen der Eigenkapitalcharakter insbesondere aus den erfolgsabhängigen Vergütungsbestandteilen herrührt.[2] Zielsetzung einer Mezzanine-Finanzierung ist es letztlich, die Lücke zwischen herkömmlichem Eigenkapital und klassischem Fremdkapital zu schließen, wobei in Abhängigkeit von den jeweiligen Anforderungen einer spezifischen Finanzierungssituation eine eher eigenkapitalähnliche („Equity Mezzanine Capital“) oder aber eine eher fremdkapitalähnliche („Debt Mezzanine Capital“) Strukturierung gewählt werden kann.[3] Den eigenkapitalnahen Gestaltungsformen sind insbesondere die Gesellschafterdarlehen, die atypisch Stille Gesellschaft, Genussrechte sowie Options- und auch Wandelanleihen zuzurechnen, wogegen Nachrangdarlehen, partiarische Darlehen und die typisch Stille Gesellschaft zu den fremdkapitalnahen Gestaltungsformen zählen.[4] Da die zuletztgenannte Gestaltungsform und die Gesellschafterdarlehen bereits behandelt wurden, beschränken sich die weiteren Ausführungen auf die eigenkapitalnahen Ausgestaltungen.[5]

Die Mezzanine-Finanzierung orientiert sich grundsätzlich an den zukünftig zu erwartenden Cash Flows und setzt stabile Cash Flows zur Bedienung des Kapitaldienstes voraus, weshalb diese Finanzierungsart für innovative Jungunternehmen weitgehend ungeeignet ist.[6] Dementsprechend scheint ein Einsatz hybrider Finanzierungsinstrumente in

---

1 Ausgehend von der Erkenntnis, dass es neben Eigen- und Fremdkapital keine weitere Kapitalart gibt, kann zur formalen Abbildung der „laufenden“ steuerlichen Folgen mezzaniner Finanzierungen auf die vorhergehenden Abschnitte verwiesen werden.

2 Vgl. nachfolgend Golland, F./Gehlhaar, L./Grossmann, K./Eickhoff-Kley, X./Jänisch, C. (2005), S. 1.

3 So wird bei Mezzanine-Finanzierungen regelmäßig der Darlehensvertrag als Finanzierungsinstrument gewählt, wobei die gewünschten Eigenschaften des Eigenkapitals – soweit dies rechtlich möglich ist – vertraglich nachgebildet werden, vgl. Schrell, T. K./Kirchner, A. (2003), S. 16.

4 Vgl. Häger, M./Elkemann-Reusch, M. (2004), S. 26 ff.

5 Zum „Private Debt“ vgl. beispielsweise Achleitner, A.-K./Wahl, S. (2004), S. 1323 ff.

6 Vgl. Golland, F./Gehlhaar, L./Grossmann, K./Eickhoff-Kley, X./Jänisch, C. (2005), S. 6. Dies gilt insbesondere für Unternehmen in der Early Stage-Phase, vgl. Dörscher, M. (2004), S. 161.

der Investitionsphase eher unwahrscheinlich zu sein, wogegen auf Grund der hier unterstellten kurzfristig negativen Ertragslage nach dem Übergang in die Gewinnphase mezzanine Finanzierungsstrategien zur Anwendung kommen könnten.[1] Mezzanine-Kapital bietet (für beide Seiten) im Vergleich zu den oben beschriebenen Finanzierungsformen einige grundsätzliche Vorteile.[2] Diese kommen bei Business Angel-finanzierten Unternehmensgründungen in der Regel jedoch nicht in der Form zum tragen, wie es bei den anderen (mezzanine-typischen) Einsatzgebieten gegeben ist.[3] Das führt in Verbindung mit den finanztechnisch häufig relativ komplexen Strukturierungsformen dazu, dass die praktische Bedeutung mezzaniner Finanzierungsstrategien bei Existenzgründungsfinanzierungen durch Business Angels als eher gering einzustufen ist.[4] Die weiteren Ausführungen beschränken sich daher auf deren wesentliche Charakteristika.[5]

II-1.3.2.1 Grundlegende Darstellung

In der Praxis wurde eine Vielzahl unterschiedlicher und höchst flexibler Gestaltungsformen entwickelt, um die Finanzierung den Bedürfnissen sowohl der Kapitalgeber als auch der Kapitalnehmer anzupassen. Gleichwohl sind diese Finanzierungsformen durch einige konstitutive Merkmale wie die Nachrangigkeit gegenüber dem gesamten oder einem Teil des Fremdkapitals, der befristeten Kapitalüberlassungsdauer und der (handels- sowie steuerrechtlichen) Abzugsfähigkeit der Vergütungen als Betriebsausgabe charakterisiert.[6] In der Regel erfolgt die Strukturierung mit drei unterschiedlichen Vergütungselementen, die den hybriden Charakter dieser Finanzierungsform widerspiegeln und den jeweiligen Besonderheiten der Transaktion angepasst werden:[7] (1) einer laufenden Verzinsung, (2) einer endfälligen Verzinsung und (3) einem „Kicker" am Laufzeitende.

---

1 So kommt Equity Mezzanine Capital oft erst drei bis fünf Jahre nach einem Start-Up zur Anwendung, vgl. Golland, F. (2000), S. 34. Zur Bedeutung von Mezzanine-Kapital vgl. o.V. (2005), S. 708.

2 Zu den Vorteilen für den Kapitalgeber zählt etwa, dass der laufende Kapitaldienst eine Refinanzierung des Investments ermöglicht. Auch ist das Ausfallrisiko im Vergleich zur Beteiligungsfinanzierung geringer, da Mezzanine-Kapital in der Insolvenz regelmäßig Vorrang vor dem Eigenkapital hat.

3 Beispielsweise kann die Finanzierung so gestaltet werden, dass das Mezzanine-Kapital als wirtschaftliches Eigenkapital anzusehen ist, wodurch der Finanzierungsspielraum erhöht wird, vgl. Golland, F./ Gehlhaar, L./Grossmann, K./Eickhoff-Kley, X./Jänisch, C. (2005), S. 2. Diesem Aspekt kommt dann keine Bedeutung zu, sofern (wie hier unterstellt) ausschließlich der Business Angel finanziert.

4 Diese Einschätzung beruht auf der empirischen Untersuchung von Brettel, M./Meier, D./Reißig-Thust, S. (2004), 434, wonach Business Angels wohl eher „einfache" Finanzierungsstrukturen bevorzugen.

5 Zu Einzelheiten vgl. Häger, M./Elkemann-Reusch, M. (2004) und Bösl, K./Sommer, M. (2006).

6 Vgl. Jänisch, C./Moran, K./Waibel, N. (2002), S. 2451.

7 Ein mezzanine Mittel bereitstellender Risikokapitalgeber fordert in der Regel eine Gesamtrendite von ca. 15% bis 20%, vgl. Schrell, T. K./Kirchner, A. (2003), S. 14. Für wachstumsarme Unternehmen ist Mezzanine-Kapital somit weniger geeignet, vgl. Kamp, A./Solmecke, H. (2005), S. 625.

Im Verhältnis zu dem Risiko, das der Kapitalgeber trägt, ist die laufende Verzinsung relativ niedrig, da eine risikoadäquate Verzinsung den Cash Flow des Unternehmens zu stark belasten würde.[1] Aus diesem Grund wird in der Praxis häufig noch eine endfällige Verzinsung vereinbart, die erst später zur Auszahlung kommt, sich aber bereits während der Dauer des Engagements auf Unternehmensebene steuermindernd auswirkt. Schließlich führt in den meisten Fällen ein sog. „Equity-Kicker" bzw. „Non-Equity-Kicker" als dritte – die Beteiligung am wirtschaftlichen Erfolg des Unternehmens ermöglichende – Vergütungskomponente dazu, dass der Investor die von ihm angestrebte risikoadäquate Rendite erzielt.[2] Der wesentliche Unterschied zwischen den genannten Kickern ist, dass der Mezzanine-Kapitalgeber bei den Equity-Kickern Anteile des finanzierten Unternehmens erwerben kann, wogegen er bei den Non-Equity-Kickern über „shadow warrants" oder „performanceabhängige" Zusatzvergütungen am Unternehmenserfolg partizipiert.[3] Non-Equity-Kicker haben allerdings den entscheidenden Nachteil, dass diese Vergütung durch das Schuldnerunternehmen zu erbringen ist, wogegen bei den Equity-Kickern die erworbenen Anteile an einen Dritten veräußert werden und das Gründungsunternehmen dementsprechend keine Liquiditätsbelastung zu tragen hat.[4] Da die Liquidität zu diesem Zeitpunkt regelmäßig für den weiteren Unternehmensaufbau benötigt wird, werden hier ausschließlich Equity-Kicker betrachtet, so dass sich die aus Abbildung II-1 ersichtliche idealtypische Vergütungsstruktur ergibt:[5]

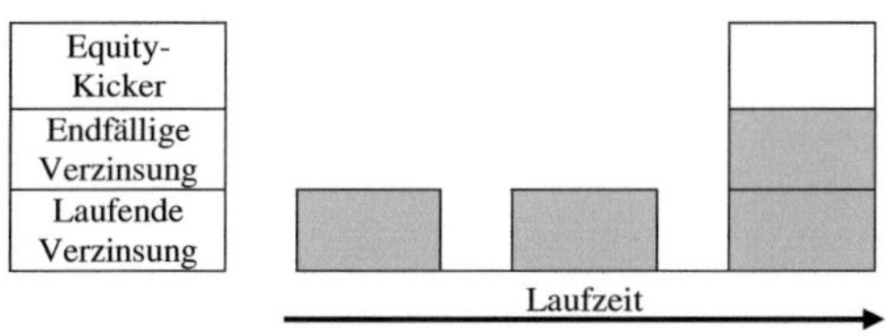

Abb. II-1: Vergütungsstruktur bei Equity Mezzanine-Finanzierungen
(Quelle: in Anlehnung an Bock, V. (2005), S. 1067)

Während die grau hinterlegten Felder die Vergütungsbestandteile repräsentieren, die von dem Gründungsunternehmen zu erbringen sind, zeigt das weiß dargestellte Feld die von Dritten zu leistenden Zahlungen. Innerhalb der Equity-Kicker werden zwei Formen

---

1 Vgl. Golland, F./Gehlhaar, L./Grossmann, K./Eickhoff-Kley, X./Jänisch, C. (2005), S. 3.

2 Ein Equity Kicker kann für den Finanzinvestor eine attraktive Option darstellen, die angestrebte Rendite zu maximieren, vgl. Betsch, O./Groh, A. P./Lohmann, L. G. E. (2000), S. 302.

3 Demgegenüber verstehen Leopold, K./Reichling, C. (2004), S. 1362 unter einem Non-Equity-Kicker eine im Vorfeld fest vereinbarte Sonderzahlung, wogegen die fiktive Beteiligung am Unternehmenswert als „virtueller Equity Kicker" bezeichnet wird.

4 Vgl. Dörscher, M./Hinz, H. (2003), S. 607 und Golland, F. (2000), S. 39.

5 Die Aufnahme eines Kickers ist entscheidend für die Zuordnung zum Equity Mezzanine-Kapital. Zum Begriff des Equity-Kickers vgl. auch Link, G./Reichling, P. (2000), S. 266 ff.

unterschieden: (1) Optionen und (2) Wandelungsrechte. Bei dem klassischen Modell der Optionen begibt ein Finanzinvestor Equity Mezzanine-Kapital an ein noch nicht börsennotiertes Unternehmen und erhält gleichzeitig das Recht, bei Laufzeitende oder aber bei Erreichen eines bestimmten Ereignisses gezeichnetes Kapital zu im Vorfeld festgelegten Konditionen zu erwerben. Bei der zweiten Variante wird das Equity Mezzanine-Kapital mit einem Wandelungsrecht ausgestattet, wonach der Kapitalgeber das Risikokapital zu vorher vereinbarten Konditionen in eine offene Eigenkapitalbeteiligung wandeln kann.[1]

Wie bis hierher deutlich wurde, sind Mezzanine keine speziellen Rechtskonstruktionen, sondern bilden einen Sammelbegriff für die unterschiedlich ausgestalteten Formen von Nachrangkapital.[2] Die Gesetze enthalten nur vereinzelt Regelungen, die sich für die rechtliche Ausgestaltung von Mezzanine-Kapital eignen. Auch das deutsche Steuerrecht kennt „die“ Mezzanine-Finanzierung nicht, so dass zunächst zu bestimmen ist, ob diese für Steuerzwecke Eigen- oder Fremdkapitalcharakter hat. Hierfür sind allgemeine zivilrechtliche Merkmale, aber auch wirtschaftliche Merkmale zu beachten.[3] Auf Grund der mannigfaltigen Ausgestaltungsmöglichkeiten mezzaniner Finanzierungsinstrumente ist die abschließende Beurteilung der steuerlichen Behandlung nur in Fallgruppen möglich, so dass im Weiteren vereinfachend zwischen der atypisch Stillen Gesellschaft, Wandel- bzw. Optionsrechten und Genussrechten unterschieden wird.

II-1.3.2.2 Atypisch Stille Gesellschaft

Das Regelstatut der §§ 230 bis 236 HGB spricht allein von einer Stillen Gesellschaft, wogegen die Frage, ob diese in typischer oder atypischer Form vorliegt, allein steuerlich von Bedeutung ist. Die Stille Gesellschaft ist eine reine Innengesellschaft. Das bedeutet, dass ein stiller Gesellschafter keine dingliche Mitberechtigung am Gesellschaftsvermögen des Unternehmensinhabers erhält; dessen Ansprüche sind rein schuldrechtlicher Natur. Bei einer atypisch Stillen Gesellschaft wird der Stille (im Gegensatz zur typischen Ausgestaltung) auf schuldrechtlichem Wege am Wert des Unternehmens beteiligt.[4] Ein weiteres Unterscheidungskriterium zur typisch Stillen Gesellschaft betrifft die Möglich-

---

[1] Im Fall der Wandelung erlischt der Rückzahlungsanspruch des Kapitalgebers für das gewährte Kapital gegen unmittelbare Gewährung von Gesellschaftsanteilen, vgl. Hofert, S./Arends, V. (2005), S. 1383.

[2] Die Nachrangigkeit bezieht sich dabei in der Regel auf den Insolvenzfall, vgl. Schrell, T. K./Kirchner, A. (2003), S. 15.

[3] Vgl. Jacob, F. (2000), S. 784.

[4] Bei der typisch Stillen Gesellschaft fehlt es an einer solchen vertraglichen Vermögensbeteiligung des Stillen, er hat vielmehr einen Anspruch auf Erstattung seines Guthabens in Geld, wobei das Guthaben sämtliche Ansprüche aus dem Gesellschaftsverhältnis umfasst, vgl. Heinhold, M. (1996), S. 135.

keit der Einflussnahme des Stillen, dessen Informations-, Kontroll- und Zustimmungsrechte bei einer atypischen Ausgestaltung den in § 233 HGB festgelegten Umfang in der Regel weit übersteigen. Diese beiden Elemente (Mitbestimmung und Vergütung) führen dazu, dass die wirtschaftliche Stellung des atypisch stillen Gesellschafters einem Eigenkapitalgeber angenähert ist, was sich in der steuerlichen Behandlung widerspiegelt.[1]

Für die Annahme einer Mitunternehmerschaft muss ein still Beteiligter Mitunternehmerrisiko tragen und Mitunternehmerinitiative entfalten können.[2] Mitunternehmerrisiko bedeutet die gesellschaftsrechtlich oder auch wirtschaftlich vergleichbare Teilnahme am Erfolg oder Misserfolg des Unternehmens. Dieses Risiko wird regelmäßig über eine Beteiligung an den stillen Reserven und am Firmenwert vermittelt.[3] Der Geschäftswert ist dabei nach Methoden zu berechnen, die bei der Bewertung von Unternehmen gebräuchlich sind; die Vereinbarung einer hiervon abweichenden Globalabfindung genügt nicht.[4] Ist der stille Gesellschafter am Gewinn und Verlust, an den stillen Reserven und am Firmenwert beteiligt, ist er bereits dann als Mitunternehmer anzusehen, wenn er annähernd die ihm nach dem Regelstatut des Handelsgesetzbuches zustehenden Rechte hat.[5] Ist das Mitunternehmerrisiko dagegen weniger stark ausgeprägt, kann das durch eine verstärkte Mitunternehmerinitiative ausgeglichen werden.

Falls nach diesen Grundsätzen von einer Mitunternehmerschaft auszugehen ist, folgt deren steuerliche Behandlung grundsätzlich der bei einer Kommanditgesellschaft gegebenen Rechtslage.[6] Demgemäß erzielt der atypisch still Beteiligte aus dieser Beteiligung Einkünfte aus Gewerbebetrieb (§ 15 Abs. 1 Nr. 2 EStG).[7] Dabei ist von Bedeutung, dass diese Einkünfte nicht nur den Gewinnanteil des Stillen umfassen, sondern auch weitere

---

1 Nach ständiger BFH-Rechtsprechung ist die Frage, ob eine typische oder atypische Stille Gesellschaft vorliegt, nach Berücksichtigung aller Umstände des Einzelfalles zu entscheiden, vgl. dazu OFD Erfurt (2003), S. 1299.

2 Zwar müssen beide Merkmale vorliegen, können aber mehr oder weniger stark ausgeprägt sein. So ist eine schwach ausgeprägte Mitunternehmerinitiative für die Annahme einer Mitunternehmerschaft ausreichend, wenn das Mitunternehmerrisiko besonders stark ausgeprägt ist et vice versa, vgl. etwa BFH (1990), S. 346.

3 Eine solche Beteiligung kann allerdings dann keine Mitunternehmerschaft begründen, wenn sie keine wirtschaftliche Bedeutung hat, weil von vornherein nur eine theoretische und kaum realitätsbezogene Möglichkeit besteht, dass sich stille Reserven bilden, vgl. BFH (1993a), S. 647.

4 Vgl. BFH (1993b), S. 700.

5 Hierbei handelt es sich im Wesentlichen um die Einsichts- und Kontrollrechte gemäß § 233 HGB, vgl. BFH (1990), S. 346; zu diesen Rechten eines Stillen vgl. auch Kort, M. (1997), S. 1372 ff.

6 Zu weiteren Abgrenzungsmerkmalen vgl. Harthaus, R. (1998), S. 14 ff.

7 Zur Gewinnermittlung der Mitunternehmerschaft der atypisch Stillen Gesellschaft vgl. Heinhold, M./ Bachmann, C./Hüsing, S. (2004), S. 129 ff. Besteht eine Stille Beteiligung nur an einem bestimmten Geschäftsbereich des Handelsgewerbes, erstreckt sich die Mitunternehmerschaft auch nur auf diesen Bereich, vgl. BFH (1995a), S. 685.

Leistungsvergütungen, so dass insbesondere die an den informellen Investor entrichtete Management Fee und etwaige Fremdkapitalzinsen dem steuerlichen Gesamtgewinn der Mitunternehmerschaft hinzuzurechnen sind.[1] Weiter gilt es zu berücksichtigen, dass bei einer über die Stille Gesellschaft hinausgehenden unmittelbaren Beteiligung des Stillen dessen Geschäftsanteile seinem Sonderbetriebsvermögen II zuzurechnen sind.[2] Das hat zur Folge, dass Dividendenzahlungen des Gründungsunternehmens und der Gewinn aus der Veräußerung der Anteile ebenfalls als Sonderbetriebseinnahmen zu erfassen sind.

Damit stellt sich die grundsätzliche Frage, ob die atypisch Stille Gesellschaft im Vergleich zur Beteiligungsfinanzierung eine interessante Alternative darstellen könnte. Aus ertragsteuerlicher Sicht kann eine allgemein gültige Aussage nicht getroffen werden, da beispielsweise Verlustanteile des Stillen Gesellschafters bis zur Höhe seiner geleisteten Einlage als Einkünfte aus Gewerbebetrieb abzugsfähig sind, bei der Gewerbesteuer der Freibetrag und der Staffeltarif zur Anwendung kommen oder die Leistungsvergütungen des Stillen der nach § 35 EStG anrechenbaren Gewerbesteuer unterliegen.[3] Der wesentliche nicht steuerliche Nachteil einer atypisch Stillen Gesellschaft liegt allerdings darin, dass eine Teilhabe des Stillen am Unternehmenswert von dem Gründungsunternehmen selbst (und nicht von einem fremden Dritten) zu erbringen ist.[4] Demnach stellt sich das grundsätzlich gleiche Problem wie bei den Non-Equity-Kickern, so dass im Folgenden die atypisch Stille Beteiligung ebenfalls nicht weiter betrachtet wird.

Gleichwohl ist die Stille Beteiligung eine in der Finanzierungspraxis häufig anzutreffende Gestaltungsform mezzaninen Kapitals, wobei unter Umständen auch bei atypisch Stillen Gesellschaften zusätzlich noch eine „Kicker-Komponente" vereinbart wird.[5] Ist diese als Equity-Kicker ausgestaltet, handelt es sich regelmäßig um Options- oder Wandelrechte, die im nächsten Abschnitt behandelt werden.

---

[1] Die Gewerbesteuer bleibt den Gewinnanteil betreffend hiervon unberührt, der bei einer typisch Stillen Beteiligung nach § 8 Nr. 3 GewStG dem Gewerbeertrag wieder hinzuzurechnen und bei einer atypisch Stillen Gesellschaft bereits in der Ausgangsgröße (§ 7 GewStG) enthalten ist.

[2] Vgl. BFH (1998b), S. 286. Das soll nach Wehrheim, M. (1998), S. 1534 immer gelten, wogegen nach Hemmelrath, A. (1999), S. 573 f. Möglichkeiten bestehen, um die Zuordnung zum Sonderbetriebsvermögen zu umgehen. Vgl. dazu auch Heinhold, M./Bachmann, C./Hüsing, S. (2004), S. 130.

[3] In Bezug auf den letztgenannten Punkt wird im Schrifttum mitunter die Auffassung vertreten, dass die Gewerbesteuerpflicht zumindest in Verlustsituationen „durchaus wünschenswert" sein kann, vgl. Walter, W. (2000), S. 50.

[4] Die Folgen der Beendigung der atypisch Stillen Gesellschaft beurteilen sich nach § 16 EStG, da auch die nur schuldrechtliche Beteiligung am Vermögen einem Veräußerungsvorgang nicht entgegensteht, vgl. Fichtelmann, H. (2000), S. 101. Folglich können gegebenenfalls die §§ 16 Abs. 4 und 34 EStG in Anspruch genommen werden, vgl. Schoor, H. W. (2001), S. 117. Zur Bilanzierung dieser Ausgleichszahlung bei der GmbH vgl. Langholz, H.-G./Vahle, P. (2000), S. 764 f.

[5] Vgl. Von Einem, C./Schmid, S./Pütz, S. (2005), S. 11 und Leopold, K./Reichling, C. (2004), S. 1362.

II-1.3.2.3 Options- und Wandelrechte

Eine Optionsanleihe ist eine Teilschuldverschreibung, die einen Anleihegläubiger berechtigt, bei Fälligkeit eine bestimmte Anzahl von Aktien der zu finanzierenden Gesellschaft zu erwerben.[1] Wandelanleihen sind gleichfalls Schuldverschreibungen, die einem Anleihegläubiger allerdings das Recht verleihen, seinen Anspruch auf Rückzahlung des ausgereichten Darlehens gegen eine bestimmte Anzahl von Aktien an dem finanzierten Unternehmen einzutauschen.[2] Falls die finanzierte Gesellschaft eine GmbH ist, können Wandel- bzw. Optionsanleihen nicht begeben werden; gleichwohl besteht die Möglichkeit, derartige Anleihen im Rahmen schuldrechtlicher Vereinbarungen nachzubilden, so dass diese Finanzierungsinstrumente auch bei der GmbH mit einem aus wirtschaftlicher Sicht vergleichbaren Ergebnis eingesetzt werden können.[3]

Bei einem Optionsrecht handelt es sich letztlich um ein Bezugsrecht, das neben den Anspruch auf Rückzahlung des Darlehens und Auszahlung der Zinsen tritt. Wird dieses Recht ausgeübt, ist eine kumulative Gläubiger- und Gesellschafterstellung des Business Angels gegeben.[4] Der Erwerb der Anteile erfolgt durch Ausübung der Option zu einem festen Bezugspreis, so dass der Kapitalgeber eine neben die bereits entrichteten Beträge (Darlehen und Optionsprämie) tretende zusätzliche Zahlung zu leisten hat. Dem geplanten Anteilsverkauf ist damit (unmittelbar) eine weitere Investition vorgelagert, wogegen das gewährte Darlehen unverändert bestehen bleibt. Im Allgemeinen kann jedoch davon ausgegangen werden, dass mit der Anteilsveräußerung eine umfassende Beendigung des Engagements angestrebt wird und eine weitere Fremdfinanzierung nicht beabsichtigt ist. Dies könnte bei einer mit Optionsrechten verbundenen Fremdfinanzierung etwa erreicht werden, indem die Tilgung des Darlehens an die bei Ausübung der Option zu leistende Eigenkapitaleinzahlung gekoppelt wird, so dass sich auf diesem Weg wirtschaftlich das gleiche Ergebnis wie bei Wandelungsrechten erzielen lässt.[5] Aus diesem Grund werden im Folgenden als Optionsrechte ausgestaltete Equity-Kicker nicht weiter betrachtet.[6]

---

[1] Des Weiteren verbriefen Optionsanleihen dem Kapitalgeber das Recht auf Darlehensrückzahlung nach Ende der Laufzeit und das Recht auf Verzinsung, vgl. Hüffer, U. (2006), § 221, Rn. 6.

[2] Vgl. Wiese, G. T./Dammer, T. (1999), S. 867. Zur Abgrenzung von Wandel- gegenüber Umtauschanleihen vgl. Korn, C. B. (2003), S. 1101 ff.

[3] Vgl. Golland, F./Gehlhaar, L./Grossmann, K./Eickhoff-Kley, X./Jänisch, C. (2005), S. 18. Kritisch zur Begründung von Wandelrechten äußern sich Lutter, M./Hommelhoff, P. (2004), § 55, Rz. 42.

[4] Vgl. Hüffer, U. (2006), § 221, Rn. 5 f.

[5] So auch Hofert, S./Arends, V. (2005), S. 1383, die vorschlagen, die Ausgabe von Optionsrechten und die Gewährung des Darlehens mit einer Verrechnungsmöglichkeit zu verbinden. Zur steuerlichen Behandlung von Optionsanleihen vgl. Groh, M. (2002), S. 860 ff. und Haisch, M. (2001), S. 1968 ff.

[6] In der Venture Capital-Praxis werden überwiegend Wandelanleihen verwendet, vgl. Bascha, A./Walz, U. (2000), S. 411.

Wird demgegenüber ein Wandelungsrecht vereinbart, kann bezüglich der Zinsen auf die vorstehenden Ausführungen verwiesen werden, da solche Gestaltungen in der Regel auf nachrangigen Darlehen aufbauen.[1] Auf Ebene des finanzierten Unternehmens führen die Kapitalüberlassungsentgelte auch dann zu steuerlich abzugsfähigen (und gegebenenfalls nach § 8 Nr. 1 GewStG hinzurechnungspflichtigen) Zinsaufwendungen, wenn das zur Verfügung gestellte Kapital zu einem späteren Zeitpunkt in Eigenkapital gewandelt werden kann.[2] Der Business Angel hat die Zinszahlungen nach § 20 Abs. 1 Nr. 7 EStG als Einkünfte aus Kapitalvermögen in voller Höhe zu versteuern.[3]

Schließlich gilt es zu beachten, dass mit der Ausgabe von Wandelungsrechten in der Regel die Entrichtung einer Wandelprämie durch den Business Angel verbunden ist, die bei der Kapitalnehmerin bereits bei Ausgabe der Schuldverschreibung als Einlage zu erfassen ist, was von Seiten der Finanzverwaltung jedoch abgelehnt wurde.[4] Der BFH hat nunmehr der Verwaltungsansicht hinsichtlich des Aufgeldes bei Optionsanleihen jüngst widersprochen und festgestellt, dass das für die Option zu entrichtende Aufgeld bei der Emittentin als das Einkommen nicht erhöhende Einlage zu behandeln ist.[5] Dabei hat der BFH nicht zwischen Leistungen unterschieden, die durch Personen erfolgen, die bereits Gesellschafter sind oder aber durch solche Personen, die Vermögen zuführen, um später Anteilseigner werden zu können, so dass die anfänglich ausschließliche Fremdfinanzierung dieser steuerlichen Behandlung nicht entgegensteht;[6] wenngleich sich dieses Urteil auf Optionsanleihen beschränkt, wird in der Literatur die Auffassung vertreten, dass die Grundsätze des vorgenannten Urteils für die Ausgabe von Wandelrechten entsprechend gelten müssen, da die wesentlichen Argumente des BFH für die Einstufung des Aufgeldes als Einlage auf Wandelanleihen gleichermaßen zutreffen.[7] Sofern dieser Auffassung gefolgt wird, sind bei dem Gründungsunternehmen mit der Ausgabe von Wandelrechten (von den Ausgabekosten abgesehen) keine steuerlichen Folgen verbunden.

---

[1] Vgl. insbesondere Abschnitt II-1.3.1.1. Zu verschiedenen Gestaltungsmöglichkeiten von Wandelungsrechten vgl. Söffing, A./Thümmel, R. C. (2003), S. 334 f.; zu Pflichtwandelanleihen vgl. Häuselmann, H. (2003), S. 1531.

[2] Vgl. Bösl, K./Sommer, M. (2006), S. 215. Die Ausgabekosten des Wandelrechts sind als Betriebsausgabe zu berücksichtigen, vgl. (in Bezug auf Schuldverschreibungen) BFH (1973), S. 460.

[3] Das Halbeinkünfteverfahren findet keine Anwendung, da noch keine Unternehmensanteile vorliegen. Dementsprechend sind etwaige Refinanzierungskosten des Kapitalgebers steuerlich voll abzugsfähig.

[4] Vgl. etwa Bordewin, A./Brandt, J. (2005), § 20, Rz. 587. Zur abweichenden Verwaltungsmeinung vgl. OFD Düsseldorf (2001), S. 1337 und OFD München (2000), S. 2628.

[5] Vgl. BFH (2005), S. 130; dies soll auch dann gelten, falls die Anleihe nicht ausgeübt wird. Zur Bilanzierung der Wandelanleihe bei der Emittentin vgl. Häuselmann, H. (2000), S. 139 ff.

[6] So spricht Roser, F. (2006), S. 109 auch von der Rechtsfigur des „noch-nicht Gesellschafters".

[7] Vgl. Haisch, M./Danz, T. (2006), S. 231 und Mihm, A. (2006), S. 321.

Bei einer Wandelanleihe handelt es sich um ein „Finanzprodukt", bestehend aus der Anleihe und einer Call-Option.[1] Im Gegensatz zu Optionsanleihen sind Wandelanleihen jedoch ein einheitliches Wirtschaftsgut, da zum Kapitalnehmer ein einheitliches Rechtsverhältnis besteht.[2] Die steuerliche Aufspaltung von zivilrechtlich einheitlichen Finanzinstrumenten ist im Privatvermögen nicht zulässig.[3] Infolgedessen ist die Wandelprämie bei dem Business Angel zunächst den Anschaffungskosten des Wandelrechts und später den Anschaffungskosten des durch die Wandelung „erworbenen" Anteils zuzurechnen.[4] Damit scheidet ein Abzug der Wandelprämie als Werbungskosten aus.

II-1.3.2.4 Genussrechte

Bei dem (gesetzlich nicht definierten) Genussrecht handelt es sich um ein Recht rein schuldrechtlicher Natur, das fremd- oder eigenkapitalähnlich ausgestaltet werden kann.[5] Genussrechte sehen zumeist eine Beteiligung am Gewinn und am Liquidationserlös vor, weswegen diese Finanzierungsart in aller Regel den eigenkapitalähnlichen mezzaninen Finanzierungsinstrumenten zugerechnet wird.[6] Die Bestellung von Genussrechten ist im Gegensatz zu den vorstehend beschriebenen Wandel- und Optionsanleihen nicht an eine bestimmte Rechtsform gebunden, so dass auch ein in der Rechtsform der GmbH geführtes Unternehmen Genussrechte gewähren kann.[7] Wenngleich bei der Ausgestaltung der Genussrechtsbedingungen ein großer Gestaltungsspielraum besteht, ist es ein konstitutives Merkmal dieser Finanzierungsalternative, dass der Genussberechtigte nicht Anteilseigner der Emittentin wird.[8] Genussrechte werden meistens mit einer Laufzeit von fünf

---

1 Vgl. Schäfer, H. (2002), S. 517.

2 Vgl. Häuselmann, H./Wagner, S. (2002), S. 2432 und Dreyer, G./Herrmann, H. (2001), S. 706.

3 So kann eine Wandelanleihe auf Ebene eines Mezzanine-Kapitalgebers nicht fiktiv in eine normalverzinsliche Anleihe sowie das in ihr enthaltene Bezugsrecht aufgespaltet werden, vgl. dazu Schumacher, A. (2003), S. 458.

4 Vgl. etwa Bordewin, A./Brandt, J. (2005), § 20, Rz. 594, Häuselmann, H./Wagner, S. (2002), S. 2432, Dreyer, G./Herrmann, H. (2001), S. 709 und wohl auch Mauritz, P. (1995), S. 698. Nach der jüngeren BFH-Rechtsprechung gehören zu den Anteilen an Körperschaften, deren Leistungen beim Empfänger zu Dividenden führen, auch Bezugsrechte aus Kapitalerhöhungen, vgl. BFH (2005a), S. 171.

5 Zur Eignung von Genussscheinen bei Innovationsfinanzierungen vgl. Benner, W. (1985), S. 438 ff.

6 Je nach Ausgestaltung nimmt ein Mezzanine-Kapitalgeber auch am laufenden Verlust der Gesellschaft teil, vgl. Bieg, H. (1997), S. 484. Ist dagegen eine vom Unternehmenserfolg unabhängige Mindestverzinsung vorgesehen, sind die Genussrechte fremdkapitalähnlich, vgl. Von Einem, C./Schmid, S./Pütz, S. (2005), S. 11.

7 Vgl. Ziebe, J. (1991), S. 1595. Zu der umstrittenen Frage, ob den GmbH-Gesellschaftern bei der Ausgabe von Genussrechten ein Bezugsrecht nach § 221 Abs. 4 AktG analog zusteht, vgl. beispielsweise Lutter, M./Hommelhoff, P. (2005), § 55, Rz. 45 (zustimmend) und Scholz, F. (2000), § 14, Rz. 70 ff. (ablehnend).

8 Genussrechte eignen sich insbesondere als reine Finanzierungsinstrumente, da sie ihrem Inhaber kaum Einflussmöglichkeiten auf den Kapitalnehmer gewähren, vgl. Bösl, K./Sommer, M. (2006), S. 173.

bis zehn Jahren begeben, wobei die Laufzeit durch gesondert zu vereinbarende Laufzeitoptionen situationsspezifisch an die jeweiligen Anforderungen angepasst werden kann. Die Tilgung der Genusskapitaleinlage erfolgt durch das Unternehmen üblicherweise am Ende der Laufzeit in einem Betrag.

Genussrechte gewähren einen Anspruch auf eine bestimmte Beteiligung am Ergebnis des Unternehmens, wobei zwischen der ergebnisorientierten und der gewinnunabhängig ausgestalteten Verzinsung unterschieden wird;[1] sofern die Genussrechte eigenkapitalnah ausgestaltet werden, sind die entsprechenden Ausschüttungen bei der Emittentin gemäß § 8 Abs. 3 Satz 2 KStG nicht abzugsfähig; der Business Angel erzielt Einkünfte aus Kapitalvermögen, die dem Halbeinkünfteverfahren unterliegen.[2] Bei fremdkapitalähnlicher Ausformung führen die Ausschüttungen auf Unternehmensebene zu abzugsfähigem (sowie nach § 8 Nr. 1 GewStG gegebenenfalls hinzurechnungspflichtigem) Zinsaufwand.[3]

Die beschriebenen Kicker-Komponenten treten besonders häufig im Zusammenhang mit Genussrechten auf.[4] Wenn die Genussrechte mit Bezugs-, Options- oder Umtauschrechten zu einem vorab festgelegten Betrag ausgestattet sind, spricht man von „Wandelgenussrechten“ oder „Genussrechten mit Equity-Kicker“.[5] Der Mezzanine-Kapitalgeber hat damit die Möglichkeit, durch Ausübung dieses Rechts eine Gesellschafterstellung zu erlangen und zusätzlich zur (ergebnisabhängigen) Verzinsung des eingesetzten Kapitals über den Anteilserwerb an der Steigerung des Unternehmenswerts zu partizipieren.

Genussrechte können verbrieft werden und erlangen dadurch die Qualität eines Wertpapiers (Genussschein).[6] Folglich bietet sich ein Einsatz von Genussrechten immer dann an, wenn die Handelbarkeit des mezzaninen Finanzierungsinstruments gewünscht ist: so kann beispielsweise der Wunsch des Business Angels nach vorzeitigem Exit vor Ablauf der Finanzierungszeit über fungible Genusscheine gestaltet werden.[7]

---

1 Weitere für die handelsrechtliche Behandlung maßgebende Abgrenzungskriterien sind die Nachhaltigkeit und die Dauer der Kapitalüberlassung, vgl. Wengel, T. (2001), S. 1321 mit weiteren Nachweisen.

2 Das ist dann gegeben, sofern die Genussrechte eine Beteiligung am Gewinn und am Liquidationserlös vermitteln, vgl. BFH (1994), S. 77; hierbei handelt es sich um eine kumulative Bedingung, so dass bei Vermeidung einer dieser beiden Bedingungen die Genussrechtsleistungen steuerlich abzugsfähig sind, vgl. Breuninger, G. E./Prinz, U. (2006), S. 1347.

3 Laufzeiten über 30 Jahren sollten nicht vereinbart werden, da dies gegebenenfalls dem Betriebsausgabenabzug der Genussscheinleistungen entgegensteht, vgl. etwa Golland, F./Gehlhaar, L./Grossmann, K./Eickhoff-Kley, X./Jänisch, C. (2005), S. 17 und Brokamp, J./Hölzer, L. (2006), S. 275.

4 Vgl. Hofert, S./Arends, V. (2005), S. 1383.

5 Vgl. Bösl, K./Sommer, M. (2006), S. 173. Zu den Wandelgenussscheinen vgl. bereits Bieg, H. (1997), S. 485.

6 Vgl. dazu Bieg, H. (1997), S. 482.

7 Vgl. Bösl, K./Sommer, M. (2006), S. 172.

II-1.4 Eignung der Finanzierungsinstrumente für die Investitionsphase

In den vorhergehenden Abschnitten wurden mit der Eigen- bzw. Fremdfinanzierung die „klassischen" Finanzierungsmöglichkeiten dargestellt, die einem Business Angel zur Verfügung stehen, um ein Gründungsunternehmen mit Kapital auszustatten.[1] Da es eine dritte Kapitalart nicht gibt, wurden von der Finanzierungspraxis Instrumente entwickelt, um die Vorteile beider Finanzierungsarten – die Teilhabe des Kapitalgebers an den stillen Reserven sowie die steuerliche Abzugsfähigkeit der Kapitalüberlassungsentgelte auf Ebene des Kapitalnehmers – miteinander zu verbinden.[2] Wie die Ausführungen deutlich gemacht haben, ist die Eignung der unterschiedlichen Finanzierungsinstrumente für den Fall der erstmaligen Ausstattung eines sich in der Verlustphase befindenden jungen Unternehmens mit Risikokapital jedoch differenziert zu beurteilen.

Da der Kapitalbedarf das durch einen Existenzgründer bereit gestellte Eigenkapital in der Regel weit übersteigt, kommt der Vermeidung der bilanziellen Überschuldung ganz entscheidende Bedeutung zu. Vor diesem Hintergrund ist insbesondere die Vergabe von Beteiligungskapital, zumindest aber von eigenkapitalähnlichen Mitteln zu erwägen.[3] Ein weiterer wesentlicher Aspekt betrifft die Liquiditätsbelastung des Unternehmens: wenngleich auch das bilanzielle Eigenkapital grundsätzlich Auszahlungsverpflichtungen enthält, unterliegen diese jedoch speziellen Auszahlungsbedingungen bzw. -restriktionen, was bei Fremdmitteln bzw. den hiermit verbundenen Zahlungsverpflichtungen nicht gegeben ist.[4] Demnach spricht auch die Liquiditätssituation für die Vergabe von nicht mit einem laufenden Kapitaldienst verbundenen Finanzmitteln.[5]

Diese Problematik könnte im Fall der Fremdkapitalvergabe zwar insoweit umgangen werden, als auf Tilgungsleistungen zunächst verzichtet und das Darlehen entweder zinsfrei gestellt wird oder aber die Zinsen erst zu einem späteren Zeitpunkt zur Auszahlung kommen, dann ist der Risikokapitalgeber allerdings – entgegen seinen finanziellen Zielsetzungen – nicht an den Unternehmenswertsteigerungen beteiligt. Aus diesem Grund werden die in der Regel nachrangigen Darlehen oftmals um Komponenten erweitert, die

---

1 Vgl. Abschnitt II-1.2 (zum Eigenkapital) und Abschnitt II-1.3.1 (zum Fremdkapital).

2 Da sich die mezzaninen Finanzierungsinstrumente letztendlich einer der beiden Kapitalarten zuordnen lassen, wurde auf eine gesonderte formelmäßige Darstellung verzichtet.

3 So weist etwa Gerke, W. (1995), Sp. 1883 ff. darauf hin, dass wegen des hohen Konkursrisikos in der Gründungsphase die Ausgestaltung von Wagniskapital als haftendes Eigenkapital empfehlenswert ist.

4 Vgl. Wengel, T. (2001), S. 1318. Zu den eigenkapitalersetzenden Darlehen vgl. Abschnitt II-2.3.1.3.

5 Wird weiter die Gesamtsteuerbelastung in die Betrachtung einbezogen, spricht auch diese gegen eine verzinsliche Fremdkapitalvergabe, da der Steuerbelastung des Kapitalgebers in der Verlustphase keine Steuerentlastung auf Ebene des Gründungsunternehmens gegenübersteht (Aufwandsversteuerung), so dass die Gesamtsteuerbelastung steigt; vgl. hierzu auch Kessler, W./Teufel, T. (2001), S. 1956.

eine Teilhabe des Gläubigers an den stillen Reserven ermöglichen, wobei zwischen sog. Equity-Kickern und Non-Equity-Kickern unterschieden wird. Da bei den letztgenannten die Ablösung der Unternehmenswertsteigerungen durch das Unternehmen selbst erfolgt, erscheinen diese für Business Angel-Engagements grundsätzlich als nicht geeignet, wogegen bei den Equity-Kickern der Kapitalgeber eine risikoadäquate Rendite im Rahmen der Anteilsveräußerung erlöst, so dass die Unternehmensliquidität hierdurch nicht belastet wird.[1] Da der informelle Investor mit der Anteilsveräußerung in der Regel eine Vollbeendigung seines Engagements anstrebt und daher ein zusätzlicher Kapitaleinsatz nicht in Frage kommen dürfte, stellt die in Gestalt von Wandelungsrechten strukturierte Teilnahme an der Unternehmenswertsteigerung ein geeignetes Finanzierungsinstrument dar, sofern eine Vergabe von Fremdkapital vor dem Hintergrund der Überschuldung des Beteiligungsunternehmens möglich ist.

Der wesentliche Vorteil der Fremdfinanzierung – die steuerliche Abzugsfähigkeit der Kapitalüberlassungsentgelte – kommt bei einer kurzfristig negativen Ertragslage jedoch zunächst nicht zum tragen, da das Unternehmen zumindest anfänglich keine Steuerzahlungen zu leisten hat. Vielmehr sollte angestrebt werden, dass die Unternehmensverluste zumindest zum Teil in die Sphäre des Business Angels transferiert werden;[2] das ist über das Konstrukt einer typisch Stillen Gesellschaft mit Teilnahme am Verlust möglich.[3] In diesem Fall beschränkt sich die (finanzierungsbedingte) Veränderung der Gesamtsteuerbelastung während der Verlustphase auf die Einkommensteuerminderung des Business Angels, da auf Unternehmensebene keine Ertragsteuern anfallen und keine Dividenden an die Anteilseigner ausgeschüttet werden können.[4]

Die prinzipielle Vorteilhaftigkeit dieser Finanzierungsinstrumente kann sich in einer späteren Unternehmensentwicklungsphase ändern, etwa wenn das Unternehmen von der Verlust- in die Gewinnphase übertritt. Welche Auswirkungen dies auf die Finanzierung des Beteiligungsunternehmens hat, ist Gegenstand der folgenden, die Betreuungsphase betreffenden Ausführungen.

---

1 So ermöglichen Equity-Kicker einen von der Liquiditätslage des Gründungsunternehmens unabhängigen Exit des Risikokapitalgebers und bieten sich insbesondere vor dem Hintergrund des angestrebten Wachstumskurses als Finanzierungsinstrument an.

2 Vgl. Elser, T./Jetter, J. (2005), S. 626.

3 Die Teilnahme am laufenden Verlust des Unternehmens kann auch bei Genussrechten vereinbart werden, vgl. hierzu Häger, M./Elkemann-Reusch, M. (2004), S. 247 ff.

4 Allerdings dürfte das alleinige Engagement des Business Angels in Form einer Stillen Beteiligung die Ausnahme darstellen, vgl. Watrin, C./Struffert, R. (2004), S. 569. Deshalb ist davon auszugehen, dass der Business Angel einen Finanzierungsmix anstreben wird, der neben Beteiligungskapital auch eine (typisch) stille Einlage mit Verlustbeteiligung umfasst.

II-2 Betreuungsphase

Die sich an die Investitionsphase anschließende Betreuungsphase umfasst die gesamte Beteiligungsdauer des Business Angels. In dieser Phase wird das bereitgestellte Kapital investiert, das Produkt bis zur endgültigen Marktreife entwickelt und dann am Markt eingeführt. Wenngleich diese Phase für die weitere Unternehmensentwicklung von ganz entscheidender Bedeutung ist, lassen sich für den Risikokapitalgeber die finanzierungsbezogenen Fragestellungen letztlich auf die Umfinanzierung und die Nachfinanzierung reduzieren, jeweils unter Berücksichtigung der tatsächlichen Unternehmensentwicklung und der angestrebten Zielbeteiligungsquote.[1]

Annahmegemäß gelingt dem Gründungsunternehmen während der Betreuungsphase der Turnaround – der Übergang von der Verlust- in die Gewinnzone. Auf Grund der anfänglich negativen steuerlichen Ergebnisse können nach dem Turnaround diese Verluste im Rahmen des Verlustvortrags genutzt werden.[2] Folglich ist bei einer bedarfsadäquaten Finanzierung hinsichtlich der Auswirkungen des Turnaround auf die Kapitalstruktur dahingehend zu unterscheiden, ob die Rekapitalisierung noch während des Vorliegens von steuerlichen Verlustvorträgen (Abschnitt II-2.1) oder aber erst nach deren vollständigem Verbrauch (Abschnitt II-2.2) durchgeführt wird.[3] Diese beiden idealtypischen Zustände, die vereinfachend in Abbildung II-2 visualisiert wurden, bestimmen die aus steuerlicher Sicht maßgebenden Rahmenbedingungen für die Rekapitalisierung:

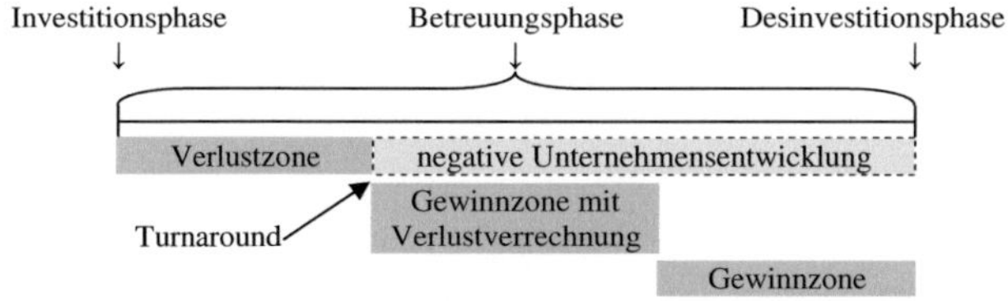

Abb. II-2: Steuerliche Rahmenbedingungen der Rekapitalisierung
(Quelle: eigene Darstellung)

Weiterhin ist zu berücksichtigen, dass sich eine erhebliche Anzahl der von Business Angels finanzierten Gründungsunternehmen nicht den Erwartungen entsprechend entwickelt. Da auf eine Unternehmenskrise ebenfalls in der Betreuungsphase zu reagieren ist, wird in Abschnitt II-2.3 eine negative Unternehmensentwicklung betrachtet.

---

1 Die Um- und die Nachfinanzierung werden unter dem Begriff „Rekapitalisierung" zusammengefasst.

2 Ein Verlustrücktrag ist definitionsgemäß nicht durchzuführen, da auf Geschäftsjahre mit positiven ertragsteuerlichen Bemessungsgrundlagen keine Wirtschaftsjahre mit Verlusten folgen.

3 Sollte das Beteiligungsunternehmen zum Zeitpunkt der Nachfinanzierung die Verlustzone noch nicht verlassen haben, ergeben sich im Vergleich zur Investitionsphase grundsätzlich keine Abweichungen, so dass diesbezüglich auf die Ausführungen der vorhergehenden Abschnitte verwiesen werden kann.

II-2.1 Modifizierte Verluststeuerplanung

Wenn zum Zeitpunkt der Rekapitalisierung steuerliche Verlustvorträge existieren, erwirtschaftet das Unternehmen zwar positive Geschäftsergebnisse, die allerdings – außer in den Fällen der Mindestbesteuerung – nicht zu Ertragsteuerzahlungen führen.[1] Kommt die Mindestbesteuerung jedoch zur Anwendung, stellt sich die Situation nach dem Turnaround erheblich anders dar als in der Verlustzone, so dass im Folgenden auf die beiden grundlegenden Instrumente der Rekapitalisierung einzugehen ist: die Umqualifizierung des in der Investitionsphase bereit gestellten Kapitals (Abschnitt II-2.1.2) sowie die bei einer bedarfsadäquaten Finanzierung erforderliche weitere Zuführung finanzieller Mittel (Abschnitt II-2.1.3). Vorher werden jedoch in Abschnitt II-2.1.1 einige für die Rekapitalisierung maßgebende Rahmenbedingungen dargestellt.

II-2.1.1 Anpassungsbedarf

In der unternehmerischen Praxis können unterschiedlichste Gründe dazu führen, dass die in der Investitionsphase gewählte Finanzierungsstruktur an sich ändernde (Umwelt-) Bedingungen anzupassen ist. Neben einem von Anfang an feststehenden Finanzierungsplan können insbesondere Planabweichungen für das Erfordernis einer Modifikation der anfänglich gewählten Finanzierungsstruktur verantwortlich sein. Wenngleich eine dem Business-Plan in allen Bereichen folgende Entwicklung des Beteiligungsunternehmens die Ausnahme darstellten dürfte, wird hier – mit Ausnahme von Abschnitt II-2.3 – nicht zwischen Plankonformität und Planabweichungen unterschieden, vielmehr wird eine an der aktuellen Entwicklung orientierte Finanzierung unterstellt.[2]

Der erste in diesem Zusammenhang anzusprechende Punkt betrifft die Zuführung des für die weitere Unternehmensentwicklung erforderlichen Kapitals.[3] Sofern diese weitere Kapitalzuführung in ihrer absoluten Höhe von Anfang an bekannt war oder aber ein von der antizipierten Nachfinanzierung abweichender höherer Kapitalbedarf die finanziellen Ziele des Kapitalgebers nicht gefährdet, steht ceteris paribus nicht die Nachfinanzierung an sich, sondern nur die Art der Kapitalbereitstellung in Frage. Beispielsweise kann ein

---

[1] Die „modifizierte Verluststeuerplanung" beschreibt im Folgenden die an der Nutzung von Verlustvorträgen orientierte steuerliche Finanzierungsplanung, wobei § 8 Abs. 4 KStG und § 10a Satz 6 GewStG in der Betreuungsphase definitionsgemäß keine Bedeutung zukommt.

[2] Sofern Planabweichungen zu verzeichnen sind, ist die flexible Anpassung der Kapitalstruktur ohnehin erforderlich. Ist dagegen eine plankonforme Unternehmensentwicklung gegeben, sind etwaige Anpassungserfordernisse ex ante bekannt und folglich auch Bestandteil des Beteiligungsvertrages; zu dessen wesentlichen Inhalten vgl. Maidl, J./Kreifels, R. (2003), S. 1092 ff.

[3] Wie bereits angedeutet, stellt das die zentrale finanzierungsbezogene Zielsetzung des Gründers dar.

höherer Kapitalbedarf auch positiv zu beurteilen sein, etwa falls sich bisher unvorhergesehene technische Entwicklungsmöglichkeiten der Produktidee eröffnen oder wenn sich die Möglichkeit bietet, weitere Märkte zu erschließen.[1]

Da die Umsetzung solcher sich bietender Entwicklungschancen mit zusätzlichen und gegebenenfalls schwer kalkulierbaren Risiken verbunden ist, könnte das eventuell dazu führen, dass der Risikokapitalgeber seine Renditeforderungen anpasst.[2] Ausgehend von der angestrebten Zielrendite des Business Angels wird unter Zugrundelegung des Investitionsvolumens anhand des voraussichtlichen Unternehmenswertes bzw. Veräußerungserlöses zum Exit-Zeitpunkt die Zielbeteiligungsquote des Risikokapitalgebers ermittelt.[3] Davon ausgehend lässt sich die in der Betreuungsphase zu realisierende Kapitalstruktur ableiten, so dass die Rekapitalisierung maßgeblich auch von der in der Investitionsphase gewählten Finanzierungsstrategie abhängt. Im Hinblick auf den (potentiell erzielbaren) Veräußerungserlös ist die unternehmenswerterhöhende Wirkung der Fremdfinanzierung zu berücksichtigen, weshalb per se nicht davon ausgegangen werden kann, dass das von dem Business Angel bereitgestellte Kapital zum Zeitpunkt des Exit in seiner Gesamtheit in Form von Beteiligungskapital vorliegen soll.[4] Da eine risikoadäquate Rendite jedoch nur über die Teilhabe an der Unternehmenswertsteigerung erzielbar ist, wird hier unterstellt, dass der Business Angel eine möglichst hohe Minderheitsbeteiligung anstrebt.

Neben der Ertragslage ist unter Finanzierungsgesichtspunkten grundsätzlich auch die davon zumindest kurzfristig unabhängige Liquiditätslage des Unternehmens zu berücksichtigen. Im Fall eines Liquiditätsengpasses ist umgehend zu reagieren, was zumeist in Form von Gesellschafterdarlehen erfolgen dürfte.[5] Damit wird die mittel- bis langfristig orientierte Kapitalstrukturplanung um die eher kurzfristig orientierte Liquiditätsplanung ergänzt. Nachfolgend wird unterstellt, dass zum Zweck der kurzfristigen Aufrechterhaltung der Zahlungsfähigkeit ausgereichte Gesellschafterdarlehen auch kurzfristig getilgt werden, so dass diese die Kapitalstrukturplanung nicht beeinflussen.

---

1 Die Realisierung einer solchermaßen positiven Entwicklungsperspektive ist ungeachtet der damit verbundenen ebenfalls als positiv zu beurteilenden Unternehmenshistorie über externes Fremdkapital nur eingeschränkt zu finanzieren, vgl. Müller-Stewens, G./Roventa, P./Bohnenkamp, G. (1996), S. 7.

2 Entsprechendes kann auch im Fall der plankonformen Unternehmensentwicklung eintreten, beispielsweise wenn sich das Risiko auf Grund der Wettbewerbssituation signifikant verändert.

3 Vgl. dazu die Beispielsrechnung bei Weitnauer, W. (2000), S. 194.

4 Die Vollbeendigung des Engagements könnte erreicht werden, indem auch die Darlehensforderung an den Anteilserwerber übertragen wird; zur Bewertung der (hier nicht betrachteten) fremdfinanzierungsbedingten Unternehmenswertsteigerung vgl. stellvertretend Lobe, S. (2001), S. 645 ff. und ausführlich Drukarczyk, J. (2001), S. 214 ff.

5 So ist das Darlehen das typische Finanzierungsmittel in der Krise, vgl. Olbing, K. (2003), S. 64.

II-2.1.2 Umfinanzierung

Die Umfinanzierung als Teilbereich der Rekapitalisierung hat die zentrale Frage zum Gegenstand, in welcher Form das in der Investitionsphase investierte Kapital in eine andere „Kapitalart“ überführt werden soll.[1] Von der ersten Finanzierungsrunde ausgehend sind hinsichtlich der zum Exit-Zeitpunkt angestrebten Beteiligungsquote eines Business Angels grundsätzlich drei Fallkonstellationen zu unterscheiden: im ersten Fall wurde in der Investitionsphase die Zielbeteiligungsquote bereits realisiert, so dass mit Ausnahme von verhältniswahrenden Kapitalerhöhungen aus Gesellschaftsmitteln das Stammkapital von der Umfinanzierung unberührt bleibt.[2] Diese Konstellation wird hier ebenso wenig berücksichtigt wie die Situation, dass die angestrebte Beteiligungsquote in der ersten Finanzierungsrunde überschritten wurde.[3] Somit verbleibt als letzter zu betrachtender Fall, dass der Business Angel zusätzliche Anteile benötigt, um seine Zielbeteiligungsquote zu erreichen. Die innerhalb dieses Grundfalls bestehenden Umfinanzierungsmöglichkeiten sind in Abbildung II-3 vereinfachend dargestellt:[4]

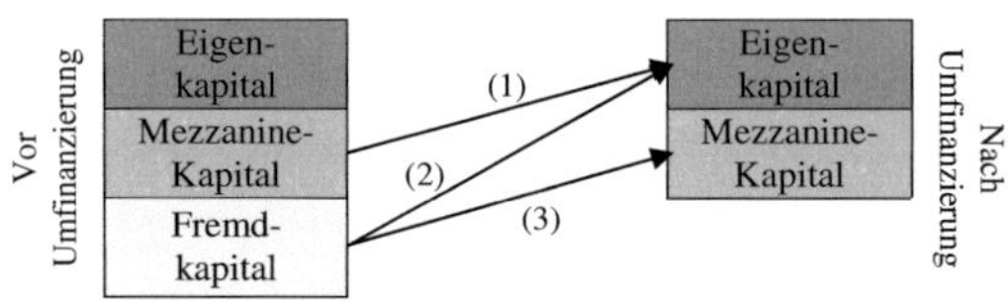

Abb. II-3: Möglichkeiten der Umfinanzierung
(Quelle: eigene Darstellung)

Zunächst besteht die Möglichkeit, dass der Business Angel von seinem Wandelungsrecht Gebrauch macht und so die entsprechenden Geschäftsanteile des Gründungsunternehmens „hinzuerwirbt“ (in Abbildung II-3 mit (1) bezeichnet). Sofern das in der ersten Finanzierungsrunde zur Verfügung gestellte Fremdkapital nicht mit besonderen Rechten versehen wurde, kann dieses entweder direkt – wie mit (2) bezeichnet – in Eigenkapital umgewandelt oder zunächst um Wandelungsrechte ergänzt werden, die zu einem späteren Zeitpunkt ausgeübt werden können (mit (3) bezeichnet).[5]

1 Die Umfinanzierung bildet einen Kernbereich der Finanzierung, vgl. Waschbusch, G. (1998), S. 270.

2 Zur Kapitalerhöhung aus Gesellschaftsmitteln vgl. Fett, T./Spiering, C. (2002), S. 358 ff.

3 In diesem Fall hätte der Business Angel im Rahmen der Umfinanzierung Anteile an dem Gründungsunternehmen abzugeben. Zwar ist eine solche Situation theoretisch denkbar, stellt in der Praxis jedoch die Ausnahme dar, vgl. Weitnauer, W. (2000), S. 206.

4 Zu weiteren Umfinanzierungsmöglichkeiten vgl. die Übersicht bei Vormbaum, H. (1995), S. 461.

5 Die zum Zeitpunkt der Wandelung noch nicht ausbezahlten Zinsen werden nicht gesondert betrachtet, da diese entweder zu einem späteren Zeitpunkt ausbezahlt werden oder aber im Fall der Umwandlung in Eigenkapital das Schicksal des Fremdkapitals teilen. Bei letztgenanntem Fall ist zu berücksichtigen, dass der Wandelung in Eigenkapital gedanklich eine Novation (Schuldumwandlung) der Zinsverbindlichkeit in ein Darlehen vorausgeht. Durch die Novation kann bei dem Gläubiger ein steuerpflichtiger Zufluss der Zinsforderung ohne Zahlung bewirkt werden, vgl. dazu BFH (1984), S. 480.

Bilanziell handelt es sich bei den Maßnahmen der Umfinanzierung um einen Passivtausch. Durch eine solche Kapitalumschichtung kann die Rechtsstellung des Kapitalgebers verändert werden, indem dessen Gläubigerstellung in eine Eigentümerposition umgewandelt wird et vice versa.[1] Da sämtliche Umfinanzierungsmaßnahmen die Höhe des dem Beteiligungsunternehmen zur Verfügung stehenden Kapitals unbeeinflusst lassen, sind diese letztlich nur als flankierende Maßnahmen zu der in Abschnitt II-2.1.3 zu behandelnden Nachfinanzierung anzusehen.

II-2.1.2.1 Wandelung von Mezzanine-Kapital

Der erste in diesem Zusammenhang zu betrachtende Aspekt betrifft die Umwandlung von Mezzanine-Kapital in Eigenkapital in der Form, dass der Business Angel sein Wandelungsrecht ausübt. Das Recht wird dabei nicht im Wege eines (veräußerungsgleichen) Tausches durch Anteile an dem Gründungsunternehmen ersetzt, so dass die Wandelung auf der Ebene des Business Angels keinen gewinnrealisierenden Vorgang darstellt;[2] der Gläubiger fordert im Zuge der Wandelung lediglich eine Übertragung von Anteilen auf Grund eben dieses Rechts, weshalb kein Veräußerungstatbestand vorliegt.[3] Wenngleich die hierzu ergangene Rechtsprechung nur die Einkünfteermittlung im Betriebsvermögen betraf, wird diese in der Literatur auch auf Privatvermögen übertragen.[4] Die Wandelung an sich ruft somit keine einkommensteuerlichen Konsequenzen auf Ebene des Business Angels hervor, auch wenn die Darlehensforderung im Privatvermögen gehalten wird.[5]

Der Business Angel wird sein Wandelrecht nur dann ausüben, falls der Wert der Anteile deren Erwerbsaufwendungen übersteigt. Ein dabei entstehender Einlösungsgewinn ist nicht steuerpflichtig, da allein auf Grund der Wandelung dem Steuerpflichtigen kein unmittelbarer Vermögensvorteil zufließt.[6] Im Hinblick auf die später (in der Desinvesti-

---

[1] Die Kapitalstruktur kann zum anderen auch hinsichtlich der zeitlichen Verfügbarkeit des Kapitals verändert werden, indem etwa die Umfinanzierung kurzfristiger Kredite in ein langfristiges Darlehen vorgenommen wird, vgl. Waschbusch, G. (1998a), S. 317. Der zeitliche Aspekt der Umfinanzierung wird im Folgenden nicht weiter berücksichtigt.

[2] Vgl. aus der Fülle der Literatur beispielsweise Bordewin, A./Brandt, J. (2005), § 20, Rz. 599, Korn, C. B. (2003), S. 1102 und Watrin, C./Struffert, R. (2004), S. 572.

[3] So bereits RFH (1944a), S. 128. Auch die Finanzverwaltung hat sich dieser Sichtweise angeschlossen, vgl. OFD Frankfurt (1995), S. 1345. Zur gleich lautenden herrschenden Meinung vgl. die Nachweise bei Süß, S./Zankl, H. (2005), S. 547 ff. Das BMF-Schreiben (2001), S. 206 steht einer steuerneutralen Ausübung von Wandelrechten wohl nicht entgegen, vgl. ausführlich Jänisch, C./Moran, K./Waibel, N. (2002), S. 2453.

[4] Vgl. beispielsweise Haisch, M. (2002), S. 248 f.

[5] So auch Korn, C. B. (2003), S. 1103 und Dreyer, G./Herrmann, H. (2001), S. 708.

[6] So bereits entschieden durch RFH (1944a), S. 128 und bestätigt durch BFH (1973), S. 460 sowie OFD Frankfurt (1995), S. 1345.

tionsphase) geplante Veräußerung der Beteiligung stellt sich jedoch die Frage nach den Anschaffungskosten der „neuen" Anteile, sofern deren Verkauf bei dem Risikokapitalgeber nach § 17 Abs. 1 EStG dem Halbeinkünfteverfahren unterliegt.[1] Da mangels Veräußerung des Wandelrechts ein Erwerb der Anteile im eigentlichen Sinne nicht vorliegt, bestimmen sich deren Anschaffungskosten nach dem für das Erwerbsrecht aufgewendeten Betrag zuzüglich einer etwaigen wandelungsbedingt zu entrichtenden Zuzahlung.[2]

Aus der Ausübung des Wandelungsrechts resultieren auf Ebene des Gründungsunternehmens gleichfalls keine unmittelbaren steuerlichen Folgen. Jedoch ist das Mezzanine-Kapital ab dem Zeitpunkt der Rechtsausübung als Eigenkapital zu qualifizieren, so dass ab diesem Zeitpunkt ein Betriebsausgabenabzug nicht (mehr) zulässig ist.[3] Wenngleich die Umwandlung von Mezzanine-Darlehen in Geschäftsanteile insgesamt steuerneutral vonstatten gehen sollte, ist – da die Minimierung der alle Parteien umfassenden Steuerbelastung angestrebt wird – diese (mittelbare) Steuerwirkung im Hinblick auf den unten zu diskutierenden Ausübungszeitpunkt des Wandelungsrechts von Bedeutung.[4]

II-2.1.2.2 Umwandlung von Fremdkapital

In Bezug auf die Umfinanzierung von Fremdkapital sind zwei Aspekte zu betrachten: zum einen die (direkte) Umwandlung von Fremd- in Eigenkapital und zum anderen eine (indirekte) Umwandlung, bei der das ursprünglich zur Verfügung gestellte Fremdkapital zunächst mit Wandelrechten ausgestattet und zu einem späteren Zeitpunkt in Eigenkapital gewandelt wird. Im erstgenannten Fall der direkten Umwandlung sind grundsätzlich keine ertragsteuerlichen Besonderheiten zu berücksichtigen.[5] Der Business Angel erhält die Anteile durch Hingabe seiner Darlehensforderung im Wege der Sacheinlage.[6] Maßgebend für seine Anschaffungskosten ist dabei der gemeine Wert der Einlage.[7]

---

[1] Zu einer etwaigen Steuerpflicht nach § 23 EStG vgl. Süß, S./Zankl, H. (2005), S. 547 ff. Zu der Frage, ob eine nach § 17 EStG relevante Beteiligung vorliegt, vgl. Kirchhof, P. (2006), § 17, Rz. 53 und die Fundstellen bei Schmidt, L. (2006), § 17, Rz. 44 ff.

[2] Vgl. stellvertretend anstatt vieler Bordewin, A./Brandt, J. (2005), § 20, Rz. 599, Dreyer, G./Herrmann, H. (2001), S. 710, Korn, K. (2004), § 20, Rz. 235 und Eisolt, D./Wickinger, S. (2001), S. 124.

[3] Vgl. Bösl, K./Sommer, M. (2006), S. 218. Zur handelsrechtlichen Behandlung der Wandelung auf Unternehmensebene vgl. Söffing, A./Thümmel, R. C. (2003), S. 336 f.

[4] Vgl. hierzu Abschnitt II-2.1.2.3.

[5] Wie oben angedeutet wurde, ist jedoch danach zu unterscheiden, ob noch nicht ausbezahlte Zinsen mit umgewandelt werden, da in diesem Fall der Kapitalgeber im Zeitpunkt der Wandelung die wirtschaftliche Verfügungsmacht über die Zinsen erlangt und diese auch ohne Zufluss zu versteuern hat.

[6] Der objektive Wert der Sacheinlage ist unter dem Aspekt der Bonität zu sehen, vgl. Ossola-Haring, C. (1999), S. 210. Zum Sonderfall der kapitalersetzenden Darlehen vgl. Priester, H.-J. (1988), S. 477 f.

[7] Vgl. Schmidt, L. (2006), § 17, Rz. 157.

Diese direkte Umwandlung beruht auf einer freiwilligen Übereinkunft der beteiligten Parteien dahingehend, das Stammkapital des Beteiligungsunternehmens zur Schaffung neuer Geschäftsanteile zu erhöhen. Da jede Kapitalerhöhung die Änderung der Satzung erfordert, muss der Erhöhungsbeschluss sämtliche in § 53 GmbHG an eine Satzungsänderung gestellten Anforderungen erfüllen.[1] Unter anderem ist hierzu eine Mehrheit von drei Vierteln der (abgegebenen) Stimmen erforderlich, so dass der Business Angel diese Art der Umfinanzierung in der Regel nicht ohne das Zutun des Unternehmers vollziehen kann. Um sich diesbezüglich abzusichern, könnte er sich – beispielsweise in der zweiten Finanzierungsrunde – nachträglich das Recht einräumen lassen, das in der Investitionsphase bereitgestellte Fremdkapital zu einem späteren Zeitpunkt in Eigenkapital wandeln zu können.[2] Analog zum Fall der unmittelbaren Einräumung von Wandelrechten müsste eine solchermaßen gestaltete Umqualifizierung von Fremdkapital in Mezzanine-Kapital für alle Seiten ebenfalls steuerneutral durchgeführt werden können.[3]

Ferner ist in diesem Zusammenhang die Wandelung einer typisch Stillen Beteiligung in Eigenkapital zu betrachten.[4] Die Bestimmung des § 20 UmwStG ist nicht anwendbar, vielmehr wird die Umwandlung nach den für die Übertragung einzelner Wirtschaftsgüter geltenden allgemeinen Vorschriften behandelt. Der still Beteiligte tätigt in Höhe des (zu vereinbarenden) Wertes der Beteiligung eine Einlage gegen Gewährung von Gesellschaftsrechten.[5] Einkommensteuerliche Folgen resultieren aus der Auflösung der Stillen Beteiligung in der Regel nicht.[6] Dies stellt sich jedoch dann anders dar, sofern der Wert der Sacheinlage (hier: des Auseinandersetzungsanspruchs) den Nominalwert der Stillen Beteiligung übersteigt; in diesem Fall bestimmen sich die steuerlichen Folgen analog zu dem Fall der Veräußerung der Stillen Beteiligung an den Geschäftsinhaber.[7]

---

1 Ist die Sacheinlage nicht korrekt beschlossen worden oder die Übernahmevereinbarung aus formellen oder materiellen Gründen (gleich weder Art) unwirksam, kann die Kapitalerhöhung nicht im Handelsregister eingetragen werden; geschieht das doch, schuldet der Business Angel die Leistung in bar, vgl. Lutter, M./Hommelhoff, P. (2004), § 56, Rz. 14.

2 Da Wandelrechte bei in der Rechtsform der GmbH geführten Unternehmen im Rahmen schuldrechtlicher Vereinbarungen eingeräumt werden, müsste dies auch nachträglich möglich sein.

3 Ein Equity-Kicker unterliegt den gleichen Regelungen und der gleichen Art der Besteuerung wie eine Wandelanleihe, vgl. Bösl, K./Sommer, M. (2006), S. 52. Da die unmittelbare Einräumung des Kickers steuerneutral möglich ist, müsste das auch für dessen nachträgliche Einräumung gelten.

4 Zur Umwandlung einer atypisch Stillen Beteiligung in Eigenkapital vgl. Häger, M./Elkemann-Reusch, M. (2004), S. 151 f.

5 Diese Umwandlung vollzieht sich nach den Bestimmungen über eine Kapitalerhöhung gegen Sacheinlage, wobei der typisch still Beteiligte die Sacheinlage dadurch leistet, dass er der Kapitalgesellschaft gegenüber auf die Auszahlung seines Auseinandersetzungsguthabens mittels Erlassvertrag verzichtet, vgl. Blaurock, U. (2003), S. 422.

6 Vgl. Watrin, C./Struffert, R. (2004), S. 570.

7 Vgl. Bösl, K./Sommer, M. (2006), S. 147 und ausführlich Abschnitt II-3.2.2.1.

II-2.1.2.3 Wandelungszeitpunkt

Nachdem der Business Angel (allein bzw. zusammen mit dem Gründer) im Hinblick auf den Zeitpunkt der Umfinanzierung grundsätzlich keinen Beschränkungen unterliegt, stellt sich die Frage, wann die vorstehend beschriebenen Gestaltungsmaßnahmen durchgeführt werden sollten. Gemeinsames Merkmal der verschiedenen Alternativen ist (mit Ausnahme der nachträglichen Vereinbarung eines Equity-Kickers), dass bei dem Gründungsunternehmen ab dem Zeitpunkt der Umfinanzierung kein Betriebsausgabenabzug mehr möglich ist. Vor dem Hintergrund der beschriebenen „Umfinanzierungsrichtung" kann durch die Rekapitalisierung somit nur eine Minderung der auf Unternehmensebene abzugsfähigen Betriebsausgaben erreicht werden, was insbesondere deshalb von Bedeutung ist, da im Rahmen der modifizierten Verluststeuerplanung die Mindestbesteuerung zu berücksichtigen ist.[1]

Annahmegemäß hat das Beteiligungsunternehmen den Turnaround vollzogen, wobei auf Grund bestehender Verlustvorträge dem aus steuerlicher Sicht wesentlichen Vorteil der Fremdfinanzierung in Gestalt des Betriebsausgabenabzugs der Kapitalüberlassungsentgelte zunächst noch keine Bedeutung zukommt. Dieser Vorteil kommt erst dann zum tragen, falls das Gründungsunternehmen die Gewinnzone ohne Verlustvorträge erreicht hat oder aber die jeweiligen Bemessungsgrundlagen (vor Finanzierung) EUR 1.000.000 übersteigen, so dass die Mindestbesteuerung zur Anwendung kommt.[2] In beiden Fällen sind durch das Beteiligungsunternehmen Ertragsteuerzahlungen zu leisten. Dementsprechend wirkt sich auf Unternehmensebene der Steuervorteil der Fremdfinanzierung voll oder teilweise aus, weshalb die Steuerlast des Unternehmens durch ein Hinausschieben des Umwandlungszeitpunkts gesenkt werden kann;[3] gegebenenfalls können die negativen Folgen der Mindestbesteuerung auch ganz vermieden werden, indem auf Grund der Zinsaufwendungen die vorgenannte Grenze nicht überschritten wird.[4] Dieser aus Sicht des Gründungsunternehmens abgeleiteten Empfehlung einer möglichst späten Umfinanzierung steht die Veräußerungsabsicht des Business Angels nicht entgegen, sofern keine konkrete Veräußerungsmöglichkeit vorliegt.[5]

---

1 Zu einer formalen Darstellung der Steuerwirkungen der Mindestbesteuerung vgl. Abschnitt II-2.1.3.2; die dort beschriebenen Formeln sind grundsätzlich auch auf die Umfinanzierung anwendbar.

2 Zum erstgenannten Fall vgl. Abschnitt II-2.2.2.1.

3 Vgl. zu den Steuerwirkungen der verzinslichen Fremdfinanzierung Abschnitt II-1.3.1.1 und innerhalb des „Mindestbesteuerungs-Intervalls" den folgenden Abschnitt II-2.1.3.

4 Falls es sich um endfällige Zinsen handelt, ist damit zunächst weder eine Liquiditätsbelastung des Unternehmens noch eine Einkommensteuerzahlung des Business Angels verbunden.

5 Steht dagegen die Anteilsveräußerung (unmittelbar) bevor, ist die Wandelung ohnehin durchzuführen, falls kein Verkauf der Wandelrechte vorgesehen ist; vgl. dazu Abschnitt II-3.2.2.1.

Da die Wandelbedingungen im Vorfeld festgelegt werden, beeinflusst die zwischenzeitliche Unternehmenswertentwicklung die Vermögensposition des Business Angels in der Regel nicht. Insbesondere kann sich der Business Angel durch einen möglichst frühzeitigen Vollzug der Umfinanzierung im Hinblick auf die geplante Anteilsveräußerung nur verschlechtern, keinesfalls aber verbessern.[1] Werden neben den einmaligen auch die laufenden Einkünfte in die Betrachtung einbezogen, gilt das Entsprechende, da in dieser Entwicklungsphase neben steuerlichen Verlustvorträgen in aller Regel auch ein handelsrechtlicher Verlustvortrag existiert. Dies vorausgesetzt, können Gewinnausschüttungen nicht geleistet werden, wogegen Zinszahlungen generell möglich sind.[2] Somit legt nicht nur die zu erwartende (laufende) Steuerbelastung des Gründungsunternehmens, sondern auch die Vermögensposition des Business Angels eine späte Umfinanzierung nahe.

Des Weiteren sind die bei der Umfinanzierung bzw. der Kapitalerhöhung anfallenden Kosten (etwa für die notarielle Beurkundung und die Eintragung im Handelsregister) zu berücksichtigen.[3] Falls im Rahmen der zweiten Finanzierungsrunde zumindest zum Teil eigenfinanziert wird, fallen diese Kosten bei einer bedarfsadäquaten Finanzierung ohnehin an, weshalb die Umfinanzierung eventuell auch mit der im Folgenden zu behandelnden Nachfinanzierung verbunden werden könnte.

II-2.1.3 Nachfinanzierung

Im Gegensatz zu der Umfinanzierung werden dem Beteiligungsunternehmen bei der Nachfinanzierung zusätzliche Finanzmittel von außen zugeführt. Ein weiterer, wesentlicher Unterschied liegt darin, dass im Rahmen einer bedarfsadäquaten Finanzierung der Zeitpunkt der Kapitalzuführung festgelegt ist, wogegen die zeitliche Strukturierung der Umfinanzierung weitestgehend in das Belieben der Akteure gestellt ist. Im Hinblick auf die Nachfinanzierung stellt sich demzufolge allein die Frage, in welcher Form der Kapitalbedarf des Gründungsunternehmens befriedigt werden soll, wobei zunächst weiterhin davon ausgegangen wird, dass zum Zeitpunkt der Nachfinanzierung der Turnaround geschafft wurde und auf Unternehmensebene steuerliche Verlustvorträge vorliegen.

---

[1] Dieser Aspekt erlangt bei einer negativen Unternehmensentwicklung Bedeutung, beispielsweise wenn die Darlehensrückzahlung den erwarteten Veräußerungserlös gewandelter Anteile übersteigt.

[2] Voraussetzung dafür ist jedoch, dass auf Unternehmensebene die entsprechende Liquidität vorhanden ist. Wird hingegen an Stelle der laufenden Auszahlung des Zinsanspruchs eine endfällige Verzinsung gewählt, verbessert sich die Vermögensposition des Business Angels ebenfalls, ohne dass dem Unternehmen in der Betreuungsphase liquide Mittel entzogen werden, die in dieser Zeit für dessen Wachstum benötigt werden. Darüber hinaus könnte so auch die „Aufwandsversteuerung“ vermieden werden.

[3] Zu deren Behandlung vgl. Abschnitt II-1.2.2.

Im Hinblick auf die Nachfinanzierung ist von zentraler Bedeutung, ob zum Zeitpunkt der Kapitalzuführung die Umfinanzierung bereits durchgeführt wurde und der Business Angel seine Zielbeteiligungsquote erreicht hat, oder ob die Bereitstellung von weiterem Eigenkapital erforderlich ist, damit der Risikokapitalgeber die von ihm angestrebte Rendite durch eine spätere Anteilsveräußerung erreichen kann. Im erstgenannten Fall bleibt letztlich nur die Fremdkapitalvergabe;[1] in diesem Zusammenhang sind insbesondere die Finanzierungskonditionen (Kapitalüberlassungsdauer und Zinssatz) von Interesse.[2]

Falls zum Nachfinanzierungszeitpunkt die Zielbeteiligungsquote noch nicht realisiert wurde, steht einem Business Angel dagegen das gesamte Finanzierungsspektrum offen.[3] Erfolgt die bedarfsadäquate Nachfinanzierung (dennoch) im Wege der Fremdkapitalzuführung, wird so zusätzliches Betriebsausgabenabzugspotential geschaffen.[4] Das könnte gegebenenfalls dazu genutzt werden, dass die Wirkungen der Mindestbesteuerung nicht zum tragen kommen.

II-2.1.3.1 Anwendungsbereich der Mindestbesteuerung

In welcher Form das benötigte Kapital dem Beteiligungsunternehmen in der zweiten Finanzierungsrunde zur Verfügung gestellt wird, ist in einem konkreten Einzelfall unter Berücksichtigung der Gesamtumstände abzuwägen, wobei im Rahmen der modifizierten Verluststeuerplanung die Vorschriften zur Mindestbesteuerung zu berücksichtigen sind. Ob deren Wirkungen eintreten, ist von der Höhe der relevanten Bemessungsgrundlagen (körperschaftsteuerliches Einkommen und Gewerbeertrag) sowie den zugehörigen Verlustvorträgen abhängig.[5] Der Ermittlung der steuerlichen Wirkungen eines zusätzlichen Betriebsausgabenabzugs in Form von Fremdkapitalzinsen ist deshalb die Frage vorgelagert, wann sich das Beteiligungsunternehmen im Regelungsbereich der Mindestbesteue-

[1] Gegebenenfalls könnte auch eine Mezzanine-Finanzierung in Erwägung gezogen werden, da es durch den Einstieg des Folgeinvestors oder auch bei einem Börsengang in der Regel ohnehin zu einer weiteren Verwässerung der Anteile des Gründers kommt, vgl. Heßler, A./Mosebach, P. (2001), S. 815. Ist das Wandelungsrecht veräußerbar, könnte der Business Angel durch den Verkauf des Equity-Kickers seine Rendite weiter steigern, selbst wenn er seine Zielbeteiligungsquote bereits realisiert hat.

[2] Zu den Finanzierungskonditionen vgl. Abschnitt II-1.1.1.2.

[3] Die typisch Stille Beteiligung wird nachfolgend nicht mehr betrachtet, da in dieser Entwicklungsphase keine Verluste mehr zugewiesen werden können und sich diese (im Vergleich zu Darlehen) wegen des § 8 Nr. 3 GewStG im Gewinnfall als nachteilig erweist, vgl. König, R./Sureth, C. (1998), S. 115.

[4] Das stellt einen weiteren wesentlichen Unterschied zwischen den beiden Rekapitalisierungsinstrumenten dar, da bei der Umfinanzierung grundsätzlich Betriebsausgabenabzugspotential „vernichtet" wird.

[5] Für die Gewerbesteuer gilt, dass der Gewerbeertrag gemäß § 6 GewStG deren Besteuerungsgrundlage, nicht aber deren Bemessungsgrundlage bildet; diese ist der Steuermessbetrag (§ 14 GewStG). Da hier der „effektive" Gewerbesteuersatz s_{GewSt} verwendet wird (vgl. dazu Abschnitt II-1.3.1.1), bezeichnet im Folgenden der Gewerbeertrag die gewerbesteuerliche Bemessungsgrundlage.

rung bewegt und ob überhaupt Handlungsbedarf gegeben ist. Dies ist nur dann nicht der Fall, sofern die jeweilige Bemessungsgrundlage nicht größer als EUR 1.000.000 ist und der zugehörige Verlustvortrag diese übersteigt.[1] In allen anderen Fällen ist eine planmäßige Beeinflussung der Steuerbelastung geboten, wobei danach zu unterscheiden ist, ob der Handlungsbedarf im Rahmen der modifizierten Verluststeuerplanung erwächst. Eine Übersicht hierüber gibt Abbildung II-4:

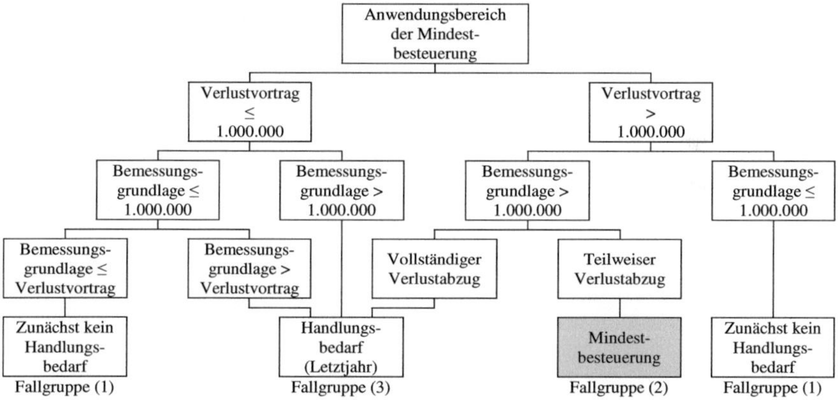

Abb. II-4: Anwendungsbereich der Mindestbesteuerung
(Quelle: eigene Darstellung)

Offensichtlich ist der Anwendungsbereich der Mindestbesteuerung eng gesteckt. Von den oben beschriebenen und hier mit (1) bezeichneten Fällen des vollständigen Verlustabzugs unter Fortbestehen eines vortragsfähigen Verlustes sind die Fälle der Gruppe (3) abzugrenzen, welche eine Verrechnung des vorhandenen Verlustvortrags in voller Höhe umfassen. Diese Fallgruppe beschreibt das letzte Jahr, in dem ein Verlustabzug möglich ist, betrifft demnach den Übertritt in die Gewinnzone (ohne Verlustverrechnung) und ist somit grundsätzlich Teil der Gewinnsteuerplanung.[2]

Das in Abbildung II-4 grau schraffierte Feld stellt das „Arbeitsgebiet“ dar, innerhalb dessen im Wege der modifizierten Verluststeuerplanung eine planmäßige Beeinflussung der Steuerbelastung geboten ist. Die Mindestbesteuerung kommt grundsätzlich dann zur Anwendung, wenn neben der Bemessungsgrundlage auch der Verlustvortrag den Betrag von EUR 1.000.000 übersteigt; daher kann die untere Grenze des Mindestbesteuerungsintervalls mit EUR 1.000.001 beziffert werden. In bestimmten Fällen ist jedoch auch bei Bemessungsgrundlagen, die diese Grenze übersteigen, ein unbeschränkter Verlustabzug

[1] Das gilt gleichermaßen für die Gewerbe- wie auch für die Körperschaftsteuer.

[2] Vgl. hierzu Abschnitt II-2.1.3.3 und insbesondere Abschnitt II-2.2.

möglich, weshalb in einem zweiten Schritt eine obere Intervallgrenze zu bestimmen ist, um die Frage beantworten zu können, ob sich das Beteiligungsunternehmen im Anwendungsbereich der Mindestbesteuerung bewegt. Die obere Intervallgrenze ist genau dann erreicht, wenn der zulässige Verlustabzug dem Verlustvortrag entspricht.

Wird mit VA_{GewSt} der abzugsfähige Fehlbetrag vorangegangener Erhebungszeiträume (§ 10a Sätze 1 und 2 GewStG) und mit VV_{GewSt} der gesamte vortragsfähige Gewerbeverlust bezeichnet, ist das erfüllt, wenn Folgendes gilt:[1]

(10) $$VA_{GewSt} = VV_{GewSt} = 1.000.000 + (GewE - 1.000.000 - GewSt) \cdot 60\%$$

Die Gewerbesteuerschuld *GewSt* (nicht deren Veränderung S_{GewSt}) berechnet sich im Fall der vollständigen Verlustverrechnung nach folgender Formel:

(11) $$GewSt = (GewE - VV_{GewSt}) \cdot s_{GewSt} = (GewE - VV_{GewSt}) \cdot \frac{m \cdot h}{1 + m \cdot h}$$

Wird nun Formel (11) in Formel (10) eingesetzt, lässt sich die für die Gewerbesteuer relevante obere Intervallgrenze *GewE** nach einigen Äquivalenzumformungen wie folgt darstellen:

(12) $$GewE^* = \frac{VV_{GewSt} \cdot \left(1 - 0{,}6 \cdot \frac{m \cdot h}{1 + m \cdot h}\right) - 400.000}{0{,}6 \cdot \frac{1}{1 + m \cdot h}}$$

Bei der Gewerbesteuer kommt die Mindestbesteuerung genau dann zur Anwendung, wenn sich der Gewerbeertrag *GewE* des Beteiligungsunternehmens in dem Intervall von EUR 1.000.001 bis einschließlich *GewE** bewegt. In diesem Fall ist ein eingeschränkter Verlustabzug VA_{GewSt} in folgender Höhe möglich:[2]

(13) $$VA_{GewSt} = \frac{400.000 + GewE \cdot 0{,}6 \cdot \frac{1}{1 + m \cdot h}}{1 - 0{,}6 \cdot \frac{m \cdot h}{1 + m \cdot h}}$$

Damit beläuft sich die Gewerbesteuer des Gründungsunternehmens im Anwendungsbereich der Mindestbesteuerung auf folgenden Betrag:

(14) $$GewSt = \left(GewE - \frac{400.000 + GewE \cdot 0{,}6 \cdot \frac{1}{1 + m \cdot h}}{1 - 0{,}6 \cdot \frac{m \cdot h}{1 + m \cdot h}} \right) \cdot \frac{m \cdot h}{1 + m \cdot h}$$

---

[1] Nachfolgend bezeichnet *GewE* den Gewerbeertrag bei reiner Eigenfinanzierung vor Verlustabzug und vor Abzug der Gewerbesteuer als Betriebsausgabe.

[2] Dieser ermittelt sich, indem Formel (12) nach VV_{GewSt} aufgelöst und (da nur ein eingeschränkter Abzug möglich ist) VV_{GewSt} durch VA_{GewSt} ersetzt wird.

Die sich aus der Mindestbesteuerung ergebende Gewerbesteuerschuld beeinflusst auf Grund deren Abzugsfähigkeit als Betriebsausgabe nicht nur ihr eigenes Mindestbesteuerungsintervall, sondern auch das der Körperschaftsteuer, so dass für diese Steuerart eine eigene obere Intervallgrenze zvE^* zu berechnen ist.[1] Diese ist genau dann erreicht, wenn der abziehbare Verlustvortrag VA_{KSt} dem gesamten körperschaftsteuerlichen Verlustvortrag VV_{KSt} entspricht. Damit ergibt sich nach einigen Äquivalenzumformungen folgende Bestimmungsgleichung für die körperschaftsteuerliche obere Intervallgrenze:[2]

(15) $$\text{zvE}^* = \frac{\text{VV}_{\text{KSt}} - 1.000.000}{0{,}6} + \text{GewSt} + 1.000.000$$

Falls sich das körperschaftsteuerliche Einkommen zvE im Mindestbesteuerungsintervall [1.000.001; zvE^*] bewegt, ist ein Verlustabzug nur in folgender Höhe möglich:

(16) $$\text{VA}_{\text{KSt}} = 0{,}6 \cdot (\text{zvE} - \text{GewSt}) + 400.000$$

Die Körperschaftsteuerschuld KSt des Beteiligungsunternehmens beläuft sich auf den folgenden Betrag (einschließlich Solidaritätszuschlag):

(17) $$\text{KSt} = [0{,}4 \cdot (\text{zvE} - \text{GewSt}) - 400.000] \cdot s_{\text{KSt,SolZ}}$$

Ausgehend von diesen Belastungsfunktionen können nun die finanzierungsbedingten Steuerwirkungen ermittelt werden, die im Anwendungsbereich der Mindestbesteuerung aus der Nachfinanzierung resultieren.

II-2.1.3.2 Steuerwirkungen der Mindestbesteuerung

Unter der Annahme, dass sich die nicht finanzierungsbezogenen gewerbesteuerlichen Hinzurechnungen und Kürzungen (§§ 8, 9 GewStG) betragsmäßig entsprechen und dass sich die körperschaftsteuerlichen Modifikationen in voller Höhe auf die Gewerbesteuer auswirken, gilt bei ausschließlicher Eigenfinanzierung die Äquivalenz von $GewE$ sowie zvE, was nachfolgend als „einheitliche Bemessungsgrundlage" BGL dargestellt werden soll. Falls die Gesellschafterfremdfinanzierung in die Betrachtung einbezogen wird, gilt $GewE = BGL - 0{,}5 \cdot Z$ bzw. $zvE = BGL - Z$, so dass die Gewerbesteuerbelastung $GewSt$ des Gründungsunternehmens auch wie folgt dargestellt werden kann:

(18) $$\text{GewSt} = \frac{m \cdot h}{1 + 0{,}4 \cdot m \cdot h} \cdot [0{,}4 \cdot (\text{BGL} - 0{,}5 \cdot Z) - 400.000]$$

---

[1] Die untere Intervallgrenze der Körperschaftsteuer kann analog zur Gewerbesteuer mit EUR 1.000.001 eindeutig angegeben werden, wogegen die obere Intervallgrenze von mehreren Größen bestimmt wird und für jeden Veranlagungszeitraum gesondert zu berechnen ist.

[2] Im Folgenden bezeichnet zvE das körperschaftsteuerliche Einkommen bei Eigenfinanzierung vor Verlustabzug und vor Abzug der Gewerbesteuer als Betriebsausgabe.

Entsprechend gilt für die Körperschaftsteuerbelastung *KSt*:

(19) $$\text{KSt} = \left[\text{BGL} - \text{Z} \cdot (1 + 0{,}2 \cdot \text{m} \cdot \text{h}) - 1.000.000\right] \cdot \frac{0{,}4 \cdot \text{s}_{\text{KSt,SolZ}}}{1 + 0{,}4 \cdot \text{m} \cdot \text{h}}$$

Die gesamte Steuerbelastung des Beteiligungsunternehmens umfasst die Summe aus Formel (18) und Formel (19). Sofern sich die gewerbe- und auch die körperschaftsteuerliche Bemessungsgrundlage im jeweiligen Mindestbesteuerungsintervall bewegt, ergibt sich auf Ebene des Gründungsunternehmens folgende fremdfinanzierungsbedingte Veränderung der Gesamtsteuerbelastung S^{GmbH}:

(20) $$\text{S}^{\text{GmbH}} = -\frac{0{,}4}{1 + 0{,}4 \cdot \text{m} \cdot \text{h}} \cdot \text{Z} \cdot \left[(1 + 0{,}2 \cdot \text{m} \cdot \text{h}) \cdot \text{s}_{\text{KSt,SolZ}} + 0{,}5 \cdot \text{m} \cdot \text{h}\right]$$

Dieser Steuerentlastung auf Unternehmensebene ist die Mehrbelastung des Business Angels nach Formel (7) gegenüberzustellen, so dass sich insgesamt folgende Gesamtbelastungsdifferenz *S* ergibt:

(21) $$\text{S} = \text{Z} \cdot \left\{ \text{s}^{\text{BA}} - \frac{0{,}4 \cdot \left[(1 + 0{,}2 \cdot \text{m} \cdot \text{h}) \cdot \text{s}_{\text{KSt,SolZ}} + 0{,}5 \cdot \text{m} \cdot \text{h}\right]}{1 + 0{,}4 \cdot \text{m} \cdot \text{h}} \right\}$$

Die Vergabe von Fremdkapital ist in der Zusammenschau von Unternehmens- sowie Anteilseignerebene genau dann vorteilhaft, falls der Term in der geschweiften Klammer kleiner als Null ist. Da die Person des Business Angels betreffend von einem konstanten Grenzsteuersatz auszugehen ist, ist das nur bei (unrealistisch) hohen Hebesätzen erfüllt.[1] Wird dagegen auf die Auszahlung der Zinsen verzichtet, gilt in Formel (21) $s^{BA} = 0$ und damit $S = S^{GmbH} < 0$, so dass sich durch endfällige Zinsen eine temporäre Gesamtsteuerersparnis erzielen lässt;[2] des Weiteren ist damit ein endgültiger Zinseffekt verbunden.[3]

Kann durch die Vergabe von Fremdkapital erreicht werden, dass die Regelungen der Mindestbesteuerung nicht greifen, indem auf Grund des Zinsabzugs beide Bemessungsgrundlagen EUR 1.000.000 unterschreiten, ist (bei ausreichend hohen Verlustvorträgen) kein weiterer Handlungsbedarf gegeben. Allerdings ist darauf zu achten, dass bei einem körperschaftsteuerlichen Einkommen von weniger als EUR 1.000.000 wegen der hälftigen Hinzurechnung der Dauerschuldentgelte nicht trotzdem Gewerbesteuer anfällt.[4]

---

[1] Zum Grenzsteuersatz des Business Angels vgl. Abschnitt II-1.1.3.

[2] Hierbei handelt es sich um kein „Steuerschlupfloch“, vielmehr wird lediglich die fehlende Verbindung zwischen zwei Einkunftsermittlungsmethoden genutzt, vgl. Wagner, F. W. (1997), S. 519.

[3] Bei dem Business Angel gilt als steuerplanungsorientierte Zielvorgabe, dass dessen Erträge möglichst weit in die Zukunft verlagert werden sollen, da den Zinsvorteilen einer spät anfallenden Steuerzahlung keine Progressionsnachteile gegenüberstehen; das stellt quasi die „Gegenstrategie“ zu der in Abschnitt II-1.1.2.3 beschriebenen maximalen Aufwandsvorverlagerung auf Unternehmensebene dar.

[4] Dieser Effekt tritt dann nicht ein, falls die Differenz zwischen einheitlicher Bemessungsgrundlage und Basisabzug nicht größer ist als die Hälfte der Zinsen, wenn also $BGL - 1.000.000 \leq 0{,}5 \cdot Z$ gilt.

II-2.1.3.3 Steuerwirkungen in der Übergangsphase

Bisher wurde davon ausgegangen, dass sich das Gründungsunternehmen hinsichtlich beider Ertragsteuerarten jeweils in derselben Fallgruppe befindet.[1] Es sind jedoch auch Situationen denkbar, bei denen auf Grund der in der Investitionsphase gewählten Finanzierungsstrategie die Mindestbesteuerung die beiden Ertragsteuern nicht gleichermaßen betrifft;[2] die verschiedenen Fallkonstellationen sind in Abbildung II-5 dargestellt, wobei die grauen Felder die Situationen einer abweichenden Fallgruppenzuordnung zeigen:[3]

Gewerbesteuer \ Körperschaftsteuer	Fall-gruppe (1)	Fall-gruppe (2)	Fall-gruppe (3)
Fall-gruppe (1)	kein Handlungs-bedarf	(2-1)	Gewinn-steuer-planung
Fall-gruppe (2)	(1-2)	Grundfall (Abschnitt II-2.1.3.2)	(3-2)
Fall-gruppe (3)	Gewinn-steuer-planung	(2-3)	Gewinn-steuer-planung

Abb. II-5: Mögliche Fallgruppenzuordnungen
(Quelle: eigene Darstellung)

In Fallgruppe (2-1) beschränkt sich die Steuerbelastung des Gründungsunternehmens auf die durch die körperschaftsteuerliche Mindestbesteuerung ausgelöste Steuerzahlung. Dieser Konstellation kommt im Folgenden keine Bedeutung zu, da auf Grund der oben getroffenen Annahmen hinsichtlich der im Rahmen der Einkommens- bzw. Gewerbeertragsermittlung vorzunehmenden Korrekturen die Situation, dass die körperschaftsteuerliche die gewerbesteuerliche Bemessungsgrundlage übersteigt, nicht auftreten kann.[4]

Die im Folgenden darzustellenden Belastungsdifferenzen ermitteln sich als Saldo der Steuerbelastungen bei Eigen- und bei anteiliger Fremdfinanzierung. Zunächst ist danach zu unterscheiden, ob die (abweichende) Fallgruppenzuordnung bei Eigen- und Fremdfi-

---

[1] Diese drei Fallgruppen umfassen (1) die vollständige Verrechnung der Bemessungsgrundlage mit den vorhandenen Verlustvorträgen, wobei diese nicht in voller Höhe verbraucht werden, (2) eine teilweise Verlustverrechnung auf Grund der Mindestbesteuerung und (3) den vollständigen Verbrauch der Verlustvorträge im Letztjahr.

[2] Grundsätzlich ist davon auszugehen, dass sich der körperschaftsteuerliche und der gewerbesteuerliche Verlustvortrag nicht entsprechen. Das bedingt verschiedene Mindestbesteuerungsintervalle und einen unterschiedlichen Verbrauch der Verlustvorträge, was schließlich zu einer abweichenden Fallgruppenzuordnung führen kann.

[3] Zu den Fallgruppen vgl. Abb. II-4 und die obenstehende Fußnote 1. Darüber hinaus existiert noch eine vierte Fallgruppe, sofern auch negative Bemessungsgrundlagen berücksichtigt werden. Da sich jedoch (mit Ausnahme der Entwicklung der vortragsfähigen Verluste) prinzipiell dieselben Steuerwirkungen wie bei Fallgruppe (1) einstellen, ist eine gesonderte Betrachtung nicht erforderlich.

[4] Sofern dieser Fall in der Praxis auftritt, kann auf Formel (19) mit $m \cdot h = 0$ verwiesen werden.

nanzierung unverändert bleibt („konstant abweichende Fallgruppenzuordnung") oder ob sich die Zuordnung in Folge der Zinsaufwendungen im Vergleich zur Eigenfinanzierung ändert („variabler Fallgruppenwechsel"). Da bei Dauerschuldzinsen $BGL_{GewSt} \neq BGL_{KSt}$ bzw. $VV_{GewSt} \neq VV_{KSt}$ gilt, sind bei einer konstant abweichenden Fallgruppenzuordnung nach Abbildung II-4 insgesamt 36 Fälle zu unterscheiden.[1] Wird ergänzend der variable Fallgruppenwechsel zugelassen, erhöht sich die Anzahl der zu ermittelnden Belastungsfunktionen nochmals deutlich. Dem variablen Fallgruppenwechsel dürfte allerdings nur in einzelnen Veranlagungs- bzw. Erhebungszeiträumen Bedeutung zukommen, weshalb die sich aus den entsprechenden Belastungsfunktionen ergebenden Steuerwirkungen nur kurzfristig Gültigkeit haben und somit nicht als Planungsgrundlage für eine mittelfristig orientierte Nachfinanzierungsentscheidung dienen können. Aus diesem Grund wird der variable Fallgruppenwechsel – und somit auch die Fallgruppe (1-2) – aus der weiteren Betrachtung ausgeklammert.[2]

Fallgruppe (3-2) beschreibt die Situation, dass für Gewerbesteuerzwecke nur ein eingeschränkter Verlustabzug zu berücksichtigen ist, wogegen der körperschaftsteuerliche Verlustvortrag in diesem Veranlagungszeitraum vollständig verbraucht wird.[3] Demnach verändert sich Formel (19) zu:[4]

(22) $$\mathrm{KSt} = \left[\frac{\mathrm{BGL} - \mathrm{Z} \cdot (1 + 0{,}2 \cdot \mathrm{m} \cdot \mathrm{h}) + 400.000 \cdot \mathrm{m} \cdot \mathrm{h}}{1 + 0{,}4 \cdot \mathrm{m} \cdot \mathrm{h}} - \mathrm{VV}_{\mathrm{KSt}} \right] \cdot \mathrm{s}_{\mathrm{KSt,SolZ}}$$

Bei Fallgruppe (3-2) resultiert aus der Fremdfinanzierung folgende Veränderung der Gesamtsteuerbelastung der zukünftigen Veranlagungs- bzw. Erhebungszeiträume:[5]

(23) $$\mathrm{S} = \mathrm{Z} \cdot \left[\mathrm{s}^{\mathrm{BA}} - \frac{0{,}2 \cdot \mathrm{m} \cdot \mathrm{h} \cdot (1 + \mathrm{s}_{\mathrm{KSt,SolZ}}) + \mathrm{s}_{\mathrm{KSt,SolZ}}}{1 + 0{,}4 \cdot \mathrm{m} \cdot \mathrm{h}} \right]$$

---

1 Von diesen 36 theoretisch möglichen Fällen sind hier nur 23 von Bedeutung, da neun Konstellationen ein den Gewerbeertrag übersteigendes körperschaftsteuerliches Einkommen voraussetzen und bei vier Konstellationen bei keiner der beiden Steuerarten Handlungsbedarf gegeben ist.

2 In Fallgruppe (1-2) wird das körperschaftsteuerliche Einkommen des Gründungsunternehmens im Fall der anteiligen Fremdfinanzierung durch den Verlustabzug vollständig „steuerfrei" gestellt, wogegen in Folge der hälftigen Hinzurechnung der Zinsen mindestbesteuerungsbedingt eine Gewerbesteuerschuld zu berücksichtigen ist. Da unter den hier getroffenen Annahmen (vor Berücksichtigung von Fremdkapitalüberlassungsentgelten) $GewE = zvE$ gilt, tritt diese Situation nur dann ein, falls $BGL > 1.000.000$ erfüllt ist, so dass ein Fall des variablen Fallgruppenwechsels vorliegt.

3 Von den 36 Fällen der konstant abweichenden Fallgruppenzuordnung entfallen insgesamt drei auf diese Fallgruppe.

4 Die Gesamtbelastung des Gründungsunternehmens ergibt sich im Jahr des Verbrauchs des Verlustvortrags durch Addition der Formeln (18) und (22).

5 Während Formel (22) nur eine Momentaufnahme darstellt, zeigt Formel (23) die Steuerwirkungen für die dem Verbrauch des körperschaftsteuerlichen Verlustvortrags folgenden Veranlagungs- bzw. Erhebungszeiträume, solange bei der Gewerbesteuer die Mindestbesteuerung zu Anwendung kommt.

Falls dagegen die Situation (2-3) eintritt, wird der gewerbesteuerliche Verlustvortrag in voller Höhe verbraucht, wogegen sich die Wirkungen der Mindestbesteuerung auf die Körperschaftsteuer beschränken, so dass sich die Gewerbesteuer wie folgt berechnet:

(24) $$GewSt = (BGL - 0{,}5 \cdot Z - VV_{GewSt}) \cdot \frac{m \cdot h}{1 + m \cdot h}$$

Unter Berücksichtigung dieser modifizierten Gewerbesteuerbelastung ergibt sich für Fallgruppe (2-3) die folgende körperschaftsteuerliche Belastungsfunktion:[1]

(25) $$KSt = \left[\frac{BGL - Z \cdot (1 + 0{,}5 \cdot m \cdot h) + VV_{GewSt} \cdot m \cdot h}{1 + m \cdot h} - 1.000.000\right] \cdot 0{,}4 \cdot s_{KSt,SolZ}$$

Somit kann bei Vorliegen von Fallgruppe (2-3) folgende fremdfinanzierungsbedingte Gesamtbelastungsdifferenz für zukünftige Steuerjahre identifiziert werden:[2]

(26) $$S = Z \cdot \left[s^{BA} - \frac{0{,}5 \cdot m \cdot h \cdot (1 + 0{,}4 \cdot s_{KSt,SolZ}) + 0{,}4 \cdot s_{KSt,SolZ}}{1 + m \cdot h}\right]$$

Die letzten beiden Fälle (in Abbildung II-5 links unten bzw. rechts oben gelegen) beschreiben die Situation, dass sich für eine Steuerart keine Belastung (und demnach auch kein Handlungsbedarf) ergibt, wogegen der Verlustvortrag der anderen Steuerart in diesem Veranlagungs- bzw. Erhebungszeitraum vollständig verbraucht wird. Die Mindestbesteuerung erlangt bei diesen Fallgruppen keine Bedeutung, so dass diese auch nicht in den Anwendungsbereich der modifizierten Verluststeuerplanung fallen. Vielmehr ist für denjenigen Teil der entsprechenden Bemessungsgrundlage, welcher den vollumfänglich verrechenbaren Verlustvortrag übersteigt, zu einer steuerartenbezogenen Gewinnsteuerplanung überzugehen, die Gegenstand der folgenden Abschnitte ist.[3]

II-2.2 Gewinnsteuerplanung

Im Unterschied zu den bisherigen Ausführungen wird nunmehr davon ausgegangen, dass das Beteiligungsunternehmen die Gewinnzone (ohne Verlustverrechnung) erreicht hat.[4] In Abhängigkeit von der anfänglichen Kapitalausstattung, der Ertragsentwicklung

---

[1] Die Gesamtbelastung des Gründungsunternehmens ergibt sich im Jahr des Verbrauchs des Verlustvortrags durch Addition der Formeln (24) und (25).

[2] Dabei gilt das in Fußnote 5 auf der vorhergehenden Seite zu Fallgruppe (3-2) Gesagte analog. Darüber hinaus gelten sowohl für Fallgruppe (3-2) als auch für Fallgruppe (2-3) die Ausführungen in Abschnitt II-2.1.3.2 entsprechend, da im Anwendungsbereich der Mindestbesteuerung die Terme in den eckigen Klammern der Formeln (23) und (26) regelmäßig nicht negativ sind.

[3] Dieser Unterschiedsbetrag wird nachfolgend als „überschießender" Teil der Bemessungsgrundlage bezeichnet.

[4] Vgl. dazu Abbildung II-2.

und dem zeitlichen Anfall des Kapitalbedarfs kann die zweite Finanzierungsrunde auch in diese Entwicklungsphase fallen, so dass die Rekapitalisierung grundsätzlich auch vor diesem Hintergrund zu betrachten ist. Maßgebend für die vorstehend diskutierte modifizierte Verluststeuerplanung war, dass neben den steuerlichen Verlustvorträgen auch ein handelsrechtlicher Verlustvortrag vorliegt, weshalb Dividendenzahlungen nicht geleistet werden konnten. Befindet sich das Gründungsunternehmen dagegen in der Gewinnzone, stellt sich dies anders dar, so dass die Finanzierungsplanung um eine Ausschüttungsplanung zu ergänzen ist (Abschnitt II-2.2.2). Zuvor werden jedoch in Abschnitt II-2.2.1 die bisher noch nicht betrachteten steuerartenbezogenen Gewinnsteuerplanungsfälle im Jahr des Verbrauchs der Verlustvorträge behandelt.

II-2.2.1 Steuerartenbezogene Finanzierungsplanung

Eine steuerartenbezogene Finanzierungs- bzw. Steuerplanung ist grundsätzlich dann erforderlich, wenn in einem Veranlagungs- bzw. Erhebungszeitraum bei einer Steuerart der Verlustvortrag vollständig verbraucht wird, wogegen die Bemessungsgrundlage der anderen Steuerart mit dem bestehenden Verlustvortrag verrechnet werden kann, so dass diesbezüglich noch kein Handlungsbedarf gegeben ist. Die entsprechenden Fallgruppen werden (in Anlehnung an Abbildung II-5) im Folgenden mit (1-3) und (3-1) bezeichnet, wobei die erstgenannte Fallgruppe die Situation beschreibt, dass der gewerbesteuerliche Verlustvortrag aufgebraucht wird, wogegen bei Fallgruppe (3-1) der körperschaftsteuerliche Verlustvortrag vollständig verrechnet wird.[1] Schließlich ist in diesem Zusammenhang auch die Situation zu betrachten, dass bei beiden Steuerarten in demselben Veranlagungs- bzw. Erhebungszeitraum der jeweils vorhandene Verlustvortrag in voller Höhe genutzt wird, was als Fallgruppe (3-3) bezeichnet wird.

II-2.2.1.1 Einseitiger Verbrauch der Verlustvorträge

Zunächst werden die Konstellationen des einseitigen Verbrauchs der Verlustvorträge behandelt.[2] Diese stellen sich im Vergleich zu den oben behandelten Fallgruppen (3-2) und (2-3) insoweit als „einfacher“ dar, als jeweils nur eine Steuerart zu berücksichtigen ist. Die Gesamtsteuerbelastung des Gründungsunternehmens berechnet im Rahmen der

[1] In Abbildung II-5 repräsentiert Fallgruppe (1-3) den linken unteren und Fallgruppe (3-1) den rechten oberen Quadranten.

[2] Von den bereits angedeuteten 36 theoretisch möglichen Konstellationen entfallen insgesamt 21 auf die Gewinnsteuerplanung, wobei jeweils sechs der Fallgruppe (1-3) bzw. (3-1) zuzuordnen sind.

Fallgruppe (1-3) gemäß Formel (24), wogegen für die der Fallgruppe (3-1) zuzuordnenden Fälle auf Formel (22) mit $m \cdot h = 0$ verwiesen werden kann. Diese beiden Konstellationen treten jedoch nur in einem einzigen Veranlagungs- bzw. Erhebungszeitraum auf, so dass sich die Frage stellt, ob und wie die Nachfinanzierungsentscheidung beeinflusst wird, sofern der bei einer bedarfsadäquaten Finanzierung nicht disponible Zeitpunkt der Kapitalzuführung in genau diesen Veranlagungs- bzw. Erhebungszeitraum fällt.[1]

Während insoweit kein Handlungsbedarf gegeben ist, als der verbliebene Verlustvortrag genutzt wird, unterliegt der den Verlustvortrag übersteigende Teil der Bemessungsgrundlage in voller Höhe der Besteuerung. Für diesen „überschießenden" Teil sind dann keine Besonderheiten zu beachten, falls die Vergabe von Fremdkapital keinen variablen Fallgruppenwechsel bewirkt.[2] Dies vorausgesetzt, ist bereits in dem Veranlagungs- bzw. Erhebungszeitraum des vollständigen Verlustverbrauchs eine (steuerartenbezogene) Gewinnsteuerplanung durchzuführen, was in Abbildung II-6 dunkel dargestellt ist:[3]

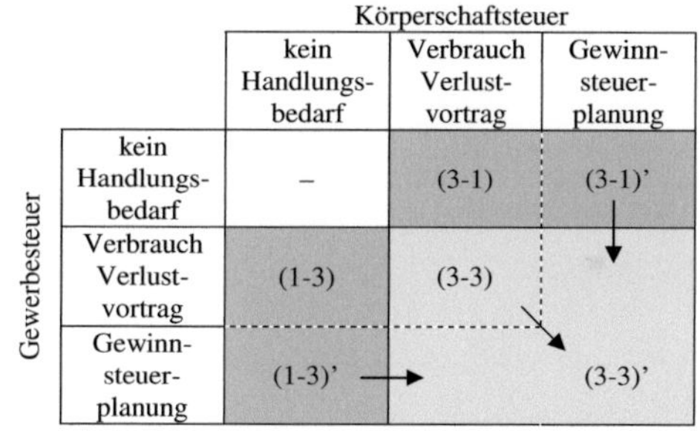

Abb. II-6: Übergang zur Gewinnsteuerplanung
(Quelle: eigene Darstellung)

Sofern die Nachfinanzierung in einen der Fallgruppe (1-3) bzw. (3-1) zuzuordnenden Veranlagungs- bzw. Erhebungszeitraum fällt, ist eine Gesamtbelastungsrechnung in der Regel nur für genau dieses eine Jahr repräsentativ. Folglich bildet die steuerartbezogene Gesamtbelastungsrechnung für die (mittel- bis langfristig orientierte) Nachfinanzierung nicht die geeignete Planungsgrundlage.[4] Vielmehr sollte die Finanzierungsentscheidung

[1] Da der Zeitpunkt der Umfinanzierung relativ frei wählbar ist, wird diese Rekapitalisierungsmaßnahme im Folgenden nicht gesondert betrachtet.

[2] Zum variablen Fallgruppenwechsel vgl. Abschnitt II-2.1.3.3. So könnte die Fremdkapitalvergabe den Wechsel entweder in Fallgruppe (1-2) bzw. (2-1) zur Folge haben oder aber der Zinsabzug führt dazu, dass auf Unternehmensebene insgesamt keine Steuerzahlung zu leisten ist. In diesen Fällen verschiebt sich der vollständige Verbrauch des Verlustvortrags um mindestens ein Geschäftsjahr.

[3] In Abhängigkeit von der handelsrechtlichen Situation des Beteiligungsunternehmens ist es gegebenenfalls bereits in diesem Geschäftsjahr erforderlich, auch Dividenden in die Betrachtung einzubeziehen.

[4] Dies gilt insbesondere dann, sofern mit dem planmäßigen Verbrauch des verbliebenen Verlustvortrags noch vor dem Exit des Business Angels zu rechnen ist.

des Business Angels auf Basis der finanzierungsrelevanten Steuerwirkungen (und nicht der voraussichtlichen Gesamtbelastung) getroffen werden. Sofern mit einer bestimmten Finanzierungsvariante ein zusätzlicher Betriebsausgabenabzug verbunden ist, treten die jeweiligen Steuerwirkungen prinzipiell unabhängig davon ein, ob hierdurch die Gesamtsteuerbelastung verringert oder ein bestehender Verlustvortrag entsprechend langsamer verbraucht wird.[1] Vor diesem Hintergrund sollte der vorstehend beschriebene einseitige Verbrauch von Verlustvorträgen und die sich in diesem Veranlagungs- bzw. Erhebungszeitraum ergebende Unternehmensteuerschuld die Nachfinanzierungsentscheidung nicht wesentlich beeinflussen, da sich auch bei der weiter verlustvortragsbehafteten Steuerart steuerbedingte Liquiditäts- und Zinsvorteile erzielen lassen, indem sich das Gründungsunternehmen durch den zusätzlichen Betriebsausgabenabzug möglichst lange entweder in Fallgruppe (1-3)' oder in Fallgruppe (3-1)' bewegt.

Eine vollständige Verwendung des Gewinns in Form von an den Business Angel (sofort oder später) zu entrichtenden Zinsen ist jedoch nicht sehr realistisch.[2] Folglich wird der verbliebene Verlustvortrag irgendwann verbraucht sein, so dass zu diesem Zeitpunkt der in Abbildung II-6 dunkel dargestellte Bereich der steuerartbezogenen Gewinnsteuerplanung verlassen wird.

II-2.2.1.2 Gleichzeitiger Verbrauch der Verlustvorträge

Sofern der Verbrauch des gewerbe- und des körperschaftsteuerlichen Verlustvortrags in einen Veranlagungs- bzw. Erhebungszeitraum fallen, gilt das vorstehend Ausgeführte prinzipiell analog.[3] Bei dieser (der Fallgruppe (3-3) zuzuordnenden) Situation verringert sich die Unternehmensteuerbelastung, sofern die Zinsen nur den die Verlustverrechnung „überschießenden" Teil der Bemessungsgrundlage verändern, um den in Formel (6) dargestellten Betrag; die Gesamtsteueränderung errechnet sich, indem dieser Betrag um die Steuermehrbelastung des Business Angels nach Formel (7) erhöht wird.[4]

---

[1] So verlängert sich der Verlustverrechnungszeitraum ceteris paribus durch den zusätzlichen Aufwand.

[2] In der Praxis wird eine vollständige Gewinnverwendung durch Leistungsvergütungen von der Finanzverwaltung in aller Regel nicht anerkannt. Darüber hinaus liegt das auch nicht im Interesse des Gründers, da dieser (neben seinem Geschäftsführergehalt) nur durch Gewinnausschüttungen am wirtschaftlichen Erfolg des Unternehmens partizipieren kann.

[3] Unter den hier getroffenen Annahmen kann davon ausgegangen werden, dass sich die Verlustvorträge relativ gleichmäßig verbrauchen, da sich die Bemessungsgrundlagen bzw. Verlustvorträge nur um die steuerartenspezifische Behandlung der Fremdkapitalüberlassungsentgelte und die daraus resultierende Gewerbesteuerbelastung unterscheiden.

[4] Das setzt allerdings wieder voraus, dass durch den zusätzlichen Betriebsausgabenabzug kein variabler Fallgruppenwechsel bewirkt wird, wovon ausgegangen wird.

Bei dieser Konstellation ist offensichtlich, dass das Beteiligungsunternehmen in dem nächsten Veranlagungs- bzw. Erhebungszeitraum der Gewinnbesteuerung unterliegt.[1] In diesem Zusammenhang ist zu berücksichtigen, dass bisher ein Liquiditätszufluss auf der Ebene der Gesellschafter nur in Gestalt von Tätigkeitsvergütungen oder Zinsen möglich war, wogegen im Folgenden auch Gewinnausschüttungen zu berücksichtigen sind.

II-2.2.2 Ausschüttungsplanung

Nach der Nutzung der Verlustvorträge ändert sich die Blickrichtung insoweit, als die Rekapitalisierung nunmehr vor dem Hintergrund zu betrachten ist, dass die Möglichkeit besteht, Gewinne an die Anteilseigner auszuzahlen. Da Eigen- bzw. Fremdfinanzierung in Bezug auf die Auskehrung der Kapitalüberlassungsentgelte nunmehr unmittelbar vergleichbar sind, ist die Finanzierung des Beteiligungsunternehmens grundsätzlich neu zu überdenken. Das gilt sowohl in Bezug auf die bereits vollzogenen Finanzierungen (Umfinanzierung) als auch im Hinblick auf eine in der Gewinnzone erforderliche zusätzliche Kapitalzuführung durch den Business Angel (Nachfinanzierung). Die Option, Gewinne an die Gesellschafter auszuschütten, stellt dabei die zentrale Änderung der steuerlichen Rahmenbedingungen dar, so dass die folgenden Ausführungen die Rekapitalisierung im Wesentlichen aus dem Blickwinkel der Ausschüttungsplanung betrachten.[2]

Wie oben bereits angedeutet wurde, liegt bei Risikokapitalfinanzierung der Fokus der Anteilseigner des Gründungsunternehmens in der Regel nicht in der Erzielung laufender (Beteiligungs-)Erträge. Den informellen Investor betreffend ist jedoch festzuhalten, dass jede Dividendenzahlung sein (Total-)Ausfallrisiko verringert.[3] Andererseits kann auch der Unternehmer ein Interesse daran haben, dem Beteiligungsunternehmen Liquidität zu entziehen, etwa um diese anderweitig zu investieren und so auf privater Ebene sein Vermögensrisiko zu reduzieren.[4] Das soll verdeutlichen, dass beide Anteilseigner eine Ausschüttung von Gewinnen bzw. den Transfer von Unternehmensliquidität in ihre Vermögenssphäre anstreben können.

---

[1] In Abbildung II-6 ist das durch den Übergang von Fallgruppe (3-3) auf Fallgruppe (3-3)' dargestellt.

[2] Die Ausschüttungsplanung beschränkt sich dabei auf die Ausgestaltung des Liquiditätstransfers an die Gesellschafter bzw. auf die Gewinnthesaurierung als eine Möglichkeit der Selbstfinanzierung, die insbesondere vor dem Hintergrund einer gegebenenfalls erforderlichen Nachfinanzierung von Bedeutung sein kann.

[3] So sollten Venture Capital-Investoren den Nutzen laufender Beteiligungserträge nicht unterschätzen, da der Aufbau und die Betreuung des Beteiligungsvermögens mitunter erhebliche Kosten verursacht, vgl. Leopold, G./Frommann, H. (1998), S. 37.

[4] Da dieser Aspekt die Rekapitalisierung des Gründungsunternehmens zumindest mittelbar beeinflusst, wird hierauf in den folgenden Abschnitten ebenfalls eingegangen.

II-2.2.2.1 Rekapitalisierung

Schüttet das Beteiligungsunternehmen Gewinne aus, wurden diese mit Gewerbe- und Körperschaftsteuer (definitiv) vorbelastet. Im Zeitpunkt ihrer steuerlichen Erfassung bei dem Anteilseigner sind diese zusätzlich zur Hälfte der Besteuerung zu unterwerfen, falls es sich bei dem Dividendenempfänger um eine natürliche Person handelt;[1] das bedeutet, dass mit der Gewinnausschüttung eine zusätzliche Steuerzahlung verbunden ist.[2] Diese systembedingte Nachversteuerung tritt nur dann nicht ein, falls der steuerpflichtige Teil der Ausschüttung zusammen mit den weiteren Einkünften aus Kapitalvermögen die Abzugsbeträge der §§ 9a Satz 1 Nr. 2 und 20 Abs. 4 Satz 1 EStG nicht übersteigt.[3]

Da der Gründer (neben der Dividende) annahmegemäß nur seine Tätigkeitsvergütung bezieht, ist denkbar, dass er sich im Progressionsbereich der Einkommensteuer bewegt.[4] Eine im Zeitablauf ansteigende Tätigkeitsvergütung unterstellt, sollten die Gewinne des Unternehmens zumindest insoweit ausgeschüttet werden, als sich dadurch Progressionsvorteile erzielen lassen.[5]

Bisher wurde im Hinblick auf die Finanzierungsentscheidung des Business Angels in erster Linie der Zinsabzug auf Ebene des kapitalsuchenden Gründungsunternehmens betrachtet. Fließen die Kapitalüberlassungsentgelte dem Risikokapitalgeber tatsächlich zu, stellt sich auf Grund der nur hälftigen Steuerpflicht der Ausschüttung die Frage, welche Finanzierungsvariante insgesamt „überlegen" ist. Nachfolgend wird stark vereinfachend unterstellt, dass dem Business Angel bei Fremdfinanzierung der gesamte disponible Unternehmensgewinn zufließt. Bei einer solchermaßen vollständigen Gewinnverwendung weist das Gründungsunternehmen nach Zinsen und Steuern ein bilanzielles Ergebnis in Höhe von Null aus.[6] Dies ist genau dann erfüllt, falls sich der nach Zinsen verbleibende handelsrechtliche Jahresüberschuss mit den aus den finanzierungsbedingten steuerlichen Korrekturen resultierenden Steuern zu Null saldiert.[7] Wird mit *JÜ* der Jahresüberschuss

---

1 Zum Zeitpunkt der steuerlichen Erfassung der Dividende vgl. Heinhold, M./Bachmann, C./Hüsing, S. (2004), S. 65 f.

2 Sofern das steuerpflichtige Einkommen des Unternehmers den Grundfreibetrag des § 32a Abs. 1 EStG übersteigt, gilt in Formel (2) $s^U > 0$. Zum Business Angel vgl. Formel (3).

3 Der Sparer-Freibetrag wurde durch das StÄndG 2007 mit Wirkung zum 01.01.2007 von EUR 1.370 auf EUR 750 abgesenkt. Damit können ab 2007 nur noch EUR 801 steuerfrei gestellt werden.

4 Zu dem durch das StÄndG 2007 nicht veränderten Progressionsbereich vgl. Abschnitt II-1.1.3.

5 Unter Umständen könnte auch eine inkongruente Ausschüttung erwogen werden, vgl. hierzu Groh, M. (2000), S. 1433 ff. und den nachfolgenden Abschnitt II-2.2.2.4.

6 Nicht finanzierungsbezogene steuerliche Korrekturen des handelsrechtlichen Jahresüberschusses bleiben nachfolgend unberücksichtigt.

7 Die zu berücksichtigenden finanzierungsbezogenen steuerlichen Korrekturen beschränken sich auf die hälftige Hinzurechnung der Dauerschuldentgelte nach § 8 Nr. 1 GewStG.

vor Zinsen und vor Steuern definiert, beläuft sich der für Zinszahlungen verfügbare disponible Gewinn auf folgenden Betrag:[1]

(27) $$Z = JÜ \cdot \frac{1 - s_{GewSt}}{1 - 0{,}5 \cdot s_{GewSt}} = JÜ \cdot \frac{2}{2 + m \cdot h}$$

Entsprechend ergibt sich folgende Gesamtbelastung *FF* von Gründungsunternehmen und Business Angel bei Fremdfinanzierung und vollständiger Gewinnverwendung:[2]

(28) $$FF = JÜ \cdot \frac{m \cdot h + 2 \cdot s^{BA}}{2 + m \cdot h}$$

Demgegenüber ermittelt sich die Gesamtbelastung *EF* von Beteiligungsunternehmen und Risikokapitalgeber bei Vollausschüttung des Unternehmensgewinns wie folgt:[3]

(29) $$EF = JÜ \cdot \left[\frac{(m \cdot h + s_{KSt,SolZ}) \cdot (1 - 0{,}5 \cdot s^{BA})}{1 + m \cdot h} + 0{,}5 \cdot s^{BA} \right]$$

Da die Person des Business Angels betreffend von einem konstanten Grenzsteuersatz in der oberen Proportionalzone des § 32a EStG auszugehen ist, stellt der Hebesatz *h* die einzige variable und damit für die Kapitalausstattung entscheidungsrelevante Größe dar. Für den Business Angel entsprechen sich die steuerlichen Folgen bei Eigen- und Fremdfinanzierung genau dann, wenn das Folgende gilt:

(30) $$h = \frac{1}{m} \cdot \frac{s^{BA} \cdot (1 + s_{KSt,SolZ}) - 2 \cdot s_{KSt,SolZ}}{1 + s_{KSt,SolZ} - 0{,}5 \cdot s^{BA} \cdot (3 + s_{KSt,SolZ})}$$

Bis einschließlich Veranlagungszeitraum 2006 beläuft sich die Spitzenbelastung des Business Angels auf 42% zuzüglich Solidaritätszuschlag, so dass die Eigenfinanzierung erst bei Hebesätzen von weniger als 121% steuerlich vorteilhaft ist. Allerdings bestimmt § 16 Abs. 4 Satz 2 GewStG, dass der Hebesatz 200% beträgt, sofern die Gemeinde nicht einen höheren bestimmt hat. Falls der Business Angel der Spitzensteuerbelastung unterliegt, stellt für ihn die Fremdfinanzierung bis einschließlich Veranlagungszeitraum 2006 die aus steuerlicher Sicht vorteilhafte Finanzierungsvariante dar.[4]

---

[1] Der Jahresüberschuss *JÜ* repräsentiert den Mindestertrag, der erforderlich ist, um die Zinsen *Z* und die dadurch ausgelösten Steuerbelastungen zu decken; zur statischen Mindestertragsbedarfsrechnung vgl. Kußmaul, H./Dreger, M. (1996), S. 1179.

[2] Hierbei ist zu beachten, dass diese vereinfachte Berechnung der Steuerbelastung nur dann anwendbar ist, wenn tatsächlich der gesamte Gewinn nach Steuern in Form von Zinsen „ausgeschüttet" wird, vgl. Schult, E./Freyer, T./Blaufus, K. (2001), S. 354.

[3] Die Formel unterstellt, dass das Unternehmen bereits unter dem Regime des Halbeinkünfteverfahrens gegründet wurde, dass also kein Körperschaftsteuerguthaben vorhanden ist. Andernfalls kann ab 2006 durch ordentliche Gewinnausschüttungen eine Körperschaftsteuerminderung erzielt werden, vgl. dazu Ott, H. (2006), S. 113 ff. Durch das SEStEG wird die ausschüttungsabhängige Realisation des Steuerguthabens ab 2008 durch dessen auf zehn Jahre gestreckte gleichmäßige Auszahlung ersetzt.

[4] Eine Ursachenanalyse findet sich bei Scheffler, W. (2000), S. 2445.

Etwas anderes gilt ab dem Veranlagungszeitraum 2007, wenn der Risikokapitalgeber mit den Einkünften aus dem Gründungsunternehmen der „Reichensteuer" unterliegt. Da sich der Spitzensatz für Einkünfte über EUR 250.000 auf 45% plus Solidaritätszuschlag erhöht, steigt der Indifferenz-Hebesatz auf ca. 296% (und liegt damit deutlich über dem Mindest-Hebesatz). Dementsprechend wird die Kapitalausstattung des Gründungsunternehmens auch durch die Standortwahl beeinflusst.[1] Andererseits ist zu beobachten, dass die Hebesätze der Gemeinden regelmäßig 300% übersteigen.[2] Die durch die Einführung der Reichensteuer eingetretene Rechtsänderung ist demzufolge insoweit entscheidungsunerheblich, als für einen Business Angel auch ab dem Veranlagungszeitraum 2007 die Fremdfinanzierung für gewöhnlich die steueroptimale Finanzierung darstellt.

Fällt der Nachfinanzierungszeitpunkt in die Gewinnzone (ohne Verlustverrechnung), stellt sich bei Auszahlung der Kapitalüberlassungsentgelte die Fremdfinanzierung in der Zusammenschau von Gesellschafts- und Gesellschafterebene als vorteilhaft dar. Falls in einer früheren Entwicklungsphase fremdfinanziert wurde, ist auf Grund des Übertritts in die Gewinnzone diesbezüglich keine andere Kapitalstruktur zu wählen. Im Hinblick auf eine etwaige Umfinanzierung bedeutet dies, dass der Business Angel Wandelrechte erst kurz vor dem Exit ausüben sollte.

II-2.2.2.2 Selbstfinanzierung

Im Gegensatz zu dem vorstehend behandelten Fall der Auszahlung der Eigenkapitalüberlassungsentgelte ist ein Verzicht auf Gewinnausschüttungen grundsätzlich dann zu erwägen, falls zu einem späteren Zeitpunkt noch eine Nachfinanzierung erforderlich ist. Das liegt darin begründet, dass sich mit jeder Dividendenauszahlung ceteris paribus der Nachfinanzierungsbedarf erhöht.[3] Die Innenfinanzierung (Selbstfinanzierung) gewinnt in der Gewinnzone zunehmend an Bedeutung und ist durch eine Kapitalbeschaffung aus innerbetrieblichen Finanzierungsquellen charakterisiert.[4] Die offene Selbstfinanzierung steht mit der Ausschüttungs- bzw. Nachfinanzierungsplanung in einem (unmittelbaren)

---

[1] Dies widerspricht der betriebswirtschaftlichen Forderung nach Standortneutralität der Besteuerung.

[2] So hatte für den Erhebungszeitraum 2005 von den Gemeinden mit mehr als 50.000 Einwohnern keine einen Hebesatz von weniger als 340% festgesetzt.

[3] Das „Schütt-aus-hol-zurück"-Verfahren stellt wegen der oben beschriebenen Nachversteuerung keine geeignete Gestaltungsmaßnahme dar, vgl. dazu Scheffler, W. (2001), S. 153.

[4] Zur Selbstfinanzierung vgl. etwa Bieg, H. (1998a), S. 186 ff. und auch Schneider, D. (1993), S. 498 ff. Analog zur Außenfinanzierung wird auch bei der Innen- bzw. Selbstfinanzierung zwischen Eigen- und Fremdfinanzierung unterschieden, vgl. Haase, K. D./Lüdemann, L. (2000), S. 749. Im Folgenden wird allein auf die offene Innen-Eigenfinanzierung eingegangen, wobei der Innen-Fremdfinanzierung (etwa durch Bildung einer Pensionsrückstellung für den Gründer) gleichfalls Bedeutung zukommen kann.

Zusammenhang, da bei dieser die erwirtschafteten Gewinne gerade nicht ausgeschüttet werden, sondern im Unternehmen verbleiben.[1] Da nur in diesem Fall die relativ geringe Steuerbelastung des Unternehmens beibehalten werden kann, stellt dies gleichzeitig die aus steuerlicher Sicht optimale Ausschüttungspolitik dar.[2] Daher sollte sich der Gewinntransfer an die Unternehmenseigentümer auf die Deckung ihres Finanzbedarfs in Gestalt von (nicht hinzurechnungspflichtigen) Tätigkeits- bzw. Leistungsvergütungen beschränken.[3] Darüber hinausgehende, zur langfristigen Vermögensanlage bestimmte finanzielle Überschüsse sollten dagegen im Gründungsunternehmen verbleiben, um die steuerliche Privilegierung einbehaltener Gewinne zu nutzen.[4]

Der thesaurierungsabhängige Zins- bzw. Liquiditätsvorteil könnte die Finanzierungsentscheidung des Risikokapitalgebers insoweit zu Gunsten der Eigenfinanzierung beeinflussen, als dieser bei nicht endfälligen Zinsen den Steuervorteil der Fremdfinanzierung übersteigt. Bei konstanten steuerlichen Rahmenbedingungen kann gezeigt werden, dass sich ein Vorteil für die Eigenfinanzierung erst bei einer geplanten Thesaurierungsdauer ergibt, die für Business Angel-Engagements als nicht realistisch anzusehen ist.[5] Auf die Nachfinanzierung bzw. die bis zum Exit verbleibende Thesaurierungsdauer bezogen bedeutet dies, dass die Privilegierung des Gewinneinbehalts in der Regel nicht ausreichen dürfte, die Vorteilhaftigkeit der Fremdfinanzierung ins Gegenteil zu verkehren, weshalb festgehalten werden kann, dass sich die Fremdkapitalvergabe als umso vorteilhafter darstellt, je näher der Ausstieg des Business Angels rückt.

Wird auf Gewinnausschüttungen verzichtet und stattdessen eine Thesaurierungspolitik betrieben, können die Eigenkapitalgeber nur (mittelbar) über die Unternehmenswertsteigerung am Erfolg einer Kapitalgesellschaft partizipieren.[6] Während sich dies für den

---

[1] Die Förderung der Innenfinanzierung bei Kapitalgesellschaften war eine wesentliche Zielsetzung des Steuergesetzgebers bei der Einführung des Halbeinkünfteverfahrens, vgl. BT-Drucks. 14/2683, S. 95, obwohl in Deutschland eine „Selbstfinanzierungslücke" der Unternehmen nicht nachgewiesen wurde, vgl. König, R./Sureth, C. (2001), S. 121. Zu weiterer Kritik an dieser Zielsetzung vgl. stellvertretend Reiß, W. (1999), S. 2015 f. und Wagner, F. W./Baur, T. B./Wader, D. (1999), S. 1296 ff.

[2] Vgl. Günkel, M./Fenzl, B./Hagen, C. (2000), S. 451 und die Berechnungen bei Kessler, W./Schiffers, J./Teufel, T. (2002), S. 141 f.

[3] Vgl. dazu ausführlich Abschnitt II-2.2.2.3. Da der Gründer in der Regel im Unternehmen arbeitet und dafür eine Tätigkeitsvergütung erhält, ist in der Praxis bereits eine (weitgehend) optimale Gewinnverwendung gegeben. Darüber hinaus sollte auch die Beratungsleistung des Risikokapitalgebers vergütet werden, was in der Praxis oftmals nicht der Fall ist, vgl. Abschnitt I-3.1.1.3.

[4] Vgl. Herzig, N. (2001), S. 267.

[5] Vgl. dazu die Berechnungen bei Tischer, F. (2000), S. 1012 f.

[6] Dies hat der Gesetzgeber zum Anlass genommen, die Beteiligungsquote des § 17 Abs. 1 EStG auf 1% abzusenken, um so zu vermeiden, dass das Halbeinkünfteverfahren durch Beteiligungsveräußerungen „umgangen" wird, vgl. Crezelius, G. (2000), S. 222. Wirtschaftlich kommt die Veräußerungsgewinnbesteuerung einer Totalausschüttung gleich, vgl. Müller-Gatermann, G. (2000), S. 654 f.

Business Angel auf Grund der ohnehin beabsichtigen Beteiligungsveräußerung als kein gravierender Nachteil darstellt, strebt der Gründer für gewöhnlich die langfristige Beteiligung an „seinem“ Unternehmen an, so dass für ihn die dauerhafte Thesaurierung keine bleibende Lösung darstellt.[1] Schließlich stellt sich für den Gründer die Sachlage noch in einem weiteren Punkt anders dar, da dieser im Regelfall sein gesamtes Vermögen in die Existenzgründung investiert hat. Vor diesem Hintergrund spricht der Aspekt der Risikostreuung dafür, dass Gewinne des Gründungsunternehmens außerhalb dessen Geschäftsbereichs investiert werden, wofür sich zwei Alternativen anbieten:[2] zum einen die Ausschüttung und die anschließende Reinvestition der freien Mittel im Privatvermögen des Anteilseigners und zum anderen die Gewinnthesaurierung, so dass die Investition durch das Gründungsunternehmen selbst vollzogen wird. Da in beiden Fällen bei einer identischen Investition die Rendite vor Steuern gleich hoch ist, wird die Wahl der günstigsten Alternative maßgeblich von steuerlichen Faktoren geprägt.[3] Diesbezüglich kann gezeigt werden, dass die Anlage im Betriebsvermögen des Unternehmens nach Steuern deutlich rentabler ist als die entsprechende Anlage der ausgeschütteten Gewinne im steuerlichen Privatvermögen der Gesellschafter.[4] Damit steht der steuerbedingte Thesaurierungsvorteil der Risikodiversifikationsbestrebung des Gründers dann entgegen, falls eine Anlage der ausschüttungsfähigen Mittel außerhalb der Kapitalgesellschaft beabsichtigt ist. Aus diesem Grund stellt sich bei (personenbezogenen) Kapitalgesellschaften die Frage, welche anderen Wege an Stelle von Ausschüttungen beschritten werden können, um Unternehmensgewinne bzw. -liquidität in die Sphäre der Anteilseigner zu übertragen.

II-2.2.2.3 Ausschüttungssubstitute

Auf Grund der überschaubaren Gesellschafterstruktur sowie der engen Verflechtung des Gründungsunternehmens mit seinen Anteilseignern bestehen neben der Gewinnausschüttung noch einige weitere Möglichkeiten, Unternehmensliquidität in die Privatsphäre der Unternehmenseigner zu transferieren.[5] Zunächst ist in diesem Zusammenhang an

---

[1] Vgl. hierzu bereits Abschnitt II-1.2.1.2.

[2] Vgl. nachfolgend Schiffers, J. (2003), S. 304 f.

[3] Dabei wird vernachlässigt, dass das Gründungsunternehmen möglicherweise auf Grund eines höheren Anlagevolumens einen höheren Zins vor Steuern erzielt als der einzelne Gesellschafter.

[4] Vgl. hierzu Wagner, F. W./Baur, T. B./Wader, D. (1999), S. 1297, die von einer Kapitalrendite ausgehen, die sowohl auf Ebene der Kapitalgesellschaft als auch bei ihrem Anteilseigner in voller Höhe der Besteuerung unterliegt.

[5] Zum Erwerb eigener Anteile als Ausschüttungsalternative vgl. ausführlich Prinz, U./Von Freeden, A. (2005), S. 533 ff. Zu weiteren, für den Erwerb eigener Aktien sprechenden wirtschaftlichen Gründen vgl. Bezzenberger, T. (2002), S. 60 ff.

Tätigkeitsvergütungen zu denken.[1] Im Vergleich zu Dividenden, die in voller Höhe der Gewerbesteuer unterliegen, sowie Fremdkapitalzinsen, die zur Hälfte gewerbesteuerlich belastet werden, existiert sowohl für das Geschäftsführungsgehalt des Unternehmers als auch für die Beratungs- bzw. Tätigkeitsvergütung (Management Fee) des Risikokapitalgebers keine Hinzurechnungsvorschrift.[2] Damit kann der gesamte Jahresüberschuss *JÜ*, und nicht nur der um die hinzurechnungsbedingte Gewerbesteuer verringerte disponible Gewinn, in Form von Tätigkeitsvergütungen ausgekehrt werden. In diesem Fall wird der gesamte „Unternehmensgewinn" in Höhe des individuellen Einkommensteuersatzes des Leistungserbringers belastet. Verglichen mit der vollausschüttungsbezogenen Steuerbelastung ist das genau dann vorteilhaft, wenn Folgendes erfüllt ist:[3]

(31) $$s_{ESt,SolZ} > \frac{2 \cdot \left(m \cdot h + s_{KSt,SolZ}\right)}{1 + 2 \cdot m \cdot h + s_{KSt,SolZ}}$$

Bei den derzeit geltenden Steuersätzen sowie dem Mindest-Hebesatz von 200% liegt der „Äquivalenz-Einkommensteuersatz" bei etwas mehr als 47% und kann auch ab dem Veranlagungszeitraum 2007 nicht erreicht werden, so dass die an dem Gründungsunternehmen beteiligten natürlichen Personen eine „Entnahme" von Unternehmensgewinnen in Form von Tätigkeitsvergütungen anstreben sollten.[4] Das gilt die Person des Business Angels betreffend auch im Hinblick auf Fremdkapitalentgelte, wobei zu konstatieren ist, dass sich im Vergleich dieser beiden Vergütungsarten (Management Fee vs. Zinsen) die Fremdfinanzierung (unabhängig von der Höhe des für den informellen Investor maßgebenden Einkommensteuersatzes) immer als nachteilig darstellt.[5]

Falls die Anteilseigner dem Beteiligungsunternehmen einen höheren als dem Fremdvergleich entsprechenden Betrag entziehen und gleichzeitig eine verdeckte Gewinnausschüttung vermeiden möchten, sind zusätzlich andere Wege des Liquiditätstransfers zu beschreiten. Eine Möglichkeit könnte darin bestehen, dass das Gründungsunternehmen

---

1 Das wird in der Literatur mitunter auch als „Vertragsausschüttung" bezeichnet, vgl. Sigloch, J. (2000), S. 173.

2 Jedoch ist in diesem Zusammenhang § 8 Abs. 3 Satz 2 KStG zu beachten, wonach verdeckte Gewinnausschüttungen das körperschaftsteuerliche Einkommen (und damit auch den Gewerbeertrag) des Beteiligungsunternehmens nicht mindern; zu den steuerlichen Folgen verdeckter Gewinnausschüttungen, die hier nicht betrachtet werden, vgl. Heinhold, M./Bachmann, C./Hüsing, S. (2004), S. 73 ff.

3 Diese Belastungsfunktion, bei der aus Vereinfachungsgründen von $s^{BA} = s^{U} = s_{ESt,SolZ}$ ausgegangen wird, unterstellt, dass die Tätigkeit des Business Angels als nicht gewerblich einzustufen ist, was beispielsweise dann gegeben ist, falls seine Tätigkeit der eines beratenden Betriebswirts nach § 18 Abs. 1 Nr. 1 Satz 2 EStG entspricht.

4 Bei einem (realistischen) Hebesatz von 400% steigt der „Indifferenz-Einkommensteuersatz" auf annähernd 53% und liegt damit ebenfalls außerhalb des derzeit geltenden Einkommensteuertarifs.

5 So ist die Gewährung einer Management Fee im Vergleich zu Fremdkapitalzinsen genau dann vorteilhaft, wenn $1 > s^{BA}$ gilt, was bei dem derzeit geltenden Einkommensteuertarif immer erfüllt ist.

keine Dividende ausschüttet, sondern stattdessen ein Darlehen an seine Gesellschafter ausreicht.[1] Voraussetzung hierfür ist, dass die Darlehensmodalitäten den unter fremden Dritten üblichen Konditionen entsprechen. Dafür ist erforderlich, dass eine im vorhinein abgeschlossene, zivilrechtlich wirksame, klare und eindeutige – nicht notwendigerweise schriftliche – Vereinbarung existiert, in der neben Darlehenshöhe und -laufzeit, Zinssatz und Rückzahlungsmodalitäten auch die Sicherheiten festzulegen sind;[2] in Bezug auf den letztgenannten Punkt ist etwa zu beachten, dass bei einer vier Jahre übersteigenden Darlehenslaufzeit eine Besicherung des Darlehens durch Vermögen des Darlehensnehmers notwendig ist.[3]

Die steuerlichen Folgen dieser Gestaltungsmaßnahme unterscheiden sich von denen der Gewinnausschüttung ganz erheblich: zunächst ist mit der Darlehensausreichung ein Liquiditätsvorteil in Höhe der im Ausschüttungsfall zu entrichtenden Einkommensteuer verbunden.[4] Dieser Vorteil kehrt sich in späteren Jahren jedoch insoweit um, als das Beteiligungsunternehmen die Zinsen als Betriebseinnahmen zu versteuern hat.[5] Sofern der Schuldner das Darlehen für private Zwecke verwendet, sind die Zinsen bei ihm steuerlich unbeachtlich (§ 12 Nr. 3 EStG); sind diese hingegen als Werbungskosten abzugsfähig, lässt sich unter Umständen eine Minderung der Gesamtsteuerbelastung erreichen.[6]

Andererseits ist das Darlehen nach Ablauf der vereinbarten Laufzeit zurückzuführen, was sich bei der „Darlehenslösung" im Vergleich zum Ausschüttungsfall ceteris paribus in einem höheren Unternehmenswert und im Anwendungsbereich des § 17 Abs. 1 EStG auch in einer höheren Veräußerungsgewinnsteuer niederschlägt.[7] Diesem Aspekt ist bei der Darlehensvergabe insoweit Rechnung zu tragen, als davon typischerweise allein der Business Angel betroffen ist.

---

1 Zu dieser im Schrifttum als „Darlehenslösung" bezeichneten Gestaltungsmöglichkeit vgl. nachfolgend Herold, C. (2002), S. 217 ff., Korn, K. (2001), S. 12818 f. und Schiffers, J./Frings, T. (2002), S. 15 f.

2 Falls sich ein Anteilseigner auf die Existenz eines mündlichen geschlossenen Vertrages beruft, dessen Existenz jedoch nicht nachweisen kann, hat er nach BFH (1992b), S. 247 den Nachteil des fehlenden Nachweises zu tragen. Aus diesem Grund sollte grundsätzlich die Schriftform gewählt werden.

3 Vgl. BFH (1993c), S. 590. Aber auch bei kürzeren Laufzeiten ist eine Besicherung empfehlenswert, da ansonsten der Zinssatz um einen Risikozuschlag zu erhöhen ist, vgl. Herold, C. (2002), S. 220.

4 Der Zufluss des Darlehens zählt nicht zu den steuerbaren Einkünften. Zur Höhe des Liquiditätsvorteils vgl. die Formeln (2) bzw. (3).

5 Eine unverzinsliche Darlehensgewährung scheidet nach ständiger Rechtsprechung des BFH aus, wenn eine verdeckte Gewinnausschüttung vermieden werden soll, vgl. etwa BFH (1981), S. 245.

6 Wird vernachlässigt, dass der Zinsertrag des Gründungsunternehmens irgendwann ausgeschüttet wird und zu diesem Zeitpunkt nachzuversteuern ist, lässt sich bei voller Abzugsfähigkeit des Zinsaufwands eine Gesamtbelastungsminderung dann erzielen, falls $s_{ESt,SolZ} > s_{KSt,SolZ} + s_{GewSt} - s_{KSt,SolZ} \cdot s_{GewSt}$ gilt. Wird das Darlehen hingegen zum Erwerb von Anteilen an Kapitalgesellschaften verwendet, sind die Zinsen nur zur Hälfte zu berücksichtigen, vgl. dazu kritisch Frotscher, G. (2001), S. 2050.

7 So auch Herold, C. (2002), S. 221.

II-2.2.2.4 Individuell gesteuerter Gewinnzufluss

Obwohl mit Gewinnausschüttungen grundsätzlich eine Nachversteuerung verbunden ist, könnte der Gründer Dividendenzahlungen anstreben, etwa um finanzielle Mittel dem Haftungsbereich des Unternehmens zu entziehen oder auch für seinen privaten Konsum. Um den Thesaurierungsvorteil in Bezug auf den Business Angel zumindest temporär zu nutzen, könnte eine „individuelle Gewinnverwendung" erwogen werden.[1]

Von der individuellen Gewinnverwendung, die keinen endgültigen Vermögensvorteil eines Gesellschafters bewirkt, ist die disquotal-inkongruente Gewinnausschüttung abzugrenzen, welcher bei der Ausschüttungsplanung ebenfalls Bedeutung zukommen kann.[2] So können inkongruente Gewinnausschüttungen nach Auffassung der Finanzverwaltung steuerlich anzuerkennen sein, falls für die vom gesetzlichen Gewinnverteilungsschlüssel abweichende Ausschüttung besondere Leistungen eines oder mehrerer Anteilseigner für die Kapitalgesellschaft ursächlich sind.[3] Für eine inkongruente Gewinnausschüttung beachtliche Gründe können angenommen werden, wenn einem Gesellschafter im Hinblick auf zusätzliche Beiträge zum Gesellschaftszweck eine Mehrbeteiligung am Gewinn der Kapitalgesellschaft eingeräumt wird. Liegen solche Gründe in Bezug auf die Person des Unternehmers vor, könnte dieser die Abzugsbeträge des § 9a Satz 1 Nr. 2 EStG und des § 20 Abs. 4 Satz 1 EStG oder auch Progressionsvorteile nutzen, ohne dass der Business Angel einen entsprechenden Kapitalertrag zu versteuern hätte.[4]

Eine inkongruente Gewinnausschüttung könnte jedoch auch für den Business Angel in Frage kommen, beispielsweise wenn dieser mit Rücksicht auf die Ertragssituation des Beteiligungsunternehmens zunächst auf eine Entlohnung seiner Beratungsunterstützung verzichtet hat. Falls die Entlohnung mit einer inkongruenten Ausschüttung „nachgeholt" werden soll, stellt sich diese Vorgehensweise im Vergleich zu einer nach § 18 EStG zu versteuernden Vergütung steuerlich jedoch grundsätzlich als nachteilig dar.[5]

---

[1] Unter dieses Stichwort fallen zwei hier nicht weiter behandelte Gestaltungsmaßnahmen: die Stundung des Gewinnausschüttungsanspruchs sowie die individuelle Zuordnung thesaurierter Gewinnanteile zu einzelnen Gesellschafteranteilen, wobei sich insbesondere die zweitgenannte Alternative anbietet, vgl. dazu detailliert Blumers, W./Beinert, S./Witt, S.-C. (2002), S. 569 f. und dieselben (2002a), S. 616 ff.

[2] Vom BFH werden disquotal-inkongruente Gewinnausschüttungen grundsätzlich anerkannt, vgl. BFH (1999), S. 43. Die Finanzverwaltung hat auf dieses Urteil jedoch mit einem Nichtanwendungserlass reagiert, vgl. BMF-Schreiben (2000a), S. 47.

[3] Die für eine abweichende Gewinnverteilung sprechenden Gründe müssen im Verhältnis zwischen der den Gewinn ausschüttenden Gesellschaft und dem begünstigten Gesellschafter bestehen.

[4] Sofern allerdings keine die inkongruente Gewinnausschüttung rechtfertigenden „besonderen" Gründe im Sinne des in vorstehender Fußnote 2 zitierten BMF-Schreibens vorliegen, ist dieser nach Meinung der Finanzverwaltung die steuerliche Anerkennung zu versagen. Die Gewinnausschüttungen sind den Gesellschaftern dann im Verhältnis ihrer Beteiligung am Nennkapital der Gesellschaft zuzurechnen.

[5] Vgl. dazu den vorstehenden Abschnitt II-2.2.2.3

II-2.3 Gestaltungen im Sanierungsfall

Im Gegensatz zu der in den Abschnitten II-2.1 und II-2.2 beschriebenen planmäßigen Unternehmensentwicklung ist im Folgenden die Rekapitalisierung vor dem Hintergrund einer negativen Unternehmensentwicklung zu diskutieren. Wie in Abbildung II-2 dargestellt, ist diese im Wesentlichen durch eine langfristige Verlustsituation charakterisiert.

Bei einer ungeplant langen Verlustphase ist häufig von einer Unternehmenskrise auszugehen.[1] Eine Unternehmenskrise liegt vor, wenn die Finanz- sowie Erfolgsplanungen signalisieren, dass die Unternehmung bei einer unveränderten Fortführung der Tätigkeit in ihrem Bestand gefährdet ist. Soll die Insolvenz vermieden werden, sind die Ursachen der Unternehmenskrise zu identifizieren und Sanierungsmaßnahmen zu ergreifen.[2] Die Ursachen von Unternehmenskrisen können endogener und exogener Natur sein.[3] In der Literatur werden zur Bewältigung von endogenen Krisen verschiedene Grundstrategien der Krisenbewältigung diskutiert.[4] Zur Umsetzung dieser Strategien sind leistungs- und finanzwirtschaftliche Restrukturierungsmaßnahmen erforderlich.[5] Leistungswirtschaftlich orientierte Maßnahmen setzen im Bereich der Leistungserstellung und -verwertung an und werden deshalb nicht weiter betrachtet, wogegen sich die finanzwirtschaftlichen Maßnahmen in der Kapitalausstattung des Gründungsunternehmens widerspiegeln und insbesondere dann zur vordringlichen Aufgabe werden, wenn das Unternehmen von der Zahlungsunfähigkeit oder der Überschuldung unmittelbar bedroht oder bereits betroffen ist.[6] Somit stellt die Finanzierung einen zentralen Problembereich der Restrukturierung bzw. Sanierung von Unternehmen dar.[7]

---

1 Eine Unternehmenskrise bezeichnet die existenzbedrohende Gefährdung des Unternehmens, vgl. Hauschildt, J./Grape, C./Schindler, M. (2006), S. 7. Unternehmenskrisen sind typische Erscheinungen in den ersten Jahren von Unternehmensgründungen, vgl. Weitnauer, W. (2000), S. 117.

2 Zur Sanierungsentscheidung bei Insolvenz vgl. Frieß, R. (2004), S. 654 ff. Zur Bewertung insolvenzbedrohter Unternehmen vgl. Kruschwitz, L./Lodowicks, A./Löffler, A. (2005), S. 221 ff.

3 Endogene Ursachen liegen im Unternehmen selbst begründet; dazu gehören beispielsweise eine mangelnde strategische Ausrichtung, unzureichende oder fehlende Entwicklung marktgängiger Produkte, hohe Fixkostenbelastungen, mangelhafte Produkte und ein unzureichendes internes Rechnungswesen, wogegen exogene Ursachen beispielsweise in der allgemeinen wirtschaftlichen Lage, der Entwicklung der Branchenkonjunktur oder in den vom Staat vorgegebenen Rahmenbedingungen begründet liegen, vgl. Keller, R. (1999), S. 817. Zu den exogenene Strukturproblemen, die auch heute größtenteils noch bestehen bzw. sich verschärft haben, vgl. Vogel, K. W. (1994), S. 228 ff.

4 Vgl. hierzu beispielsweise IDW (2002), S. 370 ff.

5 Vgl. Klein, W./Paarsch, A. (1994), S. 183.

6 Zu den leistungswirtschaftlichen Sanierungsmaßnahmen vgl. Keller, R. (1999a), S. 831 ff. Im Zusammenhang mit der Leistungsverwertung könnte auch Factoring als Finanzierungsalternative in Betracht gezogen werden. Hierbei handelt es sich um ein direkt an den Umsatz gekoppeltes Instrument der Absatzfinanzierung, das (beim echten Factoring) Schutz vor Forderungsausfällen im verkauften Bestand bietet, vgl. Steiner, M./Mader, W./Starbatty, N. (2003), S. 522.

7 Zur Sanierungsfinanzierung vgl. jüngst Knops, K.-O./Bamberger, H. G./Maier-Reimer, G. (2005).

Die finanzwirtschaftlichen Sanierungsmaßnahmen dienen zunächst der kurzfristigen Beseitigung der Insolvenzauslöser „Zahlungsunfähigkeit" und „Überschuldung". Langfristig sollen sie (begleitend zu den leistungswirtschaftlichen Sanierungsmaßnahmen) zu einem gesunden Finanzierungsverhältnis führen. Wenngleich die Besteuerung in dieser Phase der Unternehmensentwicklung grundsätzlich nicht im Vordergrund steht, sind im Zusammenhang mit der Liquiditätssicherung des Beteiligungsunternehmens aus steuerlicher Sicht einige Aspekte zu beachten, welche in Abschnitt II-2.3.1 behandelt werden. Neben der Zuführung liquider Mittel ist regelmäßig auch die Entschuldung voranzutreiben, was Gegenstand von Abschnitt II-2.3.2 ist.[1] Weitere finanzierungsbezogene Sanierungsmaßnahmen werden in dem abschließenden Abschnitt II-2.3.3 behandelt.

Dabei ist jeweils zu untersuchen, ob es durch eine Maßnahme des Anteilseigners der Kapitalgesellschaft bei dieser zu steuerbaren Tatbeständen kommt.[2] Des Weiteren ist in diesem Zusammenhang von Bedeutung, ob die Sanierungsmaßnahme zu nachträglichen Anschaffungskosten der Beteiligung führt oder ob diese steuerlich unbeachtlich ist.[3]

II-2.3.1 Sicherstellung der Zahlungsfähigkeit

Falls dem Beteiligungsunternehmen neben der „planmäßigen" Finanzierung weiteres Kapital zugeführt werden muss, kann dies zu Sanierungszwecken auf unterschiedlichem Wege erfolgen, wobei an erster Stelle Zuzahlungen in das Eigenkapital zu nennen sind. Hierbei handelt es sich um Leistungen des Gesellschafters ohne Gewährung von Vorzügen seitens der Gesellschaft.[4] Davon abzugrenzen sind Kapitalzuführungen, welche eine Gegenleistungspflicht des Unternehmens dergestalt begründen, dass (zu einem späteren Zeitpunkt) die Rückzahlung der bereit gestellten Mittel verlangt werden kann.[5]

---

1 Maßnahmen der Gesellschaft selbst, die der kurzfristigen Verbesserung der Liquiditätssituation dienen und demnach nicht dem leistungswirtschaftlichen Bereich zugerechnet werden, sind etwa der Verkauf nicht betriebsnotwendigen Vermögens, die Verkürzung (Verlängerung) der Kapitalbindungsdauer von Forderungen (kurzfristigen Verbindlichkeiten) oder Sale-and-lease-back-Gestaltungen, vgl. Keller, R. (1999a), S. 830. Diese finanzwirtschaftlichen Sanierungsmaßnahmen werden nicht weiter betrachtet.

2 Nach dem Wegfall des § 3 Nr. 66 EStG, der über § 8 Abs. 1 KStG auch für Kapitalgesellschaften galt, kann es nicht mehr zu steuerfreien Sanierungsgewinnen kommen, so dass diese tendenziell „steuerbarkeitsgefährdet" sind, vgl. Crezelius, G. (1999), S. 85. Zur Steuerpflicht von Sanierungsgewinnen vgl. kritisch Kroschel, J. (1999), S. 1383 ff.

3 Sofern die Maßnahmen zu nachträglichen Anschaffungskosten führen, wirken sich diese erst bei Verkauf oder Aufgabe der Beteiligung aus; zur formeltechnischen Umsetzung vgl. deshalb Abschnitt II-3.

4 Vgl. etwa Häuselmann, H./Rümker, D./Westermann, H. P. (1992), S. 159; solche Kapitalzuführungen unterscheiden sich von einer Schenkung dadurch, dass die Leistung des Gesellschafters mit Rücksicht auf das Gesellschaftsverhältnis erfolgt.

5 Sofern die Kapitalzuführung in Form eines Darlehens erfolgt, ist zu beachten, dass dieses in der Krise der Gesellschaft nach § 32a Abs. 1 GmbHG nicht abgezogen werden kann, vgl. Förster, G./Wendland, J. (2006), S. 169. Zur Dauer der Bindung vgl. BGH (2005), S. 1570.

II-2.3.1.1 Zuschüsse

Als Zuschüsse ausgestaltete Zuzahlungen in das Eigenkapital können prinzipiell auf zwei „Arten" erfolgen: entweder als Einzahlung in die Kapitalrücklage oder als Ertrags- bzw. Sanierungszuschuss. Die Zuwendung eines Anteilseigners kann nur in der Kapitalrücklage erfasst werden, wenn der Wille zur Leistung in das Eigenkapital erkennbar ist.[1] Die Einstellung in die Kapitalrücklage erfolgt auf Ebene des Beteiligungsunternehmens erfolgsneutral ohne Berührung der Gewinn- und Verlustrechnung;[2] steuerliche Folgen sind auf Ebene des Gründungsunternehmens dementsprechend nicht zu berücksichtigen. Wünscht der Business Angel dagegen keine erfolgsneutrale Behandlung der Zuzahlung, erhöht diese als außerordentlicher Ertrag das handelsrechtliche Unternehmensergebnis.[3] Aus steuerlicher Sicht handelt es sich bei einem solchen Ertragszuschuss regelmäßig um eine verdeckte Einlage, die das steuerpflichtige Einkommen des Unternehmens nicht erhöht und im steuerlichen Einlagekonto (§ 27 KStG) zu erfassen ist.[4]

Auf Ebene des Anteilseigners führt die Zuzahlung in beiden Fällen zu nachträglichen Anschaffungskosten der Beteiligung an dem Gründungsunternehmen;[5] eine Behandlung als Werbungskosten scheidet aus. Demzufolge führen beide „Zuschussarten" weder auf der Ebene des empfangenden Unternehmens noch auf Ebene des finanzierenden Gesellschafters zu unmittelbaren steuerlichen Wirkungen.[6] Das sollte auch dann gelten, wenn ein nicht zu 100% beteiligter Gesellschafter den Zuschuss leistet, und zwar unabhängig davon, ob die Kapitalzuführung zu einer Werterhöhung der von den Mitgesellschaftern gehaltenen Anteile führt.[7]

---

1 Das stellt den wesentlichen Unterschied zum steuerlichen Einlagebegriff dar, der allein darauf abstellt, dass der Gesellschafter der Gesellschaft einen Vermögensvorteil zuwendet, der seine Ursache im Gesellschaftverhältnis hat.

2 Die Einstellung in die Kapitalrücklage ist nach § 270 Abs. 1 Satz 1 HGB bereits bei Bilanzaufstellung vorzunehmen; bei der Leistung des Anteilseigners handelt es sich um eine andere Zuzahlung im Sinne des § 272 Abs. 2 Nr. 4 HGB.

3 Vgl. Heinhold, M. (1996b), S. 356 mit weiteren Nachweisen.

4 Von solchen Ertragszuschüssen abzugrenzen sind (echte oder unechte) Zuschüsse, für die kein gesellschaftsrechtlicher Anlass vorliegt. Zu deren handels- und steuerbilanzieller Behandlung vgl. beispielsweise Winnefeld, R. (2000), S. 928 ff.

5 So führen Aufwendungen, die auf Ebene der Kapitalgesellschaft als verdeckte Einlage zu qualifizieren sind, bei dem Anteilseigner grundsätzlich zu (nachträglichen) Anschaffungskosten, vgl. etwa Schmidt, L. (2006), § 17, Rz. 164. Eine Werterhöhung der Beteiligung ist für eine Erfassung als (nachträgliche) Anschaffungskosten nicht erforderlich, vgl. BFH (1999a), S. 226. Entsprechendes gilt bei verlorenen Zuschüssen, vgl. BFH (1993d), S. 242.

6 Auswirkungen ergeben sich auf der Ebene des Business Angels jedoch bei der späteren Veräußerung der Beteiligung (§ 17 Abs. 1 EStG) oder im Rahmen der Liquidation (§ 17 Abs. 4 EStG). Zur Behandlung des Zuschusses bei einem betrieblich beteiligten Gesellschafter vgl. Neu, N. (2000), S. 41 ff.

7 Vgl. BFH (1999), S. 43, wonach die inkongruente Wiedereinlage vorher inkongruent ausgeschütteter Gewinne regelmäßig im Eigeninteresse des Gesellschafters erfolgt; vgl. hierzu auch Schwedhelm, R./ Binnewies, B. (2000), S. 283 und insbesondere BMF-Schreiben (2000a), S. 47.

II-2.3.1.2 Nachschüsse

Von den vorstehend beschriebenen freiwilligen Zuschüssen sind die Nachschüsse im Sinne der §§ 26 bis 28 GmbHG zu unterscheiden.[1] Nach § 26 Abs. 1 GmbHG kann im Gesellschaftsvertrag bestimmt werden, dass die Anteilseigner die Einforderung weiterer Einzahlungen (Nachschüsse) beschließen können; werden solche Nachschüsse geleistet, ist der entsprechende Betrag nach § 42 Abs. 2 Satz 1 GmbHG gesondert in der Kapitalrücklage auszuweisen. Hinsichtlich der steuerlichen Konsequenzen dieser Nachschüsse kann auf den vorhergehenden Abschnitt verwiesen werden.

II-2.3.1.3 Eigenkapitalersetzende Darlehen

Eine weitere Möglichkeit, dem Beteiligungsunternehmen in der Krise liquide Mittel zur Verfügung zu stellen, liegt in der Vergabe von Darlehen.[2] Während für die Fremdfinanzierung durch außen stehende Personen die allgemeinen steuerlichen Regeln gelten, findet für die Darlehensfinanzierung durch Gesellschafter eine besondere Angemessenheitskontrolle durch die Finanzverwaltung statt. Für den Anteilseigner ist dabei von besonderer Bedeutung, ob ein Darlehensausfall steuerlich geltend gemacht werden kann.[3]

Dessen steuerliche Berücksichtigung ist grundsätzlich dann ausgeschlossen, falls das Darlehen zum Privatvermögen des Gläubigers gehört. Etwas anderes gilt jedoch, wenn eine relevante Beteiligung im Sinne des § 17 EStG vorliegt und die Beschränkungen des § 17 Abs. 2 Satz 4 EStG nicht greifen: so kann der Business Angel den Verlust des Darlehens als (nachträgliche) Anschaffungskosten geltend machen, sofern das Darlehen im Zeitpunkt seiner Gewährung (oder Prolongation) durch das Gesellschaftsverhältnis veranlasst war.[4] Der Darlehensverlust ist dann durch das Gesellschaftsverhältnis veranlasst,

---

1 Die praktische Bedeutung von Nachschüssen als Finanzierungsinstrument ist als eher gering einzustufen, vgl. Baumbach, A./Hueck, A. (2006), § 26, Rz. 1 sowie Achilles, W.-A./Ensthaler, J./Schmidt, B. (2005), § 26, Rz. 1. Das gilt insbesondere bei Business Angel-finanzierten Unternehmen, da Zuschüsse gemäß § 26 Abs. 2 GmbHG nach dem Verhältnis der Geschäftsanteile zu erbringen sind.

2 Der Gesetzgeber hat am 30.05.2006 den Entwurf des MoMiG vorgestellt, nach dem das Eigenkapitalersatzrecht vollständig umgestaltet werden soll, vgl. hierzu Bayer, W./Graff, S. (2006), S. 1654 ff. Die weiteren Ausführungen beziehen sich noch auf die geltende Rechtslage, vgl. dazu Schmidt, K. (2005), S. 798 ff. Einen Überblick über eigenkapitalersetzende Darlehen gibt Uhländer, C. (2005), S. 70 ff.

3 Zur Frage der Verzinsung eigenkapitalersetzender Darlehen vgl. Schlößer, D. (2005), S. 273 ff. Nach BFH (1992), S. 532 ist auch die Passivierung einer Zinsverbindlichkeit nicht als verdeckte Gewinnausschüttung zu qualifizieren, da ein eigenkapitalersetzendes Darlehen Fremdkapital bleibt, wenn die Darlehensgewährung allein durch das Gesellschaftsverhältnis veranlasst ist. Eine Auszahlung der Zinsen darf in der Zeit, in welcher das Kapitalersatzrecht gilt, allerdings nicht erfolgen, vgl. Neufang, B./ Oettinger, H.-J. (2006), S. 295.

4 Vgl. BFH (2000a), S. 761 und BFH (2000b), S. 385. Eine zweite Ausnahme von dem Grundsatz der steuerlichen Irrelevanz des Darlehensverlustes betrifft dessen Berücksichtigung als Werbungskosten bei den Einkünften aus nicht selbständiger Arbeit, vgl. hierzu Dautel, R. (2002), S. 1125.

wenn das Darlehen eigenkapitalersetzenden Charakter hat.[1] Das ist gegeben, sofern der Anteilseigner ein Darlehen gewährt, obwohl eigentlich die Zuführung von Eigenkapital geboten wäre.[2] Hinsichtlich des Umfangs der nachträglichen Anschaffungskosten unterscheiden Finanzrechtsprechung und -verwaltung vier Fallgruppen, wobei es letztendlich um die Frage geht, ob die Bewertung der (nachträglichen) Anschaffungskosten mit dem Nennwert oder dem gemeinen Wert des verlorenen Darlehens erfolgt.[3]

Fällt ein im Sinne des § 17 EStG beteiligter Gesellschafter mit Darlehen aus, die von vornherein auf eine Krisenfinanzierung hin angelegt sind oder von denen das auf Grund besonderer Umstände anzunehmen ist, sind die Anschaffungskosten der Beteiligung um den Nennwert des Darlehens zu erhöhen.[4] Fällt der Gesellschafter hingegen mit vor der Krise gewährten Darlehen aus, die er in der Krise stehen ließ, obwohl er sie hätte abziehen können, sind die Anschaffungskosten der Beteiligung nachträglich um den Wert des Darlehens zu erhöhen, den es im Zeitpunkt des Eintritts der Krise hatte.[5]

Anzeichen für ein mit dem Nennwert zu berücksichtigendes Finanzplandarlehen sind dessen Unentbehrlichkeit zur Erreichung des Geschäftszwecks auf Grundlage der finanziellen Planung, eine lange Laufzeit, das Fehlen einseitiger Kündigungsrechte durch den Gesellschafter, unübliche Konditionen sowie die Vereinbarung im Gesellschaftsvertrag bzw. die Bindung an die Gesellschafterstellung.[6] Unter Gesamtberücksichtigung dieser Indizien ist davon auszugehen, dass ein von einem Business Angel gewährtes Darlehen den Finanzplandarlehen zuzurechnen ist, so dass sich die Anschaffungskosten der Beteiligung im Fall eines Darlehensverlustes um den Nennwert der Darlehensforderung (und nicht um den gemeinen Wert im Zeitpunkt der Qualifizierung als ein kapitalersetzendes

[1] Vgl. aus der umfangreichen höchstrichterlichen Finanzrechtsprechung etwa BFH (1998c), S. 348 bzw. BFH (1997a), S. 344. Die objektive Beweislast für das Vorliegen eines kapitalersetzenden Darlehens liegt beim Gesellschafter, vgl. BFH (1999b), S. 724.

[2] Zur Behandlung eigenkapitalersetzender Gesellschafterdarlehen als nachträgliche Anschaffungskosten bei Beteiligungserwerben zu verschiedenen Zeitpunkten vgl. BFH (2004a), S. 556.

[3] Hinzuweisen ist in diesem Zusammenhang auf § 32a Abs. 3 Satz 2 GmbHG, der letztlich dazu führt, dass der Verlust eines im Prinzip kapitalersetzenden Darlehens steuerlich nicht geltend gemacht werden kann, wenn der nicht geschäftsführende Gesellschafter zwischen 1% und 10% an der sanierungsbedürftigen GmbH beteiligt ist, vgl. dazu Vogt, G. (2001), S. 1881; etwas anderes gilt, falls der eigenkapitalersetzende Charakter des Darlehens vor Vergabe ausdrücklich vereinbart wurde. Anderer Ansicht ist Dörner, B. M. (2001), S. 350, der davon ausgeht, dass Darlehen von Gesellschaftern mit einer Beteiligungsquote von weniger als 10% nie eigenkapitalersetzend sein können.

[4] Hierzu zählen die ersten drei Fallgruppen: (1) das krisenbestimmte Darlehen, (2) das in der Krise hingegebene Darlehen und (3) das Finanzplandarlehen, vgl. Dautel, R. (2002), S. 1126.

[5] Vgl. BFH (1997b), S. 339. Die Umqualifizierung in ein kapitalersetzendes Darlehen erfolgt, wenn der Gesellschafter die Krise erkennen und entsprechend handeln konnte. Zum Zeitpunkt des Eintritts der Krise vgl. Posdziech, O. (2002), S. 450 f. mit weiteren Nachweisen.

[6] Vgl. Förster, G./Wendland, J. (2006), S. 171 und Schmidt, L. (2006), § 17, Rz. 171. Weitere Indizien finden sich bei Butz-Seidl, A. (2002), S. 400 f.

Darlehen) erhöhen.[1] Aus diesem Grund sollte im Rahmen der Krisenfremdfinanzierung aus steuerlicher Sicht besonderes Augenmerk auf eine Qualifizierung des Darlehens als Finanzplandarlehen oder krisenbestimmtes Darlehen gelegt werden.[2] Geht das Darlehen später verloren, wirkt sich der Darlehensverlust im Rahmen des § 17 EStG zumindest in Höhe der Hälfte seines Nennwerts steuermindernd aus.

II-2.3.1.4 Stundung der Zins- und Tilgungsverpflichtungen

Neben den beschriebenen, die Finanzkraft des Beteiligungsunternehmens unmittelbar stärkenden Gestaltungsmaßnahmen können flankierend auch die Zins- und Tilgungsverpflichtungen gestundet werden, falls in einer früheren Finanzierungsrunde Fremdkapital zur Verfügung gestellt, auf dieses nicht verzichtet und keine Wandelung in Eigenkapital vorgenommen wurde.

Die Stundung etwaiger Tilgungsleistungen wirkt sich mangels steuerlicher Relevanz weder bei dem Beteiligungsunternehmen noch bei dem finanzierenden Business Angel aus.[3] Werden die Zinszahlungen gestundet, berührt dies den Betriebsausgabenabzug des Schuldnerunternehmens nicht, wogegen der Business Angel mangels Zahlungsmittelzuflusses keine steuerpflichtigen Zinseinkünfte erzielt.[4] Durch die Stundung von Zins und Tilgung wird zwar die Unternehmensliquidität geschont, einen Beitrag zur Vermeidung der Überschuldung leistet diese Gestaltungsmaßnahme – im Gegensatz zu den nachstehend beschriebenen Sanierungsalternativen – jedoch nicht.[5]

II-2.3.2 Entschuldung

Neben der Sicherstellung der Zahlungsfähigkeit ist die Entschuldung des Gründungsunternehmens regelmäßig Gegenstand finanzwirtschaftlicher Sanierungsmaßnahmen. In diesem Zusammenhang kommt neben der „echten" Entschuldung in Form des Verzichts auf Gesellschafterforderungen auch dem (qualifizierten) Rangrücktritt Bedeutung zu.

---

1 Vgl. dazu Gschwendtner, H. (1999), S. 2167. Die Qualifikation des Darlehens als Finanzplandarlehen hat auf dessen Bilanzierung in Handels- bzw. Steuerbilanz und die entsprechende Zinsverbindlichkeit keinen Einfluss, vgl. BFH (1992), S. 532 sowie ausführlich Schlößer, D. (2005), S. 275 f. Zum Zeitpunkt der Erfassung der Zinsen vgl. BFH (1993e), S. 632.

2 Vgl. Butz-Seidl, A. (2002), S. 400 und Posdziech, O. (2002), S. 450.

3 Etwas anders gilt, falls der Business Angel auf die Tilgung verzichtet, vgl. dazu Abschnitt II-2.3.2.1.

4 Dies gilt zumindest dann, wenn der Business Angel die Darlehensforderung nicht in einem Betriebsvermögen hält.

5 Gleichwohl leistet diese Maßnahme ein Beitrag zur Vermeidung der drohenden Zahlungsunfähigkeit, vgl. Finsterer, H./Abelein, J. (2000), S. 49.

II-2.3.2.1 Forderungsverzicht ohne Besserungsschein

Gerät das Gründungsunternehmen in die Krise, kann zur Vermeidung der Überschuldung ein Verzicht des Business Angel auf seine Darlehensforderung notwendig werden. Auf Unternehmensebene führt der Wegfall der Verbindlichkeit sowohl in der Handels- als auch in der Steuerbilanz zu einer Vermögensmehrung. Wenn der Forderungsverzicht im Gesellschaftsverhältnis begründet ist, liegt eine mit dem Teilwert zu bewertende verdeckte Einlage vor (§ 6 Abs. 1 Nr. 5 Satz 1 EStG), die dem werthaltigen Teil der Forderung entspricht.[1] Da die verdeckte Einlage das steuerliche Einlagekonto des Gründungsunternehmens erhöht, wird bei einem Verzicht auf eine voll werthaltige Gesellschafterforderung die bilanzielle Vermögensmehrung bei der Gesellschaft durch den Abzug der verdeckten Einlage in Höhe des Nennwerts der Verbindlichkeit steuerlich korrigiert; ein Forderungsverzicht ist in diesem Fall steuerneutral.[2]

Ist die Gesellschafterforderung hingegen nicht mehr voll werthaltig, entsteht in Höhe des nicht werthaltigen Teils der Forderung auf Ebene des Beteiligungsunternehmens ein steuerpflichtiger Gewinn.[3] Dieser Gewinn kann mit anderweitigen Verlusten des Unternehmens im Wege des Verlustausgleichs oder -abzugs grundsätzlich verrechnet werden, jedoch kann sich auch eine (teilweise) Sofortversteuerung ergeben, beispielsweise wenn die Mindestbesteuerung greift oder die Verlustvorträge nicht ausreichen, den Gewinn zu kompensieren.[4]

Bei dem verzichtenden Business Angel führt der Darlehensverzicht zum Zufluss des werthaltigen Teils der Forderung.[5] Das kann bei diesem zu steuerpflichtigen Einkünften führen, sofern seine Forderung aus Leistungen stammt, die bei der Gesellschaft zu Aufwand geführt haben; soweit die Forderung werthaltig ist, sollte zur Vermeidung des Zuflusses lediglich auf den Anspruch auf Rückzahlung des Darlehens, nicht jedoch auf die Zinsforderung verzichtet werden.[6] Darüber hinaus erhöhen sich die Anschaffungskosten der Beteiligung des Gesellschafters gemäß § 6 Abs. 6 Satz 2 EStG grundsätzlich um den

---

[1] Vgl. BFH (1997c), S. 307; zur Abgrenzung von durch das Gesellschaftsverhältnis veranlassten und betrieblichen Forderungsverzichten vgl. Helm, M. T./Krinninger, M. (2005), S. 1991.

[2] Vgl. Förster, G./Wendland, J. (2006), S. 173 f.

[3] Zur Bestimmung der Werthaltigkeit einer Forderung vgl. Helm, M. T./Krinninger, M. (2005), S. 1993 und BFH (2005b), S. 1571. Sofern der Verzicht auch unter Berücksichtigung der stillen Reserven des Unternehmens die bilanzielle Überschuldung nicht beseitigt, beträgt der Teilwert der Darlehensforderung regelmäßig Null, vgl. BFH (1997d), S. 572.

[4] Zu den Voraussetzungen, unter denen Steuern auf Sanierungsgewinne gestundet oder erlassen werden können, vgl. BMF-Schreiben (2003), S. 240 und Pflüger, H. (2003), S. 237 ff.

[5] Vgl. BFH (1997c), S. 307.

[6] Vgl. Förster, G./Wendland, J. (2006), S. 174.

Teilwert der verdeckten Einlage, das heißt um den werthaltigen Teil der Forderung.[1] In diesem Zusammenhang ist bedeutsam, dass es sich bei dem durch den Business Angel ausgereichten Darlehen in der Regel um ein Finanzplandarlehen handelt;[2] im Fall eines Darlehensverlustes erhöhen sich die Anschaffungskosten der Beteiligung (nachträglich) nicht nur in Höhe des Darlehenswertes im Zeitpunkt des Eintritts der Krise, sondern um den Wert im Zeitpunkt der Gründung des Unternehmens, also um den Nennwert.[3] Da es inkonsequent wäre, den auf seine Forderung verzichtenden Gesellschafter schlechter zu stellen als denjenigen, der keine Verzichtserklärung abgibt und später mit dem Darlehen ausfällt, sollte auch der Verzicht auf ein Finanzplandarlehen die nachträgliche Erhöhung der Anschaffungskosten um den Nennwert des Darlehens zur Folge haben.[4]

II-2.3.2.2 Forderungsverzicht mit Besserungsschein

Ein Forderungsverzicht mit Besserungsschein kann sich anbieten, wenn mehrere Gesellschafter vorhanden sind, die nicht gleichmäßig auf Darlehen verzichten wollen oder können. Die Besserungsvereinbarung bewirkt das Wiederaufleben des Darlehens, wenn die vereinbarte Besserungsbedingung eintritt.[5] Der Forderungsverzicht mit Besserungsschein hat zunächst dieselben Konsequenzen wie der in dem vorhergehenden Abschnitt behandelte „normale" Forderungsverzicht.[6] Sofern die Forderung jedoch wieder auflebt, führt dies zu einem Aufwand bei dem Gründungsunternehmen, soweit zuvor ein steuerpflichtiger Ertrag entstanden ist.[7] Dieser Aufwand bewirkt, dass es – anders als bei dem Fall des Forderungsverzichts ohne Besserungsvereinbarung – nicht zur Vernichtung von Verlustausgleichs- bzw. -abzugspotential des Beteiligungsunternehmens kommt.[8]

---

1 Anderer Ansicht sind Ostermayer, F./Erhart, G. (2003), S. 453, die § 6 Abs. 6 Satz 2 EStG im Privatvermögen für nicht anwendbar halten und mit BFH (2001a), S. 436 davon ausgehen, dass ein Verzicht stets zu einer Erhöhung der Anschaffungskosten um den Nennwert der Forderung führt.

2 Vgl. Abschnitt II-2.3.1.3.

3 Vgl. BFH (1999b), S. 724.

4 So auch Förster, G./Wendland, J. (2006), S. 175.

5 Da ein Forderungsverzicht mit Besserungsvereinbarung zunächst wie ein unbedingter Verzicht wirkt, kann ab dem Zeitpunkt des Verzichts kein Zinsanspruch mehr entstehen; werden vor dem Eintritt der Besserungsbedingung trotzdem Leistungen auf das erlassene Darlehen erbracht, handelt es sich dabei um verdeckte Gewinnausschüttungen, vgl. Crezelius, G. (1999), S. 88.

6 So darf für die Verpflichtung auf Grund der Besserungsvereinbarung beispielsweise eine Rückstellung nicht gebildet werden, vgl. Schmidt, L. (2006), § 5, Rz. 550.

7 Vgl. BFH (1990a), S. 588; zusätzlich kann vereinbart werden, dass auch die Zinsen für den Verzichtszeitraum wieder aufleben, wobei der entsprechende Zinsaufwand in dem Wirtschaftsjahr des Eintritts der Besserungsbedingung zu erfassen ist.

8 Vgl. Förster, G./Wendland, J. (2006), S. 175. Auf Ebene des Anteilseigners wäre es dabei konsequent, die auf Grund des Verzichts unterstellte Darlehensrückzahlung und die verdeckte Einlage rückgängig zu machen, vgl. Dörner, B. M. (2001), S. 372.

Nach Auffassung der Finanzverwaltung ist der Aufwand aus der Wiedereinbuchung der Verbindlichkeit jedoch steuerlich dann nicht berücksichtigungsfähig, falls zwischen dem Forderungsverzicht und dem Eintritt der Besserungsbedingung mehr als die Hälfte der Geschäftsanteile übertragen wurden und der Kapitalgesellschaft überwiegend neues Betriebsvermögen zugeführt wurde (§ 8 Abs. 4 KStG).[1] Das könnte dann Bedeutung erlangen, wenn die Besserungsvereinbarung über den Exit des Risikokapitalgebers hinaus Geltung haben soll.

II-2.3.2.3 Rangrücktrittsvereinbarungen

Rangrücktrittsvereinbarungen sind als Instrument der Unternehmenssanierung in der Praxis relativ weit verbreitet, da es hiermit unter bestimmten Voraussetzungen möglich ist, die Insolvenz von Kapitalgesellschaften abzuwenden.[2] Sofern die Vereinbarung den Anforderungen des Insolvenzrechts genügt, ist die Verbindlichkeit trotz ihres zivilrechtlichen Fortbestands im Überschuldungsstatus (§ 19 Abs. 2 Satz 1 InsO) des Gründungsunternehmens nicht mehr auszuweisen.[3]

Der Rangrücktritt ist eine rechtsgeschäftliche Vereinbarung zwischen Schuldner und Gläubiger, mittels derer die Erfüllungsmodalitäten einer Forderung dergestalt verändert werden, dass diese gegenüber den Forderungen von anderen Gläubigern zurücktritt.[4] Ist der Gläubiger auch Gesellschafter des Schuldnerunternehmens, wird die insolvenzrechtliche Überschuldung durch einen Rangrücktritt erst dann beseitigt, wenn die Forderung (im Insolvenz- bzw. Liquidationsfall) nicht vor, sondern nur zugleich mit den Einlagenrückgewähransprüchen der (übrigen) Gesellschafter des Gründungsunternehmens zu berücksichtigen ist.[5]

Nach ständiger Rechtsprechung beeinflusst ein Rangrücktritt die Passivierungspflicht der Verbindlichkeit in der Handelsbilanz nicht und hat über das Maßgeblichkeitsprinzip

---

1 Vgl. BMF-Schreiben (2003a), S. 648.

2 Bei Unternehmen mit einem oder zwei Anteilseignern kann es dagegen sinnvoller sein, statt des Rangrücktritts den Forderungsverzicht gegen Besserungsschein zu wählen, vgl. Pflüger, H. (2006), S. 219.

3 Der wesentliche Vorteil liegt beim Rangrücktritt im Vergleich zum Forderungsverzicht darin, dass die Forderung in ihrem zivilrechtlichen Bestand nicht berührt wird, vgl. Watermeyer, H. J. (2004), S. 370. Zu den insolvenzrechtlichen Anforderungen vgl. Westerburg, J./Schwenn, D. (2006), S. 501 ff.

4 Da ein Gründungsunternehmen in der Krise neben dem Business Angel regelmäßig noch andere Gläubiger hat, ist dieses Instrument auch bei der hier unterstellten Finanzierungsstruktur von Bedeutung.

5 Vgl. BGH (2001), S. 264. Dies wird auch als „qualifizierter" Rangrücktritt bezeichnet, vgl. Taraschka, F. (2006), S. 109. Zur Abgrenzung gegenüber einem sog. „einfachen" Rangrücktritt vgl. Schildknecht, U. (2005), S. 181 f. Bei einem Nichtgesellschafter-Gläubiger reicht der einfache Rangrücktritt aus, um die überschuldungsentlastende Wirkung zu erreichen, vgl. Blöse, J. (2006), S. 211.

auch keine Auswirkungen auf die Passivierung der Verbindlichkeit in der Steuerbilanz.[1] Infolgedessen wird auch die steuerliche Gewinnermittlung des Schuldnerunternehmens von einem Rangrücktritt grundsätzlich nicht berührt.[2] Auswirkungen auf das steuerliche Einkommen können sich jedoch ergeben, wenn durch den Rangrücktritt nicht allein die Reihenfolge der Verbindlichkeiten verändert wird, sondern auch deren Bestand, was der Fall sein könnte, wenn der Rangrücktritt die Voraussetzungen des § 5 Abs. 2a EStG erfüllt.[3] Vor dem Hintergrund der Steuerlastminimierung ist es zwingend erforderlich, die Passivierung der Verbindlichkeit auch nach Erklärung des qualifizierten Rangrücktritts sicherzustellen, da die Ertragsrealisierung durch die gewinnerhöhende Ausbuchung der Verbindlichkeit bzw. die damit möglicherweise verbundene zusätzliche Steuerbelastung den gesamten Sanierungsprozess erheblich belasten bzw. scheitern lassen können.[4] Die Finanzverwaltung hat sich jedoch jüngst zu diesem Thema (wieder) geäußert und ausgeführt, dass unter einem qualifizierten Rangrücktritt stehende Verbindlichkeiten nicht die Voraussetzungen des § 5 Abs. 2a EStG erfüllen.[5]

Die vom BGH geforderte Gleichstellung des Darlehensrückgewähranspruchs mit den Einlagenrückgewähransprüchen der Gesellschafter könnte sich aus steuerlicher Sicht jedoch insoweit als problembehaftet darstellen, als diese den qualifizierten Rangrücktritt in die Nähe des Forderungsverzichts rückt.[6] Die Praxis versucht deshalb, der Annahme eines Forderungsverzichts durch entsprechende Formulierungen vorzubeugen.[7] Hierbei ist jedoch zu beachten, dass jede Abweichung von der „Musterformulierung“ des BGH die Gefahr in sich birgt, dass die insolvenzrechtliche Überschuldung durch einen anders formulierten qualifizierten Rangrücktritt nicht beseitigt wird.[8]

---

1 Vgl. dazu jüngst BFH (2005c), S. 75 und auch Heerma, J. D. (2005), S. 542 ff.

2 Durch den zivilrechtlichen Fortbestand der Verbindlichkeit laufen bei einem Rangrücktritt die Zinsen ohne gesonderte Vereinbarung weiter. Allerdings ist zu beachten, dass bei Zinszahlungen auf Gesellschafterforderungen eine verbotene Auszahlung im Sinne des § 30 GmbHG vorliegen kann.

3 Nach § 5 Abs. 2a EStG dürfen Verpflichtungen nicht passiviert werden, die nur dann zu erfüllen sind, wenn künftige Gewinne oder Einnahmen anfallen. BFH (2005c), S. 75 hat jedoch die Anwendbarkeit des § 5 Abs. 2a EStG bei einem qualifizierten Rangrücktritt jüngst verneint.

4 Vgl. Westerburg, J./Schwenn, D. (2006), S. 504. Zu einer ausführlichen Diskussion dieses Problembereichs vgl. Taraschka, F. (2006), S. 110 f. Zu den Folgen eines (in diesem Sinne) „fehlerhaften“ Rangrücktritts vgl. Watermeyer, H. J. (2006), S. 242 f.

5 Vgl. BMF-Schreiben (2006), S. 1700. Demgegenüber wurde in BMF-Schreiben (2004a), S. 850 noch vertreten, dass der Ansatz von Verbindlichkeiten oder Rückstellungen ausgeschlossen ist, wenn in der Rangrücktrittsvereinbarung keine Bezugnahme auf die Möglichkeit einer Tilgung auch aus sonstigem freien Vermögen vorgesehen war.

6 Vgl. Westerburg, J./Schwenn, D. (2006), S. 503 ff. und Hölzle, G. (2005), S. 852 ff.

7 Vgl. dazu Hölzle, G. (2005), S. 853 und Klein, M. (2005), S. 669; demgegenüber vertritt Watermeyer, H. J. (2006), S. 242 wohl die Auffassung, dass durch BFH (2005c), S. 75 diese Rechtsunsicherheit beseitigt wurde.

8 Vgl. Westerburg, J./Schwenn, D. (2006), S. 503.

II-2.3.3 Weitere finanzierungsbezogene Sanierungsmaßnahmen

Im Zusammenhang mit der finanzwirtschaftlichen Sanierung des Unternehmens sind abschließend noch zwei weitere Sanierungsmaßnahmen anzusprechen: die Ausreichung unverzinslicher Darlehen und die Sanierung durch Sicherheitsleistung. Da zinsbefreite Darlehen bereits in Abschnitt II-1.3.1.2 behandelt wurden, beschränken sich die folgenden Ausführungen auf die Sanierung durch Sicherheitsleistung.[1]

Sicherheitsleistungen der Anteilseigner für ihr krisenbehaftetes Unternehmen begleiten häufig die Sanierungsmaßnahmen, da Banken in der Regel nur zu weiteren Krediten bereit sind, wenn die Gesellschafter über die häufig bereits erschöpften Sicherheiten der Gesellschaft hinaus (weitere) Sicherheiten stellen. Die klassische Sicherheitsleistung ist die Bürgschaft. Ist der Bürge an dem sanierungsbedürftigen Unternehmen im Sinne des § 17 EStG beteiligt, ist zu prüfen, ob die Übernahme der Bürgschaft kapitalersetzenden Charakter hat und die im Zusammenhang mit der Bürgschaft getätigten Aufwendungen als nachträgliche Anschaffungskosten der Beteiligung geltend gemacht werden können.[2] Der BFH hat die Prinzipien des Gesellschafterdarlehens in der Krise auf die Bürgschaft übertragen.[3] So ist der eigenkapitalersetzende Charakter einer Bürgschaft und damit ihre Veranlassung im Gesellschaftsverhältnis anzunehmen, falls die Bürgschaft entweder zu einem Zeitpunkt übernommen wurde, in dem sich das Unternehmen bereits in der Krise befand oder die Bürgschaft ausdrücklich auch für den Fall einer Krise bestimmt ist.[4] Die für die eigenkapitalersetzenden Darlehen geltenden Grundsätze sind auf Gesellschafter-Bürgschaften mit der Maßgabe anwendbar, dass anstatt des Werts des Rückforderungsanspruchs aus dem Darlehen auf den Wert der Rückgriffsforderung aus der Bürgschaft abgestellt wird. Somit ist bei krisenbestimmten Bürgschaften wie auch bei Finanzplanbürgschaften grundsätzlich der Nennwert der Rückgriffsforderung anzusetzen, wogegen bei Bürgschaften, die erst durch das unveränderte Aufrechterhalten bei Eintritt der Krise kapitalersetzend werden, die Rückgriffsforderung mit ihrem (gemeinen) Wert zu diesem Zeitpunkt anzusetzen ist.[5]

---

[1] Jedoch ist darauf hinzuweisen, dass von der Finanzrechtsprechung kürzlich in Frage gestellt wurde, ob unverzinsliche eigenkapitalersetzende Darlehen gleichfalls abzuzinsen sind, vgl. BFH (2005c), S. 75.

[2] Vgl. Dautel, R. (2002), S. 1128. Falls keine relevante Beteiligung im Sinne des § 17 Abs. 1 EStG vorliegt und die Beteiligung im Privatvermögen gehalten wird, können Leistungen auf eine Bürgschaftsverpflichtung steuerlich nicht geltend gemacht werden.

[3] Vgl. die Nachweise bei Hollatz, A. (2002), S. 373.

[4] Vgl. BFH (2000a), S. 761. Zu weiteren Einzelheiten und nachfolgend vgl. Dautel, R. (2002), S. 1128.

[5] Finanzplanbürgschaften sind Bürgschaften, die von dem Gesellschafter im Rahmen eines Finanzplans übernommen wurden, vgl. BFH (1999c), S. 559; zum Zeitpunkt der Verlustrealisation vgl. ausführlich Dautel, R. (2002), S. 1128 mit zahlreichen weiteren Nachweisen.

Sofern der Business Angel die Zahlungsfähigkeit des Gründungsunternehmens durch die Zuführung eigener Mittel nicht sichern kann, etwa weil zum Finanzierungszeitpunkt sein frei verfügbares Vermögen hierzu nicht ausreicht, könnte er die Krisenfinanzierung prinzipiell auch auf Dritte verlagern.[1] Da eigenkapitalersetzende Gesellschafterdarlehen und Gesellschafter-Bürgschaften steuerlich identisch behandelt werden, sind gegenüber der „direkten" Krisenfremdfinanzierung keine Besonderheiten zu beachten.[2]

II-3 Desinvestitionsphase

Das Engagement des Business Angels endet schließlich in der Desinvestitionsphase mit dem Verkauf seiner Anteile und der damit verbundenen (auch steuerlich optimalen) Realisierung der erzielten Unternehmenswertsteigerung.[3] Für diese Realisierung stehen dem informellen Investor grundsätzlich verschiedene Exit-Kanäle zur Verfügung, die in Abschnitt II-3.1 dargestellt werden. Da die Auswahl eines Exit-Kanals regelmäßig nicht im Belieben des Business Angels steht und daher auch nicht im Vorfeld geplant werden kann, sind in Abschnitt II-3.2 die unterschiedlichen Exit-Möglichkeiten im Hinblick auf ihre steuerlichen Folgen zu analysieren. In Abschnitt II-3.3 schließt dieser am geltenden Recht orientierte Teil der Untersuchung mit einem kurzen Fazit.

II-3.1 Exit-Möglichkeiten

Im Fall eines positiv verlaufenen Engagements der Beteiligung stehen dem Business Angel grundsätzlich die Ausstiegsmöglichkeiten des Going Public – also dem Gang an die Börse – und der Anteilsveräußerung offen, wogegen bei einem negativ verlaufenen Engagement oftmals nur die Auflösung des Beteiligungsunternehmens im Rahmen der Liquidation bleibt.[4] Die Möglichkeiten der Anteilsveräußerung werden von den Risikokapitalgebern bereits bei der Investitionsentscheidung berücksichtigt und demzufolge in

[1] Auf Grund des finanziellen Backgrounds des Business Angels sollte sich ein Kreditinstitut dazu bereit erklären, das Gründungsunternehmen zwischenzufinanzieren.

[2] Die Gleichbehandlung von eigenkapitalersetzenden Gesellschafter-Darlehen und Gesellschafter-Bürgschaften wird auch von der Finanzverwaltung anerkannt, vgl. H 17 Abs. 5 EStR.

[3] Venture Capital-Geber wählen als Ausstiegszeitpunkt grundsätzlich die letzte Wertschöpfungsperiode, vgl. Weitnauer, W. (2000), S. 287.

[4] Auch bei dem Ausstieg über die Börse handelt es sich letztlich um eine Veräußerung der Beteiligung. Auf Grund der vielfältigen Besonderheiten dieser Desinvestitionsmöglichkeit im Vergleich zu einem „normalen" Anteilsverkauf wird der auch als Initial Public Offering (IPO) bezeichnete Börsengang in einem gesonderten Abschnitt behandelt.

die Ausgestaltung des Preisangebotes an den Gründer mit einbezogen. Business Angels haben spezifische Vorstellungen hinsichtlich ihres angestrebten Ausstiegs-Kanals, die in Abbildung II-7 wiedergegeben sind (alle Angaben in Prozent):[1]

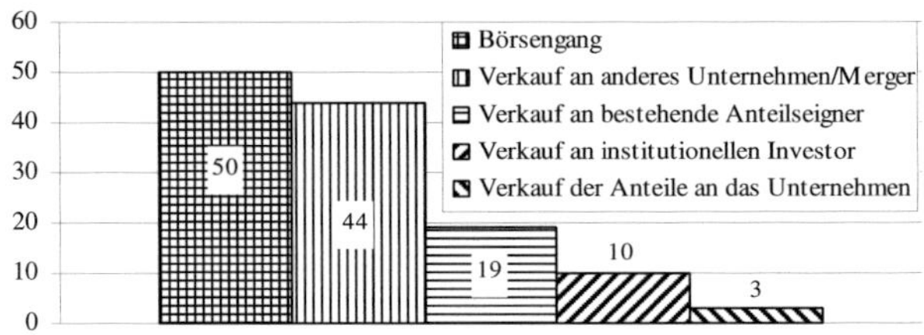

Abb. II-7: Erwartete Exit-Kanäle von Business Angels
(Quelle: in Anlehnung an Brettel, M./Jaugey, C./Rost, C. (2000), S. 168)

In etwa die Hälfte der Business Angels streben den Ausstieg aus ihren Beteiligungen über eine Börse an. In der Praxis ist allerdings zu beobachten, dass nur ein geringer Teil der von Business Angels finanzierten Wachstumsunternehmen den Börsengang tatsächlich realisiert. Sofern jedoch ein Going Public umgesetzt werden kann, stellt das für ein Unternehmen einen Meilenstein in seiner Entwicklung dar, da dann der Bereich des Private Equity verlassen und die Kapitalgeberstruktur grundlegend und dauerhaft verändert wird.[2] Zwischen Kapitalgeber und -nehmer steht eine Börse als Institution, über welche die Unternehmensanteile fungibel gehandelt werden, so dass sich auch kleinen Privatanlegern die Möglichkeit bietet, sich an dem Unternehmen zu beteiligen. Der Börsengang bietet für junge Unternehmen zahlreiche Vorteile:[3] primäres (monetäres) Motiv ist dabei die unbefristete Finanzierung von Wachstumsinvestitionen mit risikobereitem Kapital.[4] Durch einen Börsengang kann zunächst die Eigenkapitalquote erhöht werden, was es in der Folgezeit ermöglicht, zusätzliche Kredite für weitere Wachstumsprojekte aufzunehmen (Akquisitionseffekt).[5] Des Weiteren eröffnen sich dem Unternehmen anderweitige Finanzierungsmöglichkeiten wie etwa die Ausgabe von Options- und Wandelschuldverschreibungen.[6] Außerhalb der Unternehmenssphäre kann ein höherer Bekanntheitsgrad

---

1 Die Summe der Prozentwerte ist auf Grund von Mehrfachnennungen größer als 100. Nicht angegeben wurden Nennungen, die sich keinem Exit-Kanal zuordnen lassen.

2 Zur Umkehrung des Börsengangs („Going Private"), vgl. Land, V./Hasselbach, K. (2000), S. 557 ff. und Even, F./Vera, A. (2002), S. 1315 ff.

3 Andererseits stehen dem Going Public auch zahlreiche Vorbehalte gegenüber, die insbesondere in der Angst vor der Überfremdung oder der (permanenten) Offenlegung von zentralen Unternehmensdaten begründet sind; zu weiteren Nachteilen vgl. Ehlers, H. (1999), S. 3681 ff.

4 So stellt aus der Sicht börsenwilliger Unternehmen das interne und externe Wachstum den wichtigsten Grund für einen Börsengang dar, vgl. Achleitner, A.-K./Bassen, A./Funke, F. (2001), S. 35.

5 Vgl. Engelmann, A./Juncker, K./Natusch, I./Tebroke, H.-J. (2000), S. 151.

6 Vgl. hierzu Abschnitt II-1.3.2.3.

zu einem Imagegewinn beitragen, der sich sowohl auf Seiten der Zulieferer als auch auf Seiten der Abnehmer positiv auf die weitere Geschäftstätigkeit des Gründungsunternehmens auswirken kann.[1] Die genannten Vorteile können mangels Börsenfähigkeit jedoch nicht von jedem durch Business Angels finanzierten Unternehmen in Anspruch genommen werden.[2] Daher können auch die wenigsten Business Angels ihr Beteiligungsengagement durch ein Going Public beenden, weshalb in der Praxis ein anders strukturierter Verkauf der Anteile den häufigsten Fall des Exit bildet.

Wie Abbildung II-7 deutlich macht, bestehen verschiedene Möglichkeiten der Beteiligungsveräußerung, die sich letztlich jedoch nur durch die Person des Anteilserwerbers und den erzielbaren Veräußerungserlös unterscheiden.[3] Diesbezüglich ist grundsätzlich zu unterscheiden zwischen Verkäufen an fremde Dritte („Trade sale" sowie „Secondary purchase") und dem Rückkauf der Anteile, der entweder durch den Unternehmer („Buy back") oder aber durch das Unternehmen erfolgen kann. Ein Trade sale bezeichnet den Verkauf der Anteile an einen industriellen Investor, welcher sich durch den Erwerb der Beteiligung Synergieeffekte oder auch strategische Vorteile erhofft.[4] Sofern sich die (erhofften) Vorteile im Anteilskaufpreis niederschlagen, kann es sich bei einem Trade sale für den Business Angel um eine durchaus lohnenswerte Desinvestitionsalternative handeln.[5] Aus Sicht des Unternehmensgründers ist eine Veräußerung an einen industriellen Investor differenziert zu beurteilen: sofern der Investor mit dem Erwerb der Beteiligung versucht, neue Geschäftsfelder zu erschließen, kann ein Trade sale auch für den Unternehmensgründer interessante Entwicklungsperspektiven bieten;[6] falls der Investor dage-

---

1 Weiterhin können durch die Ausgabe von Aktien auch günstige Effekte innerhalb der Unternehmensstruktur erzielt werden, da beispielsweise durch die Ausgabe von Belegschaftsaktien große Motivationsschübe bei den Mitarbeitern erreicht werden können. Hiervon kann auch ein Personalakquisitionseffekt dergestalt ausgehen, dass geeignete Arbeitnehmer leichter angeworben werden können. Zu weiteren Vorteilen des Börsengangs vgl. ebenfalls Ehlers, H. (1999), S. 3680 f.

2 Zur Börsenfähigkeit vgl. Koch, W./Wegmann, J. (1998), S. 291 ff., Jäger, A. (1998a), S. 932 ff., Maute, H. (1999), S. 687 ff. und Römer, H.-J./Müller, H. D. (2000), S. 1085 ff.

3 Nur wenn echtes Wachstumskapital ab einer bestimmten Größenordnung generiert werden soll, ist ein Going Public in Erwägung zu ziehen; soll das Unternehmen lediglich über die Börse verkauft werden, kann gegebenenfalls die Suche nach einem industriellen Investor lohnender sein, der aus strategischen Gründen mehr zu zahlen bereit ist, vgl. Jäger, A. (1998), S. 720.

4 Bei Trade sale-Transaktionen sind die Erwerber in der Regel Industrieunternehmen, die zwar deutlich größer sind als das Gründungsunternehmen, sich aber in der gleichen oder einer verwandten Branche betätigen, vgl. Schefczyk, M. (2000a), S. 44 f. Zu einzelnen „Branchenstrategien" bei Beteiligungserwerben vgl. Haux, J. F. (2001), S. 123 ff. und zum Ablauf solcher Transaktionen vgl. Fluck, A./Roos, R. (2001), S. 8 ff.

5 Dabei stellt sich die Frage, inwieweit der Verkäufer an Synergieeffekten, die der Erwerber zu realisieren plant, partizipieren soll, vgl. Drukarczyk, J. (2001), S. 129. Zur Wertfindung bei strategisch motivierten Unternehmensakquisitionen vgl. Sieben, G./Diedrich, R. (1992), S. 219 ff.

6 Zu den (möglichen) Vorteilen für den Kapitalnehmer im Fall der Beteiligung eines Corporate Venture Capitalists vgl. beispielsweise Lorenz, M./Seeliger, C. W. (2000), S. 660.

gen beabsichtigt, mit dem Beteiligungserwerb einen Mitbewerber unter seine Kontrolle zu bringen, ist der Trade sale aus der Sicht des Gründers eher negativ zu beurteilen.

Vom Trade sale abzugrenzen ist der Secondary purchase, welcher eine Veräußerung der Beteiligung an einen anderen Finanzinvestor wie beispielsweise an eine Venture Capital-Gesellschaft bezeichnet. Der neu eintretende Anteilseigner betreut dann seinerseits das Gründungsunternehmen in einer weiteren Finanzierungsrunde.[1]

Des Weiteren kann ein Erwerb der Anteile des Business Angel auch durch den Gründer erfolgen, wodurch das Beteiligungsunternehmen möglicherweise vollständig wieder an ihn zurückfällt. Diese in der Praxis als Buy back bezeichnete Exit-Strategie kann bereits im Beteiligungsvertrag in Gestalt eines Vorkaufsrechts für den Gründer im Fall der geplanten Anteilsveräußerung durch den Business Angel vorbereitet werden.[2] Das wohl wesentlichste Problem dieser Ausstiegsstrategie stellt die Finanzierung der Transaktion dar, da ein Unternehmensgründer in der Regel bereits den Großteil seines Vermögens in das Unternehmen investiert hat und dementsprechend nicht über die für einen Rückkauf erforderlichen finanziellen Mittel verfügt.[3] Demzufolge könnte auch angestrebt werden, dass nicht der Unternehmer selbst, sondern das Gründungsunternehmen die Beteiligung des Business Angels erwirbt.

Eine weitere (letzte) „Desinvestitionsmöglichkeit" geht aus Abbildung II-7 nicht hervor. So kann im Fall einer (anhaltend) negativen Geschäftsentwicklung der Ausstieg des Business Angels auch im Rahmen der Liquidation des Beteiligungsunternehmens erfolgen. Von Einzelfällen abgesehen, handelt es sich dabei regelmäßig um Teil- oder Totalverluste.[4]

II-3.2 Steuerorientierte Desinvestitionsplanung

In der Desinvestitionsphase wird der Business Angel die verschiedenen sich ihm bietenden Exit-Möglichkeiten prüfen und sich dann für diejenige Desinvestitionsalternative entscheiden, die seine Rendite maximiert.[5] Das dürfte in der Regel der Börsengang sein,

---

1 Vgl. Heitzer, B. (2000), S. 52.

2 Vgl. Bader, H. (1996), S. 148 f., zitiert nach Heitzer, B. (2000), S. 51.

3 Eine Buy back-Transaktion wird häufig als hochgradig fremdfinanzierter Management-Buy-Out organisiert, vgl. Schefczyk, M. (2000a), S. 45. Zum Begriff des Management-Buy-Out vgl. beispielsweise Betsch, O./Groh, A. P./Lohmann, L. G. E. (2000), S. 326 und die dort angegebene Literatur.

4 Vgl. Schefczyk, M. (2000a), S. 44.

5 Das Kalkül des Erwerbers wird nachfolgend nicht betrachtet, vgl. dazu Rogall, M. (2003), S. 750 ff.

weshalb in Abschnitt II-3.2.1 zunächst auf die einem Börsengang vorgelagerten und aus steuerlicher Sicht relevanten Aspekte eingegangen wird. Im Zuge des Börsengangs kann der Business Angel seine Anteile an dem Gründungsunternehmen (ganz oder teilweise) veräußern.[1] Mit diesem Themenbereich beschäftigt sich Abschnitt II-3.2.2, wobei neben der Anteilsveräußerung per se noch weitere, im Zusammenhang mit der Vollbeendigung des Engagements bedeutsame Aspekte behandelt werden;[2] schließlich ist zu berücksichtigen, dass sich etliche Business Angel-finanzierte Unternehmen nicht den Erwartungen entsprechend entwickeln. Falls der Ausstieg nicht im Wege einer verlustbringenden Anteilsveräußerung vollzogen wird, ist das Beteiligungsunternehmen häufig zu liquidieren, was Gegenstand der Ausführungen in Abschnitt II-3.2.3 ist.

II-3.2.1 Steuerplanung beim Börsengang

Ein Börsengang ist ein höchst komplexer und vielschichtiger Prozess, der mit vielen Unwägbarkeiten verbunden ist.[3] Bei seiner Vorbereitung stehen meist die Interessen der an die Börse strebenden Unternehmen im Vordergrund, wogegen den Belangen der Unternehmer oftmals weniger Beachtung geschenkt wird.[4] Zu diesen rechnen insbesondere die Möglichkeiten zur Absicherung des Einflusses des Unternehmensgründers, denn mit dem Börsengang ist die Aufnahme einer Vielzahl von (Klein-)Aktionären verbunden, so dass der Gründer regelmäßig seine beherrschende Stellung innerhalb des Unternehmens verliert.[5] Um den Verlust an Einflussmöglichkeiten so gering als möglich zu halten, gibt es unterschiedliche Gestaltungsmöglichkeiten, die im Folgenden jedoch nicht gesondert betrachtet werden.[6]

---

1 Im Folgenden wird von der Vollbeendigung seines Engagements ausgegangen.

2 Nicht Gegenstand der Betrachtung ist § 8 Abs. 4 KStG, der von Bedeutung ist, falls auf Ebene des Beteiligungsunternehmens zum Exit-Zeitpunkt steuerliche Verlustvorträge existieren. Da der Gründer im Regelfall (zumindest bis zum Ausstieg des Business Angels) konstant mindestens 50% des Nennkapitals des Gründungsunternehmens hält, führt der Exit zu keinem Wechsel der wirtschaftlichen Identität, vgl. Engers, T. (2006), S. 747.

3 Auf Fragen hinsichtlich der Auswahl einer geeigneten Börse bzw. eines Börsensegments wird im Folgenden nicht eingegangen. Die wesentlichen Schritte vor der ersten Börsennotierung umfassen (1) die Rechtsformwahl, (2) die Bestimmung der Aktienart und die Herkunft der Aktien, (3) die Bestimmung des Unternehmenswerts und die Emissionspreisfindung und schließlich (4) die Festlegung des Platzierungsverfahrens und die Platzierung der Aktien; vgl. hierzu auch Engelmann, A./Juncker, K./Natusch, I./Tebroke, H.-J. (2000), S. 157 ff.

4 Vgl. Göckeler, S. (2001), S. 15.

5 Des Weiteren können auch Fragen betreffend die Nachfolgeplanung von Bedeutung sein, auf die hier ebenfalls nicht eingegangen wird.

6 Zu einigen Gestaltungsvarianten vgl. Göckeler, S. (2001), S. 15 f., bei deren Umsetzung allerdings zu berücksichtigen ist, wie der Kapitalmarkt auf Maßnahmen zur Sicherung der Einflussnahme des Altgesellschafters reagieren wird.

II-3.2.1.1 Rechtsformwechsel

Vor der ersten Börsennotierung ist zunächst die Rechtsform des Gründungsunternehmens zu bestimmen; diesbezüglich wird man zunächst davon ausgehen können, dass die AG zu wählen ist, wenngleich mit der Kommanditgesellschaft auf Aktien (KGaA) eine zweite Rechtsform zur Verfügung steht.[1] Da das Beteiligungsunternehmen ursprünglich als GmbH geführt wurde, ist vor dem Börsengang ein Formwechsel durchzuführen.

Soll das Unternehmen formwechselnd in eine AG umgewandet werden, bewirkt dies keine Änderung des Rechtssubjekts. Der Rechtsträger bleibt erhalten, er ändert lediglich sein juristisches Kleid. Das Steuerrecht vollzieht den identitätswahrenden Charakter der handelsrechtlichen Umwandlung nach, so dass der Formwechsel steuerneutral möglich ist;[2] hieran hat sich auch nach der Neufassung des Umwandlungssteuergesetzes durch das SEStEG nichts geändert.

Sofern das Gründungsunternehmen an die Börse gebracht werden soll, ist das auch in der Rechtsform der KGaA möglich, stellt in der Praxis jedoch einen Ausnahmefall dar.[3] Wenngleich der Formwechsel einer GmbH in eine KGaA vergleichsweise komplizierter ist als die Umwandlung in eine AG, kann dieser gleichfalls steuerneutral vollzogen werden, so dass diesbezüglich keine steuerlichen Unterschiede zu berücksichtigen sind.[4]

Des Weiteren sind bei der Rechtsformwahl auch die „laufenden" Besteuerungsfolgen der (alternativ möglichen) Rechtsformen zu berücksichtigen, die sich im Rechtsformenvergleich deutlich unterscheiden.[5] Die laufenden Besteuerungsunterschiede sollten zwar in die Rechtsformwahlentscheidung einbezogen werden, dürften im Rahmen des Going Public jedoch von außersteuerlichen Faktoren überlagert werden.[6] Beispielsweise ist bei der KGaA die unbeschränkte persönliche Haftung des Komplementärs gegeben, was als ein Grund für die geringe Verbreitung dieser Rechtsform angesehen wird;[7] im Vergleich

---

[1] Zur KGaA vgl. ausführlich Hölzl, M. (2003), S. 9 ff.

[2] Vgl. anstatt vieler Heßler, A./Mosebach, P. (2002), S. 104 mit weiteren Nachweisen. Zur Behandlung einer Stillen Beteiligung beim Formwechsel einer GmbH in eine AG vgl. Mertens, K. (2000), S. 32 ff.

[3] So sind KGaA's meistens auf Familiengesellschaften beschränkt, vgl. Perridon, L./Steiner, M. (2003), S. 368.

[4] Vgl. Schwedhelm, R. (2006), Rz. 1517 sowie Sagasser, B./Bula, T./Brünger, T. R. (2002), S. 774 zum Formwechsel in eine KGaA und Kessler, W./Schiffers, J./Teufel, T. (2002), S. 85 zum Übergang einer GmbH in eine GmbH & Co. KGaA.

[5] Zur Besteuerung der KGaA vgl. Heinhold, M./Bachmann, C./Hüsing, S. (2004), S. 197 ff.

[6] Zum methodischen Vorgehen bei der Wahl der Rechtsform vgl. Schneeloch, D. (1997), S. 99 ff.

[7] Vgl. Betsch, O./Groh, A. P./Lohmann, L. G. E. (2000), S. 367; dieses „Problem" könnte allerdings mit der GmbH & Co. KGaA umgangen werden, die nach Ansicht des BGH zulässig ist, vgl. BGH (1997), S. 392. Vgl. zu dieser Rechtsformalternative Halasz, C./Kloster, L./Kloster, A. (2002), S. 77 ff. und zu deren Bedeutung für mittelständische Unternehmen Geck, R. (1998), S. 586 ff.

zu einer AG besteht jedoch insbesondere der Nachteil der geringeren Einflussnahme der Kommanditaktionäre auf die Geschäftsführung des Komplementärs, weshalb die KGaA (außerhalb der Familiengesellschaften) kaum verbreitet ist.[1] Gegebenenfalls bestehende steuerliche Vorteile der KGaA dürften die Rechtsformwahl deshalb nicht (entscheidend) beeinflussen, so dass zum Zweck des Börsengangs von einem Formwechsel in eine AG ausgegangen wird.

II-3.2.1.2 Kapitalanpassungen

Das umgewandelte Beteiligungsunternehmen muss ein Grundkapital von mindestens EUR 50.000 aufweisen (§ 7 AktG). Sofern das Unternehmen bis zu seinem Börsengang nicht über ein (deutlich) erhöhtes Grundkapital verfügt, hätte das erhebliche Nachteile:[2] zum einen könnten nur relativ wenige Aktien platziert werden, da das Aktienrecht einen (rechnerischen) Mindestnennbetrag von EUR 1 pro Aktie verlangt.[3] Zum anderen wäre damit gegebenenfalls ein so hoher Preis für die Aktien verbunden, der die börsenmäßige Handelbarkeit der Wertpapiere zumindest für viele Kleinanleger praktisch ausschließen könnte.[4] Aus diesem Grund sollte vor dem Börsengang das Grundkapital erhöht werden, wobei der Bestimmung eines „angemessenen" Erhöhungsbetrages besondere Bedeutung zukommt.[5]

Das deutsche Aktiengesetz unterscheidet verschiedene Formen der Kapitalerhöhung, wobei grundsätzlich danach zu differenzieren ist, ob dem Unternehmen im Rahmen der Kapitalerhöhung finanzielle Mittel zufließen (effektive Kapitalerhöhung gemäß §§ 182 bis 206 AktG), oder ob es sich hierbei lediglich um einen Passivtausch handelt (Kapitalerhöhung aus Gesellschaftsmitteln nach §§ 207 bis 220 AktG).[6] Unabhängig davon, für welche Kapitalerhöhungsvariante sich die beteiligten Parteien entscheiden, ist die Kapitalerhöhung selbst sowohl auf der Ebene des Gründungsunternehmens als auch bei den

[1] Vgl. Perridon, L./Steiner, M. (2003), S. 368. Dies dürfte jedoch dem Bestreben des Unternehmers entgegenkommen, trotz des Börsengangs weiterhin einen möglichst großen Einfluss auf das Gründungsunternehmen ausüben zu können.

[2] Vgl. nachfolgend Göckeler, S. (2001), S. 16.

[3] Nennbetragsaktien müssen auf mindestens einen Euro lauten (§ 8 Abs. 2 Satz 1 AktG) und bei Stückaktien darf der rechnerische Nennbetrag einen Euro nicht unterschreiten (§ 8 Abs. 3 Satz 3 AktG).

[4] Zur Kapital- und Aktionärsstruktur von Wachstumsunternehmen vgl. Bessler, W./Kurth, A./Thies, S. (2003), S. 651 ff. und Kaserer, C./Achleitner, A.-K./Moldenhauer, B. (2005), S. 2 ff.

[5] Ferner kann eine Kapitalerhöhung notwendig sein, um die Voraussetzungen der Börse hinsichtlich des Emissionsvolumens und der Kapitalstruktur zu erfüllen, vgl. Holler, G./Gold, F. (2001), S. 2.

[6] Bei der effektiven Kapitalerhöhung ist zwischen drei Gruppen zu unterscheiden: der ordentlichen und der bedingten Kapitalerhöhung und dem genehmigten Kapital; zu Einzelheiten vgl. Perridon, L./Steiner, M. (2003), S. 372 ff.

Altgesellschaftern grundsätzlich steuerneutral möglich, so dass Kapitalanpassungen, die im Hinblick auf den bevorstehenden Börsengang durchzuführen sind, unmittelbar keine steuerlichen Folgen nach sich ziehen.[1]

II-3.2.1.3 Kosten der Börseneinführung

Das bedeutendste Argument gegen einen Börsengang stellen die anfallenden Kosten für Beratung, Betreuung und Durchführung dar.[2] Diese Kosten werden mit etwa 4% des Emissionsvolumens angegeben, können (insbesondere bei kleinen Volumina) aber auch deutlich darüber liegen.[3] Somit kommt auf das Gründungsunternehmen mit dem Going Public eine in ihrem Umfang nicht zu unterschätzende Kostenbelastung zu.[4]

Die Kosten, die im Rahmen der Börseneinführung anfallen, können in direkte und indirekte Kosten unterteilt werden, wobei den indirekten Kosten unter anderem die Gehälter derjenigen Mitarbeiter zugerechnet werden, die im Gründungsunternehmen mit dem Börsengang befasst sind, wogegen die direkten Kosten alle externen Kosten wie Rechts- und Beratungskosten, Druckkosten, Registrierungs- oder auch Werbekosten beinhalten.[5] Die Kosten des Börsengangs sind als Aufwendungen anzusehen, die im Zusammenhang mit der Eigenkapitalbeschaffung stehen. Da nach § 248 Abs. 1 HGB deren Aktivierung als Vermögensgegenstand ausscheidet, sind die Kosten der Börseneinführung als sofort abzugsfähiger Aufwand zu behandeln.[6] Das gilt über den Grundsatz der Maßgeblichkeit der Handelsbilanz für die Steuerbilanz (§ 5 Abs. 1 EStG) analog auch für die steuerliche Gewinnermittlung.[7]

---

1 Zur Kapitalerhöhung bei der GmbH vgl. Abschnitt II-1.2.2.1. Bei einer Emission müssen jedoch nicht nur junge Aktien begeben werden, in einem gewissen Umfang kommt auch ein Verkauf durch die Altgesellschafter in Betracht, vgl. Wiese, G. T./Schäfer, P. (1999), S. 2088.

2 Vgl. Volk, G. (2000), S. 318 ff.

3 Vgl. Betsch, O./Groh, A. P./Lohmann, L. G. E. (2000), S. 364 sowie die dort zitierte Literatur. Kiwitz, T./Melzer, G. (2001), S. 42 ff. weisen darauf hin, dass sich die Kosten auf bis zu 10% des Emissionsvolumens belaufen können. Des Weiteren ist zu berücksichtigen, dass die Kosten nochmals erheblich steigen, wenn die Umsatzsteuer, die auf den im Zusammenhang mit dem Börsengang in Anspruch genommenen Eingangsleistungen lastet, nicht als Vorsteuer abziehbar ist; vgl. dazu Buttenhauser, O. R./ Steinhauser, H. (2005), S. 415 ff. und jüngst BMF-Schreiben (2006a), S. 1841.

4 Des Weiteren erhöhen sich auch die „laufenden" Verwaltungskosten, etwa für die Hauptversammlung oder für Pflichtveröffentlichungen, die hier jedoch nicht betrachtet werden.

5 Vgl. Fessler, B./Hegmann, G./Lemaitre, C. (2000), S. 1069.

6 Die Qualifikation als sofort abziehbarer Aufwand gilt gleichermaßen für direkte wie indirekte Kosten. Im Gegensatz hierzu erfasst § 248 Abs. 1 HGB keine Kosten, die anlässlich der Ausgabe von Wandel- bzw. Gewinnschuldverschreibungen und der Gewährung von Genussrechten anfallen, da es sich dabei um Kosten für die Beschaffung von Fremdkapital handelt, vgl. Heinhold, M. (1996b), S. 104.

7 Sofern das Unternehmen im Zuge des Going Public nicht mehr nach HGB bilanziert, bleibt die steuerliche Gewinnermittlung davon unberührt. Zur Behandlung von Börseneinführungskosten in den internationalen Rechnungslegungssystemen vgl. Fessler, B./Hegmann, G./Lemaitre, C. (2000), S. 1069 ff.

II-3.2.1.4 Beteiligungsveräußerung über die Börse

Werden die Aktien des Gründungsunternehmens schließlich an der Börse gehandelt, kann der Business Angel sein Beteiligungsengagement durch Veräußerung der von ihm gehaltenen Wertpapiere beenden.[1] Ertragsteuerlich ist in diesem Zusammenhang danach zu differenzieren, ob Altaktien oder die durch die Kapitalerhöhung erworbenen Bezugsrechte bzw. „jungen“ Aktien verkauft werden, da es sich jeweils um eigenständige Wirtschaftsgüter handelt.[2]

Der aus steuerlicher Sicht wesentliche Unterschied liegt darin, ob der jeweilige Veräußerungsgewinn den Einkünften aus Gewerbebetrieb (§ 17 EStG) zuzurechnen ist oder als privates Veräußerungsgeschäft (§ 23 Abs. 1 Nr. 2 EStG) der Besteuerung unterliegt.[3] Da die Beteiligungsquote sowohl des Unternehmensgründers als auch des Business Angels die Grenze des § 17 Abs. 1 Satz 1 EStG regelmäßig übersteigt, steht nicht die Frage im Vordergrund, ob ein steuerpflichtiger Veräußerungstatbestand vorliegt, sondern nach welcher Vorschrift sich die Steuerpflicht bestimmt.[4] Das ist aus betriebswirtschaftlicher Sicht von Bedeutung, da Veräußerungsgewinne – abweichend zu § 23 EStG – zum Teil einkommensteuerfrei sind (§ 17 Abs. 3 EStG), wogegen § 23 Abs. 3 Satz 6 EStG eine Freigrenze in Höhe von EUR 512 gewährt.[5] Im Übrigen ist die Zuordnung aus Sicht der Betriebswirtschaftslehre irrelevant, da sich die in den folgenden Abschnitten betrachtete Besteuerung des Veräußerungsergebnisses darüber hinaus nicht unterscheidet.

II-3.2.2 Steuerplanung bei Anteilsveräußerung

Kann ein Going Public nicht durchgeführt werden oder wird dieses nicht gewünscht, ist zunächst davon auszugehen, dass der Business Angel seine Anteile an einen fremden Dritten veräußern wird.[6] Hierbei wird in der Regel der Tatbestand des § 17 Abs. 1 EStG

---

[1] Gegebenenfalls ist (je nach Börsensegment) eine „Lock up-Periode“ zu beachten, die es den Altaktionären verbietet, innerhalb einer bestimmten Periode über ihre Aktien zu verfügen; in der Praxis wird von Investmentbanken oftmals verlangt, dass die Altaktionäre längere Bindungsfristen eingehen, vgl. Wiese, G. T./Schäfer, P. (1999), S. 2085.

[2] Vgl. Holler, G./Gold, F. (2001), S. 3.

[3] Dies gilt gleichermaßen für die Alt- und Neuaktien wie auch für die Bezugsrechte, deren Verkauf entweder nach § 17 Abs. 1 Sätze 1, 3 EStG (vgl. BFH (2005d), S. 762) oder nach § 23 Abs. 1 Nr. 2 EStG (vgl. BMF-Schreiben (2005a), S. 8) besteuert werden kann.

[4] Das ist von Bedeutung, da § 17 EStG nach § 23 Abs. 2 Satz 2 EStG hinter die Behandlung als privates Veräußerungsgeschäft zurücktritt.

[5] Für diese Zuordnung ist entscheidend, wann das veräußerte Wirtschaftsgut als angeschafft anzusehen ist. Beispielsweise gelten Gratisaktien zusammen mit den „Altaktien“ als angeschafft, vgl. Dötsch, E./ Jost, W. F./Pung, A./Witt, G. (2006), § 20, Rn. 104.

[6] Zu den Gründen, weshalb der Business Angel einen anderen Exit-Kanal als den Börsengang anstreben könnte, vgl. Abschnitt II-3.1.

erfüllt, so dass der nach § 17 Abs. 2 EStG zu ermittelnde Veräußerungsgewinn den Einkünften aus Gewerbebetrieb (§ 2 Abs. 1 Satz 1 Nr. 2 EStG) zugerechnet wird.[1,2] Welche steuerlichen Folgen damit verbunden sind, ist Gegenstand der weiteren Ausführungen.

II-3.2.2.1 Veräußerungsgewinnbesteuerung

Zunächst wird unterstellt, dass der Business Angel ein positives Veräußerungsergebnis erzielt. Werden mit *VE* der Veräußerungserlös, mit *VK* die Veräußerungskosten und mit *AK* die Anschaffungskosten (einschließlich nachträglicher Anschaffungskosten) des informellen Investors bezeichnet, berechnet sich dessen Veräußerungsgewinn *VG* nach § 17 Abs. 2 Satz 1 EStG wie folgt:[3]

(32) $$\mathrm{VG} = \mathrm{VE} - \mathrm{AK} - \mathrm{VK}$$

Auf diesen Veräußerungsgewinn ist – wie auch auf Dividenden – das Halbeinkünfteverfahren anzuwenden, so dass im Ergebnis der Veräußerungserlös zur Hälfte steuerfrei gestellt wird und korrespondierend die Veräußerungs- und die Anschaffungskosten nur zur Hälfte gegengerechnet werden können.[4] Die auf dem Veräußerungsgewinn lastende Einkommensteuer des Business Angels berechnet sich unter Berücksichtigung des Freibetrages *FB* nach § 17 Abs. 3 EStG wie folgt:[5]

(33) $$S^{BA} = s^{BA} \cdot 0{,}5 \cdot \Big(\underbrace{\mathrm{VG} - \mathrm{FB}}_{\geq 0}\Big)$$

Der Veräußerungsgewinn wird zur Einkommensteuer nur insoweit herangezogen, als er den Teil von EUR 9.060 übersteigt, der dem veräußerten Anteil an der Kapitalgesell-

[1] Die Vorschrift des § 17 Abs. 2 Satz 1 EStG ist die einzige auf die Veräußerung von Anteilen an Kapitalgesellschaften anzuwendende Gewinnermittlungsvorschrift; die anderen für gewerbliche Einkünfte geltenden Gewinnermittlungsvorschriften sind nicht zu berücksichtigen, vgl. Heßler, A./Mosebach, P. (2002), S. 193.

[2] Der Gewinn aus der Veräußerung von Anteilen an Kapitalgesellschaften ist im Zeitpunkt seiner Entstehung zu ermitteln. Das ist grundsätzlich der Zeitpunkt der Veräußerung der Anteile bzw. der Übertragung des wirtschaftlichen Eigentums; der Zeitpunkt des Zuflusses des Veräußerungspreises ist dagegen unerheblich, vgl. Zenthöfer, W./Schulze zur Wiesche, D. (2001), S. 718.

[3] Zum Veräußerungspreis gehört jegliche Gegenleistung des Anteilserwerbers, unabhängig davon, ob es sich um Geld- oder Sachleistungen handelt. Zur Behandlung von Kosten, die für eine fehlgeschlagene Veräußerung einer § 17 EStG-Beteiligung angefallen sind, vgl. Weber-Grellet, H. (1998), S. 1617 ff.

[4] So ist nach § 3 Nr. 40c EStG EStG die Hälfte des Veräußerungspreises (und nicht des Veräußerungsgewinns) steuerfrei. Da aber auch die Anschaffungs- und Veräußerungskosten nach § 3c Abs. 2 EStG nur zur Hälfte berücksichtigt werden, wird letztlich nur die Hälfte des Gewinns versteuert, vgl. Seibt, C. H. (2000), S. 2063. Kritisch hierzu äußert sich etwa Wenger, E. (2000), S. 177 ff.

[5] Mit dem StSenkG wurden die Veräußerungsgewinne nach § 17 EStG aus dem Regelungsbereich des § 34 EStG herausgenommen, so dass diesbezüglich keine Besonderheiten zu berücksichtigen sind; zu den Gründen vgl. Hagen, O./Schynol, D. (2001), S. 397. Eine Entlastung durch den Sparer-Freibetrag (§ 20 Abs. 4 EStG) und die Werbungskosten-Pauschale erfolgt für den Veräußerungsgewinn nicht, da dieser zu den Einkünften aus Gewerbebetrieb zählt, vgl. Sureth, C. (2003), S. 797.

schaft entspricht; der Freibetrag mindert sich um den Betrag, um den der Veräußerungsgewinn den Teil von EUR 36.100 übersteigt, der dem veräußerten Anteil an der Kapitalgesellschaft entspricht. Damit gilt für den Freibetrag *FB* des Business Angels:

$$FB = \underbrace{(1-\alpha)\cdot 45.160 - 0{,}5 \cdot VG}_{\geq 0} \tag{34}$$

Der Veräußerungserlös wird von einer Vielzahl von Faktoren beeinflusst, von denen ein Aspekt nachfolgend näher beleuchtet werden soll – die thesaurierten Gewinne. Falls Gewinne nicht an die Anteilseigner ausgeschüttet, sondern in die Gewinnrücklagen eingestellt werden, erhöht sich das Eigenkapital des Gründungsunternehmens und der Wert der Anteile des Business Angels. Thesaurierte Gewinne repräsentieren zukünftiges Ausschüttungspotential, das sich im Veräußerungserlös niederschlagen wird.[1] Der Wert der Anteile wird aus Sicht des Erwerbers durch die künftigen Zahlungsströme bestimmt, die ihm aus der Kapitalgesellschaft zufließen, aber auch durch seine persönliche steuerliche Situation. Von dieser hängt letztlich ab, welcher Veräußerungspreis sich erzielen lässt.[2] Daher sollte der Business Angel im Vorfeld der Beteiligungsveräußerung prüfen, ob er seine Vermögensposition eventuell durch eine dem Verkauf vorgezogene Ausschüttung verbessern kann.[3]

Ein weiterer im Zusammengang mit der Vollbeendigung des Engagements relevanter Aspekt betrifft die Frage, ob bestehende Wandelrechte ausgeübt und die so erworbenen Aktien bzw. Geschäftsanteile veräußert werden sollen, oder ob es aus steuerlicher Sicht vorteilhaft ist, statt der Aktien bzw. Anteile die Wandelrechte zu veräußern, so dass der Erwerber diese zu einem späteren Zeitpunkt selbst ausüben kann.[4] Wandelanleihen bzw. -rechte haben den Charakter festverzinslicher Wertpapiere, so dass der Gewinn aus der Veräußerung eines im Privatvermögen gehaltenen Wandelungsrechts einkommensteuerlich nur dann zu berücksichtigen ist, wenn dieser von den §§ 17, 23 EStG erfasst wird.[5] Da der Jahresfrist des § 23 Abs. 1 Nr. 2 EStG bei Business Angel-Finanzierungen regel-

---

[1] Haben bei einem Share-Deal die Vertragsparteien die Zuordnung der Gewinnansprüche nicht geregelt, gilt zivilrechtlich § 101 Nr. 2 BGB, wonach die Gewinnansprüche insoweit dem Verkäufer zustehen, als sie auf die Zeit vor dem Übertragungsstichtag entfallen. Steuerlich wird die Gewinnausschüttung nach § 20 Abs. 2a EStG dem neuen Gesellschafter zugerechnet, falls er wenigstens das wirtschaftliche Eigentum nach § 39 AO an den Anteilen erworben hat. Der Verkäufer hat jedoch einen Ausgleichsanspruch, der seinen Veräußerungsgewinn erhöht, vgl. dazu Beisel, W./Klumpp, H.-H. (2006), S. 311 f. Zur von Gewinnbezugsrechten vgl. grundlegend Mildner, M. (2004), S. 1025 ff.

[2] Vgl. hierzu die Analyse von Eisgruber, T./Glass, M. (2003), S. 396.

[3] Vgl. Herrmann, C. (1999), S. 2054 ff. sowie Van Lishaut, I. (2000), S. 189 f.

[4] Das setzt voraus, dass die Wandelrechte veräußerbar sind, wovon hier ausgegangen wird.

[5] Des Weiteren erfolgt eine Besteuerung unabhängig von Haltedauer oder Beteiligungsquote, sofern die Anleihe mit weiteren Elementen im Sinne des § 20 Abs. 2 Nr. 4 EStG ausgestattet ist, vgl. dazu Bösl, K./Sommer, M. (2006), S. 217 und Schumacher, A. (2003), S. 459 f.

mäßig keine Bedeutung zukommen dürfte, wird von einer Steuerpflicht nach § 17 EStG ausgegangen, da Wandelrechte als Anwartschaften gelten und unter den Anteilsbegriff des § 17 Abs. 1 Satz 3 EStG fallen.[1] Der Gewinn im Sinne des § 17 Abs. 2 Satz 1 EStG ist nach § 3 Nr. 40c EStG dem Halbeinkünfteverfahren folgend zu besteuern, so dass im Vergleich zu der einkommensneutralen Ausübung des Wandelungsrechts sowie dem anschließenden Verkauf der Anteile bzw. Aktien prinzipiell keine Unterschiede zu berücksichtigen sind.[2] In diesem Zusammenhang ist von Bedeutung, dass nach Auffassung der Finanzverwaltung die Aktien (und wohl auch die GmbH-Anteile) im Zeitpunkt der Ausübung des Wandelrechts als „angeschafft" gelten; damit ist ein bei der Veräußerung der Anteile innerhalb eines Jahres nach Ausübung des Wandelrechts erzielter Gewinn nach § 23 Abs. 1 Nr. 2 EStG steuerpflichtig.[3] Wenngleich diese Auffassung im Widerspruch zur BFH-Rechtsprechung und der überwiegenden Meinung in der Literatur steht, könnte hierin unter Umständen ein steuerliches Risiko liegen.[4]

Es existieren jedoch auch Stimmen, welche das Halbeinkünfteverfahren für nicht anwendbar halten, soweit eine Wandelanleihe verkauft wird.[5] Das wird so begründet, dass die Wandelanleihe ein Fremdkapitalinstrument ist, dessen Zahlungen bei der Emittentin zu abziehbaren Betriebsausgaben und beim Gläubiger gemäß § 20 Abs. 1 Nr. 7 EStG zu voll steuerpflichtigem Einkommen führen.[6] Da das Halbeinkünfteverfahren der körperschaftsteuerlichen Vorbelastung von Erträgen Rechnung trägt, besteht – falls man dieser Argumentation folgt – für eine hälftige Steuerfreistellung kein Raum, da die Zahlungen auf Ebene der Kapitalgesellschaft nicht vorbelastet wurden. Andererseits ist die Zuordnung der Wandelrechte zu den Anwartschaften in der Literatur nicht umstritten.[7] Da der Gewinn aus der Veräußerung solcher Anwartschaften nach § 17 Abs. 2 Satz 1 EStG zu ermitteln ist und § 3 Nr. 40c EStG nicht danach unterscheidet, welche Art von Anteilen veräußert wurde, wird hier die Auffassung vertreten, dass der Veräußerungsgewinn auf der Ebene des Business Angels dem Halbeinkünfteverfahren folgend zur Hälfte von der

[1] Vgl. Kirchhof, P. (2006), § 17, Rz. 43, Schmidt, L. (2006), § 17, Rz. 29 und BFH (2005), S. 130. Dies gilt zumindest dann, wenn die Anwartschaft eine Beteiligung im Sinne des § 17 EStG vermittelt.

[2] Vgl. Bösl, K./Sommer, M. (2006), S. 217. Gleicher Ansicht sind wohl auch Schweyer, E./Dannecker, A. (1999), S. 1734 f., Gosch, D. (2005), § 8b, Rz. 162 sowie Schumacher, A. (2003), S. 459.

[3] Vgl. Tz. 6 in BMF-Schreiben (2004b), S. 1034, das sich allerdings nur auf Wandelanleihen bezieht.

[4] Zum aktuellen Meinungsstand vgl. Süß, S./Zankl, H. (2005), S. 547 ff. sowie zu dem angesprochenen Risiko die folgenden Ausführungen zur Verlustrealisation. Zu den unterschiedlichen Steuerfolgen der §§ 17 und 23 EStG im Gewinnfall vgl. Abschnitt II-3.2.1.4.

[5] Vgl. Häuselmann, H./Wagner, S. (2002), S. 2432 und jüngst Haisch, M./Danz, T. (2006), S. 232.

[6] Vgl. hierzu Abschnitt II-1.3.2.3.

[7] Daher soll die Nichtanwendbarkeit des Halbeinkünfteverfahrens auch unbeschadet der Einstufung von Wandelanleihen als Anwartschaften gelten, vgl. Haisch, M./Danz, T. (2006), S. 232.

Einkommensteuer befreit ist.[1] Etwas anderes gilt jedoch, falls der Veräußerungsgewinn (partiell) auf eine Zinsforderung entfällt, da dieser Teil des Veräußerungsgewinns nach § 20 Abs. 2 Nr. 3 EStG voll steuerpflichtig ist.[2]

Schließlich ist im Hinblick auf die Vollbeendigung des Engagements des informellen Kapitalgebers eine zu diesem Zeitpunkt gegebenenfalls bestehende Stille Beteiligung zu berücksichtigen.[3] Oben wurde ausgeführt, dass ein die Einlage übersteigender Rückfluss dann der (steuerlich unbeachtlichen) Vermögenssphäre zuzurechnen ist, sofern die Stille Beteiligung an Gesellschaftsfremde veräußert wird, diese keinem Betriebsvermögen zugeordnet ist und auch kein Fall des § 23 EStG vorliegt.[4] Etwas anderes gilt dann, wenn der Anteilserwerber nicht bereit ist, auch die typisch Stille Beteiligung zu übernehmen, so dass diese aufzulösen ist.[5] Wird eine über den Nominalwert der Einlage (zur Zeit der Auflösung der Gesellschaft, also eventuell gemindert um den Business Angel treffende Verluste) hinausgehende Abfindung bezahlt, handelt es sich hierbei um steuerpflichtige Einkünfte nach § 20 Abs. 2 Nr. 1 EStG, da zu den Einkünften aus Kapitalvermögen alle Vermögensmehrungen zählen, die (bei wirtschaftlicher Betrachtungsweise) ein Entgelt für die Kapitalnutzung darstellen.[6] Falls der Business Angel die Stille Beteiligung also aufgeben möchte und weiß, dass er mehr als den Nominalbetrag seiner Einlage zurückerhält, sollte er nicht den Weg der Beendigung der Stillen Gesellschaft wählen, sondern vielmehr deren Veräußerung anstreben.[7]

Auf Ebene des Beteiligungsunternehmens hängt die steuerliche Behandlung des den Nennbetrag der stillen Einlage übersteigenden Betrags davon ab, welche Ansprüche des Business Angels damit abgegolten werden: werden Abschreibungen vergütet, die seinen

---

[1] Allerdings ist umstritten, ob § 3 Nr. 40j EStG auf den von § 23 EStG erfassten Erlös aus dem Verkauf eines Bezugsrechts anzuwenden ist, vgl. Schmidt, L. (2006), § 3 („Halbeinkünfteverfahren"). Um sich hier keinem Steuerrisiko auszusetzen, sollte das Wandelrecht erst nach einem Jahr veräußert werden.

[2] Aus steuerlicher Sicht ist zu differenzieren zwischen dem Verkauf der Anleihe sowie der zugehörigen Zinsforderung, da die bis zur Veräußerung entstandenen Zinsen (als Stückzinsen) den Einkünften aus Kapitalvermögen zuzurechnen sind, vgl. Dreyer, G./Herrmann, H. (2001), S. 706.

[3] Die Stille Beteiligung ist keine „ähnliche" Gesellschaft im Sinne des § 17 Abs. 1 EStG, auch wenn sie eigenkapitalersetzenden Charakter hat, vgl. BFH (1997e), S. 724.

[4] Vgl. Abschnitt II-1.3.1.3. Dabei ist zu beachten, dass die Übertragung der Stillen Beteiligung an einen Dritten zivilrechtlich nur zulässig ist, wenn eine entsprechende gesellschaftsvertragliche Vereinbarung getroffen wurde oder die Zustimmung der GmbH vorliegt, vgl. Schoor, H. W. (2001), S. 109.

[5] Gegen diese Ungleichbehandlung hat sich bereits Söffing, G. (1984), S. 268 ausgesprochen.

[6] Vgl. Fichtelmann, H. (2000), S. 99. Da der Stille nicht am Vermögen des Geschäftsinhabers beteiligt ist, gilt die Abfindung nicht einen höheren Wert der Einlage ab, sondern stellt ein zusätzliches Entgelt dar, vgl. BFH (1984a), S. 580. Die Abfindung wäre in Formel (9) den Gewinnanteilen G zuzurechnen.

[7] Vgl. Blaurock, U. (2003), S. 608. Zur Zurechnung von Gewinnanteilen im Fall der unterjährigen Veräußerung einer Stillen Beteiligung vgl. ebenda, S. 609. Möglichkeiten zur steuerneutralen Beendigung einer atypisch Stillen Gesellschaft zeigt Ott, H. (2002), S. 493 ff. auf.

Gewinnanteil während des Verlaufs der Beteiligung geschmälert haben, stellen die Aufwendungen Anschaffungskosten derjenigen Wirtschaftsgüter dar, deren stille Reserven nachträglich vergütet werden.[1] Sofern die Abfindung für das vorzeitige Ausscheiden des stillen Gesellschafters bezahlt wird, ist das als Aufwand für die Erlangung eines betrieblichen Vorteils anzusehen; hierbei handelt es sich um ein abschreibungsfähiges und mit den Anschaffungskosten zu bewertendes Wirtschaftsgut.[2]

Abschließend ist im Zusammenhang mit der Veräußerung der Anteile die Realisation eines Verlustes zu betrachten.[3] Dieser kann, falls eine im Sinne des § 17 EStG relevante Beteiligung innerhalb der gesamten letzten fünf Jahre vorlag, zur Hälfte mit steuerlicher Wirkung geltend gemacht werden (§ 17 Abs. 2 Satz 4 Buchstabe b EStG).[4] Wenn damit zu rechnen ist, dass der Veräußerungserlös die Anschaffungs- und Veräußerungskosten nicht übersteigen wird und der Veräußerungsverlust geltend gemacht werden soll, muss der Business Angel sein Engagement für mindestens fünf Jahre aufrechterhalten.[5]

Sofern die Beteiligung nur mit Verlust veräußert werden kann, ist davon auszugehen, dass der Business Angel mit seinen Darlehen ganz oder teilweise ausfällt. Sind diese als eigenkapitalersetzend zu qualifizieren, erhöhen diese insoweit den Veräußerungsverlust, als eine Rückführung nicht möglich ist oder aber der Business Angel darauf verzichtet.[6] Etwas anderes gilt für die im Rahmen einer Stillen Beteiligung geleistete Einlage. Deren Verlust ist für Zwecke der Einkommensbesteuerung des Business Angels unbeachtlich, da die Vermögensminderung nicht in der gesellschaftlichen Verlustübernahmeverpflichtung begründet und aus diesem Grund seinem steuerlich irrelevanten Vermögensbereich zuzuordnen ist.[7]

---

1 Vgl. Fichtelmann, H. (2000), S. 100.

2 Vgl. BFH (1978), S. 74. Wenngleich dieses Urteil zur atypisch Stillen Gesellschaft ergangen ist, wird in der Literatur die Ansicht vertreten, dass die Mitunternehmerschaft nicht das entscheidende Kriterium war, so dass das Urteil auch auf typisch Stille Gesellschaften anwendbar sein müsste vgl. Fichtelmann, H. (2000), S. 100 f.

3 Neben der „Verlustveräußerung" kommt bei einem negativ verlaufenen Beteiligungsengagement auch die Liquidation des Gründungsunternehmens in Betracht, vgl. dazu Abschnitt II-3.2.3.

4 Dies stellt den wesentlichen Unterschied zum Gewinnfall dar, bei dem eine Steuerpflicht bereits dann gegeben ist, falls in den letzten fünf Jahren (auch nur kurzfristig) eine von § 17 EStG erfasste Beteiligung vorgelegen hat. Des Weiteren ist die Verlustnutzung daran geknüpft, dass die Anteile entgeltlich erworben wurden; zur steuerlichen Behandlung der Veräußerungsverluste bei unentgeltlichem Erwerb vgl. Carlé, T. (2006), S. 15103.

5 Hierbei ist unerheblich, ob der Business Angel Gründungsgesellschafter ist oder sich erst später beteiligt hat, da auch ein Erwerb im Rahmen der Gründung nach § 17 Abs. 2 Satz 4 Buchstabe b EStG zu beurteilen ist, vgl. Schmidt, L. (2006), § 17, Rz. 199.

6 Vgl. Abschnitt II-2.3.1.3 bzw. II-2.3.2.1. Fallen die Aufwendungen erst nach dem Verkauf der Anteile an, ändert sich der Verlust rückwirkend, so BFH (1999d), S. 817 in Bezug auf Bürgschaften.

7 Vgl. Schmidt, L. (2006), § 20, Rz. 147.

Schließlich ist denkbar, dass der Business Angel zum Zeitpunkt der Vollbeendigung seines Engagements noch im Besitz von Wandelrechten ist. Oben wurde die Auffassung vertreten, dass es aus steuerlicher Sicht prinzipiell irrelevant ist, ob der Business Angel das Wandelrecht selbst veräußert oder ob er dieses ausübt und die „erworbenen" Anteile verkauft. Dies gilt jedoch dann nicht mehr, sofern ein gewinnbringender Anteilsverkauf nicht möglich ist. Im Allgemeinen wird eine Ausübung des Wandelrechts nur erfolgen, wenn der Business Angel seine Vermögensposition dadurch verbessert. Allerdings sind auch Fälle denkbar, in denen das Wandelrecht ausgeübt, die Anteile jedoch mit Verlust an Stelle des erwarteten Gewinns veräußert werden. Erfolgt die Veräußerung innerhalb eines Jahres nach Wandelung, ist nach der oben dargestellten Verwaltungsmeinung der Veräußerungsverlust nur im Rahmen des § 23 Abs. 3 Sätze 8 f. EStG nutzbar. Diese im Vergleich zu § 17 EStG eingeschränkte Verlustverrechnung ist ebenfalls bei der steuerlichen Desinvestitionsplanung zu berücksichtigen.[1]

II-3.2.2.2 Anteilsrückerwerb

Sofern der Exit über einen Buy back erfolgt, entsprechen die den Business Angel betreffenden steuerlichen Folgen den gerade dargestellten Grundsätzen. Falls der Gründer über die für den Rückerwerb erforderlichen finanziellen Mittel verfügt, ergeben sich bei diesem zunächst keine Steuerwirkungen, da der Veräußerungserlös des Business Angels bei dem Unternehmer zu den Anschaffungskosten der Beteiligung rechnet, die sich erst bei einem seinerseitigen Verkauf steuermindernd auswirken.

In der Regel kann jedoch davon ausgegangen werden, dass der Unternehmer gerade nicht über die notwendigen finanziellen Mittel verfügt, so dass ein Rückkauf der Anteile häufig nur fremdfinanziert möglich ist.[2] In der Praxis ist eine Vielzahl von Gestaltungsmöglichkeiten denkbar, so dass die Ausführungen hier auf einige grundlegende Hinweise beschränkt werden müssen.[3] Erwirbt der Gründer die Geschäftsanteile des Business Angels und muss er sich dafür refinanzieren, sind seine Refinanzierungsaufwendungen

---

1 Zur Wirkungsweise dieser Verlustverrechnungsbeschränkung vgl. Beisel, W./Klumpp, H.-H. (2006), S. 313 f. So sollte der Business Angel versuchen, etwaige Veräußerungsverluste aus dem Regelungsbereich des § 23 EStG herauszunehmen und stattdessen eine Nutzung im Rahmen des § 17 EStG anstreben.

2 Wie oben bereits angedeutet wurde, erfolgt dies oftmals im Rahmen einer Management-Buy-Out-ähnlichen Finanzierung.

3 Zu den grundsätzlichen Ausgestaltungsmöglichkeiten vgl. beispielsweise Betsch, O./Groh, A. P./Lohmann, L. G. E. (2000), S. 332 ff. sowie die dort angegebene Literatur. Zur Refinanzierung von im Privatvermögen gehaltenen Geschäftsanteilen über Policen- oder Tilgungsdarlehen vgl. Stollenwerk, A. (2000), S. 187 ff.

nach § 3c Abs. 2 EStG nur zur Hälfte steuerlich berücksichtigungsfähig; dies gilt unabhängig davon, ob dem Gründer im Refinanzierungszeitraum Dividenden zufließen oder nicht.[1] Letztendlich führt das dazu, dass die Refinanzierung der Eigenkapitalausstattung einer Kapitalgesellschaft mittels Fremdkapital aus steuerlicher Sicht grundsätzlich nachteilig ist.[2]

Dessen ungeachtet ist noch die Frage der Besicherung der aufgenommenen Darlehen von Bedeutung. Da das Unternehmen in seiner Entwicklung relativ weit fortgeschritten sein dürfte, könnte eine Besicherung der aufgenommenen Kredite über die Verpfändung der erworbenen Anteile erfolgen; dieses Vorgehen erscheint relativ unkompliziert, birgt für den Gründer aber den Nachteil der eingeschränkten Verwertbarkeit in sich.[3] Insofern könnte es sich auch anbieten, das Vermögen des Gründungsunternehmens selbst zur Besicherung dieser Kredite einzusetzen.[4] In diesem Zusammenhang stellt sich das Problem der verdeckten Gewinnausschüttung, falls für die Sicherheitenbestellung keine oder eine unzureichende Vergütung vereinbart wurde, wobei als Beurteilungsmaßstab der Fremdvergleich dient.[5] Nimmt hingegen das Beteiligungsunternehmen selbst ein Darlehen auf und leitet dieses an den Gründer weiter, wirkt sich das unter der Annahme, dass die von dem Kreditgeber in Rechnung gestellten Zinsen in gleicher Höhe durch den Gründer zu leisten sind, auf das körperschaftsteuerliche Einkommen grundsätzlich nicht aus.[6] Da es sich auf der Ebene des Gründungsunternehmens diesbezüglich um Dauerschuldentgelte handeln dürfte, hätte diese Gestaltung per Saldo eine (um die Hälfte der Zinsen) erhöhte gewerbesteuerliche Bemessungsgrundlage zur Folge, ohne dass die oben beschriebenen negativen steuerlichen Wirkungen auf Ebene des Gründers beseitigt wären. Einen Ausweg könnte somit der Erwerb der Anteile durch das Unternehmen selbst darstellen, was Gegenstand des nächsten Abschnittes ist.

---

1 Der „Ballooning-Effekt" kann nicht genutzt werden, da das hälftige Abzugsverbot unabhängig davon gilt, ob und in welcher Höhe im gleichen Veranlagungszeitraum Einnahmen anfallen, vgl. Schiffers, J. (2000), S. 207. Zur Kritik am hälftigen Werbungskostenabzugsverbot vgl. aus der Fülle der Literatur beispielhaft Jacobs, N./Wittmann, H.-J. (2000), S. 1019.

2 Vgl. Scheffler, W. (2000), S. 2449.

3 Vgl. nachfolgend Hötzel, O. (1997), S. 260.

4 Dies kann primär über die Bestellung einzelner Wirtschaftsgüter als Kreditsicherheiten erfolgen. Darüber hinaus kann auch eine Bürgschaft für die Verbindlichkeit des Gründers übernommen werden.

5 Vgl. hierzu Streck, M./Schwedhelm, R. (1992), S. 793 f. Des Weiteren stellt sich die Frage, ob es sich bei dem gewährten Vorteil eventuell um eine verbotene Einlagenrückgewähr (§§ 30, 31 GmbHG oder §§ 57, 61 AktG) handelt. Sofern dies der Fall ist, sieht die Rechtsprechung hierin (unabhängig davon, ob die Vereinbarungen einem Fremdvergleich standhalten) eine verdeckte Gewinnausschüttung, vgl. BFH (1984b), S. 69.

6 Ist der Kreditgeber ein fremder Dritter, kann eine verdeckte Gewinnausschüttung nicht vorliegen. Jedoch sind die nachfolgend darzustellenden Rückwirkungen auf die Gewerbesteuer zu berücksichtigen, die sich ihrerseits über § 4 Abs. 4 EStG auf das körperschaftsteuerliche Einkommen auswirkt.

II-3.2.2.3 Erwerb eigener Anteile

Sofern das Gründungsunternehmen liquide Mittel in ausreichender Höhe akkumuliert hat, könnte der Risikokapitalgeber seine Anteile auch an dieses veräußern.[1] Für das Beteiligungsunternehmen zieht das keine unmittelbaren steuerlichen Folgen nach sich: die erworbenen Anteile sind in der Handels- und Steuerbilanz mit den Anschaffungskosten zu aktivieren, falls diese nicht zur Einziehung erworben wurden.[2] Gelangen die Anteile in den Wirtschaftskreislauf zurück, sind auf den Veräußerungsgewinn die allgemeinen Grundsätze anzuwenden: ein Veräußerungsgewinn ist zu 95% körperschaft- und gewerbesteuerfrei, wogegen ein etwaiger Veräußerungsverlust nach § 8b Abs. 3 KStG steuerlich unbeachtlich ist.[3] Beim veräußernden Business Angel ist der Veräußerungsgewinn gleichfalls nach den allgemeinen Grundsätzen zu behandeln, so dass diesbezüglich auf die vorstehenden Ausführungen verwiesen werden kann.[4]

Verfügt das Gründungsunternehmen nicht über die für den Rückerwerb notwendigen finanziellen Mittel, ist auch denkbar, dass diese zunächst im Rahmen einer Fremdfinanzierung beschafft werden.[5] Sofern es sich um Dauerschuldentgelte handelt, ist die Hälfte der Zinsen dem Gewerbeertrag hinzuzurechnen, wogegen für Körperschaftsteuerzwecke der volle Betriebsausgabenabzug gegeben ist; § 8b Abs. 5 KStG soll keine Anwendung finden, da das Gründungsunternehmen aus den eigenen Anteilen keine Bezüge im Sinne des § 8b Abs. 1 KStG erzielt.[6] Somit könnte der Erwerb eigener Anteile eine interessante Exit-Alternative darstellen, wobei allerdings für einen konkreten Einzelfall zu prüfen ist, ob sich steuerlich relevante Folgewirkungen, etwa im Hinblick auf die 50%-Grenze des § 8 Abs. 4 KStG, auf die 1%-Grenze des § 17 EStG oder auch auf die 25%-Grenze des § 8a KStG ergeben.[7]

---

1 Der Erwerb von eigenen Anteilen durch eine GmbH setzt gemäß § 33 Abs. 2 GmbHG voraus, dass die Einlagen vollständig geleistet sind und der Erwerb aus Vermögen bestritten werden kann, das über das Stammkapital hinausgeht. Des Weiteren muss die GmbH eine Rücklage für erworbene eigene Anteile (§ 272 Abs. 4 HGB) darstellen können, ohne Stammkapital oder gebundene Rücklagen zu verwenden.

2 So vertritt die herrschende Meinung die Auffassung, dass der Erwerb eigener Anteile als Anschaffung anzusehen ist, vgl. etwa Dötsch, E./Jost, W. F./Pung, A./Witt, G. (2006), § 17, Rn. 78 und die dort angegebene Literatur. Zur Bilanzierung eigener Anteile vgl. ausführlich BMF-Schreiben (1998), S. 1509 und zu weiteren Einzelheiten vgl. Winnefeld, R. (2000), S. 1905 ff.

3 Vgl. Gosch, D. (2005), § 8b, Rz. 163. Eine abweichende Auffassung vertreten Meinhövel, H./Brands, B. (2003), S. 673 ff., wonach der Mehrerlös aus der Veräußerung eigener Anteile (als Aufgeld) in die Kapitalrücklage einzustellen sein soll. Diese Auffassung ist abzulehnen, da die zunächst in § 8b KStG enthaltene Einschränkung auf „andere" Kapitalgesellschaften durch das UntStFG entfallen ist.

4 Vgl. Prinz, U./Von Freeden, A. (2005), S. 534; dies gilt auch dann, falls die Anteile erworben wurden, um sie einzuziehen.

5 Zur Mezzanine Kapital-Finanzierung des Erwerbs eigener Anteile vgl. Dörscher, M. (2004), S. 161.

6 Vgl. Prinz, U./Von Freeden, A. (2005), S. 535.

7 Vgl. hierzu jeweils mit weiteren Nachweisen Prinz, U./Von Freeden, A. (2005), S. 536 ff.

II-3.2.3 Steuerliche Liquidationsplanung

Ergänzend zu den oben dargestellten finanzwirtschaftlichen Sanierungsmaßnahmen sind insbesondere auch leistungswirtschaftliche Maßnahmen zu ergreifen, um den Fortbestand des Gründungsunternehmens zu sichern.[1] Falls die entsprechenden Maßnahmen nicht greifen, ist die Auflösung des Unternehmens zu erwägen.[2] Die Auflösung bedeutet lediglich, dass sich der Zweck der GmbH von einer werbend tätigen Gesellschaft in eine reine Abwicklungsgesellschaft wandelt. An die Auflösung der Gesellschaft schließt sich im Regelfall die Liquidation an;[3] diese umfasst nach § 70 GmbHG die Beendigung der laufenden Geschäfte, die Erfüllung der Verpflichtungen, das Einziehen der Forderungen und die Veräußerung des Vermögens.[4] Da das Beteiligungsunternehmen im Rahmen der Liquidation erlischt, ist die Beendigung des Engagements des Business Angels auch auf diesem Wege möglich.[5]

II-3.2.3.1 Unternehmensebene

Die körperschaftsteuerliche Behandlung des Beteiligungsunternehmens während der Liquidationsphase weicht sowohl von den allgemeinen Besteuerungsregeln des Körperschaftsteuergesetzes als auch von den handelsrechtlichen Vorschriften deutlich ab.[6] Im Zentrum steht die Vorschrift des § 11 KStG, die das Ziel verfolgt, eventuell vorhandene stille Reserven aufzudecken und zu versteuern. Folglich kann sich auch im Rahmen der Liquidation ein Abwicklungsgewinn als Differenz zwischen dem Abwicklungsend- und dem Abwicklungsanfangsvermögen ergeben, der nach § 11 Abs. 1 Satz 1 KStG der Besteuerung zu Grunde zu legen ist.[7] Besteuert wird jedoch nicht der Abwicklungsgewinn, sondern das zu versteuernde Einkommen des Abwicklungszeitraums, für dessen Ermittlung die allgemeinen Gewinnermittlungsvorschriften zu beachten sind, so dass nicht ab-

---

[1] Vgl. Abschnitt II-2.3.

[2] Sofern hingegen statt der Auflösung die Veräußerung unter Realisierung eines Veräußerungsverlustes angestrebt wird, kann auf die Ausführungen in Abschnitt II-3.2.2.1 verwiesen werden.

[3] Unter Liquidation wird die freiwillige und planmäßige Beendigung des Unternehmens verstanden, die außerhalb des Insolvenzverfahrens abgewickelt wird, vgl. Förster, W./Grönwoldt, J. (1987), S. 577.

[4] Zum zeitlichen Ablauf des Liquidationsverfahrens vgl. Neu, N. (2000a), S. 57 f.

[5] Wird die GmbH dagegen durch Eröffnung eines Insolvenzverfahrens aufgelöst, folgt nicht notwendig eine Liquidation. Die Folgen der Auflösung richten sich dann nach der Insolvenzordnung. Sofern das Insolvenzverfahren eingestellt wird, können die Gesellschafter der GmbH deren Fortsetzung beschließen. Nachfolgend wird ausschließlich die Beendigung außerhalb des Insolvenzverfahrens betrachtet.

[6] Zur Abwicklungs- bzw. Liquidationsrechnungslegung bei Kapitalgesellschaften vgl. ausführlich Budde, W. D./Förschle, G. (2002), S. 701 ff.

[7] Zur Ermittlung des Abwicklungsgewinns und zum Besteuerungszeitraum in der Liquidation vgl. Dörner, B. M. (2001), S. 493 ff. und Dötsch, E./Cattelaens, H./Gottstein, S./Stegmüller, H./Zenthöfer, W. (2002), S. 232 ff.

ziehbare Betriebsausgaben oder verdeckte Gewinnausschüttungen dem Abwicklungsgewinn hinzuzurechnen sind.[1] Auf dieses Einkommen ist der Körperschaftsteuersatz anzuwenden, wobei der Tarif im letzten Kalenderjahr der Abwicklung maßgebend ist.[2] Dies könnte bei einer absehbaren Tarifanpassung zur Erzielung steuerlicher Vorteile genutzt werden, indem der Zeitpunkt der Liquidationsbesteuerung entsprechend gesteuert wird.

Wird das Liquidationsendvermögen an die Gesellschafter ausgekehrt, ist dies auf der Ebene des Gründungsunternehmens wie eine Ausschüttung zu behandeln.[3] Im Zeitpunkt der Beendigung der GmbH endet dann auch deren Körperschaftsteuerpflicht.[4]

II-3.2.3.2 Anteilseignerebene

Die Liquidation des Gründungsunternehmens wirkt sich auf die Besteuerung der Anteilseigner in zweifacher Hinsicht aus: die Liquidationsausschüttung ist, soweit sie nicht in der Rückzahlung von Stammkapital besteht oder das Einlagekonto als verwendet gilt, nach § 20 Abs. 1 Nr. 1 Sätze 1 und 3 EStG wie eine „normale" Ausschüttung zu behandeln. Soweit dagegen das Stammkapital ausgekehrt wird oder das Einlagekonto als verwendet gilt, wird der Vorgang wie eine Veräußerung der Beteiligung gesehen.[5] Der auf jeden Gesellschafter entfallende Anteil am Stammkapital und Einlagekonto stellt hierbei den Veräußerungspreis dar.[6] Dementsprechend ist die Auskehrung des Gesellschaftsvermögens aufzuteilen in eine (veräußerungsgleiche) Kapitalrückzahlung und in eine (ausschüttungsgleiche) Auskehrung thesaurierter Gewinne.[7]

---

1 Die Vorschriften über den Verlustabzug sind entsprechend anzuwenden; da der Besteuerungszeitraum ein verlängerter Veranlagungszeitraum ist, sind Verluste vorangegangener Veranlagungszeiträume zu berücksichtigen. Jedoch dürfen aus dem Wegfall eigener Anteile resultierende Buchverluste als gesellschaftsrechtlicher Vorgang den Gewinn nicht mindern.

2 Während für die Körperschaftsteuer der gesamte Abwicklungszeitraum als Besteuerungszeitraum anzusehen ist und § 11 Abs. 1 KStG einen eigenständigen Veranlagungszeitraum für Liquidationsfälle begründet, ist der Gewerbeertrag des gesamten Abwicklungszeitraums nach Kalendermonaten auf die einzelnen Veranlagungszeiträume zu verteilen (§ 16 Abs. 1 GewStDV).

3 Da diese Ausschüttung nicht auf einem den gesellschaftsrechtlichen Vorschriften entsprechenden Gewinnverteilungsbeschluss beruht, handelt es sich um eine „andere" Ausschüttung.

4 Die Gewerbesteuerpflicht endet mit der Beendigung der Gesellschaft, das heißt mit dem Erlöschen der juristischen Person (Abschn. 19 Abs. 3 GewStR).

5 So bestimmt § 17 Abs. 4 Satz 3 EStG, dass die Auflösung der Gesellschaft nur insoweit einer Anteilsveräußerung gleichgestellt ist, als die Auskehrung des Vermögens bei den Gesellschaftern keine Einkünfte aus Kapitalvermögen begründet.

6 Soweit das Stammkapital jedoch einen durch eine Kapitalerhöhung aus Gesellschaftsmitteln entstandenen Teilbetrag im Sinne des § 28 Abs. 2 KStG enthält, ist dieser nach § 20 Abs. 1 Nr. 2 EStG nicht als Teil des Veräußerungspreises, sondern als Ausschüttung zu behandeln. Zu den Auswirkungen der Liquidation auf das steuerliche Einlagekonto vgl. Tz. 12 ff. in BMF-Schreiben (2003b), S. 434.

7 Der Sinn dieser Spaltung liegt in der unterschiedlichen Behandlung von Veräußerungsgewinnen nach § 17 EStG und laufenden Einkünften nach § 20 EStG, vgl. Schmidt, L. (2006), § 17, Rz. 212.

Ein Auflösungsgewinn im Sinne des § 17 Abs. 4 EStG ist nach § 17 Abs. 2 EStG zu ermitteln.[1] Der Auflösungsgewinn, auf den das Halbeinkünfteverfahren anzuwenden ist, entsteht in der Regel zu dem Zeitpunkt, zu dem gesellschaftsrechtlich der Anspruch auf Auszahlung des Abwicklungsguthabens entsteht.[2] Ein nach § 17 Abs. 2 Satz 4 EStG zu berücksichtigender Auflösungsverlust ist hingegen in dem Jahr zu erfassen, in dem mit einer wesentlichen Änderung des bereits feststehenden Verlustes nicht mehr zu rechnen ist.[3] Da Einkünfte nach § 17 EStG nur insoweit entstehen, als keine Einkünfte aus Kapitalvermögen vorliegen, kann in der Regel davon ausgegangen werden, dass die Liquidation einen Verlust nach sich zieht.[4] Somit kommt dem Zeitpunkt der Verlustrealisierung wesentliche Bedeutung zu, wobei der Business Angel in Folge seines konstanten Grenzsteuersatzes eine möglichst frühzeitige Nutzung anstreben sollte, wogegen der Gründer gegebenenfalls Progressionseffekte nutzen kann.[5] Im Einzelfall könnte sich hieraus ein Interessenkonflikt hinsichtlich der zeitlichen Ausgestaltung der Liquidation ergeben.

---

[1] Vgl. BFH (1993f), S. 162. Dabei sind auch Aufwendungen zu berücksichtigen, die der Gesellschafter im Zusammenhang mit der Auflösung persönlich getragen hat, vgl. BFH (1993g), S. 459.

[2] Vgl. Schmidt, L. (2006), § 17, Rz. 221.

[3] Vgl. BFH (2001b), S. 731. Davon ist auszugehen, wenn feststeht, dass kein Vermögen an die Anteilseigner verteilt wird und dass keine weiteren Anschaffungs- oder Auflösungskosten mehr anfallen, vgl. hierzu die Nachweise bei Schmidt, L. (2006), § 17, Rz. 222.

[4] Vgl. Dötsch, E./Cattelaens, H./Gottstein, S./Stegmüller, H./Zenthöfer, W. (2002), S. 239.

[5] Zum Zeitpunkt der Verlustrealisierung vgl. ausführlich Völlmeke, M. (2005), S. 2024 ff.

Teil III: Reformvorschlag

Eine grundlegende Reform des deutschen Steuerrechts ist seit Mitte der 1980-er Jahre zum Dauerbrenner im politischen Diskurs avanciert.[1] An Reformvorschlägen mangelt es nicht und die Dynamik der Steueränderungsgesetzgebung zeigt, dass Steuerreformen im Trend liegen.[2] Dem Gesetzgeber ist es allerdings nicht gelungen, ein systematisches, prinzipientreues und in sich widerspruchsfreies Ertragsteuerrecht umzusetzen;[3] auch die Einführung des Halbeinkünfteverfahrens stellt dabei keinen Fortschritt dar.[4] Aus diesem Grund ist die Betriebswirtschaftliche Steuerlehre weiterhin gefordert, die Wirkung alternativer Steuerkonzepte auf das unternehmerische Verhalten zu untersuchen.[5]

Die bisherigen Ausführungen haben deutlich gemacht, dass das geltende Steuerrecht die Finanzierung junger Unternehmen in der Gründungs- bzw. Expansionsphase wesentlich beeinflusst. Obwohl sich die Fremd- gegenüber der Beteiligungsfinanzierung in der Regel erst bei der Auszahlung von Zinsen oder Dividenden als vorteilhaft darstellt, wird vor dem Hintergrund der beschriebenen „Umfinanzierungsrichtung" die Kapitalstruktur des Gründungsunternehmens davon bereits zu einem Zeitpunkt beeinflusst, zu welchem (noch) keine Gewinnausschüttungen möglich sind. Jedoch erscheint insbesondere in der Frühphase der Unternehmensentwicklung eine von steuerlichen Überlegungen unbeeinflusste Unternehmensfinanzierung zweckmäßig, weshalb im Folgenden eine mögliche Neuordnung der Besteuerung von Gründungsfinanzierungen („Gründungsbesteuerung") vorgestellt wird. Zunächst werden in Abschnitt III-1 die Rahmenbedingungen und Zielsetzungen beschrieben, wobei der Lösungsansatz als Reaktion auf das zunehmend komplizierter werdende deutsche Steuerrecht von Unkompliziertheit sowie Verständlichkeit geprägt sein soll.[6] Im Anschluss daran wird in Abschnitt III-2 ein Besteuerungskonzept

---

1 Vgl. Herzig, N./Watrin, C. (2000), S. 378. Der von dem lateinischen Verb „reformare" abgeleitete Begriff „Reform" meint die planmäßige Umgestaltung, Verbesserung und Neuordnung des Bestehenden, wobei staatliche Reformpolitik in der Regel das Ziel hat, ein bestehendes System an geänderte (politische oder gesellschaftliche) Gegebenheiten anzupassen.

2 Vgl. zum Einkommensteuerrecht die Übersicht bei Littmann, E./Bitz, H./Pust, H. (2006), Vor § 1, Rz. 60 ff. Zu der Forderung nach einer Reform des Steuerrechts vgl. auch Klein, F. (1988), S. 217.

3 Auch oder trotz der tiefgreifenden Änderungen im Körperschaftsteuerrecht bleibt die Notwendigkeit einer Umgestaltung der Unternehmensbesteuerung weiter bestehen, vgl. Hennrichs, J. (2002), S. 216 und Mitschke, J. (2004), S. 1.

4 Vielmehr hat die Chaotisierung des Steuerrechts mit dem Halbeinkünfteverfahren eine neue Qualität erreicht, vgl. Bareis, P. (2000), S. 143.

5 Zur Aufgabenstrukturierung der Betriebswirtschaftlichen Steuerlehre vgl. Kußmaul, H. (1995), S. 4 f.

6 Vgl. Gebhardt, C./Rose, M. (2004), S. 84. Zum verfassungsrechtlichen Auftrag zur Vereinfachung des Steuerrechts vgl. Seer, R. (1995), S. 186 ff. Hindernisse auf dem Weg zu einem einfachen Steuerrecht zeigt Schön, W. (2002), S. 23 ff. auf.

beschrieben, das nicht bestimmte Formen der Außenfinanzierung steuerlich begünstigt, sondern die diskriminierenden Wirkungen des geltenden Steuerrechts beseitigt.[1] Da die Gründungsbesteuerung einen zeitlich begrenzten Anwendungsbereich haben sollte, wird in Abschnitt III-3 erörtert, inwieweit sich dieses Konzept in das bestehende Steuerrecht integrieren und in der Besteuerungspraxis umsetzen ließe.

III-1 Rahmenbedingungen

Der Reformvorschlag konzentriert sich auf die Finanzierung in der Rechtsform einer Kapitalgesellschaft geführter Gründungsunternehmen durch ihre Gesellschafter und umfasst damit einen Teilbereich des geltenden Steuerrechts, so dass in einem ersten Schritt der äußere Rahmen der Gründungsbesteuerung zu bestimmen ist. Die Ausführungen beschränken sich dabei auf die Finanzierungstätigkeit eines typischen Business Angels, da dessen Engagement alle finanzierungsrelevanten Aspekte ausgehend vom Eintritt in das Gründungsunternehmen bis hin zum Verkauf der Beteiligung abdeckt.

Zunächst werden in Abschnitt III-1.1 einige grundsätzliche Überlegungen zur Ausgestaltung der Gründungsbesteuerung angestellt. Im Anschluss hieran werden in Abschnitt III-1.2 die wesentlichen an ein Steuerkonzept gerichteten Forderungen diskutiert und in Bezug auf ihre Relevanz für die Besteuerung von Gründungsfinanzierungen analysiert. Wenngleich ein Reformvorschlag grundsätzlich die Forderungen verschiedener Interessengruppen zu berücksichtigen hat, werden hier primär betriebswirtschaftliche Aspekte berücksichtigt, welche gleichzeitig die maßgebenden Zielsetzungen bestimmen, die dem Entwurf einer Gründungsbesteuerung zu Grunde liegen.

III-1.1 Vorüberlegungen

Im Zusammenhang mit der möglichen Neuordnung der steuerlichen Behandlung von Existenzgründungsfinanzierungen ist das in Abschnitt I-3.1 beschriebene Grundmodell hinsichtlich seines Geltungsbereichs – konkretisiert in der Frage, für welchen Personen-

[1] Eine steuerliche Begünstigung könnte etwa durch eine Lenkungssteuer realisiert werden. Zur Eignung von Lenkungssteuern für ökonomische Gestaltungen vgl. Kirchhof, P. (1987), S. 3226. Interventionen des Gesetzgebers, welche eine Steuer in den Dienst außerfiskalischer Ziele stellen, sind grundsätzlich zulässig, vgl. Offerhaus, K. (2000), S. 9. Sofern durch die Besteuerung jedoch außerfiskalische Ziele verfolgt werden, bedürfen sowohl das Lenkungsziel als auch die gewählte Ausgestaltung einer grundrechtlichen Rechtfertigung, vgl. Kirchhof, P. (2000), S. 29. In der Literatur wird daher die Quantifizierung des Gesetzeszwecks gefordert, so dass der Gesetzgeber im Rahmen einer verfassungsrechtlichen Prüfung „beim Wort“ genommen werden kann, vgl. Kirchhof, F. (2002), S. 190.

kreis eine Gründungsbesteuerung gelten sollte – zu präzisieren (Abschnitt III-1.1.2) und die Reichweite des Entwurfs festzulegen (Abschnitt III-1.1.3). Zunächst werden jedoch in Abschnitt III-1.1.1 Ansatzpunkte diskutiert, in welchem Rahmen das Gründungsrecht realisiert werden könnte.

III-1.1.1 Reformmöglichkeiten

Für die technische Umsetzung sind verschiedene Möglichkeiten denkbar, wobei hier zwei Ansatzpunkte diskutiert werden, die sich insbesondere in Bezug auf ihre politische Durchsetzbarkeit erheblich unterscheiden:[1] zum einen die häufig geforderte Totalreform der Unternehmensbesteuerung und zum anderen ein Besteuerungskonzept, das einen bestimmten Teilbereich des Steuerrechts zum Gegenstand hat, darüber hinaus das geltende Recht jedoch unberührt lässt und sich in dieses einfügt.

Das deutsche Steuersystem kennt – im Unterschied etwa zu Frankreich oder den Vereinigten Staaten von Amerika – kein das gesamte Steuerrecht umfassendes Gesetzbuch.[2] Auch existiert in Deutschland keine eigenständige Unternehmensbesteuerung, vielmehr ist die Besteuerung der unternehmerischen Tätigkeit in ein System eingebunden, in dem zahlreiche Steuerarten auf unterschiedliche Bemessungsgrundlagen zugreifen. Die Neuordnung der Besteuerung von Gründungsfinanzierungen könnte daher im Rahmen einer grundlegenden Reform der Unternehmensbesteuerung erfolgen.[3]

Die Notwendigkeit einer die gesamte (Unternehmens-)Besteuerung umfassenden Reform ist lange bekannt und wurde ausführlich diskutiert.[4] Das Neben-, Mit- und Gegeneinander einer Vielzahl unterschiedlicher Steuern hat sich historisch entwickelt, jedoch nicht auf Grundlage einer geistigen Gesamtkonzeption, sondern pragmatisch und unter dem Diktat der öffentlichen Haushalte.[5] Eine auf systemtragenden Prinzipien aufbauende Neukonzeption würde die Chance bieten, ein systematisches und in sich geschlossenes (Unternehmens-)Steuerrecht zu schaffen.[6]

---

[1] Obwohl in der theoretischen Diskussion die Frage nach politischer Durchsetzbarkeit nicht im Zentrum des Interesses steht, ist auch dieser Aspekt zu berücksichtigen, da ansonsten nicht realisierbare Theorie geschaffen wird, vgl. Tipke, K. (1989), S. 304.

[2] Ein Steuergesetzbuch wurde unter anderem von Kirchhof, P. (1987), S. 3223 gefordert. Einen Entwurf hat Lang, J. (1993a) vorgelegt. Zur Neuordnung der Einkommensteuer vgl. etwa Mitschke, J. (2004a).

[3] Zur langfristigen Vorbereitung einer Steuerstrukturreform vgl. Schulz, G. (1993), S. 1257.

[4] Zu der Frage, weshalb die Steuerpolitik der Wissenschaft nicht folgt, vgl. Tipke, K. (1989), S. 305 ff.

[5] Vgl. Tipke, K. (1976), S. 294.

[6] Wer hinter dem Begriff „Steuersystematik“ praktisch irrelevante Theorie vermutet, verkennt die positiven Folgen einer systematischen (Steuer-)Gesetzgebung, vgl. Schön, W. (2002a), S. 53.

Einer solchen Reform stehen jedoch erhebliche praktische Schwierigkeiten entgegen: zunächst besteht die Unsicherheit, dass die Systemumstellung für den Fiskus Einnahmeausfälle nach sich zieht, die in ihrer Größenordnung von der öffentlichen Hand eventuell nicht zu verkraften wären.[1] Weiter besteht im Hinblick auf die Realisierungschancen die Gefahr, dass die Steuerreformdiskussion insbesondere mit verteilungspolitischen Fragen überlastet wird.[2] So ist wohl davon auszugehen, dass auch ein in sich geschlossenes und systematisches Gesamtkonzept auf erhebliche politische Widerstände stoßen würde.[3]

Schließlich würde die Totalreform der Unternehmensbesteuerung die zu behandelnde Problemstellung – die Beseitigung derjenigen ertragsteuerlichen Wirkungen, welche das Finanzierungsverhalten von Business Angels beeinflussen – deutlich übersteigen. Daher soll die Möglichkeit, die Gründungsfinanzierungsbesteuerung implizit im Rahmen einer umfassenderen Reform neu zu gestalten, hier nicht weiter verfolgt werden.[4]

Der Ansatz, dass der Finanzierung einer Kapitalgesellschaft durch ihre Gesellschafter eine gesonderte steuerliche Behandlung zuteil wird, das Unternehmen und seine Eigner in allen anderen Belangen aber dem geltenden Steuerrecht unterliegen, soll nachfolgend als „integrative Partialreform“ bezeichnet werden.[5] Dieser Reformansatz übernimmt die geltenden Gewinn- bzw. Einkunftsermittlungsvorschriften, so dass sich Änderungen nur insoweit ergeben, als in die Bemessungsgrundlagen der von der Gründungsbesteuerung erfassten Parteien finanzierungsbezogene Komponenten einfließen.

---

[1] Dieses Problem ließe sich durch ein „Gesetzesfolgen-Abschätzungsverfahren“ lösen, bei dem in Planspielen versucht wird, die Folgen einer Steuerreform für Unternehmen und Fiskus zu ergründen, vgl. Herzig, N./Watrin, C. (2000), S. 384. Nur in Teilbereichen lösbar ist das Problem der „Aufkommensneutralität“: diese könnte gesamtwirtschaftlich erreicht werden, individuelle Aufkommensneutralität kann hingegen keine Steuerreform gewährleisten, vgl. Seidl, C. (1987), S. 204. Allerdings kann in einem von Unsicherheit geprägten Marktprozess in Folge der Anknüpfung der Besteuerung an eine ex post ermittelte, aber ex ante festgelegte Bemessungsgrundlage (mit ex ante festgelegten Steuersätzen) die Gleichheit des Steueraufkommens nie völlig gesichert werden, vgl. Elschen, R. (1988), S. 14. Für eine aufkommensneutrale Ausgestaltung einer Unternehmensteuerreform spricht sich Gattermann, H. H. (1993), S. 19 f. aus.

[2] Vgl. hierzu in einem etwas anderen Zusammenhang Wendt, R. (1992), S. 80.

[3] So in Bezug auf die Betriebsteuer bei Personengesellschaften Tipke, K./Lang, J. (1996), § 16, Rz. 63.

[4] In diesem Zusammenhang sei noch erwähnt, dass – im Hinblick auf eine Einkommensteuerreform – in der Literatur die Meinung vertreten wird, dass der Wunsch einer endgültigen Anpassung eines Steuersystems an geänderte Ziele und Bedingungen in einem gesetzgeberischen Akt zu Gunsten einer Steuerreform als permanentem Prozess aufzugeben sei, vgl. Tipke, K. (1989), S. 304 m.w.N. Anderer Ansicht ist Fels, G. (1986), S. 21, der dafür plädiert, eine Steuerreform in einem Schritt durchzuführen.

[5] Für diesen Ansatz spricht insbesondere, dass eine punktuelle Anpassung einzelner Steuerrechtsnormen politisch sicherlich einfacher durchsetzbar ist als eine grundlegende Systemreform. Zum anderen wird die vom Gesetzgeber getroffene Grundentscheidung, die Unternehmensbesteuerung am Gesellschaftsrecht auszurichten, grundsätzlich respektiert. Aus juristischer Sicht kommt diesem Aspekt wesentliche Bedeutung zu, da sich Empfehlungen daran messen lassen müssen, ob und inwieweit bei ihrer Umsetzung diese Grundentscheidung aufgegeben wird, vgl. dazu Flämig, C. (1980), S. 244; anderer Ansicht ist Elschen, R. (1983), S. 325 f.

Die jüngere Vergangenheit hat gezeigt, dass der Steuergesetzgeber in der Regel den Weg einer „permanenten Reform" beschritten hat, die sich im Wesentlichen in der Einführung, Modifikation und Streichung einzelner Regelungen erschöpft.[1] Die kontinuierlichen Änderungen haben dabei in Ermangelung eines steuersystematischen Leitfadens eine Entsystematisierung des Steuerrechts bewirkt.[2] Der Ansatz der integrativen Partialreform unterscheidet sich hiervon insoweit, als ein Besteuerungskonzept in das geltende Recht eingebettet wird, in dessen Anwendungsbereich eine Lösung für einen als reformbedürftig identifizierten Problembereich umgesetzt werden kann, ohne die Besteuerung der übrigen am Markt agierenden Steuerpflichtigen zu beeinflussen.

Hinsichtlich der Realisierungschancen einer Partialreform ist davon auszugehen, dass diese im Vergleich zu einer Totalreform als weniger restriktiv einzustufen sind. So stellt sich die Umsetzung von Steuerreformen im politischen Prozess als schwierig dar, da die Interessen verschiedener Gruppen von Steuerpflichtigen betroffen sind, zumal wenn der Abbau von Vergünstigungen oder die Einführung von Steuererhöhungen diskutiert werden.[3] Andererseits werden auch bei einer aufkommensneutralen Steuerreform, etwa falls Tarifsenkungen in Verbindung mit einer Verbreiterung von Bemessungsgrundlagen verwirklicht werden sollen, diejenigen Interessengruppen auf den Plan gerufen, die von der Bemessungsgrundlagenverbreiterung betroffen sind, wogegen die Tarifsenkung generell allen Steuerpflichtigen zu Gute kommt.[4] Die unterschiedlichen, häufig in Form von sog. Lobbies organisierten Interessengruppen setzen ihren Einfluss dazu ein, um ihre Steuerprivilegien zu verteidigen.[5] Die nach den verteilungspolitisch motivierten Diskussionen verbleibenden steuergesetzlichen Neuerungen werden sich vielfach auf eine punktuelle Änderung einzelner Vorschriften beschränken, welche die Abschaffung der Steuerprivilegien der sich durchsetzenden Interessengruppe bzw. -gruppen (zumindest weitgehend) ausklammert.[6]

---

[1] Diese „Reform der kleinen Schritte" war oftmals jedoch von keinem klaren Kurs getragen, vgl. Tipke, K. (1989), S. 304. Die grundlegenden Defizite des Steuerrechts sind durch eine punktuelle Anpassung der Einzelsteuergesetze nicht zu beseitigen, vgl. Lang, J. (1993), S. 58.

[2] Zu den Möglichkeiten, die Gesetzgebung in einen Optimierungsprozess zu transformieren, vgl. Helsper, H. (1995), S. 17 ff.

[3] Zu weiteren Problemen bei der Umsetzung von Steuerreformen vgl. Tipke, K. (1989), S. 300 f.

[4] Dies wird beispielhaft an dem Beitrag von Langbein, V. (1989), S. 158 ff. deutlich, der aus Sicht eines Großunternehmens konstatierte, dass von der Steuerreform 1990 im Wesentlichen der Mittelstand entlastet wurde, wogegen die großen Unternehmen in erheblichem Umfang deren Nettozahler waren; vgl. dazu auch Gattermann, H. H. (1989), S. 920 f.

[5] Vgl. hierzu Seidl, C. (1987), S. 204 f.

[6] Die Beobachtung der Steuergesetzgebung in Deutschland belegt dies, da Steuerrecht oftmals zum Vehikel von parteipolitischen Positionen und Gruppeninteressen gemacht wird, vgl. hierzu Franke, S. F. (1993) und Findling, M. (1995), jeweils zitiert nach Tipke, K./Lang, J. (2005), § 4, Rz. 1.

Hier stellt sich die Sachlage jedoch etwas anders dar, da der Entwurf die Besteuerung der bereits am Markt agierenden Steuerpflichtigen unberührt lässt.[1] Da sich insoweit die Frage nach verteilungspolitischen Konsequenzen nicht stellt, werden die verschiedenen Interessengruppen nicht dazu genötigt, für die Aufrechterhaltung eigener Privilegien zu kämpfen und diese gegenüber anderen Interessengruppen zu verteidigen. Wenn sich die Neuordnung dergestalt in das geltende Recht einfügt, dass den Steuerpflichtigen aus der Reform keine Nachteile erwachsen, ist davon auszugehen, dass die Realisierungschance einer integrativen Partialreform als überwiegend positiv eingestuft werden kann.

III-1.1.2 Geltungsbereich

Sofern das Gründungsrecht im Wege einer integrativen Partialreform implementiert wird, ist dessen Anwendungsbereich zu bestimmen, konkretisiert in dem Personenkreis, auf den die Gründungsbesteuerung Anwendung findet und innerhalb welchen zeitlichen Rahmens die steuerliche Sonderbehandlung Geltung haben soll. Die Ausführungen sind hierbei im Hinblick auf den von der Gründungsbesteuerung umfassten Personenkreis als Präzisierung des in Abschnitt I-3.1.1 beschriebenen Grundmodells zu verstehen, so dass die von einer oder mehreren natürlichen Personen vollzogene selbständige und originäre Existenzgründung den Rahmen für die Anwendung des Gründungsrechts vorgibt.[2]

In diesem Zusammenhang ist an erster Stelle auf den Business Angel einzugehen, da es sich hierbei nicht um einen feststehenden Begriff bzw. einen abschließend definierten Personenkreis handelt.[3] Letztendlich kann jede natürliche Person als Business Angel bezeichnet werden, die eine Existenzgründung finanziell (und auch persönlich) unterstützt mit dem Ziel, zu einem späteren Zeitpunkt im Rahmen der Veräußerung der Beteiligung eine dem Risiko angemessene Rendite zu erzielen, ohne selbst Existenzgründer zu sein.[4] Eine Folge dieser weiten Definition ist, dass das Gründungsrecht nicht nur von Business Angels vollzogene Gründungsfinanzierungen umfasst, sondern weit darüber hinausgeht.

[1] Insbesondere geht es nicht darum, tatsächliche oder vermeintliche Steuervorteile abzuschaffen oder Steuererhöhungen durchzusetzen.

[2] Das Merkmal der Neugründung gilt in der Gründungsforschung als Kriterium für die Definition einer erfolgreichen Existenzgründung, vgl. Frank, H./Korunka, C./Lueger, M. (1999), S. 264. Da die Gründungsmodelle des Management-Buy-In bzw. Management-Buy-Out in aller Regel den Falltypus einer Gründung durch Nachfolge bzw. eine Betriebsübernahme beschreiben, also keine originäre Neugründung vorliegt, werden sie hier nicht weiter berücksichtigt; vgl. zu diesen beiden Gründungsmodellen Fanselow, K.-H. (1993), S. 383 ff. und Hoffmann, P./Ramke, R. (1992).

[3] Zu einer Klassifizierung von Business Angels vgl. Abschnitt I-2.2.3.1.

[4] Damit fallen prinzipiell auch Familienangehörige und Freunde unter den Begriff des Business Angels, vgl. hierzu die in Abschnitt I-3.1.1.3 angegebene Literatur.

Andererseits ist eine abschließende Bestimmung der Person des Business Angels kaum möglich, da deren Erscheinungsformen in der Praxis zu vielfältig sind.[1] Entsprechendes gilt auch für einen Existenzgründer, so dass für die Definition des Anwendungsbereichs der Gründungsbesteuerung auf das finanzierte Unternehmen zurückgegriffen wird.[2]

Da es sich sowohl bei einem Business Angel als auch bei einem Existenzgründer um natürliche Personen handelt, beschreibt eine für „Existenzgründungszwecke" errichtete Kapitalgesellschaft im Folgenden die Situation, dass ausschließlich natürliche Personen an der Gesellschaft beteiligt sind, wobei deren Geschäftsgegenstand für die Anwendbarkeit des Gründungsrechts irrelevant sein soll, da dieser kein geeignetes Kriterium für die Art der Besteuerung bildet. Falls die Gesellschaft ausschließlich natürliche Personen als Anteilseigner hat, soll diese ab ihrer rechtlichen Entstehung der Gründungsbesteuerung unterliegen.[3] Damit steht ein späterer Eintritt des Business Angels einer Anwendung des Gründungsrechts nicht entgegen.[4]

Des Weiteren ist der Zeitpunkt zu bestimmen, zu dem die gesonderte steuerliche Behandlung endet. Da das Engagement eines Business Angels zeitlich begrenzt ist, soll die teilweise oder vollständige Beendigung seiner Beteiligung das Ende des Gründungszeitraums bestimmen.[5] In diesem Zusammenhang sind allerdings noch zwei Aspekte zu berücksichtigen: zum einen ist der Zeitpunkt des Exit unbestimmt und zum anderen ist der Anwendungsbereich nicht ausschließlich auf Business Angel-Finanzierungen begrenzt, so dass ein mittelfristiger Anteilsverkauf nicht zwingend zu erwarten ist.[6] Daher könnte erwogen werden, dass der Steuergesetzgeber ergänzend einen festen zeitlichen Rahmen vorgibt, zu dem die Gründungsbesteuerung endet.[7]

---

[1] Beispielsweise repräsentieren innovative Existenz- und technologieorientierte Unternehmensgründungen wegen hoher erwarteter Wachstumsraten das klassische Betätigungsfeld von Business Angels, es sind zumindest vereinzelt jedoch auch Engagements bei imitierenden Gründungen denkbar.

[2] Abweichend zu der einschränkenden Definition des Existenzgründers in § 7g Abs. 7 Satz 2 EStG soll für die Anwendbarkeit des Gründungsrechts der Frage, ob es sich um die erste Existenzgründung des Unternehmers handelt, keine Bedeutung zukommen.

[3] Im Zusammenhang mit der „Vorgründungsphase" relevante steuerliche Fragestellungen werden nachfolgend nicht berücksichtigt.

[4] Einer älteren Studie zufolge waren im Rahmen von technologieorientierten Unternehmensgründungen in den neuen Bundesländern zum Zeitpunkt der Gründung Beteiligungsgesellschaften lediglich in fünf von 348 Fällen an den Unternehmen beteiligt, vgl. Pleschak, F./Stummer, F. (1999), S. 328. Das sollte sich bei Business Angel-Engagements tendenziell ähnlich verhalten.

[5] Ergänzend könnte erwogen werden, dass auch eine (teilweise) Veräußerung durch den oder die Gründer dazu führt, dass die gesonderte steuerliche Behandlung ihr Ende findet.

[6] Letzteres gilt etwa, falls ein Gründer nicht auf „externes" Eigenkapital zurückgreift, sondern sich zum Aufbau einer Selbständigkeit über eine Einmann-Kapitalgesellschaft unternehmerisch betätigt.

[7] So wurden im französischen Steuerrecht neu gegründete Gesellschaften für einen Zeitraum von drei Jahren als Existenzgründungsunternehmen behandelt, vgl. Albach, H. (1997), S. 447.

III-1.1.3 Elemente des Steuerreformmodells

Durch Multiplikation einer Bemessungsgrundlage mit dem Steuersatz ergibt sich die Steuerschuld, die von den Steuerpflichtigen bei ihren (wirtschaftlichen) Entscheidungen zu berücksichtigen ist.[1] Somit ist vor dem Hintergrund der hier angeregten Partialreform von Bedeutung, innerhalb welchen Rahmens welche Größe mit welchem Steuersatz belastet wird, wobei die Möglichkeiten, auf die Bemessungsgrundlage und den Steuersatz als Bestimmungsfaktoren der Steuerbelastung Einfluss zu nehmen, begrenzt sind. Daher ist der grundsätzliche Wirkungsbereich einer (finanzierungsbezogenen) Partialreform zu bestimmen.

III-1.1.3.1 Unternehmens- oder Gesellschafterebene

Der Entscheidung, ob das Unternehmen selbst oder aber seine Anteilseigner der Besteuerung unterliegen sollen, ist die Frage vorgelagert, wer als Träger der unternehmerischen Entscheidungen anzusehen und von welchen wirtschaftlichen Zielsetzungen auszugehen ist. Daher ist zunächst die den weiteren Ausführungen zu Grunde liegende Vorstellung des Zwecks und der Tätigkeit von „Unternehmen" zu klären.

In Bezug auf die Zielbildung in Unternehmen und die hieraus abzuleitende relevante Steuerbelastung sind grundsätzlich zwei Konstellationen denkbar:[2] entweder werden die Zielkriterien für Entscheidungen von der Unternehmensleitung auf Unternehmensebene festgelegt (institutionenorientierte Zielbildung) oder aber die Anteilseigner geben einem Unternehmen die Zielkriterien von außen vor (kapitalmarktorientierte Zielbildung). Des Weiteren ist zu berücksichtigen, ob bei auf Unternehmensebene zu treffenden Entscheidungen ausschließlich die Steuern des Unternehmens beachtet werden, oder ob auch die Ebene der Anteilseigner bzw. deren persönliche Steuern in die (unternehmensbezogene) Steuerplanung einfließen.[3]

Insbesondere die mit dem Entstehen von Publikumsgesellschaften verbundene Trennung von Kapitaleigentum und Verfügungsmacht hat zu der Vorstellung des „Unternehmens an sich" geführt, das – von den Interessen seiner Kapitalgeber abgekoppelt – von einem eigenen Unternehmensinteresse bestimmt ist.[4] Dieser Begrenzung des Interesses

---

[1] Zum Zusammenhang von Steuersatz und Steuertarif vgl. Scheffler, W. (2001), S. 8.

[2] Vgl. nachfolgend Wagner, F. W. (2000a), S. 109 f. mit weiteren Nachweisen.

[3] Falls die unterstellten Entscheidungsmechanismen nicht der tatsächlichen Gegebenheiten entsprechen, werden die intendierten Wirkungen ausbleiben und statt dessen unerwünschte Nebenwirkungen an deren Stelle treten, vgl. Wagner, F. W. (2000a), S. 110.

[4] Vgl. dazu Wenger, E. (1989), S. 155 ff.

auf die Unternehmensebene entsprach es, nur den diese Ebene betreffenden Steuern wie der Gewerbe- bzw. Körperschaftsteuer Bedeutung beizumessen.[1] Letztlich ist es jedoch eine Frage der realen Machtverhältnisse, wie Entscheidungen in Unternehmen getroffen und inwieweit hierbei die Interessen der Anteilseigner berücksichtigt werden. Nur wenn ein Unternehmen in Folge vollständiger Entscheidungsautonomie der Manager von den Interessen seiner Anteilseigner abgekoppelt ist, lässt sich eine isolierte (steuerliche) Betrachtung der Unternehmensebene rechtfertigen, was bei Gründungsunternehmen jedoch gerade nicht gegeben ist, da hier regelmäßig Personalunion zwischen dem Management und den Anteilseignern besteht.[2] Demzufolge existiert bei Gründungsunternehmen kein von den Anteilseignern losgelöstes Management, weshalb in diesen Unternehmen allein die Vorstellungen der Unternehmenseigentümer realisiert werden.[3]

Dies führt zu der Überlegung, dass das Existenzgründungsunternehmen die Funktion eines Einkommensintermediärs erfüllt, da letztlich Ziel jedes wirtschaftlichen Handelns die Erzielung konsumierbarer Mittel bzw. der Konsum selbst ist.[4] Da das Unternehmen selbst jedoch nicht zum Konsum fähig ist, die Gesellschafter ihre Interessen aber durch diese Wirtschaftseinheit realisieren, sind die Folgen unternehmerischer Entscheidungen auf die Einkommenssituation der Anteilseigner auf betrieblicher Ebene zu beachten.[5]

III-1.1.3.2 Bemessungsgrundlage

In der steuerpolitischen Diskussion wird – neben der Forderung nach Steuervereinfachung – insbesondere die Verbreiterung der Bemessungsgrundlage durch Abschaffung von Steuervergünstigungen oder Ausnahmen als Ziel genannt, wogegen Entscheidungsneutralität als Eigenschaft von Steuersystemen kaum Gegenstand in der politischen Diskussion ist.[6] Die unbegrenzte Verbreiterung der Bemessungsgrundlage ist jedoch weder

---

1 Vgl. Wagner, F. W. (2000a), S. 112 mit weiteren Nachweisen. Dementsprechend wurde der Einkommensteuer jegliche Relevanz im Hinblick auf unternehmerische Entscheidungen abgesprochen, da die Ziele der Anteilseigner auf der Entscheidungsebene der Unternehmen keine Bedeutung haben sollten.

2 So decken sich insbesondere im Gründungsstadium die Träger des Managements meist mit den Organen und Gesellschaftern des Unternehmens, vgl. Weitnauer, W. (2000), S. 98.

3 Unter dem Management werden die weisungsberechtigten Personen eines Unternehmens verstanden, vgl. Staehle, W. (1999), S. 71.

4 Unternehmen stellen das Instrument von Unternehmern zur Einkommenserzielung dar, vgl. Siegel, T./ Bareis, P./Herzig, N./Schneider, D./Wagner, F. W. (2000), S. 1269. Dies entspricht der „modernen Betrachtungsweise" der Unternehmung als Instrument nutzenmaximierender Wirtschaftssubjekte, vgl. hierzu Schmidt, R. H./Terberger, E. (1996), S. 38.

5 So ist beispielsweise bei Kapitalgesellschaften der Fall der vollständigen und dauerhaften Gewinnthesaurierung aus Sicht der Anteilseigner zu beurteilen, vgl. König, R./Wosnitza, M. (2004), S. 82.

6 Zur Forderung nach Steuervereinfachung vgl. beispielsweise BT-Drucks. 15/2745, S. 3. Zur Entscheidungsneutralität als betriebswirtschaftliche Forderung vgl. den folgenden Abschnitt III.1.2.1

möglich noch sinnvoll; eine Verbreiterung sollte vielmehr nur so lange erfolgen, bis alle ökonomischen Vorteile von der Bemessungsgrundlage erfasst werden, da diese letztlich das Entscheidungskriterium bei rational agierenden Steuerpflichtigen darstellen.[1]

Wie in Abschnitt I-2.3.3.1 ausgeführt wurde, setzen sich Bemessungsgrundlagen aus positiven und negativen Komponenten zusammen, wobei die einzelnen Bestandteile der Bemessungsgrundlagen vielfach nicht das wirtschaftliche Ergebnis einer Entscheidung, sondern die juristische Würdigung eines Lebenssachverhalts repräsentieren, was Raum für steuerlich motivierte Ausweichhandlungen schafft.[2] Über sämtliche sich den Steuerpflichtigen bietenden Handlungsalternativen hinweg kann dieser aus Sicht der Betriebswirtschaftslehre unbefriedigende Zustand nicht im Rahmen einer Partialreform beseitigt werden, der insoweit das geltende Steuerrecht zu Grunde liegt als nicht finanzierungsbezogene Sachverhalte in die jeweiligen Bemessungsgrundlagen einfließen.[3] Demnach ist der Wirkungskreis des Entwurfs auf die Abbildung finanzierungsbezogener Tatbestände in den Bemessungsgrundlagen des Unternehmens und seiner Anteilseigner beschränkt.

III-1.1.3.3 Tarif

Ein drittes Element einer Steuerreform betrifft den Tarif, dem die Bemessungsgrundlage zu unterwerfen ist. Sofern sich Entscheidungsalternativen bieten, deren wirtschaftliche Resultate unterschiedlichen Tarifverläufen unterliegen, hat dies Auswirkungen auf die Entscheidungsfindung der Steuerpflichtigen.[4]

Daher ist prinzipiell auch der Tarifverlauf zum Gegenstand eines Reformvorschlages zu machen;[5] allerdings gelten für den Tarif die Ausführungen zur Bemessungsgrundlage analog, da dieser nicht finanzierungsbezogen ist und demnach außerhalb des Wirkungsbereichs der Partialreform liegt.[6] Infolgedessen wird auf Steuersätze bzw. Tarifverläufe im Weiteren nicht gesondert eingegangen.

---

[1] Vgl. Wagner, F. W. (2005), S. 98.

[2] Vgl. Wagner, F. W. (2005), S. 98. So bildet etwa der steuerpflichtige Gewinn gerade nicht die richtige Maßgröße, da dieser minimiert und nicht maximiert werden soll, vgl. hierzu Wagner, F. W./Dirrigl, H. (1980), S. 18. Zur Zukunft der Steuerbilanz in ihrer derzeitigen Form vgl. Arnold, A. (2005), S. 148 ff. und Schaumburg, H. (2004), S. 545 ff.

[3] Ein insgesamt entscheidungsneutrales Steuersystem kann nur über eine Totalreform realisiert werden.

[4] Zu diesem sog. „Steuertarif-Effekt“ vgl. ebenfalls Wagner, F. W. (2005), S. 98.

[5] Allerdings ist es nicht Aufgabe der Betriebswirtschaftlichen Steuerlehre, den Tarifverlauf in seiner absoluten Höhe zu quantifizieren, da der Anteil des Staates, die Steuerquote sowie etwaige Minderungen des Steueraufkommens über deren Zuständigkeit hinausgehen, vgl. Schneider, D. (1989), S. 328.

[6] Im Zusammenhang mit dem Steuertarif sind grundsätzlich auch Fragen hinsichtlich der Art und Höhe von Freibeträgen oder Freigrenzen zu klären, die nachfolgend ebenfalls unberücksichtigt bleiben.

III-1.2 Anforderungen an den Reformvorschlag

Einleitend wurde angedeutet, dass ein Steuerreformvorschlag die Forderungen unterschiedlicher Interessengruppen zu berücksichtigen hat:[1] zu diesen zählen beispielsweise die Wirtschaft im Allgemeinen sowie die Gesellschafter der Gründungsunternehmen im Besonderen, die Finanzverwaltung bzw. öffentliche Hand wie auch die Teilbereiche der (Steuerrechts-)Wissenschaften.[2] Da die Besteuerung die wirtschaftlichen Dispositionen von Steuerpflichtigen beeinflusst, viele der Forderungen für die mögliche Ausgestaltung der Gründungsbesteuerung jedoch nicht von Bedeutung sind, werden hier hauptsächlich betriebswirtschaftliche Aspekte betrachtet.[3]

III-1.2.1 Entscheidungsneutralität als Leitvorstellung

Als zentrales Leitbild einer marktwirtschaftlich orientierten Steuerpolitik hat sich die Forderung nach Entscheidungsneutralität durchgesetzt.[4] Entscheidungsneutral wirkt ein Steuersystem dann, falls es keinen Einfluss auf die zielorientierte Rangfolge von Handlungsalternativen hat.[5] Ein entscheidungsneutrales Steuerrecht ist dadurch gekennzeichnet, dass die Besteuerung die relativen Preise auf den Märkten nicht verändert und steuerinduzierte Arbitragemöglichkeiten fehlen.[6] Ein entscheidungsneutrales Steuersystem verursacht demnach keine Ausweichhandlungen, wogegen eine entscheidungsaneutrale Besteuerung wirtschaftliche Handlungsalternativen unterschiedlich belastet, was bei rational agierenden Steuerpflichtigen Aktivitäten zur Verminderung bzw. Vermeidung der

---

1 Die makroökonomisch ausgerichtete finanzwissenschaftliche Steuerlehre und weitere Interessengruppen bleiben im Folgenden unberücksichtigt. Zu notwendigen Reformen aus Sicht der Finanzgerichtsbarkeit vgl. Seeger, S. F. (2000), S. 10 ff. und zu den Forderungen des steuerberatenden Berufstandes vgl. Fasolt, V. (2000), S. 7 ff.

2 Die von verfassungsrechtlicher bzw. rechtswissenschaftlicher Seite an das (Ertrag-)Steuerrecht gerichteten Forderungen werden im Folgenden nicht berücksichtigt. Eine der wesentlichen verfassungsrechtlichen Forderungen an das Steuerrecht ist das Gleichheitsgebot, weshalb die Rechtswissenschaften das Leistungsfähigkeitsprinzip als ihr Fundamentalprinzip anerkannt haben; zur (verfassungsrechtlichen) Rechtfertigung des Leistungsfähigkeitsprinzips vgl. beispielsweise Tipke, K. (1993), S. 478 ff. sowie Kirchhof, P. (1985), S. 319 ff. Gegen das Leistungsfähigkeitsprinzip sprechen sich etwa Kruse, H.-W. (1990), S. 322 f. und Schmidt, K. (1996), S. 32 aus. Aus der Sicht der Ökonomie handelt es sich beim Leistungsfähigkeitsprinzip nach Auffassung von Elschen, R. (1991), S. 111 um eine „überkommene" Vorstellung.

3 Zu Abweichungen zwischen den Wünschen der Wirtschaft und denjenigen der Betriebswirtschaftslehre vgl. Schneider, D. (1989), S. 339.

4 Die Forderung nach Entscheidungsneutralität der Besteuerung setzt jedoch das Werturteil voraus, dass die gewünschte Wirtschaftsordnung eine des marktwirtschaftlichen Wettbewerbs ist und postuliert die Vermutung der Allokationseffizienz marktwirtschaftlicher Ordnungen, weshalb (steuerrechtsbedingte) Allokations- und Wettbewerbsverzerrungen zu unterbleiben haben, vgl. Löhr, D. (2000), S. 34. Zu der entscheidungsneutralen Besteuerung als „ökonomisches Ideal" vgl. Wagner, F. W. (1992), S. 3.

5 Vgl. König, R./Wosnitza, M. (2004), S. 140 und Wagner, F. W. (1992), S. 3.

6 Vgl. Elschen, R. (1991), S. 109.

Steuerbelastung auslöst.[1] Somit ist festzuhalten, dass aus betriebswirtschaftlicher Sicht Entscheidungsneutralität diejenige Forderung ist, an der sich jeder Reformvorschlag zu messen hat.[2]

Im Schrifttum werden zwei Erscheinungsformen der Entscheidungsneutralität unterschieden:[3] systematische und unsystematische Neutralität. Bei der systematischen Neutralität können ex ante und ohne Planungsaufwand fehlende Entscheidungswirkungen der Besteuerung erkannt werden, weshalb steuerliche Planungsrechnungen entbehrlich sind. Hingegen kann bei unsystematischer Neutralität erst nach Durchführung der Planungsrechnung erkannt werden, dass eine Berücksichtigung von Steuern nicht notwendig gewesen wäre. Entscheidungsneutralität im hier verstandenen Sinn meint die systematische Neutralität.

Die Literatur differenziert im Wesentlichen zwischen folgenden Ausprägungen einer wettbewerbs- und entscheidungsneutralen Besteuerung:[4] Rechtsform-, Gewinnverwendungs-, Investitions- und Finanzierungsneutralität, Betriebsgrößen-, Branchen-, Faktoreinsatz- und Standortneutralität, Neutralität betreffend den betrieblichen bzw. privaten Bereich sowie intertemporale Neutralität. Nachfolgend wird auf die Neutralitätsbegriffe eingegangen, welche für die Kapitalstruktur von Unternehmen Bedeutung erlangen.[5]

III-1.2.1.1 Finanzierungsneutralität

Sofern nur die aus den jeweiligen Entscheidungen resultierenden Ein- und Auszahlungen betrachtet werden, lassen sich zahlreiche betriebswirtschaftliche Entscheidungsprobleme auf die eng verwandten Konzepte der Investitions- und Finanzierungsneutralität als Spezialfälle des allgemeineren Konzepts der Entscheidungsneutralität zurückführen.[6] Investitionsneutralität könnte im Hinblick auf die in Abschnitt I-3.1 beschriebene Gesellschafts- und Gesellschafterstruktur auf zwei verschiedenen Ebenen ansetzen: zum

1 Vgl. Wagner, F. W. (1991), S. 1 ff.

2 Vgl. Herzig, N./Watrin, C. (2000), S. 380.

3 Vgl. nachfolgend Elschen, R. (1991), S. 103 f.

4 Vgl. Herzig, N./Watrin, C. (2000), S. 379 f. m.w.N. Die Forderung nach einer wettbewerbsneutralen Besteuerung wird auch von juristischer Seite erhoben, vgl. Tipke, K. (1980), S. 1079. Zu weiteren Neutralitätsbegriffen vgl. König, R./Wosnitza, M. (2004), S. 142 ff.

5 Zur Betriebsgrößen-, Branchen- und Faktoreinsatzneutralität vgl. Herzig, N./Watrin, C. (2000), S. 330 mit weiteren Nachweisen. Standortneutralität fordert, dass der Standort von Betriebstätten keinen Einfluss auf die Höhe der Steuerlast hat und ist durch unterschiedliche Hebesätze bei der Gewerbesteuer und durch die unterschiedliche Behandlung von in- und ausländischen Betriebstätten verletzt. Zu einer möglichen Reform der Gewerbesteuer vgl. Maiterth, R. (2003), S. 479 ff.

6 Vgl. König, R./Wosnitza, M. (2004), S. 144.

einen betrifft dieser Neutralitätsbegriff die Investitionsentscheidung des Unternehmens;[1] da das geltende Recht nicht investitionsneutral wirkt, erfordert ein diesbezüglich neutral wirkendes Steuersystem eine grundsätzliche Neuordnung der Gewinnermittlung auf Unternehmensebene, die jedoch nicht Gegenstand dieses Entwurfs ist.[2] Schließlich umfasst die Investitionsneutralität auch die Kapitalanlageentscheidung eines Business Angels. In diesem Zusammenhang wird in der Literatur kritisiert, dass Investitionen in (innovative) Unternehmen aus steuerlicher Sicht gegenüber anderen Anlagen nicht konkurrenzfähig sind.[3] Eine die Investitionsentscheidung von Risikokapitalgebern nicht beeinflussende Besteuerung würde jedoch eine tiefgreifende Änderung des geltenden Ertragsteuerrechts erfordern, die aus den oben beschriebenen Gründen gleichfalls nicht Gegenstand dieses Entwurfs ist.[4] Wird hingegen der Entschluss des Risikokapitalgebers, das Beteiligungsunternehmen zu finanzieren, als gegeben unterstellt, ist die Art der Kapitalbereitstellung unter steuerlichen Gesichtspunkten zu beurteilen, weshalb die Finanzierungsneutralität im Folgenden näher zu betrachten ist.

Finanzierungsneutralität im hier verstandenen Sinn meint, dass die unternehmerische Entscheidung im Hinblick auf die Wahl der Kapitalstruktur von steuerlichen Wirkungen unbeeinflusst bleibt.[5] Im Rahmen von Finanzierungen ist – anders als bei Realinvestitionen mit dem Investor als einzigem Akteur – zu beachten, dass sich hierbei mindestens zwei Marktteilnehmer gegenüberstehen, da bei der Außenfinanzierung Schuldner sowie Gläubiger bzw. das Unternehmen und seine Anteilseigner in Beziehung treten.[6] Deshalb wird unter Finanzierungsneutralität typischerweise Kapitalkostenneutralität verstanden, was bedeutet, dass sich auf Ebene des Gläubigerunternehmens die steuerbedingten Ka-

[1] Ein Steuersystem ist investitionsneutral, falls eine ohne Steuern vorteilhafte (nachteilige) Realinvestition auch nach Berücksichtigung des Steuereinflusses vorteilhaft (nachteilig) bleibt und wenn sich die Vorteilhaftigkeitsrangfolge mehrerer Realinvestitionen durch die Berücksichtigung von Steuern nicht ändert, vgl. Schneeloch, D. (1994), S. 146 ff.

[2] Zu den Bedingungen für Kapitalwertneutralität bei Investitionsentscheidungen unter Berücksichtigung von Steuern vgl. Heinhold, M. (1996a), S. 125 ff. Aus der steuerinduzierten Verzerrung von Entscheidungen zwischen unterschiedlichen Investitionsprojekten resultieren aus betriebswirtschaftlicher Sicht abzulehnende Produktionsineffizienzen, vgl. Homburg, S. (2003), S. 334.

[3] Vgl. Posner, D. (1996), S. 53 f. und Kaufmann, F./Kokalj, L. (1996), S. 61. Nach Ansicht von Leuner, R./Lindenau, L./Westphal, R. (2002), S. 705 ist die steuerliche Situation für Risikokapitalinvestitionen durch Business Angel nicht nur unbefriedigend, sondern bereits schädlich.

[4] Werden alternative Investitionsprogramme in die Entscheidungsfindung des Business Angels einbezogen, könnte in Folge fehlender Investitionsneutralität der potentielle Kapitalgeber trotz erwartet hoher Wachstumsraten der Finanzierung des Gründungsunternehmens eine andere Investition vorziehen.

[5] Wie die Investitionsneutralität dient auch die Finanzierungsneutralität der übergeordneten Zielsetzung der Produktionseffizienz, vgl. Homburg, S. (2003), S. 346.

[6] In diesem Zusammenhang setzt Finanzierungsneutralität voraus, dass jede Einkommensminderung des Schuldners beim Gläubiger zeitgleich und in entsprechender Höhe berücksichtigt wird und dass sämtliche Finanzierungsformen demselben Steuersatz unterliegen, vgl. Homburg, S. (2003), S. 347.

pitalkosten von Verschuldung (Kreditfinanzierung) und Eigenkapitalausstattung (Beteiligungsfinanzierung) zu entsprechen haben.[1]

Neben der Außenfinanzierung als eine Finanzierungsmöglichkeit steht Unternehmen im Allgemeinen auch der Weg der Innenfinanzierung offen.[2] Daher könnte ein weiterer Aspekt nicht das Verhältnis zwischen Kapitalgeber und -nehmer, sondern die Finanzierungsentscheidung auf Ebene der finanzierungsbedürftigen Unternehmen betreffen. Das würde bedeuten, dass die Entscheidung hinsichtlich der Wahl einer Innen- oder Außenfinanzierungsalternative nicht durch steuerliche Belastungsdifferenzen verzerrt wird. Im Schrifttum wird jedoch die Auffassung vertreten, dass es – solange Steuern einen Liquiditätsabfluss darstellen – keine Finanzierungsneutralität der Besteuerung geben kann, da die Innenfinanzierung über verrechneten Aufwand anders belastet bleibt als die Außenfinanzierung über den Kapitalmarkt.[3] Das Konzept der Finanzierungsneutralität ist daher auf die Außenfinanzierung zu beschränken.[4]

Im Folgenden wird die Forderung nach Finanzierungsneutralität der Besteuerung auf das Finanzierungsverhältnis des (Gründungs-)Unternehmens mit seinen Gesellschaftern begrenzt. Demnach ist im Rahmen der Partialreform das geltende Steuerrecht dergestalt zu modifizieren, dass sowohl auf Ebene der von der Gründungsfinanzierung betroffenen Parteien als auch im Verhältnis zwischen diesen Finanzierungsneutralität herrscht.[5]

III-1.2.1.2 Gewinnverwendungsneutralität

Ein Unternehmen hat verschiedene Möglichkeiten, die durch seine Geschäftstätigkeit erzielten Gewinne zu verwenden, wobei danach zu differenzieren ist, ob die Gewinnverwendungsplanung den Zeitraum vor oder nach Entstehung des Gewinns betrifft. Sofern der Zeitraum nach Entstehung des Gewinns betroffen ist, kann dieser entweder thesauriert oder aber ausgeschüttet werden (Gewinnverwendung im engeren Sinne). Wenn die

---

1 Vgl. Schneider, D. (1991), S. 362; des Weiteren erfordert Finanzierungsneutralität im Sinne von Kapitalkostenneutralität, dass auf Seiten der Geldgeber hinsichtlich der zur Verfügung zu stellenden finanziellen Mittel Investitionsneutralität herrscht. Aus den beschriebenen Gründen bleibt dieser Aspekt im Folgenden unberücksichtigt.

2 Innenfinanzierung ist nur dann möglich, wenn der Unternehmung in einer Periode liquide Mittel zufließen und diesem Zufluß in der gleichen Periode kein auszahlungswirksamer Aufwand gegenübersteht, vgl. Perridon, L./Steiner, M. (2003), S. 464.

3 Im Rahmen von Modellrechnungen kann sich das jedoch anders darstellen, sofern die steuerbedingten Liquiditätsabflüsse durch (unrealistische) Modellannahmen wie die Möglichkeit, sämtliche Steuerzahlungen vollständig und zeitgleich überwälzen zu können, beseitigt werden, vgl. Schneider, D. (1991), S. 361 ff.

4 So etwa Schneider, D. (1992), S. 743.

5 Zu den maßgebenden Finanzierungsformen vgl. auch Abschnitt III-2.1.1.1

Planungsüberlegungen hingegen den Zeitraum vor Gewinnentstehung betreffen, ist insbesondere die Frage nach der Ausgestaltung der Leistungsbeziehungen zwischen Unternehmen und Anteilseigner von Interesse (Gewinnverwendung im weiteren Sinne).

Während bei Mitunternehmerschaften nicht danach zu differenzieren ist, ob Gewinne entnommen oder im Unternehmen belassen werden, ist bei Kapitalgesellschaften im Zusammenhang mit der Frage nach Thesaurierung bzw. Ausschüttung von Gewinnen auf den sog. „Lock-in-Effekt“ hinzuweisen.[1] Dieser Effekt besagt, dass Gewinne thesauriert werden, sofern (wie in einem klassischen Körperschaftsteuersystem) im Ausschüttungsfall die Gewinne beim Anteilseigner nachversteuert werden, der kombinierte Steuersatz der Kapitalgesellschaft (Körperschaftsteuer, Gewerbesteuer sowie Solidaritätszuschlag) unter dem kombinierten Steuersatz des Anteilseigners (Einkommensteuer, Solidaritätszuschlag und ggfs. Kirchensteuer) liegt und die Gesellschaft den Anteilseigner von der Nachversteuerung abschirmt.[2] Auf Grund der Ausschüttung entsteht bei den Anteilseignern eine zusätzliche Steuerbelastung, weshalb diese dazu tendieren, die von der Gesellschaft erzielten Gewinne nicht auszuschütten, um so die Mehrbelastung zu vermeiden.[3] Maßgeblich für den Lock-in-Effekt ist jedoch nicht die ausschüttungsbedingte Nachversteuerung, da diese durch Thesaurierung nicht (endgültig) vermieden, sondern lediglich aufgeschoben wird; vielmehr werden die Gewinne wegen der geringeren Kapitalkosten der Selbstfinanzierung in den Unternehmen gebunden.[4] Die im geltenden Recht fehlende Neutralität im Hinblick auf die Gewinnverwendung im engeren Sinne wirkt sich insbesondere für die hier betrachteten jungen Unternehmen nachteilig aus, da diese auf die Zuführung neuen Eigenkapitals von außen angewiesen sind, die nur bei Ausschüttungen anfallende Steuer jedoch gerade deren Investitionsmöglichkeiten beschneidet.[5] Damit ist im Rahmen der Partialreform darauf hinzuwirken, dass die Ausschüttung von Unternehmensgewinnen steuerlich nicht länger benachteiligt wird.

Der zweite im Rahmen der Gewinnverwendungsplanung relevante Aspekt betrifft die Frage, ob Gewinne im Unternehmen entstehen oder diesem in Form von (gesellschafter-

[1] Bei Mitunternehmerschaften kommt dem Lock-in-Effekt auf Grund des Transparenzprinzips keine Bedeutung zu. Zum Transparenzprinzip vgl. nachfolgend Abschnitt III-2.1.2.1.

[2] Vgl. Homburg, S. (2003), S. 353 f. Zur Thesaurierung von Gewinnen vgl. auch Abschnitt II-2.2.2.2.

[3] Eine Nachversteuerung kommt jedoch nicht zum tragen, falls der Anteilseigner einen Grenzsteuersatz von 0% hat und sich in Folge dessen eine Doppelbelastung tatsächlich nicht einstellt.

[4] Liegt der kombinierte Steuersatz der Kapitalgesellschaft unter dem kombinierten Steuersatz des Anteilseigners und schirmt die Kapitalgesellschaft ab, sind die Kapitalkosten der Selbstfinanzierung geringer als der Marktzins, vgl. Homburg, S. (2003), S. 354.

[5] So Wenger, E. (2000), S. 179, der darauf hinweist, dass eine steuerliche Begünstigung einbehaltener Gewinne wegen deren negativer Folgen für die Funktionsfähigkeit des Kapitalmarktes abzulehnen ist.

bezogenen) Tätigkeits-/Leistungsvergütungen entzogen werden sollten.[1] Vorausgesetzt, die schuldrechtlichen Leistungsbeziehungen werden dem Fremdvergleich entsprechend ausgestaltet, wirken sich die jeweiligen Vergütungsformen bei dem Leistungsempfänger wie auch bei dem Leistenden steuerlich in der Regel unterschiedlich aus, weswegen die Gewinnverwendungsplanung im weiteren Sinne ein zentrales Arbeitsgebiet der Steuerplanung darstellt. Da die unterschiedliche steuerliche Behandlung der Vergütungsarten die Kapitalstruktur eines Gründungsunternehmens (zumindest mittelbar) beeinflusst, hat dies eine finanzierungsbezogene Partialreform ebenfalls zu berücksichtigen.

III-1.2.1.3 Weitere Neutralitätspostulate

Nachfolgend werden weitere, die Forderung nach Entscheidungsneutralität betreffende wesentliche Neutralitätsbegriffe in ihren Grundzügen dargestellt und bezüglich ihrer Bedeutung für den Reformvorschlag diskutiert. Im Einzelnen handelt es sich hierbei um Rechtsformneutralität, Neutralität hinsichtlich des betrieblichen bzw. privaten Bereichs und intertemporale Neutralität.

Die Forderung nach rechtsformneutraler Besteuerung ist als zentrale Anforderung an ein entscheidungsneutrales Unternehmensteuerrecht im Schrifttum weit verbreitet.[2] Wie bereits angedeutet wurde, kommt der Rechtsformwahl bei Business Angel-Engagements jedoch keine Bedeutung zu, da Risikokapitalgeber grundsätzlich nur in Unternehmen investieren, die als Kapitalgesellschaft geführt werden. Aus diesem Grund wurde auch der Anwendungsbereich des Gründungsrechts auf Kapitalgesellschaften beschränkt, so dass die Forderung nach Rechtsformneutralität im Weiteren nicht berücksichtigt wird.[3]

---

[1] Auch hier ergeben sich in Folge des dualistischen Systems Unterschiede zwischen den verschiedenen Gesellschaftstypen, so dass rechtsformübergreifend keine Gewinnverwendungsneutralität gegeben ist. Zu einer Anpassung des dualistischen Systems vgl. Wendt, R. (1992), S. 76 f. und zu einer „integrierten Unternehmenssteuer" vgl. Ritter, W. (1989), S. 319 ff. und derselbe (1990), S. 2197 ff.

[2] Vgl. stellvertretend Knobbe-Keuk, B. (1993), S. 1 ff., S. 1027 ff. Abgelehnt wird eine rechtsformunabhängige Besteuerung von Reiß, W. (1994), S. 3 ff. Aus der Verfassung kann das Gebot nach rechtsformneutraler Besteuerung wohl nicht abgeleitet werden, vgl. Pelka, J. (2000), S. 392 ff. Zur Wertung des Steuergesetzgebers, dass die Besteuerung an zivilrechtliche Differenzierungen anknüpft, vgl. ausführlich Schmiel, U. (2002), S. 474 mit weiteren Nachweisen. Aus betriebswirtschaftlicher Sicht lässt sich eine rechtsformaneutrale Besteuerung nicht rechtfertigen, vgl. dieselbe (2002), S. 481 und Jacobs, O. H./Scheffler, W. (1995), S. 298. Allerdings setzt das internationale Steuerrecht der rechtsformneutralen Besteuerung Grenzen, vgl. dazu Lang, J. (2000), S. 50.

[3] Aus den für eine rechtsformneutrale Besteuerung unterbreiteten Konzepten bzw. der hiergegen vorgebrachten Kritik lassen sich jedoch Ansätze für die Ausgestaltung der Partialreform ableiten, vgl. dazu Abschnitt III-2.1.2. Zur Teilhabersteuer vgl. Engels, W./Stützel, W. (1968) und zur Betriebsteuer vgl. Betriebsteuerausschuß der Verwaltung für Finanzen (1949), Sp. 929 ff. Eine umfassende Würdigung dieser Reformvorschläge findet sich bei Englisch, J. (1997), S. 778 ff. Zur Konzeption einer Inhabersteuer vgl. BMF (1999), S. 82 ff. und Kommission zur Reform der Unternehmensbesteuerung (1999), S. 583 ff.

Eine wettbewerbsneutrale Besteuerung darf des Weiteren nicht zwischen der Allokation von Faktoren im betrieblichen und privaten Bereich differenzieren, das heißt unternehmerische bzw. private Kapitalanlagen sowie die Nutzung von Gegenständen für betriebliche und private Zwecke sind steuerlich gleich zu behandeln.[1] Abgesehen von den laufenden Erträgen ist in diesem Zusammenhang die Besteuerung einmaliger Vorgänge wie die Veräußerung von Wirtschaftsgütern von Interesse;[2] es zeigt sich, dass insbesondere die aus der steuerlichen Unterscheidung von Privat- bzw. Betriebsvermögen resultierenden Belastungsunterschiede dazu führen, dass im geltenden Recht das Postulat der Neutralität hinsichtlich des betrieblichen bzw. privaten Bereichs verletzt wird.[3] Diesem Neutralitätspostulat kommt auf Grund der Annahme, dass die Gesellschafter die Anteile und Darlehensforderungen in ihrem steuerlichen Privatvermögen halten, für die hier betrachtete Partialreform ebenfalls keine Bedeutung zu.[4]

Intertemporale Neutralität beschreibt die Forderung, dass die ohne Berücksichtigung der Besteuerung gegebenen Entscheidungspräferenzen betreffend Konsum oder Sparen durch die Besteuerung nicht verändert werden.[5] Im geltenden Recht wird das Sparen gegenüber dem Konsum diskriminiert, da das gesparte Vermögen aus bereits versteuertem Einkommen gebildet wird und die hiermit erzielten Zinsen nochmals besteuert werden.[6] Diesem Neutralitätspostulat kann mit einer finanzierungsbezogenen Partialreform allerdings nicht entsprochen werden, da dies eine umfassende Neuordnung der Besteuerung der Anteilseigner erfordern würde, was außerhalb des Regelungskreises dieses Reformvorschlages liegt.

---

1 Vgl. Herzig, N./Watrin, C. (2000), S. 380.

2 Hinsichtlich der laufenden Erträge ist diese Forderung beispielsweise dahingehend zu verstehen, dass es für steuerliche Zwecke irrelevant sein muss, ob freie liquide Mittel von einem Unternehmen selbst verzinslich angelegt und anschließend die Zinsen ausgeschüttet werden oder ob alternativ Liquiditätsreserven ausgeschüttet und diese von den Anteilseignern angelegt werden. Im Hinblick auf das erzielbare Endvermögen kann es hingegen einen Unterschied machen, ob auf Grund der absoluten Höhe der anzulegenden Mittel von der Gesellschaft ein höherer Zins erreicht werden kann, als das einem Nicht-Alleingesellschafter auf Grund seines vergleichsweise geringen Ausschüttungsbetrages möglich ist.

3 Dabei ist von Bedeutung, dass von der Veräußerungsgewinnbesteuerung Rückwirkungen auf den Zugang der Beteiligungsunternehmen zu Eigenkapital ausgehen, was darin begründet ist, dass deren Entwicklungsmöglichkeiten durch die steuerliche Bevorzugung alternativer Investitionen, die oftmals mit einem geringeren Risiko behaftet sind, erschwert werden, vgl. Breuer, R.-E. (1997), S. 325.

4 Zu den möglichen Beteiligungsstrukturen und der hiermit verbundenen unterschiedlichen steuerlichen Behandlung finanzierungsbezogener Erträge vgl. die Abschnitte II-1.2.1 (zur Eigenfinanzierung) bzw. II-1.3.1 (zur Fremdfinanzierung).

5 Zur intertemporalen Neutralität bei Betriebsteuern vgl. Cansier, D./Wellisch, D. (1991), S. 179 ff.

6 Vgl. hierzu Löhr, D, (1999), S. 874, der darauf hinweist, dass dies nur dann zutrifft, wenn die subjektive Zeitpräferenzrate der Wirtschaftssubjekte dem landesüblichen Zinssatz entspricht; wird hingegen der Zinssatz nicht als Konsumverzichtsprämie verstanden, ergeben sich gegebenenfalls abweichende Ergebnisse. Anders verhält sich dies bei der Umsatzsteuer, die den Konsum belastet und das Sparen fördert, vgl. Schön, W. (2004), S. 64.

III-1.2.2 Betriebswirtschaftliche Aspekte

Im Rahmen einer Reform der Unternehmensbesteuerung sind diejenigen Wirkungen des geltenden Rechts zu eliminieren, die sich negativ auf die Investitions- und Risikobereitschaft auswirken.[1] Der Ansatz einer finanzierungsbezogenen Partialreform fokussiert sich dabei auf die Finanzierungsseite, da Gründungsunternehmen die zur Durchführung von risikoreichen Investitionen benötigten finanziellen Mittel zunächst von außen zuzuführen sind.[2] Sofern jungen Unternehmen Kapital in ausreichender Höhe zur Verfügung gestellt wird, ist von dessen Verwendung für investive Zwecke auszugehen.[3] Daher sind die aus ertragsteuerlicher Sicht wesentlichen, innerhalb der Partialreform zu berücksichtigenden Aspekte darzustellen, welche die Bereitschaft eines Business Angels hemmen, innovative Jungunternehmen mit Risikokapital zu finanzieren.[4]

Ein zentrales Problem vieler Jungunternehmen ist die unzureichende Ausstattung mit Eigenkapital. So ist die Eigenkapitalbasis von Wachstumsunternehmen im Allgemeinen als nicht auszureichend zu qualifizieren.[5] Die Innovationskraft von Unternehmen hängt nicht zuletzt von deren Finanzierung ab, wobei speziell die Eigenkapitalausstattung den Rahmen für unternehmerische Entscheidungsfreiheit vorgibt und somit die Dynamik des möglichen Wachstums bestimmt.[6] Innerhalb des Reformvorschlags kommt der Stärkung der Eigenkapitalbasis daher besondere Bedeutung zu.

Schließlich stellt die Unternehmensliquidität einen Ansatzpunkt des Gründungsrechts dar. Die Begünstigung der Gewinnthesaurierung bzw. die Festsetzung von Steuern trotz vorhandener Verlustvorträge stellen hierbei zwei wesentliche Bereiche dar, in denen das geltende Steuerrecht unternehmerische Entscheidungen und besonders die Finanzierung junger Unternehmen beeinflusst.

---

1 Vgl. Schneider, D. (1989), S. 329. Beispielsweise könnte die zahlungsgleiche steuerliche Behandlung sämtlicher Investitionen angestrebt werden („Sofortabschreibung“); kritisch zu dieser Begriffsfindung äußert sich Feldhoff, M. (1989), S. 54.

2 Hierbei gilt, dass der Eigenkapitalanteil um so höher sein muss, je innovativer und damit risikoreicher die Investitionen sind, vgl. Schmidt, K. G. (1985), S. 140.

3 Im Zusammenhang mit der staatlichen Förderung der Investitionsbereitschaft wird kritisiert, dass etwa Investitionen für Forschung und Entwicklung – insbesondere Personalkosten – nicht im Regelungsbereich des Investitionszulagengesetzes liegen, vgl. Vogel, H. A. (1978), S. 118 f. Zur Kritik an steuerlichen Investitionsanreizen vgl. Gattermann, H. H. (1986), S. 49.

4 Eine zentrale Rolle haben dabei die ertragsunabhängigen Steuern gespielt, denen derzeit (mit Ausnahme der Grundsteuer) keine Bedeutung zukommt; vgl. dazu Schneider, D. (1989a), S. 49.

5 Vgl. Pleschiutschnig, U. (1999), S. 182. So lag die Eigenkapitalquote bei den von der Deutschen Ausgleichsbank geförderten Unternehmen aus den neuen Bundesländern vor Beginn deren Investitionstätigkeit – einem Zeitpunkt, zu dem die Eigenkapitalquote in der Regel ihren Höhepunkt erreicht – Ende 1997 bei fast zwei Dritteln der untersuchten Unternehmen unter 10%, vgl. Struck, J. (1999), S. 301.

6 Vgl. Betsch, O./Groh, A. P./Schmidt, K. (2000), S. 11 f. Zum Eigenkapitalmangel als Investitionshindernis vgl. Struck, J. (1999), S. 293 ff.

III-1.2.2.1 Risikoübernahmebereitschaft

Die Entscheidung des Existenzgründers, seine Geschäftsidee im Rahmen einer unternehmerischen Tätigkeit umzusetzen und am Markt zu verwerten bzw. die Entscheidung eines Business Angels, finanzielle Mittel in dieses Projekt zu investieren, erfordert von beiden Seiten ein hohes Maß an Risikobereitschaft, wobei im geltenden Steuerrecht die Entfaltung unternehmerischer Risikobereitschaft einige Behinderungen erfährt, die es zu beseitigen gilt.[1]

Eine zentrale steuerlich bedingte Behinderung unternehmerischer Risikobereitschaft liegt in der Einschränkung der steuerlichen Verlustverrechnung begründet.[2] Hintergrund dieser Überlegung ist, dass die unternehmerische Tätigkeit, beispielsweise im Vergleich zu nicht selbständiger Einkunftserzielung, erheblich risikoreicher und oftmals mit nicht unerheblichen Anlaufverlusten verbunden ist, die mit den nach der Verlustphase erwirtschafteten Gewinnen auf Grund der eingeschränkten Verrechnung von Verlustvorträgen gegebenenfalls nicht oder nicht in voller Höhe genutzt werden können.[3] Durch die Mindestbesteuerung will der Gesetzgeber erreichen, dass unabhängig von Verlustvorträgen ein Mindeststeueraufkommen sichergestellt ist.[4] Aus betriebswirtschaftlicher Sicht ist es hingegen geboten, die Verlustverrechnung zu verbessern, indem etwa die betragsmäßige Beschränkung des Verlustrücktrags – verbunden mit der Ausweitung des Rücktragszeitraums – aufgehoben wird.[5] Wenngleich dies nicht Gegenstand finanzierungsbezogener Aktivitäten ist, besteht im Rahmen der Partialreform zumindest auf Unternehmensebene die Möglichkeit, in der Gründungsphase die Verlustverrechnung zu modifizieren.

Die Problematik der eingeschränkten Nutzung von Verlusten stellt sich jedoch nicht nur auf Ebene des Gründungsunternehmens, sondern betrifft gleichermaßen auch dessen Anteilseigner, wenn das Geschäft in Form einer Kapitalgesellschaft betrieben wird. Wie

---

1 Zum Einfluss progressiver Steuertarife auf die Risikoübernahmebereitschaft vgl. Homburg, S. (2003), S. 204 ff.

2 Vgl. Schneider, D. (1989a), S. 48 ff.

3 Zur Mindestbesteuerung vgl. Abschnitt II-2.1.3.1. Das hat zur Folge, dass durch steuerliche Ergebnisplanung sowie weitere geeignete Maßnahmen das Entstehen von Verlustvorträgen vermieden werden sollte, vgl. Rödder, T./Schumacher, A. (2004), S. 208. Das stellt insbesondere junge Unternehmen vor erhebliche Probleme, da sich die entsprechenden Gestaltungen in erster Linie auf die Realisierung von stillen Reserven beziehen, die jedoch in der frühen Phase der Unternehmensentwicklung in aller Regel nicht vorhanden sind, vgl. dazu Groß, S./Steiger, J. (2004), S. 1204. Zu den Investitionswirkungen von ertragsteuerlichen Verlustvorträgen und den Folgen der Mindestbesteuerung vgl. Niemann, R. (2004), S. 359 ff.

4 Die Mindestbesteuerung bewirkt die zeitliche Streckung der Verlustnutzung und die Verschlechterung der Liquiditätslage, vgl. Groß, S./Steiger, J. (2004), S. 1204. Zur Problematik der steuerlich bedingten Zahlungsunfähigkeit von Unternehmen vgl. Elicker, M. (2002), S. 217 ff.

5 Vgl. Schneider, D. (1989a), S. 50 f.

oben ausgeführt wurde, sind Veräußerungsverluste oder auch Darlehensausfälle, sofern diese geltend gemacht werden können, nur zur Hälfte steuerlich berücksichtigungsfähig, wogegen ausgeschüttete Unternehmensgewinne zunächst bei der Kapitalgesellschaft mit Körperschaft- und Gewerbesteuer belastet und später bei den Anteilseignern zur Hälfte nachversteuert werden. Können die finanzierungsbezogenen Verluste hingegen in voller Höhe mit steuerlicher Wirkung geltend gemacht werden, ist davon auszugehen, dass die Bereitschaft steigt, in innovative Jungunternehmen zu investieren.

Schließlich liegt die mangelnde Bereitschaft zur Übernahme unternehmerischer Risiken in der insbesondere im internationalen Vergleich verhältnismäßig geringen Rendite unternehmerischer Tätigkeiten begründet.[1] In der Höhe der Steuerbelastung ist eine der veränderbaren Ursachen für mangelnden Gründergeist und fehlende Risikobereitschaft zu suchen.[2] Die Absenkung der unternehmensbezogenen Steuerbelastung ist daher eine Möglichkeit, dass die Risikoübernahme sowohl für Innovatoren als auch für Investoren wieder an Attraktivität gewinnt.[3] Wenngleich der Steuertarif nicht im Wirkungsbereich der Partialreform liegt, kann die Höhe der Unternehmensteuerbelastung zumindest über die finanzierungsbezogenen Bemessungsgrundlagenkomponenten beeinflusst werden.

III-1.2.2.2 Stärkung der Eigenkapitalbasis

Wie einleitend angedeutet wurde, liegt eine Zielsetzung des Reformvorschlags in der Stärkung der Eigenkapitalbasis junger Unternehmen, wobei nicht die Eigenfinanzierung begünstigt, sondern vielmehr die Finanzierungsentscheidung eines Business Angels von steuerlichen Aspekten entlastet werden soll.[4] Sofern sich der Unternehmensgründer und der Risikokapitalgeber auf eine (anteilige) Fremdfinanzierung einigen, sollte dies allein aus betriebswirtschaftlichen Gründen erfolgen und nicht wegen einer unterschiedlichen steuerlichen Behandlung der verschiedenen Außenfinanzierungsformen.[5]

---

[1] Vgl. nachfolgend Ritter, W. (1997), S. 486 f. Zur Absenkung der Unternehmenssteuern als Forderung der Wirtschaft vgl. Abschnitt III-1.2.3.1.

[2] Zur Messung der Steuerbelastung vgl. Schneider, D. (1990), S. 497 ff. und derselbe (1990a), S. 534 ff.

[3] Die Senkung der Spitzensteuersätze kann jedoch die Bereitschaft zur Risikoübernahme auch hemmen, da eine Steuersatzsenkung risikoloses ebenso wie risikobehaftetes Einkommen begünstigt, vgl. hierzu Schneider, D. (1989a), S. 49; aus diesem Grund geben sinkende Steuersätze zu Überlegungen Anlass, risikoreichere gegen risikoärmere Investitionen zu substituieren. Eine Analyse der Wirkungen der Besteuerung auf die Risikobereitschaft findet sich bei Swoboda, P./Zechner, J. (1985). S. 403 ff.

[4] Die mangelnde Bereitschaft zur Eigenfinanzierung wird als fehlende „Equity Culture" bezeichnet vgl. Schween, K. (1996), S. 42.

[5] Eine niedrige Eigenkapitalquote kann allerdings auch im Erfolg eines Unternehmens begründet liegen, etwa in der Bewältigung von Wachstumsphasen, die im Vorfeld mit entsprechend hohen Investitionen verbunden waren, vgl. Müller-Stewens, G./Roventa, P./Bohnenkamp, G. (1996), S. 6.

Befindet sich ein Unternehmen in einer wirtschaftlichen „Schieflage", äußert sich das regelmäßig in sinkenden Erträgen oder steigenden Verlusten. Eine geringe Eigenkapitalausstattung ist daher typischerweise mit eingeschränkten Möglichkeiten des Verlustausgleichs verbunden, was die Gefahr der bilanziellen Überschuldung mit sich bringt.[1] Eine niedrige Eigenkapitaldecke wirkt sich besonders bei durch einen hohen Innovationsgrad charakterisierten Unternehmensgründungen negativ aus: einerseits werden in der frühen Unternehmensentwicklungsphase in Ermangelung marktfähiger Produkte keine oder nur geringe Umsätze erzielt, andererseits mündet die Produktentwicklung und -vermarktung häufig in nicht aktivierungsfähige Aufwendungen.[2] Eine hohe Eigenkapitalquote erlaubt es hingegen auch innovativen Jungunternehmen, Investitionsrisiken zu übernehmen.[3]

In der unternehmerischen Praxis werden bei innovativen Existenz- bzw. technologieorientierten Unternehmensgründungen die tatsächlichen Kosten der Produktentwicklung häufig unterschätzt. Hieraus resultiert die Gefahr, dass – sofern kurzfristig nicht weitere finanzielle Mittel beschafft werden können – die Produkt- bzw. Verfahrensentwicklung nicht zu Ende geführt werden kann und das Unternehmen im Extremfall weit unter Wert an einen Konkurrenten veräußert werden muss, der auf diesem Weg den Einstieg in eine neue Technologie vergleichsweise günstig erwirbt.[4] Ist das Gründungsunternehmen hingegen mit einer „guten" Eigenkapitalbasis ausgestattet, führt dies zu einer höheren Verhandlungsmacht gegenüber den potentiellen Kreditgebern, so dass die benötigten Mittel eventuell auch von Kreditinstituten bereitgestellt werden.[5] Da jedoch davon auszugehen ist, dass eine Finanzierung durch Banken ohne die Beteiligung von Risikokapitalgebern unwahrscheinlich ist, sollte die Gründungsbesteuerung dahingehend wirken, dass deren Investitionsbereitschaft erhöht wird.[6]

---

1 Die unbefriedigende Eigenkapitalausstattung ist im Mittelstand jedoch nicht der wichtigste Insolvenzauslöser, ungleich bedeutender sind die Außenstände, vgl. hierzu Bretz, M. (1998), S. 263 ff.

2 Dies gilt hauptsächlich für Sachleistungsunternehmen, wogegen bei Dienstleistungsunternehmen der Leistungserstellungsprozess und die Umsatzrealisierung nur geringfügig auseinander fallen oder aber ineinander verzahnt sind, vgl. Albach, H./Hunsdiek, D. (1987), S. 569. Zur Aktivierung von Werbeaufwand bei sog. „Kopplungsgeschäften" vgl. Heinhold, M./Coenenberg, A. (2005), S. 2033 ff.

3 Vgl. Müller-Stewens, G./Roventa, P./Bohnenkamp, G. (1996), S 6 f. Durch solche Aktivitäten werden Zukunftserfolgspotentiale geschaffen, welche bei einer erfolgreichen Unternehmensstrategie den Wert der Unternehmen erhöhen, vgl. Krüger, H. (2002), S. 57.

4 Vgl. Müller-Stewens, G./Roventa, P./Bohnenkamp, G. (1996), S. 4.

5 Zur Endfassung von „Basel II" vgl. Volkenner, T./Walter, K.-F. (2004), S. 1399 ff. und zu den Anforderungen an die Kreditnehmer vgl. Winkeljohann, N./Solfrian, G. (2003), S. 88 ff. Gleichzeitig führt eine gute Eigenkapitalausstattung zu verbesserten Finanzierungskonditionen, sofern das Unternehmen auch eine entsprechende Bonität aufweist, vgl. Brösel, G./Matschke, M. J. (2003), S. 2177.

6 Ist das Unternehmen gegenüber Dritten verschuldet, zieht eine rückläufige Eigenkapitalquote in Folge steigender Abhängigkeit von den Gläubigern einen Autonomieverlust nach sich, vgl. Müller-Stewens, G./Roventa, P./Bohnenkamp, G. (1996), S. 6.

Ein weiterer Aspekt sind die sich beständig verkürzenden Produktlebenszyklen, was sowohl mit sich erhöhenden Forschungs- und Entwicklungsaufwendungen als auch mit steigenden Vermarktungsaufwendungen einhergeht.[1] Da innovative Existenz- und technologieorientierte Unternehmensgründungen in hohem Maße risikobehaftet sind, ist der Fremdfinanzierungsanteil möglichst gering zu halten, da ein steigender Fremdfinanzierungsanteil ceteris paribus mit einer höheren (faktischen, nicht rechtlichen) Mitsprache der Fremdkapitalgeber verbunden ist, was negative Folgen mit sich bringen kann:[2] zum einen besteht die Gefahr des langfristigen Know-How-Abflusses, da Fremdkapitalgeber prinzipiell als risikoavers einzustufen sind, was sich in Entscheidungen gegen Produktneuentwicklungen niederschlagen kann, die in der Regel teuer sind und erst nach längerer Zeit Früchte tragen. Zum anderen könnte sich das Problem ergeben, dass eine „gute" Unternehmenspolitik längerfristig von stark expandierenden Unternehmen nicht durchgehalten werden kann, da der Druck der Fremdkapitalgeber zunimmt.[3] Daher sollte die Besteuerung der Sicherung von Erfolgspotentialen und dem Erhalt (unternehmerischer) Handlungsfreiheit Rechnung tragen.

III-1.2.2.3 Unternehmensliquidität

Ein Zahlungspflichtiger ist liquide, wenn er seinen Zahlungsverpflichtungen jederzeit nachkommen kann, wobei diese Fähigkeit davon abhängt, inwieweit Zahlungspotential und -verpflichtungen aufeinander abgestimmt sind.[4] Der Tatbestand der Illiquidität verkörpert einen Insolvenzgrund, weshalb die Sicherung der Liquidität ein zentrales Unternehmensziel darstellt.[5] Beim Liquiditätsziel ist der Steuereinfluss offensichtlich, da jede Steuerzahlung einem Abfluss liquider Mittel entspricht.[6] Da die Liquiditätsbelastung bei

[1] Eine zentrale Herausforderung nicht nur für junge Unternehmen liegt in der Reduzierung der Produktentwicklungsdauer, da eine Verkürzung der Zeitspanne von der Produktidee bis zur Markteinführung mit die wesentlichste Voraussetzung für den späteren Markterfolg darstellt, vgl. Müller-Stewens, G./ Roventa, P./Bohnenkamp, G. (1996), S. 5. Zum Zusammenhang zwischen dem Überschreiten der geplanten Produkteinführungszeit und den bei Start-Up-Geschäften erzielbaren Erträgen, vgl. die ebenda zitierte Studie von Töpfer, A./Sommerlatte, T. (1991).

[2] Vgl. nachfolgend Müller-Stewens, G./Roventa, P./Bohnenkamp, G. (1996), S. 7.

[3] Zum Zusammenhang von Kapitalstruktur und Wettbewerbsstrategie vgl. Hubert, F. (1998), S. 167 ff.

[4] Hierbei ist zu beachten, dass es kein „Mehr" oder „Weniger" an Zahlungsfähigkeit gibt, sondern nur den Tatbestand zahlungsfähig oder nicht zahlungsfähig, vgl. Perridon, L./Steiner, M. (2003), S. 11 f. Methoden der Investitions- und Finanzplanung für mittelständische Unternehmen werden aufgezeigt von Burchert, H./Hering, T./Hoffjan, A. (1998), S. 246 ff.

[5] Nach Schefczyk, M. (1999), S. 279 ist die Insolvenzvermeidung ein absolutes Kriterium innerhalb der Erfolgsmaße. Weitere Determinanten des Wachstums bzw. Scheiterns von Unternehmen finden sich bei Woywode, M. (2004), S. 1009 ff.

[6] Letztlich ist gerade der Übertrag von Liquidität an den Fiskus das Ziel der Besteuerung, vgl. Zimmermann, M. (1997), S. 87.

schnell wachsenden Unternehmen ein besonderes Finanzierungsproblem darstellt, muss diesem Aspekt innerhalb der Partialreform besondere Bedeutung beigemessen werden.[1] Die Anforderung bzw. Zielsetzung der Sicherung der Liquidität ist dabei wertneutral zu verstehen: das bedeutet, dass auch Gründungsunternehmen zur Finanzierung der Staatsaufgaben herangezogen werden sollten, die Besteuerung jedoch keinen Einfluss auf Art, Höhe und Zeitpunkt der Kapitalzuführung bzw. die Auszahlung der damit verbundenen Entgelte nimmt und sich auf ein betriebswirtschaftlich sinnvolles Maß beschränkt.[2]

Während die systembedingte steuerliche Begünstigung der Gewinnthesaurierung die Liquidität von Kapitalgesellschaften grundsätzlich entlastet, haben die Vorschriften zur eingeschränkten Verrechnung von Verlustvorträgen die gegenteilige Wirkung, wobei im Folgenden nur auf den Untergang von steuerlichen Verlustvorträgen eingegangen wird.[3] Ein Untergang von Verlustvorträgen wirkt sich in zweifacher Hinsicht auf die Liquidität von Unternehmen aus: zum einen unmittelbar auf Unternehmensebene und zum anderen mittelbar, indem die Möglichkeiten junger Unternehmen wesentlich beeinflusst werden, finanzielle Mittel im Rahmen der Außenfinanzierung zu erlangen.[4]

Der unmittelbare Einfluss, den ein Untergang von Verlustvorträgen auf die Liquidität eines Gründungsunternehmens ausübt, zeigt sich darin, dass prinzipiell jeder zukünftige Ertrag der Besteuerung unterliegt, wodurch sich Liquiditätsprobleme weiter verschärfen und sich der Ausgleich der Anlaufverluste entsprechend verlangsamt.[5] Des Weiteren ist damit ceteris paribus eine Verringerung der in der Zukunft ausschüttungsfähigen Mittel verbunden, wodurch die Attraktivität des Gründungsunternehmens für potentielle Investoren sinkt;[6] droht der Untergang steuerlicher Verlustvorträge, sollte ein Business Angel

1 Vgl. Betsch, O./Groh, A. P./Schmidt, K. (2000), S. 107.

2 Die Verfassungsgeber haben es als selbstverständlich vorausgesetzt, dass Steuern die Haupteinnahmequelle des Staates bilden (Prinzip des Steuerstaates), vgl. dazu Seidl, C. (1987), S. 185 ff., Pausch, A. (1992), S. 3 ff. und Wienbracke, M. (2005), S. 81 ff.

3 Falls die Mindestbesteuerung zur Anwendung kommt, wird den Unternehmen in einer für ihre weitere Entwicklung entscheidenden Phase Liquidität entzogen, die eigentlich an anderer Stelle zur Sicherung des Unternehmenserfolgs benötigt wird, vgl. Groß, S./Steiger, J. (2004), S. 1204. Dabei ist zu berücksichtigen, dass die Steuerzahlungen regelmäßig „doppelt" (als Nachzahlung und in Form von Vorauszahlungen) erbracht werden müssen, vgl. Schiffer, K. J./Wein, V. (1999), S. 58.

4 Zum Regelungsinhalt von § 8 Abs. 4 KStG bzw. § 10a Satz 6 GewStG vgl. Abschnitt II-1.1.2.2. Ceteris paribus erhöht sich der Kapitalbedarf des Unternehmens, falls die zusätzliche Liquiditätsbelastung nicht aus dem laufenden Geschäftsbetrieb erwirtschaftet werden kann. In diesem Zusammenhang ist von Bedeutung, dass neu gegründete Unternehmen häufig nicht über schnell liquidierbares (weil nicht notwendiges) Vermögen verfügen, vgl. dazu Peemöller, V. H./Geiger, T./Barchet, H. (2001), S. 335.

5 Vgl. Heßler, A./Mosebach, P. (2001), S. 814. Zum Untergang von Verlustvorträgen bei Gründungsunternehmen wegen fehlender Gewinnerzielungsabsicht vgl. Stollenwerk, A. (1997), S. 113 ff.

6 Gehen Verlustvorträge unter, äußert sich das in einem geringeren Veräußerungserlös, der den wesentlichen Beitrag zur Investitionsrendite der Risikokapitalgeber beisteuert. Zur Berücksichtigung steuerlicher Verlustvorträge in den Discounted Cash-Flow-Verfahren vgl. Streitferdt, F. (2004), S. 669 ff.

seine Beteiligung halten, bis die Verlustvorträge vollständig verbraucht sind.[1] Falls dies zu einer voraussichtlichen Mindestbeteiligungsdauer führt, die den intendierten Anlagehorizont von Business Angels übersteigt, ist davon auszugehen, dass deren Bereitschaft sinken wird, für Existenzgründungszwecke errichteten Kapitalgesellschaften finanzielle Mittel zur Verfügung zu stellen.[2]

III-1.2.3 Ergänzende Anmerkungen

Die beschriebenen betriebswirtschaftlich orientierten Anforderungen an eine Neuordnung der Besteuerung von Gründungsfinanzierungen sind abschließend noch um einige Anmerkungen zu ergänzen. Wenngleich diesen im Hinblick auf die materiell-rechtliche Ausgestaltung des Gründungsrechts keine unmittelbare Bedeutung zukommt, stehen sie im weiteren Kontext einer Steuerreform und sollen daher an dieser Stelle ebenfalls kurz angesprochen werden.[3]

III-1.2.3.1 Wettbewerbsfähigkeit

Auch die unternehmerische Praxis stellt Forderungen an eine Steuerreform, die (insbesondere durch die Globalisierung der Weltwirtschaft verursacht) durch zunehmenden Wettbewerbsdruck geprägt sind. Eine beständig wiederkehrende Forderung ist die nach Senkung der Unternehmenssteuern, da die Belastung mit gewinnabhängigen Steuern im Allgemeinen als zu hoch empfunden wird.[4] In der jüngeren Vergangenheit stand hierbei die Verbreiterung der Bemessungsgrundlage – verbunden mit einer Senkung der Steuersätze – im Zentrum der Reformdiskussion, da damit die Hoffnung auf Verbesserung der internationalen Wettbewerbsfähigkeit deutscher Unternehmen verbunden wurde.[5]

---

[1] Die antizipierte Beteiligungsdauer stellt einen wesentlichen Aspekt bei der Auswahlentscheidung von Business Angels dar, vgl. Brettel, M./Jaugey, C./Rost, C. (2000), S. 166 f.

[2] Zur zeitlichen Begrenzung des Engagements vgl. beispielsweise Pape, U./Beyer, S. (2001), S. 628 und Fischer, L. (1987), S. 10 f.

[3] Beispielsweise kann die Frage nach einer Umgestaltung der (Gründungs-)Besteuerung nicht allein aus nationaler Sicht beantwortet werden, da die deutsche Unternehmensbesteuerung in Konkurrenz zu den ausländischen Steuersystemen getreten ist, vgl. Wendt, R. (1992), S. 66 ff. So muss ein Steuersystem europatauglich ausgestaltet sein, vgl. Zitzelsberger, H. (2001), S. 527. Für die direkten Steuern gilt dabei, dass diese grundsätzlich in den Zuständigkeitsbereich der jeweiligen Mitgliedstaaten fallen, wobei unter Beachtung des Gemeinschaftsrechts von jeglicher offensichtlichen/versteckten Diskriminierung Abstand zu nehmen ist, vgl. Wilke, K.-M. (2002), S. 195. Sofern dieser Grundsatz beachtet wird, sind die Mitgliedstaaten in der Ausgestaltung der Unternehmensbesteuerung (weitgehend) frei, so dass auf diesen Aspekt nachfolgend nicht weiter eingegangen wird.

[4] Vgl. Mitschke, J. (2004), S. 2.

[5] Vgl. BMF (1999), S. 1. Zu der Frage, inwiefern eine solche Reformstrategie die Wettbewerbsfähigkeit einer Wirtschaft im internationalen Vergleich beeinflusst vgl. Wagner, F. W. (2000), S. 183 ff.

Hinsichtlich der Wettbewerbsfähigkeit deutscher Unternehmen wird beklagt, dass die Steuerbelastung im internationalen Vergleich zu hoch ist.[1] Das betrifft zunehmend auch junge Unternehmen, die sich in Folge der Globalisierung und der Erweiterung der Europäischen Union verstärkt im internationalen Wettbewerb behaupten müssen.[2] Die Steuerpolitik ist in einer international eng verflochtenen Wirtschaft der wichtigste nationale Aktionsparameter, so dass ein bestehendes Steuersystem dahingehend überprüft werden muss, ob es noch im Einklang mit den wirtschaftlichen Erfordernissen und Herausforderungen steht.[3] Ein auf die Exportwirtschaft angewiesenes Land wie die Bundesrepublik Deutschland muss daher Sorge dafür tragen, dass – um international wettbewerbsfähig zu bleiben – die Steuer- und Abgabenbelastung inländischer Unternehmen nicht höher ist als die ihrer ausländischen Konkurrenten.[4] Vor diesem Hintergrund könnte erwogen werden, die finanzierungsbezogene Partialreform um eine Tarifreform zu ergänzen.

III-1.2.3.2 Steuergerechtigkeit

Eine häufig erhobene Forderung ist, dass die Besteuerung „gerecht" ausgestaltet werden müsse, wobei die Frage umstritten ist, ob sich Steuerwissenschaften mit (ethischer) Gerechtigkeit beschäftigen sollen.[5] Die Betriebswirtschaftliche Steuerlehre ist ihrer Aufgabenstellung nach nicht dazu berufen, Fragen der individuellen Steuergerechtigkeit zu beantworten.[6] Jedoch wird die Planbarkeit bzw. Berechenbarkeit der Steuerbelastung als zentrales betriebswirtschaftliches Gerechtigkeitskriterium angesehen.[7] Da Steuern einen negativen Beitrag zu der Zielsetzung der Steuerpflichtigen leisten, einen finanziellen Erfolg durch ihr Wirtschaften zu erzielen, ist die Plan- bzw. Berechenbarkeit der Steuerlast

---

[1] Zur Messung der Steuerlast deutscher Unternehmen im internationalen Vergleich vgl. Müller-Dott, P. (1990), S. 1 ff. und insbesondere Spengel, C. (1995). Während mit Einführung des Halbeinkünfteverfahrens der Körperschaftsteuertarif auf ein international vergleichbares Niveau abgesenkt wurde, sind Personenunternehmen nach wie vor mit einer zu hohen Belastung konfrontiert, vgl. Müller-Seils, H.-J. (2000), S. 1615. Dies wird kritisiert, da in Deutschland mittelständische Unternehmen überwiegend in personalistisch organisierten Rechtsformen geführt werden, vgl. Pinne, J. (2000), S. 354.

[2] Zu den Folgen der Globalisierung der Wirtschaft auf den Steuerstandort Deutschland vgl. Raupach, A. (2000), S. 355 ff. und zum Einfluss der Besteuerung auf die internationale Wettbewerbsfähigkeit von Unternehmen vgl. Maiterth, R. (2005), S. 47 ff.

[3] Vgl. Fels, G. (1986), S. 21. Zum Steuerstandort Deutschland vgl. Becker, H. (1994), S. 195 ff.

[4] Zur Steuer- und Abgabenbelastung im internationalen Wettbewerb vgl. Klein, F. (1990), S. 391 ff. An der Effektivbelastung von Kapitalgesellschaften gemessen ist Deutschland weiter ein Hochsteuerland, vgl. Djanani, C./Herbener R. (2003), S. 506.

[5] Vgl. hierzu ausführlich Elschen, R. (1988), S. 1 ff. mit zahlreichen weiteren Nachweisen.

[6] Vgl. insbesondere Rose, G. (1985), S. 331 ff. und Wöhe, G. (1983), S. 19.

[7] Die Berechenbarkeit der Steuerlast ist ein Aspekt der grundgesetzlich geforderten Steuergerechtigkeit, vgl. BVerfG (1961), S. 153. So verlangt die Verfassung Gesetzesbestimmtheit, was bedeutet, dass der steuerbegründende Tatbestand so bestimmt sein muss, dass der Steuerpflichtige die auf ihn entfallende Steuerlast im Voraus berechnen kann, vgl. Offerhaus, K. (2000), S. 12.

ein speziell betriebswirtschaftliches Bedürfnis.[1] Das Wirtschaften in Betrieben hat planmäßig und rational zu erfolgen, wobei eine rationale Planung erfordert, dass die aus den Handlungen erwachsenden (steuerlichen) Konsequenzen antizipiert werden können. Da Unternehmen in von Unsicherheit geprägten Märkten agieren, kann nicht bei Sicherheit geplant werden; dennoch muss gewährleistet sein, dass die aus den betrieblichen Dispositionen resultierende Steuerbelastung nicht willkürlich, zufällig oder unberechenbar ist, sondern dass diese im Vorfeld berechnet und in die Planung einbezogen werden kann.[2]

Die Steuergesetzgebung steht vor großen Herausforderungen, will sie der Forderung nach Planbarkeit der Steuerlast nachkommen.[3] Die Steuerpflichtigen können derzeit nur bedingt darauf vertrauen, dass die zum Zeitpunkt ihrer Entscheidungsfindung herrschende Rechtslage bis zum Ende des Planungshorizonts Geltung hat.[4] Insbesondere vor dem Hintergrund, dass das Engagement von Business Angels mittel- bis langfristig angelegt ist, sich ein frühzeitiger Ausstieg häufig als schwierig darstellen dürfte und sich eine die ursprüngliche Disposition im nachhinein benachteiligende Steuergesetzgebung bzw. die hieraus resultierende Unsicherheit negativ auf die Risikobereitschaft von Kapitalgebern auswirkt, ist der Kontinuität der Gesetzgebung bei der Implementierung der Gründungsbesteuerung besondere Bedeutung beizumessen.[5]

III-2 Entwurf eines Steuerreformmodells

Im Folgenden wird ein möglicher Ansatz für eine Gründungsbesteuerung vorgestellt, wobei zunächst in Abschnitt III-2.1 dessen Grundlagen diskutiert werden. Anschließend wird in Abschnitt III-2.2 nach der Analyse möglicher Ansatzpunkte das Gründungsrecht beschrieben. Im Weiteren wird in Abschnitt III-2.3 die steuerliche Behandlung des Veräußerungsgewinns und schließlich in Abschnitt III-2.4 der Einfluss steuerlicher Verluste auf die Finanzierungsentscheidung eines Business Angels thematisiert.

---

1 Dass Steuerpflichtige Steuern als negative Zielbeiträge betrachten, ist hierbei als Datum hinzunehmen, vgl. Wagner, F. W. (1992), S. 3.

2 Rechtsnormen bedürfen der Interpretation und unterliegen insbesondere im Steuerrecht einem immer dynamischeren Wandel, was dazu führt, dass die Planbarkeit der Steuerbelastung erheblich erschwert wird, vgl. Rose, G. (1985), S. 335.

3 Ansätze finden sich bereits bei Rose, G. (1976), S. 41 ff.

4 Beispielhaft sei in diesem Zusammenhang auf die vielfältigen Änderungen bezüglich der Realisierung des Körperschaftsteuerguthabens nach Einführung des Halbeinkünfteverfahrens verwiesen, vgl. hierzu Rödder, T./Schumacher, A. (2003), S. 812. Durch das SEStEG wurde dessen Realisierung ab 2008 erneut geändert, vgl. dazu Förster, G./Felchner, J. (2006), S. 1725 ff.

5 So ist es etwa betriebswirtschaftlich nicht immer von Vorteil, wenn Steuersätze im Nachhinein sinken, vgl. dazu Wagner, F. W./Dirrigl, H. (1980), S. 63 ff. und Siegel, T. (1982), S. 139 ff.

III-2.1 Grundlagen

Die im Folgenden unter dem Oberbegriff Grundlagen zu diskutierenden Aspekte umfassen zunächst in Abschnitt III-2.1.1 die systemtragenden Prinzipien des Entwurfs, die insbesondere aus den für die Gründungsbesteuerung als maßgeblich identifizierten Neutralitätsbegriffen der Finanzierungs- und der Gewinnverwendungsneutralität abzuleiten sind. Abschnitt III-2.1.2 beschäftigt sich mit dem anzuwendenden Besteuerungskonzept, was gleichbedeutend ist mit der Frage, auf welcher Ebene die Umsetzung der Prinzipien erfolgen sollte. In Abschnitt III-2.1.3 werden abschließend die Ansatzpunkte dargestellt, an welchen sich eine finanzierungsbezogene Partialreform orientieren könnte.

III-2.1.1 Systemtragende Prinzipien

Die Ausgestaltung des Steuerrechts führt dazu, dass eine Finanzierungsentscheidung auch auf Grundlage steuerlich motivierter Überlegungen getroffen wird, so dass – neben der Kapitalstruktur – letztlich die gesamte weitere Entwicklung eines Beteiligungsunternehmens von der Besteuerung beeinflusst wird. Da außerhalb des Steuerrechts liegende Maßnahmen generell ungeeignet sind, diese verhaltenslenkenden Effekte zu beseitigen, hat der Entwurf zum Ziel, dass die Kapitalausstattung des Gründungsunternehmens von steuerlichen Überlegungen weitgehend losgelöst, an ökonomischen Kalkülen orientiert gestaltet werden kann. Vor diesem Hintergrund sind, da sich jedes Besteuerungssystem an Leitsätzen zu orientieren hat, zunächst die systemtragenden Prinzipien zu identifizieren, welche der Partialreform zu Grunde liegen.[1]

III-2.1.1.1 Maßgebende Finanzierungsformen

Das Konzept der Finanzierungsneutralität repräsentiert einen elementaren Bestandteil entscheidungsneutraler Steuersysteme und den zentralen Ansatzpunkt dieses Entwurfs.[2] Da Unternehmen verschiedene Finanzierungsmöglichkeiten zur Verfügung stehen, sind zunächst diejenigen Finanzierungsarten bzw. Kapitalströme zu identifizieren, die nachfolgend für die Ermittlung der systemtragenden Prinzipien maßgebend sind. Wird innerhalb der jeweiligen Finanzierungsformen nach der Kapitalhaftung unterschieden, ergibt sich die auf der nächsten Seite in Abbildung III-1 dargestellte vereinfachte Einteilung:

---

1 Eine an übergeordneten Grundsätzen orientierte Besteuerung kommt der von der Betriebswirtschaftlichen Steuerlehre als wesentliches Gerechtigkeitskriterium angesehenen Planbarkeit der Steuerwirkungen entgegen; vgl. hierzu auch Abschnitt III-1.2.3.2.

2 Zur Definition der Finanzierungsneutralität als Kapitalkostenneutralität vgl. Abschnitt III-1.2.1.1.

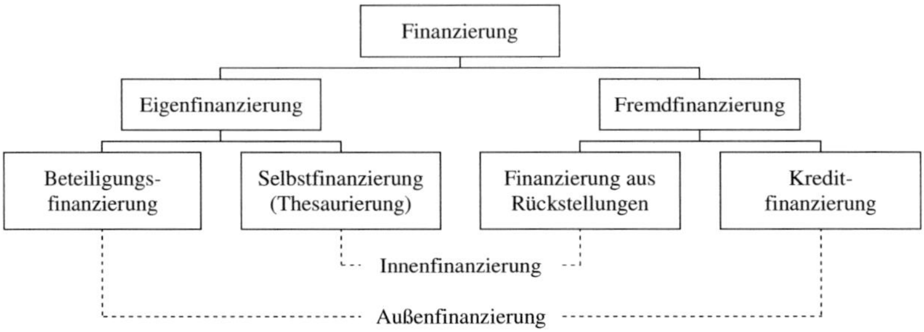

Abb. III-1: Einteilung der Finanzierungsarten
(Quelle: in Anlehnung an Wöhe, G./Bilstein, J. (1998), S. 20)

Diese Finanzierungsmöglichkeiten sind hinsichtlich ihrer Bedeutung für Gründungsunternehmen unterschiedlich zu beurteilen. Für die Innenfinanzierung kann festgehalten werden, dass Unternehmen zumindest in ihrer Anfangsphase auf diese Finanzierungsart in den meisten Fällen nicht zurückgreifen können;[1] aber auch falls es die wirtschaftliche Situation erlaubt, dass sich Gründungsunternehmen aus Gewinnen oder Rückstellungen finanzieren, ist die Forderung nach Finanzierungsneutralität auf die Außenfinanzierung einzuschränken, weshalb im Folgenden ausschließlich die Kapital- sowie Entgeltströme berücksichtigt werden.[2] Hierbei werden den Kapitalströmen die (einmaligen) Ein- bzw. Auszahlungen aus Kapitalerhöhungen bzw. -herabsetzungen sowie aus Kreditaufnahme bzw. -tilgung zugerechnet, wogegen als Entgeltströme die Gewinnausschüttungen sowie die laufenden Zinszahlungen bezeichnet werden.[3]

Im Venture Capital-Geschäft lässt sich eine risikoadäquate Gesamtrendite allein mit laufenden Erträgen nicht erzielen, weshalb der Veräußerungsgewinn zu den „regulären" Erträgen rechnet.[4] Demzufolge hat die Gründungsbesteuerung den Veräußerungsgewinn ebenfalls zu berücksichtigen, wobei diesem eine gewisse „Sonderstellung" zukommt, da er nicht das Finanzierungsverhältnis zwischen der Gesellschaft und dem Business Angel betrifft, sondern in der Regel von einem fremden Dritten geleistet wird.

---

1 Vgl. beispielsweise Kußmaul, H./Richter, L. (2000), S. 1155, Pleschak, F./Stummer, F. (1999), S. 327 und Jäger, A. (1998), S. 718.

2 Zur Beschränkung der Finanzierungsneutralität auf die Außenfinanzierung junger Unternehmen durch ihre Gesellschafter vgl. Abschnitt III-1.2.1.1.

3 Während die Gestaltung der Entgeltströme ein wesentliches Arbeitsfeld in der Steuerplanungstätigkeit darstellt, ist den Kapitalströmen für eine planmäßige Beeinflussung der Steuerbelastung eine erheblich geringere Bedeutung beizumessen, da von diesen im geltenden Recht prinzipiell keine Wirkungen auf die steuerlichen Bemessungsgrundlagen ausgehen.

4 Vgl. Leopold, G./Frommann, 1998), S. 36 f. Da die Gesamtrendite des Risikokapitalgebers wesentlich von der Art und dem Umfang der Veräußerungsmöglichkeiten determiniert wird, müssen organisierte und funktionsfähige Märkte existieren, über die eine spätere Veräußerung der Anteile möglich ist, vgl. Heitzer, B./Sohn, C. (1999), S. 397.

III-2.1.1.2 Bestandsstromirrelevanz

Hinsichtlich der Kapitalausstattung ist zunächst zu klären, ob die Kapitalströme (im Folgenden auch als Bestandsströme bezeichnet) weiterhin als nicht steuerbar anzusehen oder als Bestandteil der Bemessungsgrundlage zu behandeln sind.[1] Die Steuerpflicht des Zuflusses auf Unternehmensebene müsste bei den Kapitalgebern die korrespondierende Minderung deren Bemessungsgrundlagen zur Folge haben. Falls die Kapitalausstattung der Gründungsunternehmen bei diesen steuerlich vorbelastet wird, steigt ceteris paribus deren Finanzierungsbedarf wegen des steuerbedingt geringeren Netto-Kapitalzuflusses, wobei der erhöhte Kapitalbedarf durch die steuerliche Entlastung des Kapitalabflusses von den Kapitalgebern – identische Steuersätze vorausgesetzt – erbracht werden könnte. Falls diese Voraussetzung nicht erfüllt ist, käme es in Abhängigkeit von dem Verhältnis der Steuersätze bzw. der individuellen steuerlichen Situation der von der Finanzierung betroffenen Parteien entweder zu einer Begünstigung oder zu einer Diskriminierung der Kapitalausstattung von Gründungsunternehmen.

Sofern der Finanzierungsvorgang an sich besteuert wird, ist davon auszugehen, dass eine Finanzierung durch Business Angels entlastet wird, da deren Einkommensteuersatz den kombinierten Steuersatz von Kapitalgesellschaften regelmäßig übersteigt. Demnach müsste der Netto-Kapitalbedarf eines Gründungsunternehmens nicht in voller Höhe von den Kapitalgebern geleistet werden, vielmehr würde die Finanzierung zumindest partiell auf den Staat übertragen.[2] Dies könnte dazu führen, dass jungen Unternehmen vermehrt Kapital von Business Angels zur Verfügung gestellt wird.[3]

Des Weiteren entrichten Gründungsunternehmen in der Frühphase ihrer Entwicklung auf Grund von Anlaufverlusten zumeist keine Steuern, wogegen ein typischer Business Angel in aller Regel ein positives zu versteuerndes Einkommen aufweist. Das bedeutet, dass diese finanzierungsbedingten Steuerzahlungen bzw. -erstattungen in verschiedenen Veranlagungszeiträumen anfallen, wobei die Steuerzahlung der Steuererstattung in aller Regel nachfolgen wird. Somit sollten auch die hiermit verbundenen Zinseffekte zu einer verstärkten Finanzierung junger Unternehmen durch Business Angels führen.

---

[1] Dies ist in Bezug auf die fremdfinanzierungsbedingten Zahlungsströme beispielsweise im Rahmen der (R+F)-Basis-Cash-Flow-Steuer vorgesehen, vgl. dazu Bach, S. (1993), S. 57 ff.

[2] Jedoch hat bereits Fischer, L. (1987), S. 15 ausgeführt, dass nicht davon auszugehen ist, dass der Staat ein „Füllhorn an Liquidität“ über junge Unternehmen ausschütten wird. In Anbetracht der derzeitigen haushaltspolitischen Lage besitzt diese Aussage nach wie vor Gültigkeit.

[3] Für den Unternehmensgründer ist eine eindeutige Aussage nicht möglich. Falls der Finanzierungsvorgang insgesamt be- statt entlastet wird, wäre der gegenteilige Effekt die Folge, so dass gegebenenfalls weniger Unternehmen gegründet würden, in die Business Angels investieren könnten. Insgesamt sind die Wirkungen eines so ausgestalteten Gründungsrechts kaum kalkulierbar.

Allerdings sollen innerhalb dieser Partialreform die verhaltenslenkenden Wirkungen des geltenden Steuerrechts gerade beseitigt werden, was der steuerlichen Begünstigung von Gründungsfinanzierungen entgegensteht. Da eine steuerneutrale (in der Zusammenschau von Unternehmen und Risikokapitalgeber aufkommensneutrale) Besteuerung der Kapitalausstattung rein zufällig wäre und die Steuerpflicht der Kapitalbereitstellung die gesamtwirtschaftliche Kapitalallokation beeinflussen würde, kann als erstes systemtragendes Prinzip das der „Irrelevanz von Bestandsströmen“ identifiziert werden, weshalb nachfolgend nur die Entgeltströme zu betrachten sind.

III-2.1.1.3 Einmalbesteuerung

Ein Gründungsunternehmen dient als eine nicht zum Konsum fähige Wirtschaftseinheit letztendlich dazu, die ökonomischen Interessen seiner Anteilseigner zu realisieren.[1] Sofern dem Unternehmen in seiner Funktion als Einkommensintermediär liquide Mittel entzogen werden, sollte die Besteuerung bei den Anteilseignern ansetzen, wogegen auf Ebene des Unternehmens – da dieses kein eigenes Erwerbstreben ausweist – keine wirtschaftliche Definitivbelastung verbleiben sollte.[2] Eine weitere Zielsetzung des Entwurfs liegt demzufolge in der Vermeidung einer ökonomischen (nicht rechtlichen) Mehrfachbesteuerung von Unternehmensgewinnen, weshalb als weiteres systemtragendes Prinzip das der „Einmalbesteuerung“ benannt werden kann.[3]

Im Gegensatz zum geltenden Recht, in dem Gewinne von Kapitalgesellschaften verwendungsunabhängig und definitiv mit Gewerbe- und Körperschaftsteuer belastet sowie im Ausschüttungsfall bei natürlichen Anteilseignern nachversteuert werden, soll hier die Einmalbesteuerung der Gewinne von Gründungsunternehmen umgesetzt werden.[4] Eine ausschüttungsbedingte Nachversteuerung führt in Folge ihres Strafsteuercharakters tendenziell dazu, dass Gewinne thesauriert werden. Die „Begünstigung“ einbehaltener Ge-

---

1 Vgl. dazu Abschnitt III-1.1.3.1. Demnach können die finalen Träger der Unternehmensgewinnsteuern nie die Unternehmen selbst, sondern nur deren Anteilseigner sein, vgl. Rose, M. (2000), S. 1062.

2 So auch Siegel, T./Bareis, P./Herzig, N./Schneider, D./Wagner, F. W. (2000), S. 1269.

3 Auch das Halbeinkünfteverfahren hat letztlich zum Ziel, eine wirtschaftliche Doppelbesteuerung von Dividenden zu vermeiden, vgl. Grotherr, S. (2000), S. 849. Zur Doppelbesteuerung bei wirtschaftlich verbundenen Unternehmen und notwendigen Reformschritten vgl. Krebühl, H.-H. (2001), S. 1730 ff.

4 Das bedeutet, dass sich der Entwurf an der grundsätzlichen Wirkungsweise des körperschaftsteuerlichen Anrechnungsverfahrens orientiert, dessen (theoretische) Überlegenheit gegenüber dem Halbeinkünfteverfahren in der Literatur zwischenzeitlich wohl unumstritten ist. Andererseits ist zu erwähnen, dass bei der Besteuerung natürlicher Personen und deren Entlastung von der wirtschaftlichen Doppelbesteuerung die Anrechnungssysteme auf dem Rückzug sind, vgl. hierzu Thömmes, O. (2005), S. 692. So haben in der jüngeren Vergangenheit unter anderem Frankreich, Italien und Finnland das Anrechnungsverfahren aufgegeben.

winne wird wegen ihrer negativen Folgen für die Funktionsfähigkeit der Kapitalmärkte jedoch zu Recht abgelehnt, wobei für die hier betrachteten jungen Unternehmen von besonderer Bedeutung ist, dass eine nur bei Ausschüttungen anfallende Steuer insbesondere deren Investitionsmöglichkeiten beschränkt.[1] Gegebenenfalls werden finanzielle Mittel nicht optimal eingesetzt, sondern aus steuerlichen Gründen thesauriert, wogegen aus finanzieller Sicht Unternehmen diejenigen Mittel entzogen werden sollten, deren Anlage im Unternehmen keine positiven Wertzuwächse auslöst.[2] Falls hingegen die Besteuerung (unter Liquiditätsgesichtspunkten mögliche) Dividendenzahlungen nicht behindert, würden die Risikokapitalgeber ceteris paribus über einen höheren Finanzmittelbestand verfügen, der anderen Jungunternehmen zur Verfügung gestellt werden könnte, so dass diese einen leichteren Zugang zu Kapital hätten.[3]

III-2.1.2 Besteuerungskonzeption

Aufbauend auf dem Prinzip der Einmalbesteuerung ist nachfolgend auf die Besteuerungskonzeption einzugehen, was letztlich in die Frage mündet, welcher übergeordnete Besteuerungsrahmen die Basis des Entwurfs bilden soll. Zur Beantwortung dieser Frage könnten die in Abschnitt III-1.2.1.3 angesprochenen Konzepte der Teilhaber- bzw. der Betriebsteuer einen ersten Anhaltspunkt liefern, weshalb diese zunächst in ihren Grundzügen dargestellt werden, bevor anschließend auf ihre Eignung für die Neuordnung der Gründungsbesteuerung im Rahmen einer Partialreform einzugehen ist.

III-2.1.2.1 Vergleichende Gegenüberstellung

Die Idee der Teilhabersteuer besteht im Wesentlichen darin, die in Unternehmen erzielten Gewinne den Gesellschaftern unmittelbar zuzurechnen und bei diesen direkt der Einkommensteuer zu unterwerfen.[4] Der zivilrechtlichen Differenzierung zwischen den

---

1 Vgl. Wenger, E. (2000), S. 179.

2 Dementsprechend lautet die Ausschüttungsregel, die positive Differenz zwischen verfügbarem Cash-Flow und den für Investitionen benötigten Mitteln auszuschütten, was als residuale Ausschüttungspolitik bezeichnet wird, vgl. Drukarczyk, J. (2001), S. 141. Wird eine solche Ausschüttungspolitik unterstellt, ist in den Unternehmen ein kapitalwertmaximierender Einsatz der „freien" Mittel nicht möglich, da definitionsgemäß bereits alle vorteilsbringenden Investitionen getätigt wurden.

3 Sofern Unternehmen über ausreichende liquide Mittel verfügen, deren jederzeitige Zahlungsfähigkeit also gegeben ist, ist die Vorhaltung eines hohen Zahlungsmittelbestandes unwirtschaftlich, vgl. Perridon, L./Steiner, M. (2003), S. 12. Auch aus diesem Grund sollte die Besteuerung der Auskehrung von „freien" liquiden Mitteln nicht entgegenstehen.

4 Vgl. zum Konzept der Teilhabersteuer insbesondere Engels, W./Stützel, W. (1968) sowie nachfolgend Englisch, J. (1997), S. 781 f. Für eine steuerliche Zurechnung der in einer Personengesellschaft erzielten Einkünfte zu den Mitunternehmern spricht sich beispielsweise Fischer, P. (1997), S. 189 ff. aus.

verschiedenen Rechtsformen wird bei diesem Konzept mit steuerlicher Wirkung nicht gefolgt; auch spielen unterschiedliche Gewinnverwendungen keine Rolle, da unter Abkopplung vom Zivilrecht das Transparenzprinzip auf Kapitalgesellschaften übertragen wird. Da der zugerechnete Gewinn für die Gesellschafter jedoch nur im Ausschüttungsfall bzw. bei entsprechender Entnahmebefugnis verfügbar ist, kann die Steuerzahlung ohne einen korrespondierenden Mittelzufluss zu Liquiditätsproblemen führen, weshalb der Gewinnanteilsbesteuerung beim Gesellschafter eine als Teilhabersteuer bezeichnete, vom Unternehmen zu entrichtende, anrechenbare Quellensteuer vorgeschaltet ist. Diese wird im Antragsverfahren dem jeweiligen Teilhaber als Steuergutschrift auf dessen Einkommensteuerschuld angerechnet, so dass letztlich der gesamte Unternehmensgewinn der persönlichen Einkommensteuer der Gesellschafter unterliegt.[1]

Diesem Vorschlag wird bescheinigt, dass Rechtsform- und Gewinnverwendungsneutralität ohne Einschränkung erreicht werden.[2] Gegen dieses Konzept sprechen allerdings große technische Schwierigkeiten.[3] Weitere Kritik betrifft die mangelnde Vereinbarkeit mit der Systematik der Doppelbesteuerungseinkommen.[4] Das Konzept stößt jedoch insbesondere deshalb auf Ablehnung, weil es die ökonomisch-juristischen Realitäten einer Kapitalgesellschaft nicht hinreichend beachtet.[5] So bestimmt sich die Vermögenssituation beispielsweise von Aktionären unter anderem nach dem Börsenwert ihrer Aktien und nicht unmittelbar nach den von einer Aktiengesellschaft erwirtschafteten Gewinnen oder Verlusten.[6] Insbesondere aber sind die von Kapitalgesellschaften thesaurierten Gewinne für deren Anteilseigner weder rechtlich noch wirtschaftlich disponibel und deshalb auch kein den Gesellschaftern zurechenbares Einkommen.[7]

---

1 Umstritten ist, wie steuerbilanzielle Verluste zu behandeln sind: in der Diskussion stehen bei den Gesellschaftern die einkommensmindernde Berücksichtigung anteiliger Verluste als negative Teilhabererträge oder die sog. institutionale Verlustverrechnung auf Gesellschaftsebene; Reiß, W. (1994), S. 17 spricht sich für eine anteilige (allerdings begrenzte) Verlustzurechnung aus. Einigkeit besteht bei der Behandlung von Veräußerungsgewinnen bzw. -verlusten, die steuerlich nicht erfasst werden sollen.

2 Vgl. Wendt, R. (1992), S. 75.

3 Die technischen Schwierigkeiten zeigen sich beispielsweise bei Anteilseignerwechseln im Laufe eines Jahres oder bei Berichtigungen der Teilhabersteuer, was die Korrektur einer Vielzahl von Steuerveranlagungen nach sich ziehen würde, vgl. Tipke, K. (1980), S. 1080.

4 Vgl. hierzu Wendt, R. (1992), S. 75.

5 Vgl. Knobbe-Keuk, B. (1993), S. 147.

6 Vgl. Lang, J. (1990), S. 116, Betsch, O./Groh, A. P./Lohmann, L. G. E. (2000), S. 35 und Englisch, J. (1997), S. 782.

7 Vgl. Tipke, K. (1980), S. 1080. Hiergegen könnte eingewandt werden, dass thesaurierte Gewinne von kleinen Kapitalgesellschaften für die Anteilseigner eher verfügbar sind als nicht entnommene Gewinne eines Kommanditisten einer Publikums-Personengesellschaft. Andererseits wird im Schrifttum die Auffassung vertreten, dass thesaurierte Gewinne auch für Mitunternehmer weder rechtlich noch wirtschaftlich disponibel sind, so dass es sich verbietet, diese den Gesellschaftern zuzurechnen und nach deren individuellen Besteuerungsmerkmalen steuerlich zu erfassen, vgl. Flume, W. (1971), S. 692.

Diese Kritikpunkte führen zum Konzept einer Betriebsteuer, das die steuerliche Verselbständigung aller Personenunternehmen vorsieht, wobei der (proportionale) Betriebsteuersatz unter dem Spitzensatz der Einkommensteuer liegen soll.[1] Im Rahmen dieses Konzepts ist das Steuersubjekt nicht die Körperschaft bzw. der jeweilige Mit- oder Einzelunternehmer, sondern das Unternehmen selbst.[2] In den traditionellen Entwürfen werden die Vorschriften des Körperschaftsteuergesetzes auf sämtliche Gewerbebetriebe angewendet, wobei die Betriebsteuer bei allen Unternehmensformen (neben der Einkommensteuer) erhoben werden soll.[3] Ein wesentlicher Vorteil dieses Konzepts wird in der rechtsformneutralen Besteuerung gesehen, da die dem jeweiligen Betriebsbegriff unterfallenden Unternehmen einheitlich der Betriebsteuer unterliegen. In Folge der institutionalen Ausgestaltung des Konzepts sollen Unternehmensverluste nur auf Betriebsebene zum Abzug zugelassen werden, wogegen über die Anrechenbarkeit einer Betriebsteuer auf die individuelle Einkommensteuer der Anteileigner bei Gewinnausschüttungen oder Entnahmen unterschiedliche Auffassungen bestehen.[4]

Zusammenfassend kann festgehalten werden, dass sich die beiden Ansätze diametral gegenüberstehen, sofern ausschließlich die in diesem Zusammenhang relevanten Aspekte der Steuerentrichtung (Frage nach dem Steuerzahler) und der Zurechnung des Unternehmensergebnisses (Frage nach dem Steuersubjekt) betrachtet werden. Während beim Transparenzprinzip die Steuerwirkungen auf Anteilseignerebene vor dem tatsächlichen Zufluss antizipiert werden, bewirkt das Trennungsprinzip eine Vorversteuerung auf Unternehmensebene, die im Fall des späteren Zuflusses bei den jeweiligen Gesellschaftern (gegebenenfalls) nachgeholt wird.[5] Diese Zusammenhänge sind in Abbildung III-2 auf der nächsten Seite dargestellt:[6]

---

1 Vgl. zur Betriebsteuer speziell Betriebsteuerausschuß der Verwaltung für Finanzen (1949), Sp. 931 ff. Die Ausgestaltung im Einzelnen wird bereits seit 1924 in verschiedenen Varianten diskutiert, vgl. dazu Frenz, W. (1997), S. 118 f. Zur verfassungsrechtlichen Zulässigkeit einer niedrigen, institutionalen Proportionalbesteuerung von Unternehmen vgl. Englisch, J. (1997), S. 785 ff.

2 Vgl. Reiß, W. (1994), S. 17 mit einem Überblick über die ältere Literatur zum Betriebsteuerkonzept.

3 In der Literatur wurde auch der Vorschlag geäußert, die Körperschaftsteuer für Personengesellschaften mit größerem Teilhaberkreis zu öffnen, was eine Betriebsteuer entbehrlich machen würde, vgl. Giloy, J. (1989), S. 551.

4 Vgl. Englisch, J. (1997), S. 783. Bei den Betriebsteuerkonzepten wird kritisiert, dass die Unterscheidung zwischen thesaurierten sowie ausgeschütteten bzw. entnommenen Gewinnen konsequenterweise auch bei Nichtunternehmern zu einer unterschiedlichen Behandlung des konsumierten bzw. nicht konsumierten Einkommens führen müsse, vgl. Tipke, K. (1980), S. 1080. Diese Kritik berücksichtigt das Konzept der Investitionseinkommensteuer, vgl. Lang, J. (1989), S. 3 ff. und Lang, J. (1990), S. 107 ff.

5 Im Zusammenhang mit dem Steuersubjekt wird die Frage nach dem Steuertarif bedeutsam, auf die aus den in Abschnitt III-1.1.3.3 beschriebenen Gründen nicht eingegangen wird.

6 Diese Aufstellung betrifft nicht die Gewerbesteuer, die als Realsteuer an einen Steuergegenstand (das Steuerobjekt) angreift.

		Steuerzahler	
		Gründungsunternehmen	Anteilseigner
Steuer-subjekt	Gründungsunternehmen	Trennungsprinzip	-[1]
	Anteilseigner	Quellensteuerprinzip[2]	Transparenzprinzip

Abb. III-2: Systematisierung der Besteuerungsprinzipien
(Quelle: eigene Darstellung)

Reduziert auf die Aspekte der Steuerzahlung und der Ergebniszurechnung wird deutlich, dass die beiden Prinzipien die Endpunkte auf einer Skala möglicher Besteuerungskonzeptionen repräsentieren.[3] In Abhängigkeit von der Auswahl eines dieser Prinzipien sind die anschließend zu bestimmenden Detailausprägungen im Wesentlichen nur Folge der systembedingten Besonderheiten der jeweiligen Besteuerungskonzepte. Auf Grund der bei Gründungsfinanzierungen vorherrschenden Gesellschafterstruktur wie auch der Personalunion zwischen dem Management und den Anteilseignern ließe sich prinzipiell während der Gründungsphase auch ein an das Transparenzprinzip angelehntes Besteuerungskonzept umsetzen. Daher ist der Klärung der Detailausprägungen des Entwurfs die Frage vorgelagert, welches der alternativ möglichen Konzepte für eine Besteuerung von Gründungsfinanzierungen geeignet erscheint.

III-2.1.2.2 Auswahl einer Besteuerungskonzeption

Im Hinblick auf die mögliche Eignung der Besteuerungskonzepte stellt sich zunächst die – in der Steuergesetzgebung häufig vernachlässigte – Frage nach der Praktikabilität. Dem Transparenzprinzip wird in Bezug auf die Besteuerung laufender Erträge in hohem Maße Gewinnverwendungsneutralität bescheinigt, dies wird allerdings mit beachtlichen steuertechnischen Nachteilen erkauft.[4] Lassen sich die mit dem Transparenzprinzip ver-

[1] Theoretisch wäre auch denkbar, dass bei Verwirklichung des Trennungsprinzips die Vorbelastung der Unternehmensgewinne auf die Anteilseignerebene verlagert wird. Da dies aus betriebswirtschaftlicher Sicht nicht sinnvoll erscheint, wird von dieser Möglichkeit im Folgenden abgesehen.

[2] Das Quellensteuerprinzip bezeichnet hier die Teilhabersteuer als Variante des Transparenzprinzips, da die Einkünfte zwar den hinter einem Unternehmen stehenden Anteilseignern zuzurechnen sind, jedoch auf Unternehmensebene mit einer Quellensteuer vorbelastet werden.

[3] Andere Ansätze wie etwa die Freistellung der von Gründungsunternehmen erzielten Einkünfte werden der Zielsetzung folgend, Gründungsfinanzierungen nicht zu begünstigen, hier nicht berücksichtigt.

[4] So führt die Berücksichtigung von Sonderbetriebsergebnissen dazu, dass für die Erstellung der Ertragsteuererklärungen einer Personengesellschaft Informationen über die beteiligungsbezogenen Einkünfte der Mitunternehmer einzuholen sind. Da diese Einkünfte im Allgemeinen gewerbesteuerpflichtig sind, beeinflussen sie – wie die Ergänzungsbilanzergebnisse – über die Gewerbesteuerschuld den handelsrechtlichen Gewinnanteil und über § 35 Abs. 2 EStG auch die Gewerbesteueranrechnung der anderen Mitunternehmer (sog. „fremdbestimmte Steuerwirkungen“), was die mit dem Transparenzprinzip bzw. Mitunternehmerbegriff verbundenen steuertechnischen Nachteile verdeutlicht.

bundenen Umsetzungsprobleme bei Gesellschaften mit einem überschaubaren Kreis an Anteilseignern noch bewältigen, gestaltet sich dies bei größeren Gesellschaften äußerst schwierig.[1] Da sich auch innerhalb von Gründungsfinanzierungen umfangreiche Gesellschafterstrukturen ergeben können, beispielsweise bei Teamgründungen oder bei einer Finanzierung durch ein Business Angel-Syndikat, sind die mit der direkten Zurechnung der steuerlichen Ergebnisse verbundenen Umsetzungsprobleme des Transparenzprinzips grundsätzlich auch bei neu gegründeten Unternehmen von Bedeutung.

Das zentrale Argument gegen das Transparenzprinzip ist jedoch in der unmittelbaren Einkünftezurechnung und den sich hieraus ergebenden Folgeproblemen begründet, was gleichermaßen für die Zurechnung laufender Gewinne als auch für die unmittelbare Berücksichtigung von Verlusten auf Ebene der Anteilseigner gilt.[2] Sofern die Besteuerung des am Markt erzielten Einkommens der Anteilseigner angestrebt wird, führt das Transparenzprinzip zu offensichtlich unzutreffenden Ergebnissen, da die zugerechnete anteilige Bemessungsgrundlage nicht als erzieltes Einkommen angesehen werden kann.[3] Die Problematik der vom Transparenzprinzip unterstellten Verfügbarkeit des Gewinnanteils zeigt sich in Liquiditätsproblemen, denen durch Erhebung einer anrechenbaren Quellensteuer begegnet werden kann, was jedoch nichts daran ändert, dass den steuerpflichtigen Einkommen der Anteilseigner bei diesen kein Zufluss gegenübersteht.[4] Des Weiteren ist zu berücksichtigen, dass sich die beteiligungsbezogenen Einkünfte von Business Angels aus Dividenden, insbesondere aber aus Veräußerungsgewinnen zusammensetzen. Wenn die Ergebnisse aus Anteilsverkäufen nicht der Besteuerung unterliegen, wird tatsächlich realisiertes Einkommen nicht versteuert, da der Wert von Geschäftsanteilen in der Regel nicht mit den auf sie entfallenden anteiligen Jahresergebnissen übereinstimmt.[5]

---

1 Zu den Umsetzungsproblemen zählt etwa, dass auch die Ergebnisse aus der Veräußerung von Anteilen an Personengesellschaften in den Steuererklärungen der Gesellschaft abzubilden sind, was sich ceteris paribus als umso schwieriger darstellt, je mehr Mitunternehmer eine Gesellschaft hat.

2 Zur Behandlung von Verlusten bei der Teilhabersteuer vgl. Engels, W./Stützel, W. (1968), S. 15.

3 Allenfalls die Teilhaber- bzw. Quellensteuer selbst (interpretiert als anteilige „Zwangsausschüttung") kann auf Anteilseignerebene als disponibel angesehen werden, vgl. Englisch, J. (1997), S. 782.

4 Gegen die Einführung einer Teilhabersteuer spricht, dass dieses Konzept den Ausschluss der Quellensteueranrechnung außerhalb des Geltungsbereichs der deutschen Unternehmensbesteuerung vorsieht und ausländische Teilhaber benachteiligt, vgl. Wendt, R. (1992), S. 75. Die fehlende Anrechenbarkeit würde den Harmonisierungsbestrebungen in der Europäischen Union zuwiderlaufen, so dass hierin ein wesentliches Einführungshindernis zu sehen ist. Dieses Argument wurde in der Vergangenheit jedoch auch gegen das körperschaftsteuerliche Anrechnungsverfahren ins Feld geführt. Allerdings konnte gezeigt werden, dass dieses durchaus europarechtskonform hätte ausgestaltet werden können, vgl. hierzu Treisch, C. (2004), S. 365 ff. Insofern besteht Grund zu der Annahme, dass eine europarechtlich unbedenkliche Teilhabersteuer entworfen werden könnte.

5 Gerade dies ist bei der Teilhabersteuer vorgesehen, vgl. Engels, W./Stützel, W. (1968), S. 13. Werden die Veräußerungsgewinne dagegen steuerlich erfasst, führt das im System der Teilhabersteuer zu einer zumindest temporären Doppelbesteuerung, vgl. Schreiber, U. (1987a), S. 137.

Eine unter Praktikabilitätsgesichtspunkten umsetzbare finanzierungsbezogene Partialreform erfordert, dass sich diese dergestalt in das geltende Steuerrecht integrieren lässt, dass ihre steuersystematisch bedingten Rückwirkungen auf nicht finanzierungsbezogene Sachverhalte möglichst gering ausfallen. Bei „typischen" Business Angel-Engagements sind der Gründer und auch der Risikokapitalgeber in dem Unternehmen tätig. Beziehen sie dafür eine Vergütung, unterscheidet sich deren steuerliche Behandlung innerhalb der jeweiligen Besteuerungskonzeptionen erheblich;[1] zwar steht die Beratungsunterstützung des Business Angels bzw. deren Vergütung in einem zumindest mittelbaren Zusammenhang mit seinem Finanzierungsengagement, deren steuerliche Behandlung sollte jedoch nicht von der Kapitalzuführung beeinflusst werden. Oben wurden die Entgeltströme als Ansatzpunkte des Gründungsrechts identifiziert, wogegen die übrigen beteiligungsbezogenen steuerlich relevanten Tatbestände dem geltenden Recht folgend behandelt werden sollen.[2] Da risikokapitalfinanzierte Gründungsunternehmen überwiegend in der Rechtsform einer Kapitalgesellschaft geführt werden, liegt es nahe, die Partialreform auf Basis des Trennungsprinzips zu formulieren.

Wenngleich davon auszugehen ist, dass der Business Angel dem Unternehmen in der ersten Finanzierungsrunde zumindest teilweise Eigenkapital zur Verfügung stellen wird, ist das bei einer bedarfsadäquaten Risikofinanzierung nicht zwingend.[3] In Abhängigkeit von der wirtschaftlichen Situation des Gründungsunternehmens könnte dieses beispielsweise in der ersten Finanzierungsrunde ausschließlich über eigenkapitalähnliche Mittel finanziert werden, um auf Ebene des Unternehmens den Abzug von Fremdkapitalzinsen zu erreichen. In einer weiteren Finanzierungsrunde könnte dann Eigenkapital zugeführt werden und/oder das wandelbare Fremdkapital in Anteile des Gründungsunternehmens eingetauscht werden. Im Fall der Anwendung des Transparenzprinzips wäre der Risikokapitalgeber ab dem Zeitpunkt der Umwandlung wie ein Mitunternehmer zu behandeln, was die Finanzierungsentscheidung insgesamt erheblich beeinflussen würde. Auf Grund dieses Systemwechsels wären zu verschiedenen Zeitpunkten vollzogene Finanzierungen aus steuersystematischer Sicht nicht mehr voneinander unabhängig, sofern der Business Angel in der ersten Finanzierungsrunde kein Eigenkapital zur Verfügung stellt.[4]

---

[1] Vgl. hierzu exemplarisch die Ausführungen zur atypisch Stillen Gesellschaft in Abschnitt II-1.3.2.2.

[2] Das gilt entsprechend, wenn dem Gründungsunternehmen von seinen Anteilseignern Wirtschaftsgüter entgeltlich zur Nutzung überlassen werden.

[3] Zum Capital Staging vgl. Kupper, C. H. (1999), S. 34 und Abschnitt II-1.1.1.1.

[4] Darüber hinaus wären sämtliche weiteren unternehmensbezogenen Dispositionen des Business Angels neu zu überdenken, was insbesondere die Ausgestaltung von schuldrechtlichen Leistungsbeziehungen betrifft.

Einen wesentlichen Aspekt im Rahmen der integrativen Partialreform bildet die nach Beendigung der Gründungsphase erforderliche Rückführung der beteiligten Parteien in das geltende Recht, wobei die Integration sowohl die Gesellschafts- als auch die Gesellschafterebene tangiert.[1] Dies zieht – wie in Abschnitt III-3 zu zeigen sein wird – einige Folgeprobleme nach sich, wobei ceteris paribus die Integrationskomplexität mit zunehmender Verzahnung von Gesellschafts- und Gesellschafterebene steigt, was die nachfolgenden Ausführungen exemplarisch verdeutlichen sollen. So kann davon ausgegangen werden, dass das Beteiligungsunternehmen regelmäßig der steuerlichen Außenprüfung unterliegt, weshalb die Folgewirkungen von Betriebsprüfungen in die Betrachtung einzubeziehen sind.[2] Typischerweise wird im Rahmen der sog. „Betriebsprüfungsklausel“ vereinbart, dass der Veräußerer für Steuernachforderungen haftet, die vor dem Übertragungsstichtag entstanden sind.[3] Wird eine weitgehend an das geltende Recht angelehnte Besteuerung des Beteiligungsunternehmens erwogen, sind die für Kapitalgesellschaften entwickelten Instrumente in grundsätzlich unveränderter Form anwendbar, wogegen die Übertragung des Transparenzprinzips auf Kapitalgesellschaften eine Verkomplizierung der Anteilsveräußerung zur Folge hätte.[4]

Falls in der Gründungsphase das Transparenzprinzip zur Anwendung käme, hätte das zur Folge, dass das Beteiligungsunternehmen nach dem Exit des Business Angels einem anderen Besteuerungskonzept unterliegen würde. Auf Grund der zeitlichen Begrenzung des Engagements eines Business Angels ist davon auszugehen, dass der im Rahmen der Integration durchzuführende Systemwechsel vom Transparenz- zum Trennungsprinzip die wirtschaftliche Disposition der beteiligten Parteien bereits während der Gründungsphase beeinflusst.[5]

---

1 Inwieweit die Anteilseignerebene von der Integration berührt wird, hängt wesentlich davon ab, welche Besteuerungskonzeption in der Gründungsphase zur Anwendung kommt.

2 Zur Absicherung des Erwerbers gegen Außenprüfungsrisiken sollte zunächst eine Überprüfung der zu erwartenden Mehrbelastungen vorgenommen werden, vgl. Hötzel, O. (1997), S. 134. Zur steuerlichen Due Diligence vgl. insbesondere Löffler, C. (2002).

3 So Bredow, G. (1996), S. 518. Die Betriebsprüfungsklausel sollte sich lediglich auf echte Steuermehr- oder Minderbelastungen beziehen und reine Gewinnverschiebungen – beispielsweise in Folge der betriebsprüfungsbedingten Veränderung von Abschreibungszeiträumen – ausnehmen, vgl. hierzu Streck, M./Mack, A. (1992), S. 1399. Für die Beantwortung der Frage, wer durch die möglichen steuerlichen Korrekturen künftig belastet oder begünstigt wird, ist zu unterscheiden zwischen Steuern, die das Unternehmen oder den Unternehmensinhaber betreffen, vgl. dazu Hötzel, O. (1997), S. 129 ff.

4 Zum Regelungsinhalt von Steuerklauseln in Anteilskaufverträgen vgl. Picot, G. (2004), S. 733 ff. Insgesamt wird zu diesem Problemkomplex die Auffassung vertreten, dass die mitunter recht aufwendige Ermittlung nur dann durchgeführt werden sollte, wenn die zu erwartenden Mehrbelastungen einen erheblichen Umfang einnehmen, vgl. Sieben, G./Sielaff, M. (1989), S. 102 f.

5 Wird etwa eine steuerliche Behandlung entsprechend dem für Personengesellschaften geltenden Recht unterstellt, wäre die integrationsbedingte Besteuerung der im Sonderbetriebsvermögen gebildeten stillen Reserven ein erhebliches Desinvestitionshindernis.

Zusammenfassend ist damit festzuhalten, dass eine dem Transparenzprinzip folgende Besteuerung der Gründungsunternehmen als ungeeignet erscheint; obwohl sich viele der „steuertechnischen“ Probleme bei einem kleinen Anteilseignerkreis entschärfen, bleiben die steuersystematischen Nachteile auch bei der hier unterstellten Gesellschafterstruktur bestehen. Des Weiteren wären im Hinblick auf das Integrationserfordernis mit der Übertragung des Transparenzprinzips auf eine finanzierungsbezogene Besteuerung der Gründungsunternehmen wesentliche Nachteile verbunden. Schließlich ist zu berücksichtigen, dass in der Praxis die überwiegende Anzahl der von Business Angels finanzierten Gründungsunternehmen als Kapitalgesellschaft geführt werden und sich das Gründungsrecht auf die steuerliche Behandlung der Entgeltströme beschränken soll. Aus diesen Gründen wird die Partialreform auf Basis des Trennungsprinzips formuliert.

III-2.1.3 Ansatzpunkte der Partialreform

Im Zusammenhang mit der Bestimmung der systemtragenden Prinzipien wurden die Entgeltströme als Ansatzpunkte einer Gründungsbesteuerung identifiziert. Diese setzen sich definitionsgemäß aus laufenden und einmaligen finanzierungsbezogenen Zahlungsströmen zusammen, weshalb im Folgenden darauf einzugehen ist, an welcher Stelle das Gründungsrecht ansetzen sollte.[1] Die Zahlungsströme werden durch den Veräußerungserlös und die Gewinnausschüttungen (bei Eigenfinanzierung) sowie die Zinszahlungen und die Tilgung (bei anteiliger Fremdfinanzierung) vollständig beschrieben. Werden die Kapitalrückflüsse hinsichtlich der Periodizität ihres Eintretens unterschieden, ergibt sich die in Abbildung III-3 dargestellte Einteilung:

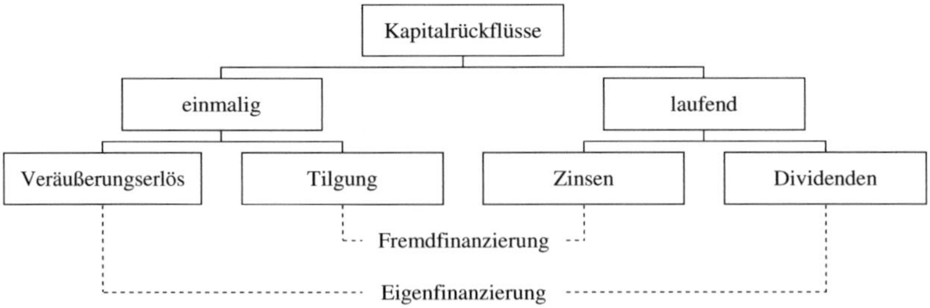

Abb. III-3: Periodizität der Kapitalströme
(Quelle: eigene Darstellung)

[1] Sofern ausschließlich finanzielle Zielsetzungen als entscheidungsrelevant angesehen werden, stellt der Barwert der potentiell erzielbaren Kapitalrückflüsse das Entscheidungskriterium von Business Angels dar. Zum Kapitalwert als betriebswirtschaftliches Entscheidungskriterium vgl. ausführlich König, R./ Wosnitza, M. (2004), S. 9 f.

Die Periodizität der Kapitalrückflüsse bildet den wesentlichen Aspekt für die Identifizierung möglicher Ansatzpunkte des Gründungsrechts. Auf Grund des Bestandsstromirrelevanzprinzips rechnet die Darlehenstilgung bei dem Risikokapitalgeber weiter nicht zu den Einkünften aus Kapitalvermögen, weshalb das Gründungsrecht – falls dieses bei den einmaligen Einkünften ansetzt – auf die Besteuerung des Veräußerungsgewinns begrenzt ist; da neben den einmaligen Kapitalströmen jedoch auch die laufenden Kapitalströme in das Barwertkriterium einfließen und somit die Finanzierungsentscheidung des Business Angels beeinflussen, wird nachfolgend die Eignung dieser Zahlungsströme für eine Neuordnung der Besteuerung von Gründungsfinanzierungen diskutiert.

III-2.1.3.1 Maximierung des Veräußerungserlöses

Die maßgebende finanzielle Zielsetzung des Business Angels stellt die Maximierung des durch die Anteilsveräußerung zu erzielenden Kapitalrückflusses dar, welcher durch den Unternehmenswert zum Veräußerungszeitpunkt und die Beteiligungsquote des ausscheidenden Risikokapitalgebers bestimmt wird.

Im Folgenden wird unterstellt, dass der voraussichtlich erzielbare Veräußerungserlös dem anteiligen prognostizierten Unternehmenswert zum Zeitpunkt des Anteilsverkaufs entspricht, welcher mit Hilfe eines geeigneten Unternehmensbewertungsverfahrens wie beispielsweise dem Adjusted Present Value-Ansatz ermittelt werden könnte.[1] Die auch in Deutschland zunehmend an Bedeutung gewinnende Discounted Cash-Flow-Methode geht davon aus, dass sich der finanzielle Wert eines Unternehmens durch Diskontierung der seinen Eigentümern künftig zufließenden Zielbeiträge errechnet.[2] Das Gründungsunternehmen ist zum Zeitpunkt des Exit des Business Angels in das geltende Recht zu überführen, so dass der Unternehmenswert zu diesem Zeitpunkt unter Berücksichtigung des Halbeinkünfteverfahrens zu ermitteln ist.[3] Demzufolge hat die besondere steuerliche

---

1 Die Anwendung dieses Ansatzes bietet sich an, sofern der Fremdkapitalbestand „autonom", das heißt nicht vom Unternehmenswert abhängig, geplant wird, vgl. Schüler, A. (2000), S. 1531 und Weber, T. (2000), S. 464 ff. Zu den Finanzierungsprämissen vgl. Hachmeister, D. (1996), S. 251 ff. und Richter, F. (1996), S. 1076 ff. Zum finanzierungsbedingten Wertbeitrag im Rahmen des Adjusted Present Value-Ansatzes vgl. Krolle, S. (2001), S. 18 ff. und zur Höhe der „tax shields" vgl. Husmann, S./Kruschwitz, L./Löffler, A. (2002), S. 35 ff.

2 Vgl. anstatt vieler Schmidt, J. G. (1995), S. 1088. Zur zunehmenden Bedeutung der Discounted Cash-Flow-Methode in Deutschland vgl. Kaden, J./Wagner, W./Weber, T./Wenzel, K. (1997), S. 500 sowie Born, K. (1996), S. 1885 und die dort zitierte Literatur.

3 Zur den Folgen des Halbeinkünfteverfahrens für den Wert von Unternehmen vgl. Auge-Dickhut, S./ Moser, U./Widmann, B. (2000), S. 362 ff., Ring, S./Castedello, M./Schlumberger, E. (2000), S. 356 ff. und Hötzel, O./Beckmann, K. (2000), S. 696 ff. sowie für Kapitalgesellschaften Müller, H./Semmler, B. (2003), S. 583 ff., Löhr, D. (2001), S. 351 ff. und Eisgruber, T./Glass, M. (2003), S. 389 ff. Zum Wert von Gewinnrücklagen von Kapitalgesellschaften vgl. Schreiber, U./Rogall, M. (2000), S. 728 ff.

Behandlung des Veräußerungsergebnisses auf Ebene des Business Angels grundsätzlich keine Auswirkungen auf den potentiell erzielbaren Veräußerungserlös.[1]

Neben dem Unternehmensgesamtwert hängt der im Rahmen der Veräußerung erzielbare Kapitalrückfluss maßgebend von der Beteiligungsquote des Business Angels ab, so dass zunächst auf die Frage einzugehen ist, wie diese in der Praxis ermittelt wird. In der Literatur werden an der Eignung der traditionellen Bewertungsverfahren für dynamisch wachsende Gründungsunternehmen erhebliche Zweifel geäußert, da insbesondere nicht die Möglichkeit besteht, Cash-Flows zu diskontieren.[2] Aus diesem Grund kommt in der Start-Up-Phase häufig die sog. Venture Capital-Methode zur Anwendung, deren Ziel es ist festzulegen, welchen prozentualen Anteil an einem Unternehmen ein Risikokapitalgeber dafür erhalten soll, dass er diesem einen bestimmten Betrag zur Verfügung stellt.[3] Hierzu wird der vermutete Unternehmenswert zu einem zukünftigen Zeitpunkt – in der Regel derjenige der geplanten Anteilsveräußerung – ermittelt (1. Schritt) und auf seinen Gegenwartswert abgezinst (2. Schritt).[4] Anschließend wird der Investitionsbetrag durch den aktuellen Unternehmenswert dividiert (3. Schritt), um den finalen Eigentumsanteil des Risikokapitalgebers zu ermitteln.[5] Damit kann festgehalten werden, dass (bei einem als gegeben unterstellten Finanzierungsvolumen des Beteiligungsunternehmens) für die Ermittlung der Beteiligungsquote des Business Angels der erwartete Unternehmenswert zum Zeitpunkt der Anteilsveräußerung maßgebend ist. Dieser wird von der steuerlichen Behandlung des Veräußerungserlöses jedoch grundsätzlich nicht beeinflusst.

Wenngleich im Rahmen von Venture Capital-Finanzierungen nicht laufende Kapitalzuflüsse, sondern die Erzielung eines hohen Veräußerungserlöses im Vordergrund steht, kann festgestellt werden, dass ein Gründungsrecht, welches alleine die Besteuerung des

---

[1] Dies gilt zumindest insoweit, als die zukünftig entstehenden bzw. entziehbaren Cash-Flows von der in der Vergangenheit realisierten Kapitalstruktur nicht beeinflusst werden. Ein Einfluss auf die Höhe des Veräußerungserlöses kann sich allerdings ergeben, falls die Veräußerungsgewinnbesteuerung eine bestimmte Kapitalstruktur bzw. Gewinnverwendung in der Gründungsphase nahe legt.

[2] Zur Eignung der traditionellen Verfahren vgl. Peemöller, V. H./Beckmann, C. (2001), S. 5. Bei Early-Stage-Investments gehen die Bewerter überwiegend pragmatisch vor und verwenden „Daumenregeln" bzw. Erfahrungswerte, vgl. Peemöller, V. H./Geiger, T./Barchet, H. (2001), S. 342.

[3] Vgl. nachfolgend Achleitner, A.-K. (2001), S. 927 ff.

[4] Zu diesem Zeitpunkt erzielt das Gründungsunternehmen häufig positive Cash-Flows, so dass der Unternehmenswert mit Hilfe eines gängigen Bewertungsverfahrens ermittelt werden kann. Dennoch ist die Bewertung stark unsicherheitsbehaftet, weshalb es letztlich Ausfluss der subjektiven Erwartungen und des jeweiligen Verhandlungsgeschicks bzw. der Verhandlungsposition ist, auf welchen erwarteten Unternehmenswert sich die beteiligten Parteien einigen. Zur Unternehmensbewertung als Instrument zur Durchsetzung von Verhandlungspositionen vgl. Hafner, R. (1993), S. 79 ff.

[5] Gegebenenfalls ist der finale Beteiligungsanteil in die gegenwärtige Beteiligungsquote umzurechnen. Durch diesen 4. Schritt werden Verwässerungseffekte bei weiteren Kapitalerhöhungen berücksichtigt, vgl. Achleitner, A.-K. (2001), S. 929.

Capital Gain zum Gegenstand hat, grundsätzlich nicht dazu geeignet ist, die verhaltenslenkenden Wirkungen des geltenden Rechts in der Gründungsphase zu beseitigen.[1] Aus diesem Grund sind die periodischen Kapitalströme darauf zu untersuchen, inwieweit sie einen Ansatzpunkt für die Besteuerung von Gründungsfinanzierungen bilden können.

III-2.1.3.2 Entscheidungserheblichkeit der laufenden Einkünfte

Da der Unternehmer Gewinnverteilungsregeln mit Einbehaltungskomponente favorisiert und auch die Risikokapitalgeber der Erzielung laufender Einkünfte nur eine geringe Bedeutung beimessen, stellt sich die Frage nach der Relevanz der Berücksichtigung laufender Einkünfte.[2] Hierbei wird ein für die Neuordnung der Besteuerung von Gründungsfinanzierungen grundlegendes Problem offensichtlich, denn falls die tatsächliche Entwicklung des Beteiligungsunternehmens der im Business-Plan prognostizierten Entwicklung folgt, lässt die Höhe des Veräußerungsgewinns die Benachteiligung laufender Eigenkapitalentgelte in den Hintergrund treten.[3] Gleichwohl ist in Folge des Einflusses der Besteuerung auf die Gesamtrendite des Engagements der Risikokapitalgeber davon auszugehen, dass sich die steuerliche Behandlung der finanzierungsbedingten Zahlungsströme auf die Kapitalstruktur von jungen Unternehmen auswirkt, so dass die laufenden Einkünfte einen potentiellen Anknüpfungspunkt des Gründungsrechts bilden.[4]

Andererseits wird in der Literatur auch die Auffassung vertreten, dass nicht die Rentabilität das wichtigste Entscheidungkriterium bildet, sondern diese bei einer Anlageentscheidung von dem Kriterium der Sicherheit dominiert wird.[5] Diesem Aspekt tragen die nachrangigen Finanzierungsformen als Alternative zur Vergabe von Eigenkapital Rechnung, wobei als ein wesentlicher Vorteil der mezzaninen Finanzierungsinstrumente die mit ihnen verbundene Flexibilität der Kapitalstruktur angesehen wird.[6] Aus steuerlicher Sicht ist hierbei von Bedeutung, dass die für die Überlassung von Mezzanine-Kapital zu

---

1 Wird beispielsweise davon ausgegangen, dass zum Zeitpunkt des Exit der Business Angel ausschließlich Unternehmensanteile (und keine Darlehensforderungen) halten möchte, sagt das noch nichts über die im Gründungszeitraum realisierte Kapitalstruktur aus.

2 So geht die Venture Capital-Methode davon aus, dass sich Venture Capitalists nicht wegen möglicher Dividenden, sondern auf Grund der im Zuge der Anteilsveräußerung realisierbaren Kapitalgewinne an Unternehmen beteiligen, vgl. Achleitner, A.-K. (2001), S. 927.

3 So wird unter dem Regime des Halbeinkünfteverfahrens die Eigen- gegenüber der Fremdfinanzierung steuerlich benachteiligt, vgl. beispielsweise Haase, D./Lüdemann, L. (2000), S. 749 und Scheffler, W. (2000), S. 2449 sowie Abschnitt II-2.2.2.1.

4 Der Gesellschafterfremdfinanzierung kommt im Rahmen der Steueroptimierung besondere Bedeutung zu, vgl. Kessler, W./Teufel, T. (2001), S. 1961.

5 Vgl. Wilden, P. (1989), S. 480 mit weiteren Nachweisen.

6 Vgl. Golland, F. (2000), S. 39.

entrichteten Zahlungen in der Regel handels- und steuerrechtlich als Betriebsausgabe zu qualifizieren sind.[1] Neben dem laufzeitbezogenen Entgelt enthalten mezzanine Darlehen häufig einen „Equity Kicker“ – ein den Kapitalgebern eingeräumtes Recht, über den Erwerb einer vorab vereinbarten Anzahl von Unternehmensanteilen an der Wertsteigerung des Gründungsunternehmens teilzunehmen.[2] Da für die Höhe des Veräußerungsgewinns die Beteiligungsquote zum Zeitpunkt des Anteilsverkaufs maßgebend ist, kann während der Gründungsphase die Abzugsfähigkeit der Zinsen genutzt und der Equity-Kicker erst zum Zeitpunkt des Exit ausgeübt werden, um die Vorteile der jeweiligen Finanzierungsvarianten zu nutzen und die Gesamtrendite des Engagements zu maximieren. Neben den Sicherheitsaspekt, der oftmals für die Vergabe von Debt Mezzanine Capital verantwortlich ist, tritt somit eine steuerliche Komponente, welche die Kapitalstruktur in der Gründungsphase beeinflusst. Da dies mit der Forderung nach Finanzierungsneutralität unvereinbar ist, würde eine Gründungsbesteuerung, die ausschließlich bei den Veräußerungsergebnissen ansetzt, zu kurz greifen.

In Bezug auf die fremdfinanzierungsbedingte Unternehmenswertsteigerung ist weiter zu berücksichtigen, dass potentielle Anteilserwerber unterschiedliche Möglichkeiten der Kapitalanlage- oder -beschaffung haben.[3] Sofern der Beteiligungserwerber ein von dem Business Angel ausgereichtes Darlehen übernimmt, üben seine (Re-)Finanzierungsmöglichkeiten einen (mittelbaren) Einfluss auf die dem Beteiligungsunternehmen zukünftig entziehbaren Überschüsse aus.[4] Diejenige Finanzierungsstruktur, die der Business Angel im Hinblick auf den Verkauf als optimal erachtet, muss für einen potentiellen Anteilserwerber nicht dieselbe sein, weshalb die Kapitalstruktur durch ein höchstmögliches Maß an Flexibilität gekennzeichnet sein sollte.

---

1 Vgl. Betsch, O./Groh, A. P./Lohmann, L. G. E. (2000), S. 303 und ausführlich Abschnitt II-1.3.2. Der aus der steuerlichen Abzugsfähigkeit resultierende Kostenvorteil der Kapitalnehmer wird zum Teil an die Investoren zur Deckung ihrer erhöhten Renditeforderungen weitergegeben.

2 In diesem Zusammenhang wird empfohlen, den Equity-Kicker erst unmittelbar vor dem beabsichtigten Verkauf der Anteile auszuüben, um das vereinbarte Rangverhältnis zwischen den Darlehensgebern nicht zu gefährden, vgl. Schrell, T. K./Kirchner, A. (2003), S. 15.

3 Zur Marktbewertung des fremdfinanzierungsbedingten Steuervorteils vgl. aus der umfangreichen Literatur stellvertretend Lobe, S. (2001), S. 645 ff.

4 Selbst wenn die zu diskontierenden operativen Cash-Flows als gegeben unterstellt werden, ist der Unternehmenswert – und damit der erzielbare Veräußerungserlös – nicht determiniert, da es den „richtigen“ Unternehmenswert nicht gibt, vgl. Kußmaul, H. (1996), S. 265. Dieser ist vielmehr der „zweckadäquate“, vgl. Moxter, A. (1983), S. 6. So folgt die Ermittlung von Grenzpreisen individuellen Vorstellungen, die insbesondere davon abhängen, welche konkreten Erwartungen der Erwerber mit dem Engagement verbindet. Aus diesem Grund muss zur Ermittlung von Entscheidungswerten vielfach auf Größen zurückgegriffen werden, die von persönlichen Meinungen und Erwartungshaltungen geprägt sind, etwa die erwarteten Synergien oder der strategische Wert einer Akquisition, vgl. Funk, J. (1995), S. 494. Zur Wertfindung bei strategisch motivierten Unternehmensakquisitionen vgl. Sieben, G./Diedrich, R. (1992), S. 219 ff. und Dirrigl, H. (1994), S. 409 ff.

Eine in diesem Sinne flexible Kapitalstruktur hat zur Folge, dass die Ausstattung der Gründungsunternehmen mit finanziellen Mitteln unabhängig von der geplanten Anteilsveräußerung gestaltet werden kann und für die Finanzierungsentscheidung nur die in der Gründungsphase (kapitalstruktur-)relevanten Aspekte zu berücksichtigen sind.[1] Speziell die mezzaninen Finanzierungsinstrumente entsprechen dem Flexibilitätserfordernis, wobei ein weiteres Motiv für deren häufigen Gebrauch in der steuerlichen Abzugsfähigkeit der hiermit verbundenen Entgelte zu sehen ist. Dies wiederum spricht dafür, dass in der Gründungsphase letztendlich die für die Kapitalüberlassung zu entrichtenden laufenden Zahlungsströme entscheidungserheblich sind. Deshalb sollte die Gründungsbesteuerung trotz der Maßgeblichkeit des Veräußerungsgewinns bei den laufenden Zahlungsströmen ansetzen, um während des Engagements eines Risikokapitalgebers eine von steuerlichen Erwägungen losgelöste Gestaltung der Kapitalstruktur zu ermöglichen.

III-2.2 Behandlung laufender Kapitalüberlassungsentgelte

Im Weiteren ist die Entscheidung eines Risikokapitalgebers, in welcher Form er dem Gründungsunternehmen die benötigten Finanzmittel überlässt, vor dem Hintergrund der steuerlichen Behandlung der mit den Finanzierungsalternativen verbundenen laufenden Kapitalüberlassungsentgelte zu betrachten. In den folgenden Abschnitten III-2.2.2 sowie III-2.2.3 werden Lösungsansätze diskutiert und hinsichtlich ihrer Auswirkungen auf die Kapitalstruktur und die Liquiditätslage der Unternehmen diskutiert. Zunächst werden in Abschnitt III-2.2.1 jedoch die berücksichtigten Finanzierungsvarianten kurz dargestellt.

III-2.2.1 Finanzierungsvarianten

Die Finanzierungspraxis zeigt, dass Business Angels grundsätzlich die „Reinformen" der Finanzierung bevorzugen.[2] Aus diesem Grund werden im Folgenden ausschließlich die Beteiligungsfinanzierung und die verzinsliche Fremdfinanzierung näher betrachtet.[3] Da es neben Eigen- bzw. Fremdkapital keine dritte Kapitalart gibt, lassen sich die oben beschriebenen mezzaninen Finanzierungsinstrumente einer dieser beiden Finanzierungsformen zuordnen und werden damit ebenfalls von der Untersuchung erfasst.

---

1 Dies gilt zumindest dann, falls die in der Gründungsphase realisierte Kapitalstruktur auf die zukünftig durch den Anteilserwerber entziehbaren Cash-Flows keinen Einfluss hat.

2 Vgl. Brettel, M./Meier, D./Reißig-Thust, S. (2004), S. 439.

3 Alternative Finanzierungsformen wie die typisch oder atypisch Stille Gesellschaft bzw. die unverzinsliche Fremdkapitalvergabe werden hingegen nicht berücksichtigt.

Sofern ein Business Angel dem Gründungsunternehmen Fremdkapital zur Verfügung stellt und dieses nicht in Beteiligungskapital umwandelt, wird von einer Vollbeendigung seines (Finanzierungs-)Engagements ausgegangen, wobei die Ablösung seiner Darlehen durch den Anteilserwerber erfolgen soll. Da die Irrelevanz von Bestandsströmen als ein systemtragendes Prinzip identifiziert wurde, kommt den Tilgungsmodalitäten hier keine Bedeutung zu, weshalb ausschließlich Zinszahlungen berücksichtigt werden.[1] In diesem Zusammenhang wird nicht nach der Ausgestaltung der Fälligkeitsvereinbarungen unterschieden, vielmehr wird unterstellt, dass der Abzug der Zinsen als Betriebsausgabe bei dem Gründungsunternehmen sowie deren Vereinnahmung durch den Business Angel in demselben Veranlagungszeitraum steuerlich erfasst werden.

III-2.2.2 Fremdkapitalvergütungen

Da die Abzugsfähigkeit von Schuldzinsen für die Benachteiligung der Eigenfinanzierung ursächlich ist, wäre als Reaktion hierauf denkbar, Zinsen auf Unternehmensebene als nicht abziehbare Betriebsausgabe zu behandeln und, um die wirtschaftliche Doppelbesteuerung zu vermeiden, den Zinszufluss nicht zu besteuern oder aber diesen den Gewinnausschüttungen gleichzustellen und bei den Gläubigern hälftig nachzuversteuern.[2] Die Auswirkungen dieser beiden Alternativen auf die Kapitalstruktur und die Liquidität junger Unternehmen sind Gegenstand der folgenden Ausführungen, wobei die Analyse auf einer die Anteilseignergesamtheit betreffenden Betrachtung basiert.[3]

III-2.2.2.1 Auswirkungen auf die Finanzierungsentscheidung

Werden Schuldzinsen als nicht abzugsfähig behandelt, ist die Unternehmensteuerbelastung von der Kapitalstruktur unabhängig und entspricht derjenigen eines ausschließlich eigenfinanzierten Unternehmens. Durch die bei (anteiliger) Fremdfinanzierung im Vergleich zum geltenden Recht höhere Steuerbelastung sinken ceteris paribus die ausschüttungsfähigen Mittel, so dass die dem Business Angel zufließende Dividende – eine residuale Ausschüttungspolitik unterstellt – gleichfalls geringer ausfällt (Ausschüttungs-

---

[1] Wenn der Exit des Business Angels in einer fortgeschrittenen Phase der Unternehmensentwicklung erfolgt, spricht für die Übernahme der Verbindlichkeit durch den Anteilserwerber, dass zwischenzeitlich verwertbares Vermögen geschaffen wurde und die Finanzierung nicht auf unbesicherter Basis erfolgt.

[2] Im Hinblick auf die Praktikabilität kann festgestellt werden, dass die Nichtabzugsfähigkeit von Zinsen ein relativ einfaches Mittel darstellt, die Kapitalstruktur von Unternehmen zu beeinflussen.

[3] Während der Business Angel an den Dividenden anteilig partizipiert, fließen ihm die Zinsen in voller Höhe zu. Das Zusammenspiel aus Dividenden und Zinszahlungen auf Ebene des Risikokapitalgebers zu optimieren ist nicht Gegenstand der weiteren Untersuchung.

effekt).[1] Dieser Vermögensminderung ist jedoch die durch die Steuerfreiheit der Zinsen bedingte Vermögensmehrung gegenüberzustellen (Zinseffekt). Falls der Ausschüttungseffekt den Zinseffekt dominiert, resultiert aus der Nichtabzugsfähigkeit von Schuldzinsen auf der Ebene des fremdfinanzierenden Anteilseigners im Vergleich zum geltenden Recht per Saldo eine Vermögensminderung.

Ausgehend von den derzeit geltenden Steuersätzen stellt sich zwischen den Effekten Indifferenz erst bei hohen effektiven Gewerbesteuersätzen ein, sofern der Anteilseigner einem hohen Einkommensteuersatz unterliegt. Da die hierfür erforderlichen Hebesätze (praktisch) ausgeschlossen werden können, wird bei dem Business Angel der Ausschüttungseffekt grundsätzlich durch den Zinseffekt dominiert, so dass eine den nicht abzugsfähigen Betriebsausgaben entsprechende Behandlung der Zinsen – verbunden mit deren Steuerfreistellung auf Ebene des Gläubigers – dazu führt, dass aus Sicht eines Business Angels die Tendenz zur Fremdfinanzierung verschärft würde.[2]

Letztlich ist jedoch nicht maßgebend, welche Finanzierungsalternative im Vergleich zum geltenden Recht tendenziell begünstigt wird, sondern welche Wirkungen von dem Gründungsrecht auf die Finanzierungsentscheidung in der Gründungsphase ausgehen. Ein Vergleich der beiden Extremformen des Finanzierungsspektums zeigt, dass – sofern die Zinsen beim Gläubiger nicht besteuert werden – in der Gesamtschau von Unternehmens- und Anteilseignerebene die Fremdfinanzierung vorteilhaft ist, da bei identischen Unternehmensteuern der Zufluss auf Ebene des Anteilseigners unterschiedlich besteuert wird.[3] Wären allein die Unternehmensteuern entscheidungsrelevant, könnte die Kapitalstruktur ohne Berücksichtigung der Besteuerung gewählt werden. Dies gilt jedoch nicht mehr, wenn die einkommensteuerliche Behandlung der Zinsen in die Betrachtung einbezogen wird und diese von der Dividendenbesteuerung abweicht.[4] Im Hinblick auf die Stärkung der Eigenkapitalbasis kann festgehalten werden, dass die Nichtabzugsfähigkeit von Zinsen auf Ebene des Kapitalnehmers, verbunden mit deren steuerlicher Unbeachtlichkeit auf Ebene des Kapitalgebers, nicht dazu führen wird, dass Gründungsunterneh-

---

[1] Zum Begriff der residualen Ausschüttungspolitik vgl. Abschnitt III-2.1.1.3.

[2] Im Hinblick auf den Business Angel ist darüber hinaus zu berücksichtigen, dass die ausschüttungsbedingte Vermögensminderung nur anteilig, die Steuerersparnis hingegen in voller Höhe auf ihn entfällt.

[3] Der Steuervorteil ist bei vollständiger Gewinnverwendung in Form von Zinsen maximal, da dieser der Einkommensteuerersparnis auf die Dividenden entspricht. Der relative Vorteil nimmt mit zunehmender Höhe der Dividenden ab.

[4] Alternativ könnte zum Zwecke der Gleichbehandlung erwogen werden, Dividenden ebenfalls steuerfrei zu stellen. Wird von einer Steuerpflicht des Veräußerungserlöses ausgegangen, wäre es nachteilig, Gewinne zu thesaurieren und im Wege der Anteilsveräußerung zu realisieren; vielmehr sollte im Vorfeld des Verkaufs ein Höchstmaß liquider Mittel als steuerfreie Dividende ausgeschüttet werden.

men vermehrt Eigen- statt Fremdkapital zur Verfügung gestellt wird. Dies gilt unabhängig von der auf Unternehmensebene gegebenen Finanzierungsneutralität.

Alternativ könnte deshalb daran gedacht werden, Zinsen auf Ebene des Kapitalgebers wie Dividenden hälftig zu besteuern. Die Steuerbelastung wäre auf Unternehmensebene weiterhin finanzierungsunabhängig und auch die Einkommensteuer hätte auf Grund der identischen Behandlung sämtlicher Vergütungen für die Kapitalüberlassung keinen Einfluss auf die Finanzierungsentscheidung, allerdings würden die nachteiligen Wirkungen der hälftigen Steuerpflicht von Gewinnausschüttungen auf Zinszahlungen ausgedehnt.[1] So würde ein solchermaßen ausgestaltetes Gründungsrecht beispielsweise das Postulat der Gewinnverwendungsneutralität (im weiteren Sinne) verletzen, da an die Anteilseigner entrichtete Leistungsvergütungen bei den Gründungsunternehmen steuerlich weiter abzugsfähig und dementsprechend von den Leistungserbringern zu versteuern wären.

III-2.2.2.2 Liquiditätswirkungen

Neben der Stärkung der Eigenkapitalbasis ist dem Liquiditätsziel als zweite wesentliche Säule des Vorschlags besondere Bedeutung beizumessen. Wenngleich die vorstehend diskutierte Möglichkeit nicht geeignet ist, Entscheidendes zu einer Verbreiterung der Eigenkapitaldecke beizutragen, könnte sich diese Alternative positiv auf die Liquiditätslage des Gründungsunternehmens auswirken und so ihren Beitrag zu einer stabilen Unternehmensentwicklung leisten.[2]

Wird eine residuale Dividendenpolitik verfolgt, ist es hinsichtlich der unternehmensbezogenen Liquiditätswirkungen irrelevant, ob auf Grund der Nichtabzugsfähigkeit von Zinsen höhere Zahlungen an den Fiskus zu leisten sind oder ob diese (wie im geltenden Recht) als Dividenden ausgeschüttet werden können. Dies stellt sich jedoch anders dar, falls eine residuale Ausschüttungspolitik tatsächlich nicht verfolgt wird, da dann neben den Zinsen die hierauf entfallenden Unternehmensteuern zu tragen sind, was die Liquidität des Unternehmens zusätzlich belastet.[3]

---

[1] Insbesondere würde eine solche steuerliche Behandlung der Entgeltströme dem Prinzip der Einmalbesteuerung widersprechen.

[2] Der Frage, welcher der beiden Zielsetzungen die größere Bedeutung beizumessen ist, soll nicht nachgegangen werden. Die Sicherung einer ausreichend hohen Liquidität ist jedoch für jedes Unternehmen von vitalem Interesse, wogegen eine stabile Unternehmensentwicklung grundsätzlich auch ohne eine hohe Eigenkapitaldecke möglich ist.

[3] Da Zinsen auf Unternehmensebene nicht ent- sondern belastet würden, äußert sich deren Nichtabzugsfähigkeit in höheren Kapitalkosten, was die Eigenfinanzierung – vergleichsweise – verbilligen würde. Zum Einfluss der Besteuerung auf die Kapitalkosten vgl. Stellpflug, T. (1998), S. 138.

Falls neben der Gesellschafts- auch die Anteilseignerebene betrachtet wird, bleibt die Fremdfinanzierung – unabhängig von der Existenz steuerlicher Verlustvorträge – weiter vorteilhaft.[1] Dies stellt einen wesentlichen Unterschied im Vergleich zum Halbeinkünfteverfahren dar, wo die Vorteilhaftigkeit einer Finanzierungsvariante unter anderem von der Existenz unternehmensbezogener Verlustvorträge abhängt.[2] Die Steuerbelastung des Gründungsunternehmens wird im Fall einer residualen Ausschüttungspolitik von der gewählten Finanzierungsstruktur und den für die Kapitalüberlassung zu entrichtenden Entgelten nicht beeinflusst, wogegen die Zahlungszuflüsse bei den Kapitalgebern einer unterschiedlichen steuerlichen Behandlung unterliegen.[3] Da Zinsen auf Grund der Steuerfreistellung eine niedrigere Gesamtsteuerbelastung nach sich ziehen, führt eine residuale Ausschüttungspolitik in der Gesamtbetrachtung von Gesellschaft und Gesellschafter dazu, dass auch aus Liquiditätsgesichtspunkten die Fremdfinanzierung zu bevorzugen ist.

Sofern hingegen von einer residualen Ausschüttungspolitik Abstand genommen und statt dessen unterstellt wird, dass der Kapitalgeber einen jährlichen Zufluss finanzieller Mittel in einer bestimmten Höhe anstrebt, stellt sich ein entsprechendes Ergebnis ein, da bei Fremdfinanzierung dem Unternehmen weniger liquide Mittel entzogen werden müssen als im Fall von Gewinnausschüttungen, um eine jährlich identische Vermögensmehrung bei dem Kapitalgeber zu erreichen. Da sich die Fremdfinanzierung in diesem Fall vergleichsweise positiv auf die Liquidität des Beteiligungsunternehmens auswirkt, kann zusammenfassend festgehalten werden, dass die Nichtabzugsfähigkeit von Zinsen, verbunden mit deren Steuerbefreiung auf Ebene des Risikokapitalgebers, nicht dazu führen wird, dass die finanzierungsbezogenen Zielsetzungen gleichermaßen gefördert bzw. erreicht werden.[4]

---

[1] Auf Grund der finanzierungsunabhängigen Steuerbelastung üben Verlustvorträge keinen nach Art der Finanzierung differenzierenden Einfluss auf die Liquidität des Beteiligungsunternehmens aus, so dass sich die gesonderte Betrachtung der Verlustvorträge erübrigt. Sofern Zinsen auf Ebene des Gläubigers steuerbefreit sind, hat dessen individuelle steuerliche Situation gleichfalls keinen Einfluss auf die Finanzierungsentscheidung.

[2] Falls auf Unternehmensebene keine handelsrechtlichen, jedoch steuerliche Verlustvorträge existieren, kann im geltenden Recht die Vorteilhaftigkeit zu Gunsten der Eigenfinanzierung kippen, was letztlich darin begründet liegt, dass im Fall des Verlustabzugs Zinsen steuerlich nicht entlastet werden und voll der Einkommensteuer unterliegen, wogegen Dividenden gleichfalls nicht vorbelastet werden, bei den Anteilseignern allerdings nur zur Hälfte steuerpflichtig sind.

[3] Dies setzt allerdings voraus, dass die Ausschüttung von Gewinnen auch handelsrechtlich möglich ist. Eine Übersicht über die Entwicklung der Gewinn- bzw. Verlustsituation bei jungen Unternehmen findet sich bei Eberle, R. (1999), S. 166.

[4] Werden hingegen die Zinsen auf Ebene des Kapitalgebers hälftig der Einkommensteuer unterworfen, entsprechen sich die Steuerbelastungen bei Eigen- und Fremdfinanzierung unabhängig von der Existenz steuerlicher Verlustvorträge und von der verfolgten Ausschüttungspolitik. Somit ließen sich bei dieser Variante durch die Wahl der Finanzierungsstruktur keine Liquiditätsvorteile durch steuerliche Minderbelastungen erzielen.

Gemäß Abschnitt III-1.1.2 ist der Anwendungsbereich des Gründungsrechts auf das Beteiligungsunternehmen und dessen Anteilseigner beschränkt. Würde eine nur hälftige Steuerbefreiung der Zinsen erwogen und damit die steuerliche Gleichstellung der Eigen- mit der Fremdfinanzierung erreicht, treten die oben beschriebenen Wirkungen nicht bei externen Fremdkapitalgebern ein, so dass in Bezug auf diesen Personenkreis auf Unternehmensebene die Begünstigung der Fremdfinanzierung bestehen bleibt.[1] Das hätte zur Folge, dass die Anteilseignerfremdfinanzierung gegenüber der Fremdfinanzierung durch fremde Dritte benachteiligt würde.[2] Falls das bei einem die Eigenfinanzierungsmöglichkeiten übersteigenden Kapitalbedarf dazu führt, dass die Fremdfinanzierung nicht durch die Anteilseigner erfolgt, könnte sich das aus den in Abschnitt III-1.2.2.2 beschriebenen Gründen negativ auf die wirtschaftliche Unabhängigkeit der Unternehmen auswirken.

Ein weiterer Kritikpunkt betrifft die Verschiebung der Steuerbelastung zu Ungunsten des Unternehmers, da die (durch die Nichtabzugsfähigkeit der Zinsen bedingte) höhere Steuerbelastung des Unternehmens anteilig auch auf den Unternehmer entfällt, wogegen die Steuerbefreiung der Zinsen ausschließlich dem Business Angel zu Gute kommt;[3] aus diesem Grund wird nachfolgend ein Ansatz diskutiert, der angesichts seiner Ausrichtung beide Gesellschafter des Beteiligungsunternehmens gleichermaßen tangiert.

III-2.2.3 Eigenkapitalvergütungen

Eine von steuerlichen Überlegungen losgelöste Ausgestaltung der Kapitalstruktur ist innerhalb des vorgesehenen Anwendungsbereichs über die modifizierte Besteuerung der entrichteten Zinsen nur bedingt möglich, was unter anderem darin begründet liegt, dass – die Fremdfinanzierungsbereitschaft fremder Dritter vorausgesetzt – eine Ausweitung der Gründungsbesteuerung auch auf gesellschaftsrechtlich nicht mit dem Unternehmen verbundene Personen notwendig wäre. Diese Problematik stellt sich jedoch nicht, sofern die Besteuerung primär an Kapitalüberlassungsentgelten ansetzt, die ihrer Eigenart nach nur die Anteilseigner der Gründungsunternehmen betreffen können.

---

[1] Wird der Anwendungsbereich hingegen auf alle Fremdkapitalgeber ausgedehnt, hätten Gründungsunternehmen vermehrt Zugang zu verbilligten Fremdmitteln, vorausgesetzt die Fremdkapitalgeber geben die Steuervorteile in Form niedrigerer Zinsen weiter. Damit einher geht allerdings eine höhere Steuerbelastung der Gründungsunternehmen, die – sofern anfänglich Verluste erwirtschaftet werden – unter Umständen jedoch erst (erheblich) später zum tragen kommt.

[2] Das gilt zumindest dann, falls es sich bei den externen Kapitalgebern um natürliche Personen handelt.

[3] Wie in Abschnitt I-3.1.1.2 angedeutet wurde, stellen die Gründer in der Venture Capital-Praxis hauptsächlich Eigenkapital zur Verfügung, so dass diese von der Nichtabzugsfähigkeit der Zinsen nur über die mit der höheren Steuerschuld des Unternehmens verbundene Minderung der ausschüttungsfähigen Mittel berührt werden.

III-2.2.3.1 Beseitigung der Definitivbelastung

Sofern die Kapitalausstattung an sich keinen Einfluss auf die finanzierungsbezogene Steuerbelastung von Unternehmen ausübt, sind die mit einer Finanzierung verbundenen laufenden Vergütungen zum Gegenstand der Gründungsbesteuerung zu machen, wobei grundsätzlich unterschiedliche Besteuerungsansätze denkbar sind.[1] Ausgehend von dem in Abschnitt III-1.1.3.1 beschriebenen Unternehmensverständnis wird hier der Ansatz verfolgt, dass eine modifizierte steuerliche Behandlung der Kapitalüberlassungsentgelte die Unternehmens- wie auch die Anteilseignerebene umfassen sollte.[2]

Würden auf das Halbeinkünfteverfahren gestützt Schuldzinsen als nichtabzugsfähig behandelt, hätte dies den – vom Gesetzgeber gewünschten – Effekt, dass auf Unternehmensebene eine Definitivbelastung verbleibt, da eine Anrechnung weder der Gewerbe- noch der Körperschaftsteuer beim Zahlungsempfänger vorgesehen ist. Stimmt man hingegen der Auffassung zu, dass Kapitalgesellschaften die Funktion eines Einkommensintermediärs erfüllen, sollte dem in Abschnitt III-2.1.1.3 beschriebenen Einmalbesteuerungsprinzip folgend im Vollausschüttungsfall auf Unternehmensebene keine definitive Ertragsteuerbelastung verbleiben.[3] Dies könnte – der steuerlichen Behandlung von Zinsen entsprechend – durch die Abzugsfähigkeit von Gewinnausschüttungen, verbunden mit einer entsprechenden Steuerpflicht bei den Anteilseignern, erreicht werden.[4]

Dieses relativ einfach anmutende Verfahren wirft in der technischen Umsetzung eine Reihe von im Folgenden zu behandelnden Detailfragen auf, wobei zunächst eine jahresüberschussbezogene Vollausschüttungspolitik unterstellt wird. Wären keine Steuerbilanzabweichungen bzw. außerbilanziellen Korrekturen (nicht abziehbare Betriebsausgaben, steuerfreie Einnahmen sowie gewerbesteuerliche Modifikationen) zu berücksichtigen, könnte der handelsrechtliche Jahresüberschuss (vor Steuern) ausgeschüttet werden, in Folge dessen durch die steuerliche Abzugsfähigkeit von Gewinnausschüttungen auf Unternehmensebene keine Ertragsteuerbelastung zu berücksichtigen wäre. Da der Entwurf im Hinblick auf das Integrationserfordernis auf eine eigenständige Definition der

---

1 Zur steuerlichen Irrelevanz der Bestandsströme als systemtragendes Prinzip vgl. Abschnitt III-2.1.1.2.

2 Zu der Alternative, Gewinne auf Unternehmensebene definitiv zu besteuern und Dividenden steuerfrei zu stellen, vgl. Abschnitt III-2.2.2.1.

3 Falls Gewinne thesauriert werden, sind diese im Hinblick auf die Besteuerung von „Nicht-Gründungsunternehmen“ auf Unternehmensebene jedoch (temporär) vorzubelasten.

4 In diesem Zusammenhang ist auf die mögliche Verfassungswidrigkeit der Zinsbesteuerung nach § 20 Abs. 1 Nr. 7 EStG (früher: Nr. 8) hinzuweisen, vgl. hierzu Klein, H. (2005), S. 1833 ff. und Ratschow, E. (2005), S. 2006 ff. sowie die dort zitierte Rechtsprechung. Zur Notwendigkeit einer Reform der Besteuerung von Kapitaleinkommen vgl. Schreiber, U. (1996), S. 85 ff. und zum Modell einer zinskorrigierten Besteuerung vgl. Jacobs, O. H. (1997), S. 207 ff.

gewerbe- bzw. körperschaftsteuerlichen Bemessungsgrundlage verzichtet und sich weitgehend am geltenden Recht orientiert, sind die steuerlichen Gewinnermittlungsnormen zu berücksichtigen.[1] Sofern der Gewerbeertrag bzw. das körperschaftsteuerliche zu versteuernde Einkommen von dem handelsrechtlichen Jahresüberschuss (vor Steuern) abweicht, werden die ausschüttbaren Mittel auch bei Vollausschüttung durch die auf diese Abweichungen entfallenden Ertragsteuern beeinflusst, wobei der Gesamtbetrag als steuerbedingte Dividendenminderung bezeichnet wird.[2] Sofern das sich nach Berücksichtigung dieser Ertragsteuern ergebende handelsrechtliche Ergebnis ausgekehrt wird, verbleibt auf Ebene des Unternehmens eine Definitivbelastung, was die Anrechnung dieser steuerbedingten Dividendenänderung auf die Einkommensteuer der Anteilseigner erfordert. Da die im Rahmen der Gewinnermittlung vorzunehmenden steuerlichen Korrekturen – ausgenommen der Hinzurechnungen nach § 8 Nr. 1 GewStG, auf die weiter unten gesondert eingegangen wird – finanzierungsunabhängig sind, ist für eine finanzierungsneutrale Ausgestaltung des Dividendenabzugs die Anrechnung der steuerbedingten Dividendenänderung an die den Anteilseignern zugeflossenen Zahlungen für die Kapitalüberlassung zu binden.[3] Für eine von der Kapitalgewährung unabhängige Beseitigung der Definitivbelastung ist die Anrechnung der steuerbedingten Dividendenminderung auf Gewinnausschüttungen nicht ausreichend, weshalb eine finanzierungsneutrale Ausgestaltung der Steueranrechnung Zinsen und Dividenden gleichermaßen zu berücksichtigen hat.[4] Dementsprechend ist in einem ersten Schritt das steuerpflichtige Einkommen

---

[1] Nachfolgend wird jedoch davon ausgegangen, dass – mit Ausnahme von Fremdkapitalzinsen und Beteiligungserträgen – keine gewerbesteuerlichen Modifikationen zu berücksichtigen sind, so dass sich der Gewerbeertrag und das körperschaftsteuerliche Einkommen des Gründungsunternehmens insoweit entsprechen.

[2] Dieser Betrag ist nicht identisch mit der ertragsteuerlichen Mehr- oder Minderbelastung, da die steuerliche Irrelevanz einiger Betriebsausgaben Steuerbelastungen auslöst, welche die ausschüttbaren Mittel verringern, was im Vollausschüttungsfall auf Grund der Abzugsfähigkeit von Gewinnausschüttungen zu weiteren Steuerwirkungen führt. Der Gesamtbetrag der Dividendenminderung bzw. -änderung wird durch diese beiden Effekte bestimmt.

[3] Die Regelungen zur Gesellschafterfremdfinanzierung (§ 8a KStG) werden im Weiteren nicht berücksichtigt, da diese in Folge der Freigrenze von EUR 250.000 für Business Angel-Finanzierungen in der Regel nicht zur Anwendung kommen. Sofern Darlehen (teilweise) unverzinslich ausgereicht werden, können die Folgen des § 6 Abs. 1 Nr. 3 EStG im Rahmen der Steuerbilanzabweichungen berücksichtigt werden. Weitere finanzierungsabhängige Korrekturen wie die nach § 8 Nr. 3 GewStG können entsprechend der § 8 Nr. 1 GewStG unterfallenden Zinsen behandelt werden.

[4] Die Anrechnung könnte auch allein an Ausschüttungen gekoppelt werden, falls von dem – theoretisch möglichen – Fall der vollständigen Gewinnverwendung durch Leistungsvergütungen bzw. Zinsen abgesehen wird. Die Annahme der vollständigen Gewinnverwendung in Gestalt von Geschäftsführungsvergütungen ist nicht sehr realistisch, weil die Finanzverwaltung eine automatische Verknüpfung von Bruttogewinn und Tätigkeitsvergütung in der Praxis nicht akzeptieren wird, vgl. Scheipers, T./Schulz, A. (2000), S. 121. Dies sollte gleichermaßen auch für Zinszahlungen gelten. Falls jedoch die Kapitalüberlassungsentgelte hinsichtlich ihrer Möglichkeiten für eine Anrechnung von Unternehmenssteuern unterschiedlich behandelt werden, widerspricht dies der Zielsetzung, die Finanzierungsentscheidung eines Business Angels von steuerlichen Überlegungen zu entlasten.

der Gesellschafter um den Teil der steuerbedingten Dividendenminderung zu erhöhen, welcher dem Verhältnis der zugeflossenen Entgelte zu den maximal möglichen Entgelten entspricht.[1] Anschließend ist diese Einkommenserhöhung auf die Steuerschuld der Anteilseigner anzurechnen mit der Folge, dass keine wirtschaftliche Definitivbelastung verbleibt und die in Gestalt von Kapitalüberlassungsentgelten (Zinsen und Dividenden) an die Anteilseigner transferierten Unternehmensgewinne finanzierungsunabhängig nur mit deren individueller Einkommensteuer belastet werden.[2]

Wird hingegen keine jahresüberschussbezogene Vollausschüttungspolitik betrieben, sondern (wie bei Business Angel-Finanzierungen üblich) ein Teil der ausschüttungsfähigen Mittel thesauriert, werden Gewinne auf Unternehmensebene nicht definitiv besteuert, sondern temporär vorbelastet. Sofern in späteren Wirtschaftsjahren Ausschüttungen aus Gewinnrücklagen oder aus dem Gewinnvortrag geleistet werden, ist diese temporäre Vorbelastung zu beseitigen, wofür grundsätzlich zwei Verfahren zur Verfügung stehen: so könnten die auf thesaurierte Gewinne entrichteten und auf die Ausschüttung für frühere Wirtschaftsjahre entfallenden Ertragsteuern dem Unternehmen bei Auszahlung der Dividende erstattet werden mit der Folge, dass der Zahlungsempfänger die volle Steuer auf die Brutto-Dividende an der Fiskus abzuführen hätte.[3] Vom technischen Ablauf einfacher und zum selben Ergebnis führt die hier verfolgte Variante, Dividenden für Vorjahre steuerlich nicht zum Abzug zuzulassen und stattdessen die auf diese Ausschüttung entfallenden Unternehmensteuern dem Einkommen des Dividendenempfängers hinzu- und anschließend auf dessen Steuerschuld anzurechnen. Hierfür ist zunächst die temporäre Vorbelastung zu ermitteln, indem die von dem Gründungsunternehmen entrichteten um die von den Anteilseignern in der Vergangenheit bereits angerechneten Steuern gemindert werden. Die Hinzu- bzw. Anrechnung der temporären Vorbelastung ist hierbei in dem Verhältnis vorzunehmen, welches der Netto-Dividende – bezogen auf sämtliche Gewinnrücklagen zuzüglich eines Gewinnvortrags zum Ende des Wirtschaftsjahres vor Abzug dieser Dividende – entspricht.[4]

---

[1] Die „maximal möglichen Entgelte“ setzen sich zusammen aus der maximalen Dividende (Jahresüberschuss vor Steuern abzüglich steuerbedingter Dividendenänderung) und den Zinszahlungen. Zur Systematik der Steueranrechnung vgl. beispielsweise Fischer, L./Warnecke, P. (1998), S. 155 ff.

[2] Sofern im Folgenden von der Steueranrechnung auf das laufende Wirtschaftsjahr betreffende Dividenden die Rede ist, gilt dies gleichermaßen auch für Zinsen, die den Anteilseignern zugeflossen sind.

[3] Dies wäre mit einem erheblichen verwaltungstechnischen Aufwand verbunden, da die Finanzbehörden die Steuer zu erstatten sowie den Abfluss der Ausschüttung und die Steuerzahlung durch die Anteilseigner zu überwachen hätten.

[4] Da die Vorbelastung die für das laufende Wirtschaftsjahr zu entrichtenden Unternehmenssteuern einschließt, sind die Rücklagen entsprechend um den Jahresüberschuss des laufenden Wirtschaftsjahres zu erhöhen.

Wenngleich diese Vorgehensweise an das körperschaftsteuerliche Anrechnungsverfahren erinnert, wurde zur Vermeidung einer Definitivbelastung bisher stillschweigend davon ausgegangen, dass die Gewerbesteuer in die Anrechnung einzubeziehen ist. Da es sich bei der Gewerbesteuer um eine deutsche Steuerspezialität handelt und andere Länder keine vergleichbare Steuer kennen, stellt sich deren Berücksichtigung im Wege der Anrechnung speziell bei internationalen Investoren als problematisch dar.[1] Vorausgesetzt, dass diese die Anrechnung entsprechend den §§ 34c Abs. 1 EStG, 26 Abs. 1 KStG vornehmen könnten, läge hinsichtlich der Gewerbesteuer keine der ausländischen Steuer entsprechende deutsche Steuer vor, so dass eine Anrechnung grundsätzlich ausscheidet, was ausländische Risikokapitalgeber diskriminieren würde.[2] Andererseits gilt es der Forderung nach Gewinnverwendungsneutralität (im weiteren Sinne) folgend zu berücksichtigen, dass in der Gesamtschau von Unternehmens- und Gesellschafterebene sämtliche Leistungsvergütungen äquivalent zu besteuern sind. Falls Dividenden den Gewerbeertrag nicht mindern oder die Gewerbesteuer nicht in die Anrechnung einbezogen wird, hätte dies eine – gewerbesteuerliche – Definitivbelastung zur Folge;[3] aus diesem Grund sind dem Prinzip der Einmalbesteuerung folgend beide unternehmensbezogenen Ertragsteuern identisch zu behandeln.[4]

Ausgenommen der steuerlichen Behandlung der Dividendenzahlungen und damit zusammenhängender Folgekorrekturen kommt das geltende Recht weitgehend unverändert zur Anwendung.[5] Bislang nicht betrachtet wurde jedoch die Frage, wie finanzierungsbezogene Korrekturen zu behandeln sind. Sofern Dauerschuldentgelte dem Gewerbeertrag zur Hälfte hinzugerechnet werden, zeigt sich dies in höheren Unternehmenssteuern bzw.

[1] Dies ist von Bedeutung, da junge Unternehmen in Folge der Globalisierung zunehmend auch auf ausländischen Märkten agieren. Deshalb ist davon auszugehen, dass für eine erfolgreiche Unternehmensentwicklung die Managementunterstützung internationaler Business Angels benötigt wird.

[2] Die Folge wäre eine wirtschaftliche – nicht rechtliche – Doppelbesteuerung sowie ein Verstoß gegen die Forderung nach Finanzierungsneutralität. Zu den Konsequenzen von Anrechnungsüberhängen im internationalen Steuerrecht vgl. Fischer, L./Warneke, P. (1998), S. 157 f.

[3] Auf Grund der Abzugsfähigkeit der übrigen Leistungsvergütungen würde das einen Verstoß gegen die Forderung nach Gewinnverwendungsneutralität bedeuten.

[4] Der hieraus resultierenden Diskriminierung ausländischer Risikokapitalgeber könnte in den ausländischen Staaten durch unilaterale Maßnahmen begegnet werden. Da es im Interesse der deutschen Wirtschaft liegt, ausländische Risikokapitalgeber zu einem Engagement in Deutschland zu bewegen, könnte ein Ausgleich auch im Wege eines Clearing-Verfahrens erfolgen.

[5] Zu diesen Folgekorrekturen zählt die Behandlung der mit Dividenden in wirtschaftlichem Zusammenhang stehenden Aufwendungen, die auf Grund der Steuerpflicht der Ausschüttung in voller Höhe zum Abzug zuzulassen sind; dies stellt eine wesentliche Vereinfachung im Vergleich zum geltenden Recht dar, da sich das Problem der korrekten Zuordnung von Aufwendungen zu steuerfreien Einnahmen in der Praxis als unlösbar herausgestellt hat, vgl. Van Lishaut, I. (1999), S. 941. Eine weitere Korrektur betrifft die Zuordnung bzw. Anrechnung der steuerbedingten Dividendenminderung auch zu den Zinserträgen eines fremdfinanzierenden Anteilseigners.

geringeren ausschüttbaren Mitteln. Werden in der Gründungsphase sämtliche Gewinne ausgeschüttet, resultiert aus der hälftigen Hinzurechnung eine Verschiebung der Steuerschuld zwischen den Unternehmen und ihren Gesellschaftern bei (anrechnungsbedingt) sich nicht verändernden Netto-Vermögensmehrungen der Anteilseigner.[1] Wird dagegen berücksichtigt, dass bei risikofinanzierten Unternehmen in der Regel zumindest ein Teil der erwirtschafteten Gewinne thesauriert wird, sind durch die Beteiligungsunternehmen Steuerzahlungen zu leisten, welche sich bei Fremdfinanzierung auf Grund der hälftigen Hinzurechnung im Vergleich zur Eigenfinanzierung ceteris paribus erhöhen.[2] Dieser im Thesaurierungsfall auf Unternehmensebene gegebene Nachteil gleicht sich zwar bei der Steuerveranlagung der Anteilseigner zu einem späteren Zeitpunkt wieder aus, jedoch ist damit eine Beeinflussung der Finanzierungsentscheidung während der Gründungsphase verbunden, da sich die Substitution verzinslichen Fremdkapitals durch Eigenkapital auf die steuerbedingte Liquiditätsbelastung des Gründungsunternehmens auswirkt.[3] Sofern keine jahresüberschussbezogene Vollausschüttungspolitik betrieben wird, sollte deshalb während des Gründungszeitraums auf die Anwendung des § 8 Nr. 1 GewStG verzichtet werden.[4]

III-2.2.3.2 Sonderfälle der Einkommensermittlung

Auf den beschriebenen Grundsätzen aufbauend sind nunmehr einige Besonderheiten des Gründungsrechts aus Sicht der Anteilseigner darzustellen, wobei unter anderem die von den Gründungsunternehmen erzielten beteiligungsbezogenen Erträge von Interesse sind. Zuvor ist jedoch auf die weitergehende Behandlung nicht abziehbarer Betriebsausgaben, steuerfreier Einnahmen und steuerbilanziell bedingter zeitlicher Verschiebungen der Steuerbelastung der Gründungsunternehmen einzugehen und deren Einfluss auf die Höhe der steuerpflichtigen Kapitalüberlassungsentgelte wie auch der Steueranrechnung zu identifizieren.

---

1 Insoweit wäre es bedeutungslos, ob die Hinzurechnung der Dauerschuldzinsen aufrechterhalten wird. Andererseits ist eine Vollausschüttungspolitik nicht möglich, sofern die Liquidität nicht ausreicht, die Dividendenzahlungen zu finanzieren. Einen Ausweg könnte das Schütt-aus-hol-zurück-Verfahren darstellen, vgl. hierzu unter dem Regime des Anrechnungsverfahrens anstatt vieler Dötsch, E./Cattelaens, H./Gottstein, S./Stegmüller, H./Zenthöfer, W. (2002), Rz. 1214 ff. mit zahlreichen Nachweisen.

2 Auf Ebene der Gründungsunternehmen folgt, sofern Dividenden für das laufende Wirtschaftsjahr zum Abzug zugelassen werden, aus § 8 Nr. 1 GewStG eine Benachteiligung der Fremdfinanzierung.

3 Zur Beeinflussung der steuerbedingten Dividendenänderung durch außerbilanzielle Korrekturen siehe den nächsten Abschnitt.

4 Das gilt entsprechend für sämtliche finanzierungsabhängigen gewerbesteuerlichen Modifikationen. Da eine Anwendung dieser Normen bei Gründungsfinanzierungen jedoch die Ausnahme darstellen dürfte, wird im Folgenden allein auf die Regelung des § 8 Nr. 1 GewStG Bezug genommen.

Die oben dargestellte, der Gründungsbesteuerung inhärente Systematik führt letztlich dazu, dass nicht abziehbare Betriebsausgaben trotz Vorversteuerung auf Unternehmensebene definitiv nicht besteuert werden, wogegen diese im geltenden Recht aus dem versteuerten Gewinn zu entrichten sind.[1] Da innerhalb der finanzierungsbezogenen Partialreform die steuerlichen Gewinnermittlungsvorschriften insoweit anwendbar bleiben, als sie den Zielsetzungen der Gründungsbesteuerung nicht entgegenstehen, ist diese Grundentscheidung des Steuergesetzgebers prinzipiell zu beachten. In diesem Zusammenhang ist allerdings festzuhalten, dass die steuerliche Unbeachtlichkeit von Betriebsausgaben, insbesondere im Hinblick auf das Prinzip der Einmalbesteuerung, bedenklich erscheint, das sich auf die Vorstellung stützt, dass sich sämtliche Aufwendungen und Erträge insgesamt einmal steuerlich auswirken sollten. Würde dieses Prinzip uneingeschränkt auf die Besteuerung von Gründungsunternehmen und ihrer Anteilseigner angewendet, hätte das die Nichtberücksichtigung aller im Einkommen- und auch Körperschaftsteuergesetz kodifizierten Abzugsverbote zur Folge und würde damit den Anwendungsbereich einer finanzierungsbezogenen Partialreform bei Weitem übersteigen. Soweit sich die Abzugsverbote auf nicht finanzierungsrelevante Tatbestände beziehen, soll deshalb ungeachtet der Frage, weshalb einzelne Aufwendungen als nicht abziehbar qualifiziert werden, das geltende Recht unverändert zur Anwendung kommen.[2] Da die Entscheidung des Steuergesetzgebers insoweit respektiert wird, beschränken sich die weiteren Ausführungen auf die „steuertechnische" Behandlung von körperschaftsteuerrechtlich nicht abzugsfähigen Aufwendungen.[3]

Die nicht abziehbaren Betriebsausgaben werden auf Unternehmensebene unabhängig von der Gewinnverwendungspolitik vorbelastet, weswegen für die Einkommensermittlung des Gründungsunternehmens keine Besonderheiten zu beachten sind. Die eingangs diskutierte Entlastung der nicht abzugsfähigen Aufwendungen stellt sich auf Grund der Steueranrechnung erst dann ein, wenn den Gesellschaftern Entgelte für die Kapitalüber-

[1] Die steuerliche Entlastung liegt darin begründet, dass die Vorbelastung im Ausschüttungsfall auf die Einkommensteuer der Anteilseigner anzurechnen ist, wobei die einkommensteuerlich relevante Höhe der Dividende von den nicht abziehbaren Betriebsausgaben nicht beeinflusst wird.

[2] Damit wird nicht die Frage betrachtet, ob die Abzugsfähigkeit jeglicher Aufwendungen gerechtfertigt werden kann oder ob außersteuerliche Erwägungen die Nichtabzugsfähigkeit einzelner Aufwendungen verlangen. Zu denken ist hierbei etwa an § 4 Abs. 5 Nr. 10 EStG (Abzugsverbot für Bestechungs- und Schmiergelder) oder § 4 Abs. 5 Nr. 8 EStG (Abzugsverbot für Geldbußen), die dem Postulat der „Einheitlichkeit der Rechtsordnung" Rechnung tragen; anderer Ansicht ist Offerhaus, K. (1996), S. 246 ff., der die Abzugsfähigkeit von Schmier- und Bestechungsgeldern unter dem Aspekt der Wertneutralität des Steuerrechts betrachtet. Zum Postulat der Werturteilsfreiheit in der Betriebswirtschaftlichen Steuerlehre vgl. Wöhe, G. (1983), S. 5 ff. und Schmiel, U. (2005), S. 525 ff.

[3] Nicht gesondert betrachtet wird die steuertechnische Behandlung der gewerbesteuerlichen Hinzurechnungen und Kürzungen.

lassung zufließen, wobei es unerheblich ist, um welche Art von Entgelten es sich hierbei handelt. Demzufolge ist entweder die Höhe der steuerpflichtigen Einkünfte oder der anrechenbaren Steuern anzupassen. Die Verringerung der anrechnungsfähigen Beträge um die auf den nicht abzugsfähigen Ausgaben lastenden Unternehmensteuern hat zur Folge, dass die außerbilanziellen Hinzurechnungen mit dem effektiven Unternehmensteuersatz belastet bleiben. Hingegen führt die Korrektur der Bemessungsgrundlage der Zahlungsempfänger um die den Kapitalüberlassungsentgelten zuzurechnenden nicht abziehbaren Betriebsausgaben – bei unveränderter Anrechnung der steuerbedingten Dividendenminderung – dazu, dass die auf Unternehmensebene nicht abziehbaren Aufwendungen letztlich in Höhe der Einkommensteuer der Anteilseigner besteuert werden.[1] Dies entspricht der Funktion einer Kapitalgesellschaft als Einkommensintermediär, so dass im Rahmen der Partialreform der zweitgenannten Variante der Vorzug eingeräumt wird.

Sofern die Dividenden bzw. Zinsen vollumfänglich – gegebenenfalls modifiziert um die steuerbedingte Dividendenänderung – der Einkommensermittlung der Anteilseigner zu Grunde gelegt werden, bedeutet das für auf Unternehmensebene steuerfreie Einnahmen, dass diese letztlich doch der Besteuerung unterliegen.[2] Bevor die steuertechnische Behandlung der den Kapitalüberlassungsentgelten anteilig zuzurechnenden steuerfreien Einnahmen betrachtet wird, ist zunächst zu untersuchen, ob eine endgültige Freistellung von steuerfreien Betriebseinnahmen prinzipiell geboten ist. Die Steuergesetzgebung der jüngeren Vergangenheit, namentlich das Steuersenkungsgesetz, liefert hierzu keine Anhaltspunkte, da sich die endgültige steuerliche Belastung der Investitionszulagen durch den Wechsel vom Anrechnungs- zum Halbeinkünfteverfahren erheblich geändert hat.[3] Wird einem Einzelunternehmer oder einer Personengesellschaft eine solche Subvention bewilligt, bleibt diese endgültig steuerfrei, wogegen bei der Gewährung an eine Kapitalgesellschaft die Investitionszulage im Fall der Ausschüttung an natürliche Anteilseigner

---

1 Soweit Gewinne thesauriert und erst in späteren Wirtschaftsjahren ausgeschüttet werden, kann die Zuordnung der nicht abziehbaren Betriebsausgaben zu den Gewinnausschüttungen entsprechend der vorstehend beschriebenen Behandlung der steuerbedingten Dividendenminderung erfolgen.

2 Die im Einkommensteuergesetz und anderen Steuergesetzen enthaltenen sachlichen Steuerbefreiungen gelten entsprechend für die körperschaftsteuerliche Einkommensermittlung, vgl. Scheffler, W. (2001), S. 140. Von den betrieblich veranlassten und außerhalb des Halbeinkünfteverfahrens steuerfreien Einnahmen sind insbesondere Investitionszulagen und Freistellungen nach einem Doppelbesteuerungsabkommen hervorzuheben. Im Zusammenhang mit der Behandlung steuerfreier Einnahmen wird nur auf Investitionszulagen eingegangen; die steuersystematische Handhabung von Beteiligungserträgen wird weiter unten gesondert betrachtet.

3 Während zu Zeiten des Anrechnungsverfahrens die Steuerfreiheit solcher Gewinne gewerbesteuerlich bestehen blieb und körperschaftsteuerlich die (beim Anteilseigner anrechenbare) Ausschüttungsbelastung herzustellen war, bleibt im Halbeinkünfteverfahren die Körperschaftsteuerfreiheit dieser Gewinne auch bei deren Ausschüttung erhalten, so dass diesbezüglich nur die hälftige Besteuerung beim Anteilseigner eintritt, vgl. Tillich, P. (2002), S. 1519.

teilweise nachversteuert wird;[1] dadurch werden Kapitalgesellschaften unter Umständen sogar erheblich schlechter gestellt.[2] Ob und inwieweit die Nachversteuerung aus rechtssystematischer Sicht gerechtfertigt ist, kann an dieser Stelle dahingestellt bleiben, da im Rahmen der Partialreform der Funktion von Kapitalgesellschaften als Einkommensintermediär Rechnung getragen wird. Infolgedessen sollte die sachliche Steuerbefreiung von Investitionszulagen wirtschaftlich auch dann erhalten bleiben, falls ein Existenzgründer seine unternehmerische Tätigkeit über eine Kapitalgesellschaft ausübt.

Dementsprechend ist im Weiteren zu erörtern, wie diese Steuerfreiheit technisch erreicht werden kann, wobei zu unterscheiden ist, ob die steuerfreie Betriebseinnahme im Jahr der Erzielung sofort ausgeschüttet oder aber (wovon auszugehen ist) zunächst thesauriert und erst in späteren Geschäftsjahren an die Anteilseigner ausgekehrt wird.[3] Soll die Befreiung von (auf Unternehmensebene) steuerfreien Einnahmen auch im Ausschüttungsfall erhalten bleiben, stellt die oben beschriebene Behandlung der Dividenden hierfür nicht das geeignete Mittel dar, da im Vollausschüttungsfall die ursprünglich steuerfreie Einnahme direkt der Einkommensteuer unterliegt, wogegen bei der nachträglichen Ausschüttung eine Anrechnung von Unternehmenssteuern mangels entsprechender Vorbelastung ausscheidet. Wenngleich dem zweitgenannten Fall prinzipiell dadurch begegnet werden könnte, dass das Anrechnungspotential um eine fiktive – auf die steuerfreien Einnahmen bezogene – Unternehmensteuerlast erhöht wird, würde hierdurch keine vollständige Entlastung gewährleistet, sofern die Grenzbelastung der Anteilseigner auf den „steuerfreien" Teil der Gewinnausschüttung nicht exakt der fiktiven Unternehmensteuer entspricht. Um eine endgültige Freistellung zu erreichen, ist die Ausschüttung insoweit aus der Bemessungsgrundlage der Dividendenempfänger auszusondern, als sie (anteilig) auf steuerfreie Betriebseinnahmen des Gründungsunternehmens zurückzuführen ist.[4]

Neben den einmaligen – weil außerbilanziell vorzunehmenden – Korrekturen sind im Rahmen der Einkommensermittlung auch Anpassungen vorzunehmen, die sich in späteren Jahren wieder umkehren und somit nur eine zeitliche Verschiebung der Steuerbelas-

---

[1] Die ursprünglich gegebene Steuerfreiheit bei der Einkommenserzielung wird somit bei Ausschüttung (das heißt bei der Einkommensverwendung der Kapitalgesellschaft) faktisch aufgehoben, vgl. Schneeloch, D. (1997), S. 149.

[2] Vgl. Kessler, W./Schiffers, J./Teufel, T. (2002), S. 179. Zur Benachteiligung der Kapitalgesellschaften im Anrechnungsverfahren vgl. Robisch, M. (1993), S. 1379.

[3] Sofern im Folgenden auf Sofort- bzw. Vollausschüttungen Bezug genommen wird, gelten die Ausführungen gleichermaßen für Zinsen, die in dem Wirtschaftsjahr entrichtet wurden, für das die Sofortausschüttung erfolgt.

[4] Die Zuordnung der steuerfreien Einnahmen zu den ausgeschütteten Gewinnen bzw. die Ermittlung des steuerfreien Teils der Dividenden könnte den oben beschriebenen Grundsätzen entsprechend erfolgen.

tung zur Folge haben. Die steuerbilanziellen Abweichungen beeinflussen die anrechenbaren Steuern, soweit sie das steuerpflichtige Einkommen des Gründungsunternehmens erhöhen bzw. verringern und zeigen die gegensätzliche Wirkung, sobald der Umkehreffekt eintritt. Konstante Grenzsteuersätze der Anteilseigner unterstellt, ergeben sich hieraus keine Auswirkungen auf die Gesamtsteuerbelastung, da sich die steuerbilanziell bedingten Mehr- und Minderbelastungen entweder auf Unternehmensebene oder über das Konstrukt der Steueranrechnung auf Ebene der Anteilseigner ausgleichen.[1] Eine solche Neutralität steuerbilanzieller Abweichungen ist jedoch dann nicht mehr gegeben, sofern ein Steuerbilanzunterschied in der Gründungsphase zu bilden ist und der Umkehreffekt erst nach dem Systemwechsel zum tragen kommt. In diesem Fall können auch bei konstanten Grenzbelastungen der Gesellschafter durch die Ausschüttungspolitik endgültige (nicht tarifär bedingte) Steuerersparnisse erzielt werden, was einem Verstoß gegen das Postulat der Gewinnverwendungsneutralität (im engeren Sinne) gleichkommt.

Eine im Rahmen einer integrativen Partialreform systemgerechte Behandlung temporärer steuerlicher Abweichungen erfordert, dass sowohl ihre Bildung als auch ihre Auflösung aus steuerlicher Sicht dieselben Konsequenzen nach sich zieht.[2] Da im Fall der systemübergreifenden Auflösung steuerbilanzieller Unterschiedsbeträge deren Bildung in den Bereich der Gründungsbesteuerung fällt, soll sich die weitergehende Behandlung der von Steuerbilanzabweichungen hervorgerufenen Mehr- bzw. Minderbelastungen an dem Grundsatz der Vermeidung einer Definitivbelastung orientieren.[3] Als Referenzgröße dient die sich bei Vollausschüttung ergebende Gesamtsteuerbelastung ohne Existenz systemübergreifender Steuerbilanzabweichungen. Falls Ausschüttungen vorgenommen werden, ist für die Einkommensbesteuerung der Anteilseigner deren Bemessungsgrundlage um die steuerbedingte Dividendenminderung zu erhöhen, wobei – abweichend zur Behandlung nicht abzugsfähiger Aufwendungen – eine Hinzurechnung der steuerbilanziellen Gewinnerhöhung nicht vorzunehmen ist.[4] Infolgedessen ist auch nicht die steuerbedingte Dividendenminderung insgesamt anzurechnen, sondern nur der um die steu-

---

1 Sofern sich nicht alle Dividendenempfänger in der oberen Proportionalzone befinden, lassen sich hingegen über eine geeignete Ausschüttungspolitik tarifär bedingt Steuerersparnisse erzielen.

2 Zur Integration vgl. ausführlich Abschnitt III-3. Im Folgenden ist der Systemwechsel nur insoweit von Bedeutung, als dieser die Behandlung steuerbilanzieller Unterschiedsbeträge während der Gründungsphase beeinflusst.

3 Da auf Unternehmensebene der Besteuerung die derzeit geltenden Steuersätze zu Grunde gelegt werden, sind grundsätzlich nur die Steuerwirkungen auf Anteilseignerebene von Bedeutung.

4 Unverkennbar sind die Tendenzen sowohl der Politik als auch der Finanzverwaltung, die steuerpflichtigen Gewinne von Unternehmen durch Änderung oder geänderte Auslegung der Ansatz- und Bewertungsvorschriften zu erhöhen, vgl. Clemm, H. (1997), S. 124 f. Da sich hierdurch zunächst höhere (im Sinne von vorgezogenen) Steuerlasten einstellen, wird im Weiteren nur auf diesen Fall eingegangen.

erbilanziell bedingte Mehrbelastung geminderte Betrag.[1] Tritt im Halbeinkünfteverfahren der Umkehreffekt ein, ist auf Grund der geringeren Unternehmensteuerlast die Zahlung einer höheren Dividende möglich. Da die um diesen Betrag erhöhte Dividende zur Hälfte der Einkommensteuer unterliegt, die korrespondierende Mehrbelastung bei Ausschüttung im Gründungsrecht jedoch nicht anrechenbar war, droht hier eine Doppelbesteuerung. Diese könnte dergestalt abgewendet werden, dass die Ausschüttung im Halbeinkünfteverfahren als Ausgangsgröße für die Ermittlung des steuerpflichtigen Teils der Dividende um diese „Steuerentlastung“ verringert wird.[2] Da diese Technik auch systemübergreifend die Neutralität steuerbilanzieller Abweichungen gewährleistet, sind solche Unterschiedsbeträge im Gründungsrecht wie vorstehend beschrieben zu behandeln.

Ein weiterer im Zusammenhang mit der Einkunftsermittlung bedeutsamer Aspekt betrifft Erträge aus Unternehmensverbindungen.[3] Wenn Unternehmensbeteiligungen in die Betrachtung einbezogen werden, stellt sich zunächst die Frage, ob auch diese Einkünfte des Gründungsunternehmens dem Prinzip der Einmalbesteuerung entsprechend behandelt werden sollen oder ob für solche Gewinne nicht eine am geltenden Recht orientierte Besteuerung geboten ist. Jungen Unternehmen werden finanzielle Mittel zur Verfügung gestellt, um hiermit eine innovative Geschäftsidee in ein marktfähiges Produkt zu transformieren. Triebkraft für die Gründungsfinanzierung ist die (erwartete) Wertsteigerung des Unternehmens, soweit diese auf die originäre Geschäftstätigkeit zurückzuführen ist. Verfügt das Unternehmen über nicht (für die operative Tätigkeit) benötigte liquide Mittel, können diese entweder zur Schuldentilgung verwendet, ausgeschüttet oder in andere Unternehmen investiert werden.[4] Falls sich die Möglichkeit einer Finanzinvestition bietet, ist bei Übertragung der Gründungsbesteuerung auf die hiermit verbundenen Erträge zu erwägen, ob die Investitionsmöglichkeit von dem Unternehmen selbst oder aber von seinen Anteilseignern wahrgenommen werden sollte.[5] Unabhängig davon, welche Alter-

[1] Dies führt nicht zu einer Definitivbelastung, vielmehr wird durch diese Vorgehensweise gewährleistet, dass die aus der Steuerbilanzgewinnerhöhung resultierende Mehrbelastung auch bei Ausschüttung mit dem Unternehmensteuersatz belastet bleibt. Das ist Voraussetzung für die Neutralität der Steuerbilanzabweichungen auf Unternehmens- und damit auch auf Anteilseignerebene.

[2] Dies erfordert, dass nach dem Systemwechsel hinsichtlich der steuerlichen Folgen der Auflösung von Steuerbilanzabweichungen danach unterschieden wird, in welchem Rechtssystem sie entstanden sind.

[3] Vereinfachend wird nachfolgend von Beteiligungserträgen gesprochen, auch wenn dem Unternehmen Verluste aus Personengesellschaften zugewiesen werden. Zu den hier nicht behandelten Verlustzuweisungsgesellschaften vgl. Fleischmann, G./Meyer-Scharenberg, D. (2006), S. 353 ff.

[4] Diese Größe entspricht im Wesentlichen dem „Operating Cash-Flow“, vgl. hierzu Betsch, O./Groh, A. P./Lohmann, L. G. E. (2000), S. 213 ff.

[5] Führen die Anteilseigner selbst die Finanzinvestition durch, werden die Beteiligungserträge nach dem geltenden Recht besteuert, wogegen bei der Ausweitung des Gründungsrechts auf unternehmensbezogene Beteiligungserträge diese aus Anteilseignersicht letztlich der Gründungsbesteuerung unterliegen.

native im Einzelfall eine geringere Steuerbelastung nach sich zieht, würde die Gewinnverwendungsentscheidung (im engeren Sinne) hiervon maßgeblich beeinflusst werden. Darüber hinaus würde ein solchermaßen ausgeweitetes Gründungsrecht bedeuten, dass dem geltenden Recht unterliegende Unternehmen letztlich wie Gründungsunternehmen besteuert werden. Da dies den Rahmen einer integrativen Partialreform übersteigen und rein steuerlich motivierte Gestaltungsspielräume eröffnen würde, sollte die Besteuerung der von Gründungsunternehmen erzielten Beteiligungserträge bzw. deren Weiterleitung an die Anteilseigner dem geltenden Recht folgen.

Zu diesem Zweck ist zu differenzieren, in welcher Rechtsform das Unternehmen betrieben wird, an dem das Gründungsunternehmen seinerseits beteiligt ist. Sofern es sich um eine Kapitalgesellschaft handelt, haben die ausgeschütteten Gewinne der Gewerbe- und der Körperschaftsteuer unterlegen; da eine Anrechnung dieser Steuern im geltenden Recht nicht vorgesehen ist, ist die Dividende auf Unternehmensebene wie in Abschnitt II-1.2.1.2 dargestellt zu behandeln und im Fall der Weiterausschüttung nach den Regeln des Halbeinkünfteverfahrens zu besteuern.[1] Falls die Beteiligung hingegen an einer Personengesellschaft besteht, hat das Gründungsunternehmen – unabhängig davon, ob tatsächlich „Ausschüttungen" vorgenommen wurden – das aus der Mitunternehmerschaft zuzurechnende steuerliche Ergebnis der Körperschaftsteuer zu unterwerfen.[2] Hierbei ist zu berücksichtigen, dass diese Steuerzahlung die Höhe der anrechenbaren Steuern nicht beeinflussen darf, da es sich insoweit nicht um eine Vorbelastung, sondern um eine Definitivbelastung handelt. Werden diese Gewinne an die Gründungsgesellschafter weitergeleitet, sind sie ebenfalls nach den Regelungen des geltenden Rechts zu besteuern. Das bedeutet, dass hinsichtlich der von dem Gründungsunternehmen geleisteten Dividenden bzw. Zinsen eine Unterscheidung dahingehend erforderlich ist, ob die Zahlungen innerhalb des operativen Geschäftsbetriebs erwirtschaftet oder von anderen Unternehmen bezogen wurden.

Abschließend kann festgehalten werden, dass die verschiedenen die Höhe des steuerpflichtigen Einkommens beeinflussenden Faktoren eine differenzierte steuerliche Würdigung und Behandlung erfordern, um eine sachgerechte Besteuerung zu gewährleisten.

---

1 Da der Geltungsbereich der Gründungsbesteuerung auf Kapitalgesellschaften begrenzt wurde, welche ausschließlich natürliche Personen als Anteilseigner haben, kann die Situation, dass ein Gründungsunternehmen Gewinnausschüttungen von einer ebenfalls nach Gründungsrecht zu besteuernden Kapitalgesellschaft bezieht, nicht auftreten.

2 Zu den unterschiedlichen Möglichkeiten der Bilanzierung von Beteiligungen an Personengesellschaften und den hieraus resultierenden Korrekturen im Rahmen der Gewinnermittlung beim Gesellschafter vgl. Dietel, M. (2002), S. 2140 ff. und Bürkle, T./Knebel, A. (1998), S. 1067 ff.

Dies äußert sich auf Grund der Anknüpfung der Gewinnausschüttungen an den handelsrechtlichen Jahresüberschuss nach Steuern in unterschiedlichen Anpassungen der Höhe des steuerpflichtigen Einkommens einerseits und des Umfangs der anrechnungsfähigen Unternehmensteuern andererseits, wobei sich die notwendigen Korrekturen im Wesentlichen auf die Anteilseigner beschränken. Die hierfür erforderlichen Informationen sind im Rahmen der Deklarationstätigkeit des Gründungsunternehmens zu ermitteln und bei Ausschüttungen bzw. Zinszahlungen den Kapitalgebern mitzuteilen, um so deren zutreffende Steuerveranlagung zu ermöglichen.[1]

Die im Rahmen der Einkommensteuerveranlagung der Anteilseigner gebotenen, zum Teil umfangreichen Anpassungen scheinen im Widerspruch zu der eingangs geforderten Unkompliziertheit des Entwurfs zu stehen.[2] Die steuervereinfachende Wirkung des geltenden Rechts liegt darin begründet, dass eine pauschalierende (steuer-)rechtliche Regelung immer einfacher anzuwenden ist als die Einzelfallwürdigung eines der Besteuerung zu Grunde liegenden Sachverhalts.[3] Gleichwohl darf ein Gewinn an Praktikabilität nicht in einem unangemessenen Verhältnis zum Verlust an Einzelfallgerechtigkeit stehen;[4] da der Entwurf einer Partialreform auf pauschalierende Regelungen weitgehend verzichtet, ist dieser durch ein hohes Maß an Einzelfallgerechtigkeit gekennzeichnet, wobei die angesprochene Überleitung der Zahlungsströme in steuerliche Bemessungsgrundlagen und anrechenbare Steuern einer möglichen Implementierung nicht entgegen steht.[5]

III-2.2.3.3 Beeinflussung der Kapitalstruktur

Werden Gewinne der Unternehmen in die Privatsphäre der Anteilseigner transferiert, sind diese letztlich in Höhe der individuellen Einkommensteuer der Zahlungsempfänger zu belasten.[6] Infolgedessen ist ein steuerlicher Vorteil durch die Gestaltung der Kapitalstruktur nicht erzielbar, da sämtliche Entgelte für die Kapitalüberlassung auf der Ebene

---

[1] Vgl. dazu auch Abschnitt III-3.3.1. Sofern nachfolgend die Steueranrechnung angesprochen wird, umfasst diese immer auch die Anpassung der steuerpflichtigen Einkünfte der Anteilseigner.

[2] Steuervereinfachung an sich ist jedoch kein Selbstzweck, sondern verfolgt insbesondere den (Neben-) Zweck, die Kosten der Steuererhebung zu reduzieren, vgl. Isensee, J. (1994), S. 7. Zur Steuervereinfachung vgl. auch Wagner, F. W. (2005), S. 93 ff.

[3] Vgl. Maiterth, R. (2000), S. 508.

[4] Vgl. Thömmes, O./Scheipers, T. (1999), S. 613.

[5] Die pauschalierenden Regelungen beschränken sich im Wesentlichen auf quotale Zurechnungen, etwa der steuerfreien Betriebseinnahmen zu den ausgezahlten Kapitalüberlassungsentgelten.

[6] Hinsichtlich der Tätigkeitsvergütungen gilt das grundsätzlich entsprechend, allerdings kann eine Definitivbelastung dann verbleiben, falls bei Eigenfinanzierung der handelsrechtliche Gewinn eines Unternehmens vollständig über Vergütungen verwendet wird. Ergibt sich in dieser (theoretisch möglichen) Konstellation eine Unternehmenssteuerschuld, scheidet deren Anrechnung systembedingt aus.

des Beteiligungsunternehmens abzugsfähig bzw. bei den Anteilseignern steuerpflichtig sind.[1] Abgesehen von tarifären Belastungsunterschieden geht in der Gesamtbetrachtung von Gesellschaft und Gesellschafter bei als Betriebsausgabe abzugsfähigen Dividenden bzw. der Anrechnung der Unternehmenssteuern bei einer nachträglichen Ausschüttung von Gewinnen von der Besteuerung grundsätzlich kein Einfluss auf die Kapitalstruktur der Gründungsunternehmen aus.

Im Folgenden wird der Begriff der Kapitalstruktur ausgeweitet, da die Passivseite der Bilanz nicht nur durch die Bestandsströme, sondern auch von der Ausschüttungspolitik beeinflusst wird. Auf Grund der Verzahnung von Gesellschafts- und Anteilseignerebene sind bei der Beschlussfassung über die Ergebnisverwendung insbesondere Steuersatzunterschiede zu berücksichtigen, weshalb aus der individuellen steuerlichen Situation der Anteilseigner Rückwirkungen auf die Kapitalstruktur des Beteiligungsunternehmens zu erwarten sind. Wenngleich von konstanten Unternehmensteuersätzen ausgegangen werden kann, ist damit zu rechnen, dass die Grenzbelastungen der Anteilseigner im Zeitablauf Schwankungen unterliegen.[2] Da alle Gesellschafter über die Ergebnisverwendung beschließen, birgt dies die Möglichkeit von Interessenkonflikten in sich, da in der Praxis nur ein Anteilseigner, beispielsweise der „dominierende“ mit der höheren Beteiligungsquote, die aus seiner Sicht optimale Ausschüttungspolitik wird realisieren können.[3] Dessen ungeachtet soll im Weiteren davon ausgegangen werden, dass die Anteilseigner mit „einheitlicher“ Stimme votieren; tarifäre Unterschiede innerhalb des Gesellschafterkreises werden für die weitere Untersuchung daher nicht berücksichtigt.[4]

Übersteigt die einkommensteuerliche Belastung der Dividenden die „Thesaurierungsbelastung“ der Gründungsunternehmen nicht, stellt sich eine jahresüberschussbezogene Vollausschüttungspolitik grundsätzlich als vorteilhaft dar, da die Unternehmensgewinne der niedrigeren Einkommensteuer der Anteilseigner unterworfen werden. Falls dagegen der umgekehrte Fall vorliegt, ist die jahresüberschussbezogene Vollausschüttungspolitik

1 Im Vergleich zu Tätigkeitsvergütungen können sich jedoch Abweichungen auf Grund der im Einkommensteuergesetz kodifizierten unterschiedlichen Frei- und Pauschbeträge ergeben.

2 Da der Gründer definitionsgemäß nur sein Gehalt und Dividenden bezieht, kann sein steuerpflichtiges Einkommen innerhalb des Progressionsbereichs schwanken, wogegen für „typische“ Business Angels unterstellt werden kann, dass sich diese auf Grund ihres weiteren Haushaltseinkommens in der oberen Proportionalzone oder aber im Regelungsbereich der „Reichensteuer“ bewegen; vgl. dazu ausführlich Abschnitt II-1.1.3.

3 Zu der Problematik unterschiedlicher Steuersätze beim Kapitalwertkriterium vgl. König, R./Wosnitza, M. (2004), S. 62 ff. Die dort behandelte Fragestellung betrifft zwar Mitunternehmerschaften, kann auf den vorliegenden Fall jedoch grundsätzlich analog übertragen werden.

4 Sofern im Folgenden von dem (den) Anteilseigner(n) bzw. Gesellschafter(n) die Rede ist, wird damit dieser „einheitliche“ Gesellschafter bezeichnet; vgl. dazu auch Abschnitt I-2.3.2.2.

generell nachteilig, da die Gewinne mit der höheren Einkommensteuer belastet werden, wodurch der Vorteil der niedrigen temporären Vorbelastung verloren geht. Andererseits kann sich die Vorteilhaftigkeit der Thesaurierungsentscheidung in späteren Wirtschaftsjahren umkehren, so dass dann hinsichtlich der einbehaltenen Unternehmensgewinne zu einer (Voll-)Ausschüttungspolitik übergegangen werden sollte.[1] Somit kann festgehalten werden, dass letztlich tarifäre Belastungsunterschiede die Dividendenpolitik und damit verbunden auch die Möglichkeit der Eigenkapitalbildung beeinflussen, wogegen die Besteuerung der Entgeltströme keinen nach Art der Finanzierung differenzierenden Einfluss auf die Kapitalstruktur der Beteiligungsunternehmen ausübt. Ein so ausgestaltetes Gründungsrecht leistet seinen Beitrag zur Stärkung der Eigenkapitalbasis junger Unternehmen in der Form, dass es bezüglich der als Kapitalüberlassungsentgelte vereinnahmten laufenden Einkünfte der Anteilseigner irrelevant ist, ob ein Gründungsunternehmen eigen- oder fremdfinanziert wird.

III-2.2.3.4 Auswirkungen auf die Liquidität

Nachdem die vorgenannten Maßnahmen dazu beitragen, die im geltenden Recht gegebene Diskriminierung der Eigenfinanzierung von Kapitalgesellschaften zu beseitigen, ist in einem zweiten Schritt der Einfluss des Gründungsrechts auf die Liquidität junger Unternehmen zu untersuchen.[2] Hinsichtlich der Dividendenpolitik gilt, dass sich durch eine Erhöhung der Ausschüttungsquote grundsätzlich keine steuerlichen Vorteile erzielen lassen.[3] Da bei den Anteilseignern eine kumulative Nachversteuerung der Ausschüttungen wie im Halbeinkünfteverfahren nicht erfolgt, bewirkt die Gründungsbesteuerung auch nicht den gegenteiligen Effekt in Gestalt der Begünstigung von Gewinnthesaurierungen, weshalb im Vergleich zum geltenden Recht mit vermehrten Dividendenzahlungen zu rechnen ist.[4] Sofern die Gründungsgesellschafter eine residuale Ausschüttungspolitik anstreben, ist der hieraus resultierende Liquiditätsabfluss jedoch nicht negativ zu beurteilen, da die Ausschüttung überschüssiger liquider Mittel steuerlich nicht behindert

---

[1] Dies ist dann der Fall, wenn die Grenzbelastung der Anteilseigner die auf den thesaurierten Gewinnen ruhende temporäre Vorbelastung unterschreitet.

[2] In Bezug auf das Liquiditätsziel kann festgehalten werden, dass sich der Verzicht auf die hälftige Hinzurechnung der Dauerschuldentgelte auf Grund geringerer Unternehmensteuern positiv auf das Liquiditätsziel auswirkt.

[3] Entsprechendes gilt, falls Eigen- durch Fremdfinanzierung und dementsprechend Gewinnausschüttungen durch Zinszahlungen substituiert werden.

[4] Im Gegensatz hierzu gilt im Halbeinkünfteverfahren die Handlungsempfehlung, Gewinne zu thesaurieren und statt dessen Liquidität in Gestalt von Leistungsvergütungen an die Anteilseigner weiterzuleiten, vgl. hierzu beispielsweise Scheipers, T./Schulz, A. (2000), S. 140.

wird.[1] Sofern allein tarifär bedingte Belastungsdifferenzen eine „zusätzliche" Ausschüttung nahe legen, führt das mit dem Gründungsrecht verbundene Comeback des „Schütt-aus-hol-zurück"-Verfahrens nicht zwangsläufig dazu, dass dem Unternehmen allein aus steuerlichen Gründen finanzielle Mittel endgültig entzogen werden.[2]

Entsprechendes gilt für andere Arten von Leistungsvergütungen, die im Vergleich zu den für die Kapitalüberlassung geleisteten Entgelten prinzipiell in gleicher Höhe steuerlich belastet werden.[3] Dies hat zur Folge, dass eine so gestaltete Gründungsbesteuerung die Entscheidungsträger weder zu steuerlastorientierten schuldrechtlichen Gestaltungen noch zu steuerlich motivierten Liquiditätstransfers drängt.[4] Demnach kann festgehalten werden, dass das oben beschriebene Verfahren nicht nur dazu geeignet ist, die Eigenkapitalbasis junger Unternehmen zu verbreitern, sondern dass sich die Gründungsbesteuerung auch hinsichtlich des Liquiditätsziels positiv auswirkt, da beispielsweise kein Anreiz geschaffen wird, über das ökonomisch vernünftige Maß hinaus liquide Mittel in die Sphäre der Anteilseigner zu transferieren.[5] Damit ist es möglich, die Kapitalstruktur und die gesellschafterbezogenen Leistungsbeziehungen weitgehend ohne Berücksichtigung steuerlicher Wirkungen an ökonomischen Kriterien orientiert zu gestalten.

III-2.3 Beteiligungsveräußerung

Die zeitlich begrenzte Beteiligungsdauer der Kapitalgeber stellt ein zentrales Charakteristikum von Venture Capital-Finanzierungen dar, da die Investoren mit ihrem Engagement letztlich die Hoffnung auf einen hohen Veräußerungsgewinn verbinden. Wenngleich ein isoliert die Veräußerungsgewinnbesteuerung berücksichtigendes Gründungsrecht aus den oben beschriebenen Gründen zu kurz greifen würde, darf der Entwurf die wesentliche finanzielle Zielsetzung der Kapitalgeber nicht unberücksichtigt lassen, weshalb im Folgenden auf die Besteuerung des Veräußerungsgewinns einzugehen ist.

---

[1] „Überschüssig" meint in diesem Zusammenhang, dass auf Unternehmensebene liquide Mittel vorhanden sind, die nicht unmittelbar für originär betriebliche Zwecke verwendet werden müssen.

[2] Sofern die Unternehmensliquidität nicht ausreicht, die Ausschüttung zu finanzieren, könnte diesem Umstand durch eine kurzfristige Kreditvergabe seitens der Anteilseigner begegnet werden.

[3] Unterschiede können sich bei der Zusammenschau von Gesellschafts- und Gesellschafterebene jedoch in Bezug auf die in Abschnitt III-2.2.3.2 beschriebenen Einkommenskorrekturen ergeben.

[4] Andererseits ist das Liquiditätsziel auch dahingehend zu interpretieren, dass die Besteuerung nicht dazu führt, dass „überschüssige" Liquidität in Unternehmen gebunden wird, was durch den Dividendenabzug und die Steueranrechnung prinzipiell gewährleistet ist.

[5] Ein weiterer liquiditätsbezogener Aspekt betrifft die internen und externen Steuerplanungskosten, die auf Grund der dem Entwurf immanenten systematischen Neutralität sinken; zum Begriff der systematischen Neutralität vgl. Abschnitt III-1.2.1.

Die im Weiteren zu diskutierende Neuordnung hat sich gleichfalls an den systemtragenden Prinzipien des Gründungsrechts zu orientieren, wobei in Abschnitt III-2.3.1 zunächst die für die Besteuerung des Veräußerungsgewinns wesentlichen Grundlagen dargestellt werden. Im Anschluss wird in Abschnitt III-2.3.2 eine mögliche Ausgestaltung vorgestellt, die in Abschnitt III-2.3.3 hinsichtlich ihrer Folgen für das Engagement eines Business Angels analysiert wird.

III-2.3.1 Grundlagen

Im Hinblick auf die steuerliche Behandlung des Capital Gain werden zunächst einige im Zusammenhang mit dem dargestellten Gründungsrecht relevante Aspekte behandelt. Der eintretende Anteilserwerber unterliegt mit seinen beteiligungsbezogenen Einkünften bzw. den damit wirtschaftlich zusammenhängenden Aufwendungen dem Halbeinkünfteverfahren, weshalb neben der Notwendigkeit einer Neuordnung auch die Möglichkeiten einer vom geltenden Recht abweichenden Behandlung des Veräußerungsgewinns zu beachten sind. Des Weiteren ist auf die mit der Umgestaltung verfolgten Ziele einzugehen, bevor der Anwendungsbereich einer möglichen Neuordnung dargestellt wird.

III-2.3.1.1 Notwendigkeit der Neuordnung

Der Ausstieg des Business Angels bedeutet die Beendigung seines finanziellen Engagements, wogegen der Beteiligungserwerb den ersten Schritt der Risikofinanzierung des neu eintretenden Risikokapitalgebers bildet. Gleichzeitig bildet die Anteilsübertragung die Schnittstelle zwischen zwei Steuerregimen, da die Gründungsbesteuerung annahmegemäß mit der Vollbeendigung des Engagements des Business Angels endet. Ungeachtet der sich daran anschließenden Integration stellt sich im Hinblick auf den Anteilsverkauf die Frage, ob der Veräußerungsvorgang noch unter das Gründungsrecht fällt oder bereits dem Halbeinkünfteverfahren folgend zu besteuern ist. Nachdem das Gründungsunternehmen im Wege der Integration in das geltende Recht überführt wird und der neu eintretende Gesellschafter ebenfalls dem Halbeinkünfteverfahren unterliegt, könnte die Besteuerung des Veräußerungsgewinns nach geltendem Recht abgewickelt werden, um so bei dem Erwerber hinsichtlich der Anschaffungskosten eine halbeinkünftekonforme Besteuerung zu gewährleisten.

Andererseits stellt die Beteiligungsveräußerung aus steuerlicher Sicht den Abschluss der Gründungsphase dar, denn ohne den Ausstieg des Business Angels ist annahmegemäß keine Integration durchzuführen. Dementsprechend erfolgt die Beteiligungsveräußerung eine logische Sekunde vor Beendigung des steuerlichen Gründungszeitraums, so dass sich die Veräußerungsgewinnbesteuerung gleichfalls an den systemtragenden Prinzipien des Gründungsrechts zu orientieren hat. Ein weiterer, für eine Neuordnung sprechender Aspekt betrifft die Reichweite der Gründungsbesteuerung, die das (finanzielle) Engagement des Business Angels insgesamt zum Gegenstand hat. Da die Anteilsveräußerung in einem unmittelbaren wirtschaftlichen Zusammenhang mit eben diesem Engagement steht, sollte auch der Veräußerungsvorgang von der Gründungsbesteuerung erfasst werden.[1]

III-2.3.1.2 Zielsetzungen

Die Zielsetzungen des Entwurfs sind im Weiteren auf ihre Relevanz für die Besteuerung des Veräußerungsgewinns zu untersuchen.[2] In diesem Zusammenhang ist von Bedeutung, dass sich die Veräußerung außerhalb des Gesellschafts-/Gesellschafterverhältnisses abspielt und die Anteilsübertragung die Unternehmensebene grundsätzlich nicht berührt. Gleichwohl können sich insbesondere aus dem Systemwechsel Rückwirkungen auf die unternehmensbezogenen Zielsetzungen ergeben, welche bei der Besteuerung des Veräußerungsgewinns zu berücksichtigen sind.

Die Ermittlung des Anteilskaufpreises erfolgt auf Basis der nach dem Halbeinkünfteverfahren entziehbaren Überschüsse, weshalb die Veräußerungsgewinnbesteuerung keinen Einfluss auf die Höhe des erzielbaren Veräußerungserlöses ausübt. Des Weiteren ist die im Zeitraum der Beteiligung des Business Angels realisierte Kapitalstruktur von der Höhe des erzielbaren Veräußerungserlöses unabhängig, falls diese an die Vorstellungen des Erwerbers angepasst werden kann, so dass eine Zielsetzung darin liegen könnte, im Hinblick auf die (veräußerungsbedingte) Umstellung der Kapitalstruktur keinen Anreiz für eine Erhöhung des Fremdkapitalanteils zu setzen. Andererseits ist der Anteilseignerwechsel regelmäßig mit einer die finanziellen Möglichkeiten des Business Angels übersteigenden Nachfinanzierung verbunden, weshalb die zum Veräußerungszeitpunkt realisierte Kapitalstruktur ohnehin nur eine Momentaufnahme darstellt. Folglich ist die Ver-

[1] Dies gilt insbesondere vor dem Hintergrund, dass sich die Gründungsbesteuerung bislang nur auf die laufenden für die Kapitalüberlassung geleisteten Vergütungen bezieht, wogegen gerade der Veräußerungserlös den wesentlichen Beitrag zu der angestrebten Zielrendite der Risikokapitalgeber liefert.

[2] Grundsätzlich sind verschiedenartig gelagerte (hier allerdings nicht berücksichtigte) Zielsetzungen im Zusammenhang mit der Anteilsveräußerung denkbar. So könnte beispielsweise deren Gleichstellung mit der Desinvestition im Rahmen anderer Investments angestrebt werden.

äußerungsgewinnbesteuerung grundsätzlich nicht dazu geeignet, die Kapitalstruktur des Gründungsunternehmens nachhaltig zu beeinflussen, weshalb diesen Aspekt betreffende Zielsetzungen im Folgenden nicht betrachtet werden.

Da die Gründungsbesteuerung neben der Gleichbehandlung der Kapitalüberlassungsentgelte insbesondere auf die Beseitigung der im geltenden Recht gegebenen Definitivbelastung hinwirkt, könnte sich im Hinblick auf den bevorstehenden Systemwechsel die Ausschüttung der in der Gründungsphase thesaurierten Gewinne als sinnvoll erweisen.[1] Wenngleich diesem steuerbedingten Liquiditätsabfluss grundsätzlich durch Anwendung des Schütt-aus-hol-zurück-Verfahrens begegnet werden könnte, steht der dem Business Angel zufließende Teil der Dividende hierfür in der Regel nicht mehr zur Verfügung.[2] Sofern ein aus der Ausschüttung resultierender Nachfinanzierungsbedarf durch den neu eintretenden Gesellschafter gedeckt wird, basiert dessen Finanzierungsentscheidung auf dem geltenden (die Eigenfinanzierung benachteiligenden) Recht. Aus diesem Grund ist damit zu rechnen, dass dieser ausschüttungsbedingte Nachfinanzierungsbedarf – zumindest teilweise – durch Fremdkapital gedeckt wird, so dass aus der steuerlich motivierten Dividendenzahlung die partielle Substitution von Eigen- durch Fremdkapital resultiert.[3] Eine solche Kapitalstrukturänderung wäre primär durch das Gründungsrecht verursacht, weshalb die Veräußerungsgewinnbesteuerung dahingehend wirken sollte, dass sich hinsichtlich des anstehenden Systemwechsels keine ausschüttungsbedingten Steuervorteile erzielen lassen.[4]

III-2.3.1.3 Anwendungsbereich

Im Folgenden ist der Anwendungsbereich der Veräußerungsgewinnbesteuerung festzulegen, konkretisiert in der Frage, auf welchen Personenkreis sich dieser Teilaspekt des Gründungsrechts erstrecken soll.[5]

---

[1] Dies gilt gleichermaßen für beide Gesellschafter, da bei den geltenden Steuersätzen davon auszugehen ist, dass die steuerliche Belastung von Ausschüttungen im Gründungsrecht die sich im Halbeinkünfteverfahren ergebende Gesamtsteuerbelastung – bestehend aus Körperschaft- und Gewerbesteuer einerseits sowie Einkommensteuer andererseits – nicht übersteigen wird.

[2] Dies gilt jedoch nicht, sofern die Wiedereinlage noch vor der Anteilsveräußerung stattfindet und diese anschließend bei der Kaufpreisfindung angemessen berücksichtigt wird.

[3] Dies gilt umso mehr, als ein Großteil des weiteren Finanzierungsbedarfs durch den Anteilserwerber zu decken ist und der Gründer nach wie vor möglichst wenig Unternehmensanteile abgeben möchte.

[4] Die Vermeidung von ausschüttungsbedingten Steuervorteilen steht in unmittelbarer Beziehung mit der Liquiditätssicherung und ist von der Veräußerungsgewinnbesteuerung zu berücksichtigen, wenngleich mit dieser grundsätzlich keine die Kapitalstruktur betreffenden Ziele verfolgt werden.

[5] Die weitere, hinsichtlich des Anwendungsbereichs bedeutsame Frage nach der steuerlichen Relevanz der im Kaufpreis enthaltenen Vergütungsbestandteile wird in Abschnitt III-2.3.2 behandelt.

Der Unternehmer nimmt eine Zwischenstellung zwischen dem nach Gründungsrecht besteuerten Business Angel und dem nach geltendem Recht besteuerten Anteilserwerber ein, da er während der Beteiligungsdauer des ausscheidenden Gesellschafters der Gründungsbesteuerung und nach vollzogener Integration dem Halbeinkünfteverfahren unterliegt.[1] Der Ausstieg betrifft ihn damit insoweit, als die ihm nach der Anteilsveräußerung zufließenden Dividenden der Halbeinkünftebesteuerung folgend zu behandeln sind. Die aus dem Systemwechsel resultierenden und den Unternehmer betreffenden steuerlichen Folgen zu berücksichtigen ist jedoch nicht Thema der Veräußerungsgewinnbesteuerung; die in diesem Zusammenhang relevanten Fragestellungen sind vielmehr im Rahmen der Integration zu behandeln.[2]

Des Weiteren ist im Hinblick auf den Anwendungsbereich der Veräußerungsgewinnbesteuerung der eintretende Beteiligungserwerber zu betrachten. Da in Bezug auf seine Person sämtliche das Beteiligungsunternehmen betreffenden steuerrelevanten Sachverhalte außerhalb der Reichweite des Gründungsrechts liegen, folgt aus dem Systemwechsel eine vollständige Trennung der Besteuerung von ausscheidendem und eintretendem Gesellschafter. Damit sind auch den Erwerber betreffend keine Folgewirkungen für die Ausgestaltung der Veräußerungsgewinnbesteuerung zu beachten.

Da diesbezüglich keine Wechselwirkungen zwischen den Rechtssystemen zu berücksichtigen sind, beschränkt sich die Veräußerungsgewinnbesteuerung auf die Person des Business Angels. Die steuerliche Behandlung des Veräußerungsergebnisses hat sich somit an den systemtragenden Prinzipien der Partialreform zu orientieren.

III-2.3.2 Ausgestaltung

Neben den beschriebenen Zielen könnte mit einer Neuordnung der Veräußerungsgewinnbesteuerung auch angestrebt werden, den Zugang junger Unternehmen zu Beteiligungskapital indirekt zu verbessern, indem der Veräußerungsgewinn des Risikokapitalgebers niedrig besteuert bzw. steuerfrei gestellt wird, um so einen Anreiz zur verstärkten Investition in Gründungsunternehmen zu schaffen. Wenngleich Business Angels die Anteile in der Regel in ihrem Privatvermögen halten und private Veräußerungsgewinne prinzipiell nicht der Einkommensteuer unterliegen, wird hier der herrschenden Meinung gefolgt, wonach auch die Bezüge aus der Veräußerung des privaten Erwerbsvermögens

[1] Die in Abschnitt III-1.1.2 beschriebene (alternativ mögliche) Beendigung des steuerlichen Gründungszeitraums durch Zeitablauf wird hier nicht weiter betrachtet.

[2] Zur Integration des Unternehmers vgl. Abschnitt III-3.2.

zu besteuern sind.[1] Da der Veräußerungsgewinn des Business Angels in der Regel ohnehin gemäß § 17 EStG steuerpflichtig ist und von dieser Partialreform eine Begünstigung von Risikokapitalfinanzierungen nicht angestrebt wird, liegt den weiteren Ausführungen die Intention einer systemgerechten Besteuerung des Veräußerungsgewinns zu Grunde.

Wenngleich der Anteilserwerber aus steuerlicher Sicht keine einzelnen Wirtschaftsgüter, sondern lediglich die Gesellschaftsrechte an der Zielgesellschaft kauft, wird nachfolgend davon ausgegangen, dass sich der Veräußerungspreis in zwei Größen aufspalten lässt:[2] so erwirbt der eintretende Gesellschafter durch die Kaufpreiszahlung neben dem die Stimmrechte repräsentierenden Kapital zukünftig erzielbares Einkommen. Die letztgenannte Größe ist weiter aufzuspalten in zum Veräußerungszeitpunkt erzielte (und auf Unternehmensebene versteuerte, da thesaurierte) Gewinne und in noch zu erwirtschaftende Gewinne bzw. entziehbare Überschüsse.[3]

III-2.3.2.1 Stimmrechtskapital

Als Stimmrechtskapital werden im Folgenden diejenigen unter dem bilanziellen Eigenkapital ausgewiesenen Positionen verstanden, die nur aus einmaligen Zahlungen und nicht aus laufenden Gewinnen gespeist werden, so dass die Anwendung des Prinzips der Einmalbesteuerung für diesen Kaufpreisbestandteil ausscheidet.[4]

Ebenso kommt dem Bestandsstromirrelevanzprinzip in diesem Zusammenhang keine Bedeutung zu, da es sich bei dem Anteilsverkauf nicht um eine „Finanztransaktion“ im Sinne von Kapitalein- bzw. -rückzahlungen handelt. Demnach ist der auf die Vergütung des Stimmrechtskapitals entfallende Kaufpreisbestandteil in voller Höhe Gegenstand der einkommensteuerlichen Bemessungsgrundlage, dem die vollen Anschaffungskosten der Anteile gegenzurechnen sind;[5] eine Steuerbelastung des Business Angels resultiert hieraus nicht. Soweit der Kaufpreis hingegen das Stimmrechtskapital übersteigt, hat sich die Besteuerung der im Veräußerungserlös enthaltenen weiteren Vergütungsbestandteile an dem Prinzip der Einmalbesteuerung zu orientieren.

---

[1] Vgl. hierzu Tipke, K./Lang, J. (2005), § 9, Rz. 187 mit zahlreichen weiteren Nachweisen.

[2] Zur Abspaltung von Kaufpreisbestandteilen beim Anteilserwerb vgl. Eder, U. (1995), S. 1937 ff.

[3] Zum Gewinnbezugsrecht beim Erwerb von Anteilen an Kapitalgesellschaften vgl. Mildner, M. (2004), S. 1025 ff. und Hötzel, O. (1997), S. 23 ff. mit weiteren Nachweisen.

[4] Das Stimmrechtskapital umfasst damit neben dem Stammkapital auch die Kapitalrücklage.

[5] Anschaffungsnebenkosten werden zu dem Zweck der späteren Erzielung von Einkünften aus Kapitalvermögen im Rahmen der Unternehmensgründung oder des Anteilserwerbs aufgewendet, stehen aber in keinem unmittelbaren Zusammenhang mit den Unternehmensgewinnen. Daher sind sie den auf das Stimmrechtskapital entfallenden Anschaffungskosten zuzuordnen und wie diese zu behandeln.

III-2.3.2.2 Zukünftige Dividenden

Die das Stimmrechtskapital übersteigenden Bestandteile des Anteilskaufpreises umfassen neben thesaurierten Gewinnen insbesondere die Chance auf zukünftig zu erwirtschaftende und dann durch den Anteilserwerber entziehbare Überschüsse.[1] Zum Veräußerungszeitpunkt repräsentieren Letztgenannte potentiell konsumierbares Einkommen, das dem Business Angel vorab in Gestalt des Kaufpreises zufließt. Da zu diesem Zeitpunkt eine Besteuerung an anderer Stelle noch nicht stattfand, ist dem Prinzip der Einmalbesteuerung folgend dieser Kaufpreisbestandteil als steuerpflichtig zu behandeln.[2]

Der Beteiligungsverkauf führt im Vergleich zu einem Verzicht auf die Veräußerung und dann alternativ möglichen Gewinnausschüttungen zu einem zeitlich vorverlagerten Zufluss an konsumierbarem Einkommen. Wird davon ausgegangen, dass die prognostizierte der tatsächlichen Unternehmensentwicklung entspricht, sind die Handlungsalternativen wirtschaftlich äquivalent, was von der Veräußerungsgewinnbesteuerung zu berücksichtigen ist. Würde die Beteiligung nicht veräußert, unterlägen die (im Gründungsrecht erzielten) Ausschüttungen ungekürzt der Einkommensteuer, so dass der zukünftige Dividenden betreffende Teil des Veräußerungserlöses grundsätzlich in voller Höhe dem steuerpflichtigen Einkommen des Business Angels zuzurechnen wäre.[3]

Andererseits könnte auch die Auffassung vertreten werden, dass der Kaufpreis – wie in Abschnitt III-2.3.1.1 beschrieben – zwar im Geltungsbereich des Gründungsrechts erzielt wird, wirtschaftlich aber die Zeit nach der Gründungsphase betrifft und somit auch nach den dann geltenden steuerlichen Regelungen zu behandeln ist.[4] Wenngleich während der Gründungsphase die Voraussetzungen für den zukünftigen Zufluss konsumierbarer Mittel geschaffen wurden, ist der tatsächliche Eintritt dieser sich im Anteilskaufpreis widerspiegelnden Hoffnung ungewiss. Realisiert sich diese Hoffnung in Form von

---

[1] Während bei den Discounted Cash-Flow-Verfahren entziehbare Cash-Flows bewertungsrelevant sind, wird im Folgenden allein auf die steuerpflichtigen Gewinne abgestellt.

[2] Tatsächlich werden die zukünftig entziehbaren Überschüsse innerhalb kurzer Zeit zweimal besteuert, einmal beim Veräußerer in Gestalt des Anteilskaufpreises und bei tatsächlicher Realisierung, wogegen sich die Anschaffungskosten erst später steuermindernd auswirken, vgl. hierzu Van Lishaut, I. (2000), S. 190. Diese vom Steuergesetzgeber gewollte temporäre Doppelbelastung liegt, zumindest soweit sie den Anteilserwerber betrifft, außerhalb der Reichweite der Gründungsbesteuerung.

[3] Jedoch begründet sich die volle Steuerpflicht der Gewinnausschüttungen auf Ebene der Anteilseigner damit, dass Dividenden entweder als Betriebsausgabe abzugsfähig sind und damit auf Unternehmensebene nicht besteuert wurden oder aber temporär vorbelastet wurden, wobei die Vorbelastung auf die Steuerschuld der Dividendenempfänger anrechenbar ist. Diese Entlastung ist im Rahmen der Anteilsveräußerung nicht möglich, da die entsprechenden Gewinne noch nicht entstanden sind und die fiktive Anrechnung von zum Veräußerungszeitpunkt noch nicht entstandenen Unternehmenssteuern ebenfalls ausscheidet.

[4] Da von einer Steuerpflicht des Veräußerungsgewinns ausgegangen wird, wäre dies beispielsweise von Bedeutung, falls die Beteiligung des Business Angels nicht von § 17 EStG erfasst würde.

steuerpflichtigem Einkommen, kommt das geltende Recht zur Anwendung, so dass eine halbeinkünftekonforme Besteuerung des vorgelagerten Zuflusses systemgerecht ist.

Schließlich ist zu berücksichtigen, dass der Unternehmenswert bzw. Anteilskaufpreis auf Basis des Halbeinkünfteverfahrens ermittelt wird. Die volle Steuerpflicht des auf die zukünftig entziehbaren Überschüsse entfallenden Teils des Veräußerungserlöses würde bedeuten, dass der Ermittlung der Bemessungsgrundlage bzw. deren Versteuerung nicht vergleichbare Besteuerungskonzeptionen zu Grunde liegen.[1] Dementsprechend wäre ein sachgerechtes Ergebnis rein zufällig, so dass der Teil des Veräußerungsgewinns, der auf nach dem Systemwechsel entstehende Zahlungsüberschüsse entfällt, grundsätzlich nach dem dann geltenden Recht zu behandeln ist.[2]

III-2.3.2.3 Thesaurierte Gewinne

Ein weiterer Kaufpreisbestandteil umfasst die in den Gewinnrücklagen oder im Gewinnvortrag ausgewiesenen einbehaltenen Unternehmensgewinne.[3] Da das Engagement des Business Angels zeitlich begrenzt ist, hat dieser prinzipiell zwei Möglichkeiten, thesaurierte Gewinne in seine Privatsphäre zu transferieren: entweder werden diese vor der Veräußerung ausgeschüttet und anschließend die Anteile an dem „leeren“ Unternehmen verkauft (Ausschüttungslösung) oder die einbehaltenen Gewinne werden zusammen mit der Beteiligung – zu einem dann höheren Preis – veräußert (Verkaufslösung). Sofern die Ausschüttung der einbehaltenen Gewinne noch vor der Anteilsübertragung beschlossen wird, wären die Unternehmensteuern insoweit auf die individuelle Einkommensteuerschuld der Dividendenempfänger anzurechnen, als diese auf die Ausschüttung entfallen. Letztlich würden die durch das Gründungsunternehmen während der Gründungsphase erzielten und vorversteuerten Gewinne insgesamt nur einmal besteuert, weshalb die sich unter der Fiktion der Vollausschüttung ergebende Steuer als Referenzbelastung für die steuerliche Behandlung dieses Teils des Anteilskaufpreises dienen soll.[4]

---

[1] Während die volle Steuerpflicht des Veräußerungsgewinns die Einmalbesteuerung der Unternehmensgewinne unterstellt, reflektiert der tatsächliche Veräußerungserlös deren teilweise Mehrfachbelastung.

[2] Sofern zum Veräußerungszeitpunkt Steuerbilanzabweichungen vorliegen und in der Gründungsphase Gewinnausschüttungen vorgenommen wurden, hat der ausscheidende Anteilseigner die entsprechende Vorbelastung teilweise versteuert. Daher ist in dieser Höhe der auf die zukünftigen Dividenden entfallende Kaufpreisanteil steuerfrei zu stellen; vgl. dazu auch Abschnitt III-2.3.2.2.

[3] Da eine Vollausschüttungspolitik in der Praxis die Ausnahme darstellt, ist davon auszugehen, dass das Beteiligungsunternehmen über thesaurierte Gewinne verfügt,.

[4] Dies bedeutet nicht notwendigerweise einen bei beiden Varianten identischen Netto-Kapitalzufluss, da sich der „Preis“ der Gewinnrücklagen auf Basis des Halbeinkünfteverfahrens ermittelt. Zum Wert von Gewinnrücklagen im geltenden Recht vgl. Schreiber, U./Rogall, M. (2000), S. 728 ff.

Im Hinblick auf den Business Angel muss die wirtschaftliche Äquivalenz der beiden Handlungsalternativen in der Veräußerungsgewinnbesteuerung zum Ausdruck kommen. Sofern die in der Vergangenheit thesaurierten Gewinne nicht ausgeschüttet, sondern im Wege des Verkaufs auf den Anteilserwerber übertragen werden, ist dieser Kaufpreisbestandteil nach Gründungsrecht zu besteuern und vollständig der einkommensteuerlichen Bemessungsgrundlage des Business Angels zuzurechnen.[1] Da die veräußerten Gewinne auf Unternehmensebene bereits vorversteuert wurden, ist die steuerliche Entlastung dieses Teils des Veräußerungsgewinns geboten.[2] Der Zufluss der thesaurierten Gewinne erfolgt bei der Verkaufslösung im Vergleich zur Ausschüttungslösung lediglich auf anderem Wege, weshalb die steuerliche Gleichbehandlung beider Handlungsalternativen die Anrechnung der anteiligen temporären Vorbelastung auf die Veräußerungsgewinnsteuer des Business Angels gebietet.[3]

Ein solchermaßen ausgestaltetes Gründungsrecht erfordert jedoch die exakte Ermittlung der bis zur ausscheidensbedingten Beendigung der Gründungsphase aufgelaufenen Vorbelastung. Daher ist das Beteiligungsunternehmen (gegebenenfalls auch unterjährig) auf diesen Zeitpunkt nach den Regelungen des Gründungsrechts zu veranlagen.[4]

III-2.3.3 Folgen

Wenngleich die Besteuerung der Kapitalüberlassungsentgelte prinzipiell dazu geeignet ist, die als maßgebend identifizierten Ziele zu erreichen, tragen innerhalb von Venture Capital-Finanzierungen nicht die laufenden Zahlungen, sondern der Veräußerungserlös den Hauptbeitrag zu der angestrebten Zielrendite des Risikokapitalgebers bei. Aus diesem Grund sind im Folgenden die Wirkungen einer so ausgestalteten Veräußerungsgewinnbesteuerung auf das Engagement von Business Angels zu untersuchen.

---

[1] Auch hier stellt sich grundsätzlich das Problem, dass die für die Ermittlung der Bemessungsgrundlage maßgebenden steuerlichen Grundsätze andere sind, als deren Versteuerung zu Grunde liegen. Im Unterschied zu dem vorgenannten Fall ist hier jedoch zu berücksichtigen, dass die veräußerten Gewinne bereits nach den Regelungen des Gründungsrechts besteuert wurden. Bezogen auf den Business Angel ist eine einheitliche Behandlung der thesaurierten Gewinne nur dann gewährleistet, wenn auch bei deren (alternativ möglicher) Realisierung im Verkaufswege das Gründungsrecht angewendet wird.

[2] Hinsichtlich der thesaurierten Gewinne ist die Doppelbesteuerungsproblematik zu dem oben beschriebenen Fall ähnlich gelagert: die Gewinne wurden durch das Beteiligungsunternehmen versteuert und der Fiskus greift hierauf in Form des Veräußerungserlöses innerhalb kurzer Zeit nochmals zu.

[3] Die potentiell anrechenbaren Steuern ermitteln sich als Differenz zwischen den bis zum Exit entstandenen bzw. entrichteten und den bereits angerechneten Unternehmensteuern. Tatsächlich anrechenbar sind diese allerdings nur insoweit, als sie auf den veräußerten Unternehmensanteil entfallen und nicht die Höhe des dem geltenden Recht unterliegenden Kaufpreisanteils mindern.

[4] Falls die zu diesem Zweck zu erstellende steuerliche Schlussbilanz von der handelsrechtlichen Bilanz abweicht, wirken sich die Steuerbilanzabweichungen wie beschrieben in zwei Steuersystemen aus.

III-2.3.3.1 Investitions- und Risikobereitschaft

Die Investitionsbereitschaft wird bei mehreren den individuellen Belangen entsprechenden Investitionsobjekten maßgeblich durch die Nachsteuerrendite beeinflusst.[1] Sofern die Bereitschaft des Business Angels, ein Beteiligungsunternehmen zu finanzieren, als grundsätzlich gegeben vorausgesetzt und zu den Investitionen nicht die Kreditvergabe, sondern ausschließlich die Beteiligungsfinanzierung gerechnet wird, leistet das oben beschriebene Gründungsrecht seinen Beitrag zur Steigerung der Investitionsbereitschaft von verschiedenen Seiten. An erster Stelle steht hierbei, dass mit der Beseitigung steuerbedingter Kostenvorteile der Fremdfinanzierung ein zentrales Hemmnis abgebaut wird, in junge Unternehmen zu investieren, da sich über die Ausgestaltung der Kapitalstruktur keine endgültigen Steuervorteile erzielen lassen.

Weiter wirkt sich im geltenden Recht die Gewerbesteuer als eine Art „Sondersteuer" auf betriebliche Investitionen negativ auf die Investitionsbereitschaft aus. Diesbezüglich leistet das vorgeschlagene Gründungsrecht seinen Beitrag dergestalt, dass sämtliche von den Beteiligungsunternehmen in der Gründungsphase erzielten und auf Business Angels entfallenden Einkünfte durch die Realisierung einer Einmalbesteuerung letztlich von der Gewerbesteuer entlastet und ausschließlich mit der Einkommensteuer der Risikokapitalgeber belastet werden. So ist die von einem Gründungsunternehmen entrichtete Gewerbesteuer (spätestens bei Beendigung der Gründungsphase) insoweit anrechenbar, als sie dem veräußerten Unternehmensanteil zuzurechnen ist.[2] Eine gewerbesteuerlich bedingte Verzerrung der Investitionsrenditen informeller Investoren existiert im Geltungsbereich der Gründungsbesteuerung somit grundsätzlich nicht.[3]

Die fehlende Bereitschaft, unternehmerische Risiken zu übernehmen, liegt neben der mangelhaften Umsetzung der Verlustverrechnung auch in den als zu hoch empfundenen Steuersätzen begründet. Wenngleich der zweitgenannte Kritikpunkt aus der Betrachtung ausgeklammert wurde, sinkt in Folge der Beseitigung des additiven Zusammenwirkens der verschiedenen Ertragsteuern bei unveränderten Steuersätzen tendenziell die Gesamtsteuerbelastung. Ceteris paribus sind hierdurch höhere Nachsteuerrenditen erzielbar mit positiven Folgen für die Risikoübernahmebereitschaft sowohl der Innovatoren als auch der Investoren.

---

1 Vgl. Schneider, D. (1989a), S. 51.

2 Zur Behandlung der nicht ausscheidensbedingt anrechenbaren Steuern vgl. Abschnitt III-3.2.

3 Als Folge hieraus ist eine weitgehende Gleichstellung der Eigenfinanzierung junger Unternehmen mit alternativen Investitionsobjekten gegeben, falls die bei Beendigung dieser Engagements erzielten Einkünfte ebenfalls der Besteuerung unterliegen.

Auf die steuerliche Behandlung von Verlusten wurde bislang nicht eingegangen.[1] Im Hinblick auf die Anteilsveräußerung eines Business Angels ist jedoch festzuhalten, dass der auf das Stimmrechtskapital entfallende Teil des Veräußerungserlöses in voller Höhe seiner einkommensteuerlichen Bemessungsgrundlage zuzurechnen ist und deshalb auch die gesamten Anschaffungskosten in Abzug zu bringen sind.[2] Sofern das Finanzierungsengagement positiv verlaufen ist, wird die Höhe des steuerpflichtigen Veräußerungsgewinns davon nicht beeinflusst, die Folgen dieser „Technik“ der Einkommensermittlung zeigen sich vielmehr bei Teil- oder auch Totalverlusten.[3] Während im geltenden Recht bei Veräußerungsverlusten die Anschaffungskosten nur hälftig geltend gemacht werden können, wirkt sich im Gründungsrecht der Kapitaleinsatz sowohl bei Eigen- als auch bei Fremdfinanzierung vollumfänglich steuermindernd aus.[4] Sofern das eingesetzte Kapital nicht in voller Höhe an die Risikokapitalgeber zurückfließt, hat das den Effekt, dass der Netto-Vermögensverlust im Vergleich zum Halbeinkünfteverfahren wesentlich geringer ist.[5] Hierdurch sinkt das mit der Finanzierung junger Unternehmen verbundene Ausfallrisiko, was sich ebenfalls positiv auf die Risikoübernahmebereitschaft auswirken sollte.

III-2.3.3.2 Beteiligungsdauer

Einen weiteren zu berücksichtigenden Aspekt stellt die von der Besteuerung des Veräußerungsgewinns auf die Beteiligungsdauer ausgehende Wirkung dar, denn in etwa ein Drittel der deutschen Business Angels strebt ein auf drei bis fünf Jahre begrenztes Engagement an.[6] Da der auf einbehaltene bzw. veräußerte Gewinne entfallende Teil des Veräußerungserlöses systembedingt anders zu besteuern ist als der auf die prognostizierten, zukünftig entstehenden Überschüsse entfallende Kaufpreisanteil, ist abschließend zu untersuchen, ob aus dem Blickwinkel eines ausscheidenswilligen Anteilseigners eine frühzeitige oder verzögerte Anteilsveräußerung vorteilhaft ist.

[1] Die Verlustverrechnung ist Gegenstand von Abschnitt III-2.4.

[2] Vgl. hierzu Abschnitt III-2.3.2.1.

[3] So werden von deutschen Business Angels in einem Portfolio von zehn Beteiligungen durchschnittlich 2,7 Flops erwartet, wobei unter einem Flop in diesem Zusammenhang Engagements zu verstehen sind, die sich erheblich unter den Erwartungen entwickeln und im Extremfall ganz oder teilweise abgeschrieben werden müssen, vgl. Brettel, M./Jaugey, C./Rost, C. (2000), S. 165 f.

[4] Dies gilt zumindest dann, falls der Darlehensverlust zu nachträglichen Anschaffungskosten führt. Zu den hierfür erforderlichen Voraussetzungen vgl. ausführlich Abschnitt II-2.3.1.3 sowie die dort zitierte Literatur.

[5] Um diesbezüglich die Gleichbehandlung von Eigen- und Fremdkapital zu gewährleisten, sollte bereits bei Darlehensvergabe dessen Krisenbestimmtheit festgehalten werden, da ansonsten ein Darlehensverlust steuerlich grundsätzlich nicht berücksichtigungsfähig ist, vgl. Dautel, R. (2002), S. 1125 f.

[6] Vgl. Brettel, M./Jaugey, C./Rost, C. (2000), S. 166 f.

Während des Gründungszeitraums erwirtschaftete und anteilig auf den Business Angel entfallende Gewinne werden unabhängig von der Ausschüttungspolitik letztlich mit seiner individuellen Einkommensteuer belastet, wogegen der auf die erst zukünftig entstehenden Überschüsse entfallende Kaufpreisanteil nur hälftig in die einkommensteuerliche Bemessungsgrundlage einfließt.[1] Wird davon ausgegangen, dass der Business Angel über den Veräußerungszeitpunkt frei entscheiden kann, besteht die Möglichkeit, die Beteiligung entweder sofort zu veräußern oder diese eine weitere Periode zu halten, den Gewinn dieses Wirtschaftsjahres nach Gründungsrecht zu besteuern und die Anteile anschließend zu veräußern.[2] Wird die volle Steuerpflicht der Dividende im einen Fall der hälftigen Steuerpflicht des dieser (potentiellen) Dividende entsprechenden Anteilskaufpreises im anderen Fall gegenübergestellt, würde das grundsätzlich eine möglichst frühzeitige Beteiligungsveräußerung nahe legen.

Andererseits ist die steuerliche Behandlung des Veräußerungsgewinnes nur teilweise für die Verkaufsentscheidung verantwortlich, da der Netto-Vermögenszufluss das maßgebende Entscheidungskriterium des Risikokapitalgebers bildet, so dass auch die Höhe des Veräußerungserlöses in die Betrachtung einzubeziehen ist. Die Kapitalstruktur eines Gründungsunternehmens beeinflusst dessen Wert und damit den Veräußerungserlös; da über diese allerdings keine allgemeingültigen Aussagen getroffen werden können, ist der Einfluss der Veräußerungsgewinnbesteuerung auf die Beteiligungsdauer eines Business Angels letztlich nur für einen konkreten Einzelfall ermittelbar.[3] Wird die Kapitalstruktur zum Zeitpunkt der Anteilsveräußerung jedoch als gegeben unterstellt, ist ausschließlich die steuerliche Belastung der Dividenden entscheidungsrelevant. Sofern es sich bei dem Beteiligungserwerber um eine natürliche Person handelt, ist die Gesamtsteuerbelastung von Ausschüttungen im geltenden Recht typischerweise höher als im Gründungsrecht.[4] Das bedeutet für den Veräußerungszeitpunkt, dass ein Risikokapitalgeber seine Vermögensposition bei künftig erwarteten Gewinnen durch einen späteren Verkauf der Anteile ceteris paribus verbessern kann.

---

[1] Das bedeutet im Hinblick auf die Verkaufsentscheidung, dass die beiden Steuersysteme konkurrieren.

[2] Aus entscheidungslogischen Gründen ist eine Vollausschüttung zu unterstellen, da sonst ein sinnvoller Vergleich der beiden Alternativen nicht möglich ist. Die Kaufpreis- bzw. Dividendenzahlungen sollen zeitgleich zufließen, so dass Zinseffekte nicht zu berücksichtigen sind.

[3] Dies gilt in Folge der unternehmenswertsteigernden Wirkung der Fremdfinanzierung zumindest dann, falls im Zusammenhang mit der Anteilsveräußerung die Kapitalstruktur des Gründungsunternehmens angepasst wird. Zur Bewertung der tax shields vgl. die in Abschnitt III-2.1.3.1 zitierte Literatur.

[4] Die GmbH & Co. KG ist die in der Praxis am häufigsten vorkommende „Form" von Venture Capital-Gesellschaften, vgl. Griesebach, R. (1989), S. 140. Sofern die Anteile von einer solchen Gesellschaft erworben werden, stehen hinter dieser letztlich natürliche Personen als mittelbare Investoren, weshalb grundsätzlich von einem natürlichen Anteilserwerber ausgegangen werden kann.

III-2.4 Verlustvorträge und Kapitalstruktur

Bislang wurde davon ausgegangen, dass das Gründungsunternehmen Gewinne erzielt und dementsprechend Steuerzahlungen zu leisten hat, wobei die Wirkung gewerbe- und körperschaftsteuerlicher Verlustvorträge nicht thematisiert wurde. Da jedoch davon ausgegangen werden kann, dass – gegebenenfalls über längere Zeit – Anlaufverluste erzielt werden, ist im Folgenden zu untersuchen, welchen Einfluss steuerliche Verlustvorträge auf die Finanzierungsentscheidung des Business Angels ausüben.[1] Wenngleich hinsichtlich der Entwicklung der Verlustvorträge – konkretisiert in der Frage, ob diese bis zum Systemwechsel in voller Höhe genutzt werden konnten – eine allgemeingültige Aussage nicht möglich ist, soll für die weitere Analyse zunächst von einer vollständigen Verlustverrechnung ausgegangen werden, so dass die Möglichkeit von Gewinnausschüttungen während der Gründungsphase besteht.[2]

Bevor der Einfluss gewerbe- und körperschaftsteuerlicher Verlustvorträge auf die Finanzierungsentscheidung des Risikokapitalgebers identifiziert werden kann, ist auf eine vom geltenden Ertragsteuerrecht gegebenenfalls abweichende Verlustverrechnung einzugehen.[3] Insbesondere im Zusammenhang mit jungen Unternehmen wird in der Literatur kritisiert, dass diese von der Mindestbesteuerung besonders hart getroffen werden.[4] Da die frühe Phase der Unternehmensentwicklung in der Regel durch Verluste gekennzeichnet ist und sich positive Unternehmensergebnisse erst in späteren Jahren einstellen, ist eine Ausweitung des Verlustrücktrags im Hinblick auf den Beginn der unternehmerischen Betätigung wenig zielführend, wogegen – um die Effekte der Mindestbesteuerung zu vermeiden – in der Vergangenheit erzielte Verluste von späteren Gewinnen uneingeschränkt abzugsfähig sein sollten.[5]

Dem Konzept der Entscheidungsneutralität kommt auch im Hinblick auf die Verlustverrechnung Bedeutung zu, denn eine der Voraussetzungen für Entscheidungsneutralität ist die vollständige (symmetrische) Partizipation des Fiskus an den Gewinnen und auch

---

[1] Zu den Ertragsaussichten und der idealtypischen Ertragsentwicklung von Gründungsunternehmen vgl. Abschnitt II-1.1.2.

[2] Zur Verwertung eines Verlustvortrags vgl. Olbrich, C. (1981), S. 29 ff. Zur Frage, welche Wirkungen zum Zeitpunkt des Systemwechsels vorhandene Verlustvorträge entfalten, vgl. Abschnitt III-3.1.2.

[3] Zur Mindestbesteuerung vgl. ausführlich Abschnitt II-2.1.3.1 f., zu den Folgen für die Bereitschaft zur Übernahme unternehmerischer Risiken vgl. Abschnitt III-1.2.2.1.

[4] Vgl. die in Abschnitt II-1.1.2.3 zitierte Literatur.

[5] Eine Ausweitung des Verlustrücktrags wäre jedoch dann sinnvoll, falls (auf Ebene der Gesellschafter) aus anderen Aktivitäten frühere positive Einkünfte existieren, vgl. hierzu Wosnitza, M. (2000), S. 771. Das setzt jedoch voraus, dass das Gründungsunternehmen nicht in der Rechtsform einer Kapitalgesellschaft betrieben wird, weshalb dieser Aspekt im Folgenden unberücksichtigt bleibt.

den Verlusten.[1] Falls ein vollständiger Verlustausgleich politisch nicht durchsetzbar ist, kann Entscheidungsneutralität alternativ durch das Zusammenwirken von (unbegrenztem) Verlustrücktrag und – für die damit nicht ausgleichbaren Verluste – verzinslichem Verlustvortrag erreicht werden.[2] Während sich in diesem Zusammenhang der horizontale bzw. vertikale Verlustausgleich und der intertemporale Verlustrücktrag als unkritisch herausstellen, wirkt der unverzinsliche Verlustvortrag verzerrend.[3] Um auch diesbezüglich Entscheidungsneutralität zu gewährleisten, wäre eine jährliche Verzinsung des Verlustvortrags mit dem Kalkulationszinssatz nach Steuern erforderlich. Entscheidungsneutralität ist dementsprechend nur dann gegeben, wenn die Verzinsung der Verlustvorträge mit dem individuellen Kalkulationszinssatz der Steuerpflichtigen erfolgt. In diesem Zusammenhang ist von Bedeutung, dass in der realen Welt ein für alle Steuerpflichtigen gleichermaßen geltender Kalkulationszinssatz nicht existiert.[4] Da die Gleichmäßigkeit der Besteuerung jedoch die Kodifikation eines einheitlichen Zinssatzes erfordert, würde die Verzinsung von Verlustvorträgen bei rational agierenden Steuerpflichtigen nicht zu Entscheidungsneutralität führen. Aus diesem Grund wird für die Gründungsbesteuerung (vom geltenden Recht abweichend) von einem unbegrenzten Verlustrücktrag sowohl für Zwecke der Gewerbe- als auch der Körperschaftsteuer ausgegangen und darüber hinaus von einer Anwendung der Mindestbesteuerungsvorschriften abgesehen.[5]

Der Einfluss gewerbe- und körperschaftsteuerlicher Verlustvorträge auf die Kapitalstruktur des Gründungsunternehmens könnte sich beispielsweise darin zeigen, dass die Finanzierungsentscheidung von der Überlegung getragen wird, dass der Verbrauch der Verlustvorträge bei Fremdfinanzierung durch die aufwandswirksame Berücksichtigung der Zinsen geringer ausfällt als bei der Eigenfinanzierung;[6] hierüber wirkt sich der Zins-

---

1 Vgl. Wosnitza, M. (2000), S. 770. Wird der vollständige Verlustausgleich auf Gründungsunternehmen beschränkt, hat dies eine Verzerrung der Wettbewerbsbedingungen im Vergleich zu „etablierten" (verlustträchtigen) Unternehmen zur Folge.

2 Der vollständige bzw. sofortige Verlustausgleich meint die Zahlung des Betrages „Steuersatz · negatives Einkommen" an den Steuerpflichtigen, vgl. Schneider, D. (1970), S. 71; zum Begriff der Negativsteuer vgl. Sarrazin, V. (1996), S. 305 ff. In Anbetracht der nicht unerheblichen Anlaufverluste ist die Umsetzung eines sofortigen Verlustausgleichs nicht sehr realistisch.

3 Dem intertemporalen Verlustrücktrag kommt bei Existenzgründungen keine oder nur eine untergeordnete Bedeutung zu. Der horizontale bzw. vertikale Verlustausgleich ist bei Kapitalgesellschaften nicht möglich, vgl. Heinhold, M. (1996), S. 70.

4 Hingegen entspricht bei einem vollkommenen Kapitalmarkt der Kalkulationszinssatz unter der Voraussetzung sicherer Erwartungen dem Marktzins, vgl. Perridon, L./Steiner, M. (2003), S. 86 f.

5 Ein Verlustrücktrag ist allerdings nur insoweit denkbar, als das Beteiligungsunternehmen Steuern entrichtet hat und die auf den thesaurierten Gewinnen lastenden Steuern nicht auf Grund von Gewinnausschüttungen für frühere Wirtschaftsjahre bei den Dividendenempfängern angerechnet wurden.

6 In diesem Zusammenhang kommt dem Dividendenabzug grundsätzlich keine Bedeutung zu, da in der Regel neben den steuerlichen Verlustvorträgen auch ein handelsrechtlicher Verlustvortrag existiert.

abzug positiv auf die Höhe und auch den zeitlichen Anfall der durch das Gründungsunternehmen zu leistenden Steuerzahlungen aus.[1] Wird hingegen die eingangs getroffene Annahme der vollständigen Nutzung der steuerlichen Verlustvorträge noch in der Gründungsphase berücksichtigt, lässt sich in Folge der Steueranrechnung durch die Substitution von Eigen- durch verzinsliches Fremdkapital kein absoluter Steuervorteil erzielen.[2] Auf Grund der Veräußerungsgewinnbesteuerung ist es aus steuerlicher Sicht irrelevant, ob Kapitalüberlassungsentgelte (gleich welcher Art) gezahlt oder ob die Gewinne eines Unternehmens thesauriert werden, da bezogen auf den Business Angel keine Definitivbelastung verbleibt;[3] so bewirken Zinsaufwendungen zwar eine geringere Vorbelastung, ziehen ceteris paribus jedoch eine verminderte Steueranrechnung nach sich. Demgemäß lassen sich für einen Risikokapitalgeber durch die Wahl der Finanzierungsstruktur keine Steuervorteile erzielen, was letztlich dazu führt, dass die Existenz von Verlustvorträgen prinzipiell keinen Einfluss auf die Kapitalstruktur ausübt, falls die Verlustvorträge noch während des steuerlichen Gründungszeitraums vollständig verbraucht werden.[4]

III-3 Integration

Die in der beschriebenen Form ausgestaltete steuerliche Behandlung von Gründungsfinanzierungen findet definitionsgemäß mit der Vollbeendigung des Engagements eines Business Angels ihr Ende.[5] Daher steht, im Unterschied zu den bereits im Hinblick auf die Beendigung des Gründungszeitraums diskutierten Fragestellungen, nunmehr die als „Integration" bezeichnete Überleitung des Gründungsunternehmens (Abschnitt III-3.1) und auch des Unternehmers (Abschnitt III-3.2) auf das Halbeinkünfteverfahren im Vordergrund.[6] Abschließend werden in Abschnitt III-3.3 mit der „administrativen" Integration einige Aspekte diskutiert, die insbesondere hinsichtlich der praktischen Umsetzung des Gründungsrechts von Bedeutung sind.

---

1 So mindert der Zinsaufwand die ertragsteuerlichen Bemessungsgrundlagen mit der Folge höherer Verlustvorträge, so dass die Steuern auf Unternehmensebene später und in geringerer Höhe anfallen.

2 Die Annahme impliziert, sofern keine Vollausschüttungspolitik verfolgt wird, dass auf Unternehmensebene Ertragsteuerzahlungen anfallen, die der Business Angel anteilig anrechnen kann.

3 Zur Besteuerung eines etwaigen Veräußerungsgewinns des Gründers vgl. Abschnitt III-3.2.3.

4 Allerdings sind auf Grund unterschiedlicher Zahlungszeitpunkte bzw. Steuersätze auch Zinseffekte zu berücksichtigen. Inwieweit diese die Finanzierungsentscheidung des Risikokapitalgebers beeinflussen, kann nur für einen konkreten Einzelfall beantwortet werden.

5 In Abschnitt III-1.1.2 wurde eine alternativ mögliche Beendigung durch Zeitablauf angedeutet; kommt diese zum tragen, gelten die weiteren Ausführungen für den Business Angel grundsätzlich analog.

6 Wenngleich von der Integration grundsätzlich weder der ausgeschiedene Risikokapitalgeber noch der neu eingetretene Gesellschafter betroffen sind, wird dieser Personenkreis in die Betrachtung einbezogen, soweit es für die Beurteilung integrationsbezogener Anpassungen notwendig ist.

III-3.1 Beteiligungsunternehmen

Bevor auf die einzelnen, das Beteiligungsunternehmen betreffenden integrationsbezogenen Aspekte eingegangen wird, ist zunächst zu klären, in welcher Form eine Überleitung auf das geltende Recht sinnvoll ist. Diese könnte beispielsweise dergestalt erfolgen, dass das Gründungsunternehmen in Bezug auf die vergangenheitsbezogene Steuerbelastung einem im Übrigen identischen, jedoch nicht nach Gründungsrecht besteuerten Unternehmen gleichgestellt wird. Die aus der Gründungsbesteuerung resultierenden Belastungsunterschiede könnten hierbei im Wege einer Schattenveranlagung ermittelt und im Zuge des Übergangs ausgeglichen werden.

Hierfür bestehen grundsätzlich zwei Möglichkeiten: so könnte die Steuerlastdifferenz entweder zum Zeitpunkt der Integration in voller Höhe ausgleichs- bzw. zahlungspflichtig oder aber in Form einer Übergangsregelung über einen näher zu bestimmenden Zeitraum verteilt ausgeglichen werden.[1] Sofern dieser Weg (unabhängig davon, in welcher Ausgestaltung) beschritten würde, wäre die latente Steuerzahlung oder -erstattung für jeden Veranlagungs- bzw. Erhebungszeitraum gesondert zu ermitteln und in die Finanzierungsentscheidung einzubeziehen.[2] Das bedeutet für den Fall einer steuerlastbezogenen Gleichstellung, dass die der Gründungsbesteuerung immanente Finanzierungs- und Gewinnverwendungsneutralität von den kapitalstrukturbeeinflussenden Wirkungen des Halbeinkünfteverfahrens überlagert würde, so dass eine in dieser Form ausgestaltete Integration keinen geeigneten Ansatz darstellt. Demzufolge ist im Rahmen der Integration insbesondere darauf zu achten, dass dieser „Überlagerungseffekt“ vermieden wird.

III-3.1.1 Laufende Besteuerung

Im Hinblick auf die Besteuerung der laufenden Einkünfte weicht das Gründungsrecht nur bei der hälftigen Hinzurechnung der Dauerschuldentgelte im Rahmen der Gewerbeertragsermittlung und bei den für ein laufendes Wirtschaftsjahr geleisteten Gewinnausschüttungen vom geltenden Recht ab. Ab dem Systemwechsel kommt erstmals die Vorschrift des § 8 Nr. 1 GewStG zur Anwendung. Während bis dahin die für die Darlehensgewährung des Business Angels entrichteten Fremdkapitalzinsen in voller Höhe abzugs-

[1] Im erstgenannten Fall könnte unter Umständen die (verzinsliche) Stundung des Steueranspruchs nach § 222 AO beantragt werden. Zu den Voraussetzungen der Stundung vgl. Ax, R./Große, T./Melchior, J. (2001), S. 375 ff. und Lammerding, J. (2002), S. 535 ff.

[2] Wenngleich die latente Steuerzahlung bzw. -erstattung keinen Einfluss auf die laufende Besteuerung der Gesellschaft und ihrer Anteilseigner hat, wird sich diese im Kaufpreis niederschlagen und so über den Veräußerungserlös die Finanzierungsentscheidung beeinflussen.

fähig waren, gilt dies seit diesem Zeitpunkt für gewerbesteuerliche Zwecke nicht mehr.[1] Das führt in Verbindung mit der halbeinkünftebedingten Doppelbelastung von Dividenden dazu, dass nach dem Systemwechsel die Finanzierung des Gründungsunternehmens neu zu überdenken ist.[2] Da die dem Systemwechsel vorausgehende Besteuerung der für die Kapitalüberlassung entrichteten Entgelte keine Bindungswirkung für die zukünftige Ausgestaltung der Kapitalstruktur hat, kann die Entscheidung über die Neuordnung der Unternehmensfinanzierung von dem Gründungsrecht unbeeinflusst getroffen werden, so dass die Voraussetzung für integrationsbezogene Anpassungen nicht erfüllt ist.

Im Geltungsbereich des Gründungsrechts stellen Unternehmenssteuern wirtschaftlich Vorauszahlungen auf die Einkommensteuer der Anteilseigner dar, wogegen im Halbeinkünfteverfahren Unternehmenssteuern bei dem Dividendenempfänger nicht anrechenbar sind. Die Folgen der unterschiedlichen Besteuerungskonzeptionen zeigen sich allerdings erst im Ausschüttungsfall in Gestalt der Steueranrechnung oder aber der hälftigen Nachversteuerung. Da die weitere Behandlung der auf den thesaurierten Gewinnen lastenden und (wirtschaftlich) dem Gründer zuzuordnenden Steuern das Beteiligungsunternehmen selbst nicht berührt, besteht diesbezüglich auf Unternehmensebene ebenfalls kein Handlungsbedarf.[3]

III-3.1.2 Verlustvorträge

Sofern zum Zeitpunkt des Systemwechsels keine gewerbe- bzw. körperschaftsteuerlichen Verlustvorträge vorliegen, ergeben sich diesbezüglich keine Folgewirkungen für die Zeit nach der Beendigung der Gründungsphase.[4] Dies stellt sich jedoch dann anders dar, falls der vollständige Verbrauch der Verlustvorträge während der Beteiligungsdauer des Business Angels nicht möglich ist, da in diesem Fall die Entstehung und die Nutzung der Verlustvorträge in unterschiedliche Rechtssysteme fallen. Im Hinblick auf die Notwendigkeit integrationsbezogener Anpassungen ist es deshalb erforderlich, nach der Entstehungsursache der steuerlichen Verlustvorträge zu unterscheiden.

---

1 Bis zum Systemwechsel ist eine Unterscheidung zwischen gewerbesteuerlich hinzurechnungspflichtigen bzw. nicht hinzurechnungspflichtigen Entgelten nicht notwendig, wogegen ab dem Zeitpunkt des Systemwechsels eine entsprechende Klassifizierung der Verbindlichkeiten und der Zinsaufwendungen vorzunehmen ist.

2 So kann damit gerechnet werden, dass im Halbeinkünfteverfahren der Verschuldungsgrad des Beteiligungsunternehmens steigen wird.

3 Zu der Frage, ob die im Gründungsrecht entstandene temporäre Vorbelastung durch den Systemwechsel definitiv wird oder ob deren Anrechnung auch die Person des Unternehmers betreffend geboten ist, vgl. Abschnitt III-3.2.1.

4 Vgl. hierzu ausführlich Abschnitt III-2.4.

Zunächst wird derjenige Teil der Verlustvorträge betrachtet, der nicht auf für die Kapitalüberlassung entrichtete Entgelte zurückzuführen ist (als „operativer Verlustvortrag" bezeichnet). Soweit zum Zeitpunkt des Systemwechsels Verlustvorträge vorliegen, hat das Beteiligungsunternehmen in Folge des unbegrenzten Verlustrücktrags keine Steuerzahlungen geleistet. Dies führt in Verbindung mit den (das operative Geschäftsergebnis betreffenden) in beiden Rechtssystemen identischen Gewinnermittlungsvorschriften dazu, dass die Gefahr einer möglichen Doppelbesteuerung nicht gegeben ist, weshalb das Prinzip der Einmalbesteuerung einem Übertrag der Verlustvorträge in das Halbeinkünfteverfahren nicht entgegensteht. Des Weiteren besteht im Hinblick auf die künftige Gewerbe- bzw. Körperschaftsteuerbelastung kein Tarifgefälle, so dass tarifär bedingte Belastungsdifferenzen gleichfalls nicht zu berücksichtigen sind. Das bedeutet im Ergebnis, dass hinsichtlich der operativen Verlustvorträge der Systemwechsel keinen Einfluss auf die während der Gründungsphase zu realisierende Kapitalstruktur ausübt.

Diese für operative Verlustvorträge gültige Aussage ist nicht auf denjenigen Teil der Verlustvorträge übertragbar, welcher auf Fremdkapitalvergütungen zurückzuführen ist.[1] Sofern zum Finanzierungszeitpunkt bereits absehbar ist, dass die Verlustvorträge bis zu dem geplanten Zeitpunkt der Beteiligungsveräußerung nicht vollständig genutzt werden können, weist unter sonst identischen Voraussetzungen ein (teilweise) fremdfinanziertes gegenüber einem eigenfinanzierten Unternehmen um die Zinsen höhere Verlustvorträge aus;[2] sofern aus diesem Grund fremdfinanziert wird, führt unter der Voraussetzung, dass § 8 Abs. 4 KStG bzw. § 10a Satz 6 GewStG nicht zur Anwendung kommen, der Zinsabzug ceteris paribus zu einem höheren Veräußerungserlös.[3,4] Obwohl dieser Einfluss von Fremdkapitalvergütungen auf die (potentielle) Vermögensposition des Business Angels und damit auf die während der Gründungsphase zu realisierende Kapitalstruktur nicht in der Gründungsbesteuerung, sondern ausschließlich in der unternehmenswerterhöhenden Wirkung von steuerlichen Verlustvorträgen begründet liegt, ist nachfolgend zu erörtern, ob dieser Einflussnahme systemgerecht begegnet werden kann.

---

1 Ob Fremdkapitalvergütungen geleistet werden sollten, ist – neben deren steuersystematischer Behandlung – auch von der Entscheidung des Risikokapitalgebers abhängig, ob dieser in der Gründungsphase den Zufluss laufender Kapitalüberlassungsentgelte anstrebt. Bejahendenfalls bleibt – falls Gewinnausschüttungen nicht möglich sind – letztlich nur die Fremdfinanzierung.

2 Da die Mindestbesteuerung nicht zur Anwendung kommt, ergeben sich – da keine Gewerbesteuer zu entrichten ist – mit Ausnahme des Zinsabzugs keine weiteren Auswirkungen auf die körperschaftsteuerlichen Verlustvorträge.

3 Zum Wert (gewerbe-)steuerlicher Verlustvorträge vgl. Drukarczyk, J. (1997), S. 464 ff., Peemöller, V. H. (1997), S. 303 ff. und Drukarczyk, J. (2001), S. 446 ff. mit weiteren Nachweisen.

4 Aus den in Abschnitt III-1.2.2.3 beschriebenen Gründen wäre zu erwägen, dass § 8 Abs. 4 KStG bzw. § 10a Satz 6 GewStG im Rahmen von Gründungsfinanzierungen generell keine Anwendung finden.

Ein Ansatz könnte die Anpassung der Verlustvorträge auf Unternehmensebene zum Gegenstand haben: demzufolge würden zur Vermeidung veräußerungsbedingter Fremdfinanzierungsanreize die steuerlichen Verlustvorträge im Zuge der Integration insoweit untergehen, als sie auf die Fremdkapitalvergabe durch den ausscheidenden Gesellschafter zurückzuführen sind.[1] Dabei ist jedoch zu beachten, dass der (teilweise) Untergang von Verlustvorträgen das objektive Nettoprinzip verletzt, weshalb eine Einschränkung dieses Prinzips einer besonderen Rechtfertigung bedarf.[2] Ungeachtet der Frage, ob ein aus verfassungsrechtlicher Sicht tragfähiger Rechtfertigungsgrund vorliegt, ist der Untergang von Verlustvorträgen insbesondere vor dem Hintergrund des Prinzips der Einmalbesteuerung zu betrachten. Hiernach sind während der Gründungsphase erzielte Gewinne und korrespondierend auch Verluste grundsätzlich genau einmal steuerlich zu berücksichtigen, weswegen ein Untergang von Verlustvorträgen nicht zu rechtfertigen ist.[3] Des Weiteren strahlt eine die Höhe der Verlustvorträge betreffende Korrektur mittelbar auch auf den verbleibenden Unternehmer und den neu eintretenden Gesellschafter aus.[4] Da jedoch nicht dieser Personenkreis, sondern der Business Angel über die Gestaltung der Kapitalstruktur den Veräußerungserlös zu beeinflussen sucht und ausschließlich ihm die verlustvortragsbedingte Kaufpreiserhöhung zufließt, ist nachfolgend zu untersuchen, ob statt dessen eine Korrektur auf Ebene des Anteilsveräußerers zielführend ist.

Eine solche Anpassung könnte dergestalt erfolgen, dass der Veräußerungsgewinn für steuerliche Zwecke erhöht wird, sofern dieser auf die fremdfinanzierungsbedingten Verlustvorträge entfällt.[5] Ungeachtet der damit verbundenen steuertechnischen Probleme ist dieser Ansatz gleichfalls im Hinblick auf das Prinzip der Einmalbesteuerung zu betrach-

---

1 Sofern Zinsen die Höhe der Verlustvorträge nicht beeinflussen, kommt das wirtschaftlich deren Nichtabzugsfähigkeit gleich, was aus den in Abschnitt III-2.2.2 beschriebenen Gründen jedoch abzulehnen ist. Zu den wirtschaftlichen Folgen der eingeschränkten Verlustberücksichtigung vgl. Herzig, N./Wagner, T. (2003), S. 232.

2 Diese Sichtweise hat sich zwischenzeitlich auch das Bundesverfassungsgericht zu eigen gemacht, vgl. BVerfG (1998), S. 502, BVerfG (1999), S. 162 sowie BVerfG (2002), S. 27. Zur Rechtfertigung des Nettoprinzips im Gewerbesteuerrecht vgl. Lang, J./Englisch, J. (2005), S. 14 f. sowie zum objektiven Nettoprinzip bei der Einkommensteuer jüngst Drenseck, W. (2006), S. 1 ff.

3 Die Nichtanwendung des § 8 Nr. 1 GewStG führt dazu, dass die im Gründungsrecht entstandenen gewerbesteuerlichen Verlustvorträge diejenigen eines ansonsten identischen, allerdings nach geltendem Recht besteuerten Unternehmens übersteigen. Das ist insoweit systemgerecht, als sich die in der Gründungsphase entstandenen Verluste genau einmal steuerlich auswirken sollen. Eine diesbezügliche Anpassung der Verlustvorträge hätte wirtschaftlich eine (zumindest teilweise) Mehrfachbesteuerung von Zinsen zur Folge, was den Zielsetzungen dieses Reformvorschlags widerspricht.

4 Während der Anteilserwerber das im Zusammenhang mit der Kaufpreisbestimmung antizipieren kann, würde der Gründer einen „echten“ Nachteil erleiden.

5 Im Hinblick auf die Anteilsveräußerung ist Indifferenz zwischen den Finanzierungsalternativen dann gegeben, wenn die auf die integrationsbedingte Kaufpreiserhöhung entfallende Steuer der fremdfinanzierungsbedingten Verbesserung der Netto-Vermögensposition des Verkäufers entspricht.

ten, da die Verlustvorträge während der Gründungsphase entstanden sind und daher der Veräußerungserlös insoweit dem Gründungsrecht zuzuordnen ist, als er auf die Verlustvorträge entfällt.[1] Würde der Verlustvortrag noch während der Gründungsphase genutzt, wäre eine Einmalbesteuerung der Unternehmensergebnisse gewährleistet, wogegen jede (fiktive) Erhöhung des Veräußerungsgewinns wirtschaftlich einer Mehrfachbesteuerung gleichkommt und somit vor dem Hintergrund des Prinzips der Einmalbesteuerung nicht zu rechtfertigen ist.

Demzufolge wird die Finanzierungsentscheidung von Business Angels tendenziell zu Lasten der Eigenfinanzierung beeinflusst, falls zum Zeitpunkt der Kapitalzuführung mit einem vollständigen Verbrauch der Verlustvorträge während der Gründungsphase nicht zu rechnen ist. Dieser kapitalstrukturrelevanten Wirkung des Systemwechsels kann – da sie außerhalb des Einflussbereichs der Partialreform begründet ist – mittels integrationsbezogener Modifikationen jedoch nicht systemgerecht entgegengewirkt werden.[2]

III-3.1.3 Verlustrücktrag

Der Ausstieg des Business Angels wird in der Regel zu einem Zeitpunkt erfolgen, zu dem das Beteiligungsunternehmen erhebliche zusätzliche finanzielle Mittel benötigt, um die Erschließung neuer Geschäftsfelder oder Märkte zu finanzieren.[3] Die dafür erforderlichen Sach- bzw. Immaterialinvestitionen sind vielfach mit beträchtlichen Aufwendungen und häufig auch hohen betrieblichen Verlusten verbunden. Sofern für den dem Systemwechsel vorausgehenden Veranlagungszeitraum wegen laufender Verluste oder auf Grund von Verlustvorträgen keine Steuerzahlungen entrichtet wurden, wird die Steuerveranlagung des Gründungsrechts von dem im Halbeinkünfteverfahren erzielten Verlust nicht beeinflusst. Wurden hingegen für diesen Veranlagungszeitraum Steuern entrichtet, kann sich die Steuerfestsetzung auf Grund eines systemübergreifenden Verlustrücktrags ändern; ob und inwieweit das im Rahmen der Integration zu berücksichtigen ist, wird im Weiteren diskutiert.[4]

---

[1] Die steuertechnischen Probleme manifestieren sich beispielsweise in der progressiven Ausgestaltung des Einkommensteuertarifs, da die Frage, welchem Grenzsteuersatz der fremdfinanzierungsbedingte Teil des Veräußerungsgewinns unterliegt, nicht eindeutig beantwortet werden kann.

[2] So würden Korrekturen, die sich allein auf Fremdkapitalvergütungen beziehen, gegen das Postulat der Finanzierungsneutralität verstoßen.

[3] Der Ausstieg kann beispielsweise im Rahmen eines Börsengangs erfolgen, durch welchen dem Unternehmen Wachstumskapital zufließt, das für die weitere Unternehmensentwicklung eingesetzt werden kann, vgl. Weitnauer, W. (2000), S. 283.

[4] Da für Zwecke der Gewerbesteuer ein Verlustrücktrag nicht zulässig ist, beschränken sich die folgenden Ausführungen auf den betragsmäßig beschränkten körperschaftsteuerlichen Verlustrücktrag.

In diesem Zusammenhang ist danach zu unterscheiden, welche Ausschüttungspolitik für den letzten in das Gründungsrecht fallenden Veranlagungszeitraum betrieben wurde, denn davon hängt ab, wer die Steuerzahlung geleistet hat und auf welcher Ebene gegebenenfalls Korrekturbedarf besteht. Falls sämtliche Gewinne des laufenden Wirtschaftsjahres ausgeschüttet wurden, hatte das Gründungsunternehmen keine „eigene" Steuerzahlung zu leisten.[1] Da aus diesem Grund ein Verlustrücktrag auf Unternehmensebene ausscheidet, ist kein integrationsbedingter Berichtigungsbedarf gegeben.[2] Dies gilt entsprechend, sofern zusätzlich Gewinne früherer Wirtschaftsjahre ausgeschüttet wurden, da die entsprechende Vorbelastung nicht den Veranlagungszeitraum betrifft, in welchen der Verlust zurückgetragen werden könnte.

Wurden hingegen die im Wirtschaftsjahr vor dem Systemwechsel erzielten Gewinne teilweise oder vollständig thesauriert, hat das Gründungsunternehmen Steuerzahlungen geleistet, weshalb aus Unternehmenssicht ein systemübergreifender Verlustrücktrag zu erwägen ist.[3] Auf Grund der engen Verzahnung von Unternehmens- und Veräußerungsgewinnbesteuerung beeinflusst der Verlustrücktrag über die Minderung der anrechenbaren Unternehmensteuern die Schlussbesteuerung des – zu diesem Zeitpunkt bereits ausgeschiedenen – Business Angels. Ziel der Steueranrechnung ist es, die von Gründungsunternehmen erwirtschafteten Gewinne insgesamt nur einmal zu besteuern, weshalb für eine Anrechnung der temporären Vorbelastung dann kein Raum ist, falls diese dem Unternehmen im Wege des Verlustrücktrags erstattet wird.

Aus Sicht des Anteilserwerbers ist es in Ermangelung tarifärer Belastungsdifferenzen – von Zins- und Liquiditätseffekten abgesehen – grundsätzlich irrelevant, ob der im geltenden Recht entstandene körperschaftsteuerliche Verlust mit künftigen Gewinnen verrechnet oder in den letzten Veranlagungszeitraum des Gründungsrechts zurückgetragen wird. Wird dieser Verlust vorgetragen und im Wege des Verlustabzugs genutzt, bleibt die Schlussbesteuerung des ausgeschiedenen Gesellschafters hiervon unberührt. Sofern der körperschaftsteuerliche Verlust hingegen zurückgetragen und korrespondierend die Schlussbesteuerung korrigiert wird, bedeutet das wirtschaftlich, dass die Einmalbesteue-

1 Die auf den nicht abziehbaren Betriebsausgaben lastenden Steuern wurden zwar von dem Gründungsunternehmen entrichtet, aber auf die Einkommensteuerschuld der Dividendenempfänger angerechnet, so dass diese Steuerzahlung endgültig dem Einflussbereich des Verlustrücktrags entzogen ist.

2 Entsprechendes gilt auch auf Ebene der Dividendenempfänger, da ein Verlustrücktrag die Gewinnausschüttung und deren weitergehende Behandlung bei den Anteilseignern unberührt lässt.

3 Die Vorteilhaftigkeit des systemübergreifenden körperschaftsteuerlichen Verlustrücktrags ist in Folge des unveränderten Steuertarifs nicht in endgültigen Steuerersparnissen begründet, vielmehr lassen sich hierdurch ausschließlich Zins- und Liquiditätsvorteile erzielen.

rung des Gründungsrechts durch die systembedingte Mehrfachbesteuerung des Halbeinkünfteverfahrens verdrängt wird.[1] Eine an den Verlustrücktrag gebundene Korrektur der Gründungsschlussbesteuerung stellt darüber hinaus auch einen Verstoß gegen das Prinzip der Gewinnverwendungsneutralität dar: wenngleich sich die Steuernachzahlung und -erstattung betragsmäßig entsprechen, verschlechtert sich durch den Verlustrücktrag die Vermögensposition des Business Angels.[2] Um sich von der künftigen – durch den ausgeschiedenen Anteilseigner nicht beeinflussbaren – Entwicklung des Beteiligungsunternehmens unabhängig zu machen, wäre von diesem die Vollausschüttung des im letzten Veranlagungszeitraum des Gründungsrechts erzielten Gewinns anzustreben.[3]

Somit kann festgehalten werden, dass die an den systemübergreifenden Verlustrücktrag gekoppelte Änderung der Schlussbesteuerung den systemtragenden Prinzipien und auch den grundlegenden Zielsetzungen des Gründungsrechts entgegensteht und dementsprechend abzulehnen ist.[4] Das wirft allerdings die Frage nach der Zulässigkeit des systemübergreifenden Verlustrücktrags auf, der dazu führt, dass vorläufig nicht entrichtete Steuern angerechnet werden können.[5] Auf Grund des Ausstiegs des Risikokapitalgebers und der im Halbeinkünfteverfahren realisierten Trennung der Besteuerung einer Körperschaft und ihrer Anteilseigner führt der Verlustrücktrag nicht dazu, dass die Gründungs- durch die Halbeinkünftebesteuerung ersetzt wird, da die Folgen der jeweiligen Besteuerungskonzeptionen erst auf Anteilseignerebene in Form der Steueranrechnung oder aber der Nachversteuerung gezogen werden und beides von der zeitlichen Verschiebung der Körperschaftsteuerzahlung nicht tangiert wird. Demnach führt ein systemübergreifender Verlustrücktrag nicht zu einer endgültigen Steuerbegünstigung, sondern dient vielmehr der Gleichstellung von Gründungsunternehmen mit den nach geltendem Recht besteuerten Unternehmen, weshalb der Verlustrücktrag trotz der damit verbundenen temporären Entlastungswirkung nicht versagt werden sollte.[6]

---

[1] Der „vorgezogene" Verbrauch des körperschaftsteuerlichen Verlustes entlastet in der Gründungsphase entstandene Gewinne. Werden nach dem Systemwechsel körperschaftsteuerpflichtige Gewinne erzielt, wurde der Verlust bereits verrechnet, so dass die Gründungs- durch die Halbeinkünftebesteuerung und korrespondierend die Einmal- durch die Mehrfachbesteuerung substituiert wird.

[2] Dieser hat bei einem ceteris paribus unveränderten Veräußerungserlös mangels Steueranrechnung eine höhere Veräußerungsgewinnsteuer zu entrichten.

[3] Demzufolge wäre die vorstehend beschriebene Äquivalenz von Verkaufs- und Ausschüttungslösung nicht mehr gegeben.

[4] Sofern sich hingegen die anzurechnenden Steuern in Folge einer finanzamtlichen Außenprüfung nachträglich ändern, wäre die Gründungsschlussbesteuerung zu korrigieren.

[5] Erzielt das Gründungsunternehmen in der Zukunft körperschaftsteuerliche Gewinne, resultiert hieraus keine endgültige Steuerersparnis, sondern lediglich eine temporäre Steuerentlastung.

[6] Dies könnte sich jedoch als problematisch darstellen, falls das Gründungsunternehmen nach dem Exit des Business Angels keine körperschaftsteuerlichen Gewinne mehr erzielt.

Somit werden die dem übertragenen Geschäftsanteil zuzuordnenden Gewinne genau einmal versteuert, wogegen die temporäre Vorbelastung auf Unternehmensebene durch den Wechsel auf das Halbeinkünfteverfahren insoweit definitiv zu werden droht, als die thesaurierten Gewinne dem Anteil des Unternehmers zuzuordnen sind. Inwieweit das zu integrationsbezogenem Anpassungsbedarf führt, ist im Folgenden zu diskutieren.

III-3.2 Unternehmer

Da der Unternehmer seine Anteile an dem Beteiligungsunternehmen annahmegemäß über den Zeitpunkt des Systemwechsels hinaus hält, ist auch hinsichtlich seiner Person auf die Notwendigkeit integrationsbedingter Anpassungen einzugehen, wobei insbesondere die Ausschüttung der in der Gründungsphase erzielten „Altgewinne“ zu betrachten ist. Des Weiteren ist, da sein Engagement nicht mit dem Abschluss der Gründungsphase endet, in Folge des Systemwechsels die Vorteilhaftigkeit seiner ursprünglichen, beteiligungsbezogenen Dispositionen neu zu überdenken, so dass auf diese im Zusammenhang mit der Integration (mittelbar) relevanten Aspekte ebenfalls eingegangen wird.

III-3.2.1 Ausschüttung von Altgewinnen

Hinsichtlich derjenigen thesaurierten Altgewinne, die wirtschaftlich dem Geschäftsanteil des Unternehmers zuzurechnen sind, hat der Systemwechsel prinzipiell den Wandel der hierauf lastenden temporären Vorbelastung in eine Definitivbelastung zur Folge. Wenngleich dies die Ebene des Beteiligungsunternehmens unberührt lässt, bedeutet das für den Ausschüttungsfall, dass auf Grund der hälftigen Nachversteuerung die im Gründungsrecht erzielten Unternehmensgewinne zumindest teilweise doppelt besteuert werden. Auch bei gleich bleibenden Steuertarifen steigt in der Gesamtbetrachtung von Gesellschafts- und Gesellschafterebene die kumulierte Belastung der ausgeschütteten Altgewinne nach dem Systemwechsel auf das Niveau des geltenden Rechts, was die Person des Unternehmers betreffend dazu führen wird, dass dieser die Ausschüttung sämtlicher Altgewinne unter dem Regime des Gründungsrechts anstreben wird. Da sich die Anteile des Beteiligungsunternehmens in der Regel mehrheitlich in der Hand des Unternehmers befinden und dieser die Ausschüttung gewissermaßen alleine beschließen kann, würden die Wirkungen der Veräußerungsgewinnbesteuerung weitgehend ins Leere laufen.[1]

[1] Die Veräußerungsgewinnbesteuerung dient der Gleichbehandlung von Verkaufs- und Ausschüttungslösung, um in Bezug auf den Business Angel den Einbehalt von Altgewinnen nicht zu benachteiligen.

Während die Anrechnung der auf den thesaurierten Gewinnen lastenden temporären Vorbelastung in Bezug auf den Business Angel insoweit gerechtfertigt werden kann, als diesem die einbehaltenen Gewinne in Gestalt des Veräußerungserlöses zufließen, stellt sich das bei dem Unternehmer mangels steuerpflichtiger Einkünfte anders dar, weshalb zum Zeitpunkt des Systemwechsels die der Veräußerungsgewinnbesteuerung vergleichbare Anrechnung der entrichteten Unternehmenssteuern ausscheidet. Um trotzdem eine Einmalbesteuerung der im Gründungszeitraum erwirtschafteten Unternehmensgewinne zu gewährleisten, ist nach dem Systemwechsel das geltende Recht insoweit nicht anzuwenden, als Altgewinne an den Unternehmer ausgeschüttet werden.[1]

Im Zusammenhang mit der nachträglichen Steueranrechnung stellt sich insbesondere die Problematik der Zuordnung des Anrechnungspotentials zu den ausschüttungsfähigen Gewinnen, da das Ausschüttungsverhalten nach dem Systemwechsel eng mit dieser Zuordnung verbunden ist.[2] Hierfür stehen im Wesentlichen zwei unterschiedliche Konzepte zur Verfügung: so könnte das Anrechnungspotential gegenständlich den während der Gründungsphase erwirtschafteten Altgewinnen zugeordnet werden, so dass eine Steueranrechnung nur dann möglich wäre, wenn tatsächlich Altgewinne ausgeschüttet werden („ausschüttungskongruente Anrechnung"). Wird dagegen auf eine materielle Zuordnung der temporären Vorbelastung verzichtet, ist diese auch bei einer Ausschüttung von nach dem Systemwechsel entstandenen Gewinnen anrechenbar („Sofortanrechnung").

Das erstgenannte Konzept erfordert zumindest für ein Geschäftsjahr die vollständige Ausschüttung des laufenden Gewinns, da nur dann Vorjahresgewinne ausgekehrt sowie die darauf lastenden Unternehmenssteuern angerechnet werden können.[3] Wenn der Unternehmer die Realisation des Anrechnungspotentials anstrebt, bewirkt das Konzept der ausschüttungskongruenten Anrechnung einen zusätzlichen Liquiditätsentzug mindestens in Höhe des Gewinns eines Wirtschaftsjahres.[4] Ist hingegen die Anrechnung der tempo-

---

[1] Gegebenenfalls könnte diesbezüglich eine zeitlich begrenzte Übergangsregelung erwogen werden.

[2] Die Gewinnverwendungspräferenzen des neu eingetretenen Gesellschafters werden von der Steueranrechnung nicht berührt, so dass im Folgenden ausschließlich der Unternehmer betrachtet wird.

[3] Grundsätzlich ist jedoch zu beachten, dass der Gesetzgeber dem Ergebnisverwendungsbeschluss keine inhaltlichen Grenzen gesetzt hat, vgl. Hommelhoff, P./Hartmann, U./Hillers, K. (1986), S. 325. Auch wenn die Gesellschafter nach § 29 Abs. 1 und 2 GmbHG über die Verwendung des Jahresergebnisses (als Summe aus Jahresüberschuss und Gewinnvortrag abzüglich Verlustvortrag) entscheiden und eine Verwendungsreihenfolge nicht kodifiziert wurde, wird im Weiteren davon ausgegangen, dass der Gewinnvortrag erst dann für eine Ausschüttung herangezogen wird, falls der Überschuss des laufenden Jahres hierfür nicht ausreicht.

[4] Falls nach dem Systemwechsel ebenfalls Gewinne einbehalten werden, erfordert die gegenständliche Zuordnung des Anrechnungspotentials eine Verbrauchsfolgefiktion hinsichtlich der Ausschüttung thesaurierter Gewinne, da von dieser (fiktiven) Verwendungsreihenfolge der Umfang des über die laufende Ausschüttung hinausgehenden Liquiditätsentzugs anhängt.

rären Vorbelastung nicht davon abhängig, in welchem Steuersystem die ausgeschütteten Gewinne entstanden sind, beeinflusst die Gründungsbesteuerung das Ausschüttungsverhalten nach dem Systemwechsel in geringst möglichem Umfang.[1] Da bei dem Konzept der Sofortanrechnung dem Unternehmen auf Grund des für die Realisation des Anrechnungspotentials erforderlichen Ausschüttungsvolumens am Wenigsten der häufig dringend benötigten finanziellen Mittel entzogen werden, sollte diesem Konzept der Vorzug eingeräumt werden.[2]

III-3.2.2 Laufende Besteuerung

Im Hinblick auf die Kapitalausstattung des Beteiligungsunternehmens wurde bislang davon ausgegangen, dass sich der Unternehmer diesbezüglich nicht refinanzieren musste. Wird diese Annahme aufgegeben und die verzinsliche Darlehensaufnahme in die Betrachtung einbezogen, sind die dafür zu entrichtenden Zinsen nach dem Systemwechsel nur noch zur Hälfte als Werbungskosten abzugsfähig, was sich in einer – gegebenenfalls deutlichen – Minderung der für den Gründer verfügbaren finanziellen Mittel äußert.[3] Da die Refinanzierung der Eigenkapitalausstattung einer Kapitalgesellschaft mittels Fremdkapital aus steuerlicher Sicht prinzipiell nachteilig ist, bringt der Systemwechsel für den Gründer in diesem Fall erheblichen Handlungsbedarf mit sich.[4]

Sofern auf Ebene des Unternehmers beteiligungsbezogene (laufende) Aufwendungen vorliegen, kommt das hälftige Abzugsverbot unabhängig davon zur Anwendung, ob und in welcher Höhe in einem Veranlagungszeitraum Dividenden ausgeschüttet werden, so dass der Halbabzug nicht durch die Ausschüttungspolitik des Unternehmens beeinflusst werden kann.[5] Dementsprechend bleibt als Gestaltungsmittel lediglich, dem Halbabzug unterfallende Ausgaben weitestgehend zu vermeiden;[6] das bedeutet für die hier betrachteten Refinanzierungsaufwendungen, dass die zeitnahe Tilgung des Darlehens anzustreben ist. Verfügt der Unternehmer nicht über die hierfür erforderlichen finanziellen Mit-

---

1 Da im geltenden Recht die Thesaurierung von Gewinnen gegenüber deren Ausschüttung grundsätzlich vorteilhaft ist, kommt diesem Aspekt besondere Bedeutung zu.

2 Das ermöglicht die zeitnahe Nutzung des Anrechnungspotentials durch den Unternehmer, der die ausgeschütteten Mittel über das Schütt-aus-hol-zurück-Verfahren wieder zurückführen könnte.

3 Da Dividenden im Gründungsrecht vollumfänglich die einkommensteuerliche Bemessungsgrundlage des Unternehmers erhöhen, sind die den Einkünften aus Kapitalvermögen zuzurechnenden Werbungskosten vor dem Systemwechsel in voller Höhe steuermindernd zu berücksichtigen.

4 Vgl. hierzu Scheffler, W. (2000), S. 2449 und Abschnitt II-3.2.2.2.

5 Zu der Bedeutung der Unterscheidung von laufenden und einmaligen Beteiligungsaufwendungen vgl. Hundsdoerfer, J. (2001), S. 2242 f.

6 Vgl. Scheipers, T./Schulz, A. (2000), S. 127.

tel, ist entweder die Ausschüttung von Dividenden oder aber die Erhöhung seiner Tätigkeitsvergütung zu erwägen.[1]

Da der Eintritt des neuen Gesellschafters oftmals mit einem erheblichen Investitionsbedarf auf Unternehmensebene einhergeht, ist der sich unmittelbar an den Systemwechsel anschließenden Ausschüttung der Altgewinne ein eher geringes Gewicht beizumessen, wogegen der Tätigkeitsvergütung in diesem Zusammenhang besondere Bedeutung zukommt. Grundsätzlich kann festgehalten werden, dass im Rahmen des Übergangs auf das Halbeinkünfteverfahren die (schuldrechtlichen) Vertragsbeziehungen zu überprüfen und unter Umständen anzupassen sind, da im geltenden Recht Geschäftsführervergütungen die steuerlich günstigste Form des Gewinntransfers an die Anteilseigner darstellen.[2] Sofern eine Erhöhung des Tätigkeitsentgelts nicht durchsetzbar ist oder bei dieser Variante die Ablösung des Darlehens einen zu langen Zeitraum in Anspruch nehmen würde, ist im Vorgriff auf den Halbabzug die (zumindest teilweise) Ausschüttung der Gewinne noch vor dem Systemwechsel anzustreben. Das bedeutet, dass das Halbeinkünfteverfahren das Ausschüttungsverhalten in der Gründungsphase beeinflusst, falls sich der Unternehmer verzinslich refinanziert hat. Dieser rückwirkende Einfluss des Halbabzugs liegt nicht in der Gründungsbesteuerung, sondern ausschließlich im Halbeinkünfteverfahren begründet und entzieht sich damit dem Anwendungsbereich der Integration.[3] Nach dem Systemwechsel kann das Gründungsrecht diesem steuerbedingten Liquiditätsentzug nur insoweit entgegenwirken, als über die Sofortanrechnung der Abfluss an Zahlungsmitteln so gering als möglich gehalten wird.

III-3.2.3 Beendigung der Beteiligung

Neben den durch die Gehaltszahlungen erworbenen Rentenansprüchen liefert in aller Regel die Veräußerung der Beteiligung einen nicht unerheblichen Beitrag zu der Altersversorgung des Gründers, so dass davon auszugehen ist, dass sich dieser zu irgendeinem späteren Zeitpunkt entgeltlich von der Beteiligung trennen wird.[4] Aus diesem Grund ist

[1] Annahmegemäß hat der Gründer neben seinem Gehalt und Ausschüttungen keine weiteren Einkunftsquellen, vgl. Abschnitt I-3.1.1.2.

[2] Vgl. Scheipers, T./Schulz, A. (2000), S. 125 und auch Abschnitt II-2.2.2.3.

[3] Ein entsprechender rückwirkender Einfluss des Halbeinkünfteverfahrens auf die schuldrechtliche Vertragsgestaltung zwischen dem Gründungsunternehmen und seinen Anteilseignern ist nicht gegeben, da sich vor dem Systemwechsel hierdurch keine Steuervorteile erzielen lassen, die nach dem Wechsel auf das geltende Recht nicht mehr möglich sind.

[4] Eine Beendigung ohne Veräußerung der Beteiligung bzw. Liquidation des Unternehmens wäre in dem nachfolgend nicht berücksichtigten Fall der Anteilsübertragung im Rahmen der (vorweggenommenen) Erbfolge gegeben.

nunmehr auf die Frage einzugehen, ob im Hinblick auf die Veräußerung der Beteiligung durch den Unternehmer etwaige Folgewirkungen der Gründungsbesteuerung zu berücksichtigen sind. Des Weiteren ist in diesem Zusammenhang von Interesse, ob im Rahmen der liquidationsbedingten Auflösung des Beteiligungsunternehmens das Gründungsrecht noch Steuerwirkungen entfaltet, die ebenfalls in die Betrachtung einzubeziehen sind.

Zunächst wird der „Regelfall" der steuerpflichtigen Veräußerung des Unternehmensanteils betrachtet.[1] Der erste in diesem Zusammenhang zu berücksichtigende Aspekt betrifft die Anschaffungskosten des Unternehmers. Diese sind nur zur Hälfte abzugsfähig, allerdings ist der hierauf entfallende Kaufpreisanteil ebenfalls nur zur Hälfte zu versteuern, so dass sich hinsichtlich des auf das Stimmrechtskapital entfallenden Teils des Veräußerungserlöses keine Besonderheiten ergeben.[2] Etwas anderes gilt aber für die durch den Unternehmer geleisteten Anschaffungsnebenkosten, da diese im Allgemeinen nicht vergütet werden.[3] Da der Veräußerungsvorgang insgesamt unter die Bestimmungen des Halbeinkünfteverfahrens fällt, ist dem grundlegenden Prinzip, dass sich Anschaffungskosten erst im Veräußerungszeitpunkt steuermindernd auswirken, auch im Hinblick auf die Anschaffungsnebenkosten Rechnung zu tragen.[4] Im Vergleich zum Gründungsrecht stellt dies zwar eine Verschlechterung der Vermögensposition des Unternehmers dar, jedoch ist hinsichtlich der Anschaffungsnebenkosten eine (auch teilweise) Durchbrechung des Halbeinkünfteverfahrens nicht zu rechtfertigen. So haben Anschaffungsnebenkosten keinen unmittelbaren Bezug zu den während der steuerlichen Gründungsphase erzielten Unternehmensgewinnen, weshalb deren Aufspaltung auf die beiden Rechtssysteme willkürfrei nicht möglich ist.

Ein weiterer im Zusammenhang mit dem Verkauf der Beteiligung des Unternehmers zu berücksichtigender Aspekt betrifft die im Gründungsrecht erzielten Altgewinne, falls diese (trotz Sofortanrechnung) nach dem Systemwechsel nicht vollständig ausgeschüttet wurden.[5] Die halbeinkünftekonforme Behandlung des Veräußerungsvorganges hätte zur

---

1 In dem hier betrachteten Fall kann grundsätzlich von einer Steuerpflicht des Veräußerungsergebnisses nach § 17 EStG ausgegangen werden.

2 Vgl. hierzu auch Abschnitt III-2.3 betreffend die Anteilsveräußerung des Business Angels.

3 Die von einem Anteilsveräußerer getragenen Anschaffungsnebenkosten lassen den Unternehmenswert (und dementsprechend den Veräußerungserlös) unberührt und wirken sich nur bei der Ermittlung des Veräußerungsgewinns aus.

4 Dieses Prinzip wird unter anderem in dem durch das ProtErklG eingefügten § 8b Abs. 2 Satz 2 KStG deutlich, der (für Kapitalgesellschaften) ausdrücklich bestimmt, dass Veräußerungsgewinn der Betrag ist, um den der Veräußerungserlös den im Zeitpunkt der Veräußerung steuerrechtlich maßgebenden Wert der Anteile übersteigt.

5 Wenn im Folgenden nicht ausgeschüttete Altgewinne angesprochen sind, bezeichnet das die Situation, dass der Unternehmer sein Anrechnungspotential nicht vollständig genutzt hat.

Folge, dass dem Unternehmer das verbliebene Anrechnungspotential verloren ginge und die Hälfte des auf die Altgewinne entfallenden Veräußerungserlöses zu versteuern wäre. Dies zu vermeiden ist nur möglich, indem vor der Beteiligungsveräußerung sämtliche Altgewinne ausgeschüttet werden. Andererseits könnte auch eine (an die Veräußerungsgewinnbesteuerung des Business Angels angelehnte) Anrechnung der Vorbelastung erwogen werden.[1] So werden durch das Konzept der nachträglichen Steueranrechnung im Gründungsrecht erzielte und später ausgeschüttete Altgewinne auch nach dem Systemwechsel gründungsrechtskonform besteuert. Wird hingegen auf eine Ausschüttung verzichtet, werden dem Unternehmer die nicht ausgeschütteten Altgewinne in Gestalt eines höheren Veräußerungserlöses vergütet. Da sich Verkaufs- und Ausschüttungslösung als wirtschaftlich gleichwertige Ereignisse darstellen, sollten dementsprechend beide Alternativen auch gleichwertige steuerliche Konsequenzen auslösen. Für den Regelfall kann somit festgehalten werden, dass diesbezüglich die partielle Durchbrechung des Halbeinkünfteverfahrens gerechtfertig werden kann mit der Folge, dass die dem Anteil des Unternehmers zuzurechnenden und im Gründungsrecht erwirtschafteten Unternehmensgewinne letztlich nur einmal besteuert werden. Da die Nutzung des Anrechnungspotentials nicht an die Ausschüttung – sondern nur an die Realisation – der Altgewinne gebunden ist, können einbehaltene Gewinne auf Unternehmensebene investiert werden, ohne dass dies steuerliche Nachteile für den Gründer bzw. den Business Angel nach sich zieht.

Der letzte für die Person des Unternehmers bedeutsame Aspekt betrifft den „Sonderfall" der Unternehmensliquidation, welcher den Steuertatbestand des § 17 Abs. 4 EStG erfüllt, sofern die Beteiligungsquote des Unternehmers die Wesentlichkeitsgrenze übersteigt.[2] Hiernach ist die Auflösung einer Kapitalgesellschaft einer Veräußerung gleichgestellt, soweit die Auskehrung des Vermögens bei den Gesellschaftern keine Einkünfte aus Kapitalvermögen begründet.[3] Für die durch den Unternehmer entrichteten Anschaffungsnebenkosten bedeutet das, dass diese zur Hälfte abzugsfähig sind, soweit die Auskehrung auf die Kapitalrückzahlung entfällt, wogegen die Auskehrung von Altgewinnen wie eine Ausschüttung den vorgenannten Grundsätzen folgend zu behandeln ist.

---

[1] Wurde die hierfür erforderliche (teilweise) Durchbrechung des geltenden Rechts in Bezug auf die Anschaffungsnebenkosten noch abgelehnt, ist hinsichtlich der temporären Vorbelastung der unmittelbare wirtschaftliche Zusammenhang mit den im Gründungszeitraum erwirtschafteten Unternehmensgewinnen gegeben.

[2] Vgl. zu dieser „Exit"-Möglichkeit ausführlich Abschnitt II-3.2.3 sowie die dort angegebene Literatur. Auf Unternehmensebene sind im Zusammenhang mit der Liquidation keine Besonderheiten zu beachten, da einzig einbehaltene Altgewinne einen Anknüpfungspunkt bilden könnten, deren Ausschüttung sich auf den Abwicklungsgewinn der Kapitalgesellschaft aber nicht auswirkt.

[3] Vgl. Schmidt, L. (2004), § 17, Rz. 210 f.

III-3.3 Administrative Integration

Unter dem Oberbegriff der „administrativen Integration“ sollen im Folgenden diejenigen Problembereiche angesprochen werden, die neben der materiell-rechtlichen Integration zu beachten sind. Diese umfassen zum einen den aus Sicht der Finanzverwaltung sowie der Steuerpflichtigen gleichermaßen bedeutsamen Aspekt der Praktikabilität des Entwurfs im Hinblick auf die Steuerdeklaration bzw. -festsetzung (Abschnitt III-3.3.1).[1] Zum anderen ist zu berücksichtigen, dass die von dem Beteiligungsunternehmen zu entrichtenden Steuern maßgeblich von der Gewinnverwendungspolitik (im engeren Sinne) abhängen; welche jahresabschlussrelevanten Auswirkungen das nach sich zieht, wird in Abschnitt III-3.3.2 thematisiert.

III-3.3.1 Steuerdeklaration und -festsetzung

Die Auswirkungen neuer steuerlicher Regelungen sind immer von zwei Seiten zu betrachten: in einem ersten Schritt sind die Steuerpflichtigen zur Abgabe von Steuererklärungen verpflichtet.[2] An die Abgabe der Steuererklärung schließt sich die Veranlagung an, wobei die Steuern von den Finanzbehörden nach Maßgabe der Gesetze festzusetzen sind.[3] Des Weiteren ist im Zusammenhang mit der Steuerdeklaration bzw. -veranlagung von zentraler Bedeutung, wie sich das Gründungsrecht prinzipiell auf die Besteuerungspraxis auswirken würde, worauf ebenfalls einzugehen ist.

Eingangs wurde dargelegt, dass der Aspekt der Umsetzbarkeit ein zentrales Anliegen der angeregten Besteuerungskonzeption bildet, was sich insbesondere in der weitgehend unveränderten Beibehaltung der geltenden steuerlichen Gewinnermittlungsvorschriften zeigt. Wie die Ausführungen verdeutlicht haben, bewirkt eine konsequente Umsetzung der Einmalbesteuerung eine vom geltenden Recht in wesentlichen Punkten abweichende Zins- und Dividendenbesteuerung. Wenngleich sich die Berechnung der für eine zutreffende Veranlagung erforderlichen Rechengrößen als vergleichsweise komplex darstellt, steigt der für die Steuerdeklaration zu betreibende Aufwand nur unwesentlich, da sämt-

---

[1] Das Merkmal der Praktikabilität des Steuerrechts konkretisiert sich aus Sicht der Betriebswirtschaftslehre in zwei Dimensionen: der Anwendbarkeit einerseits und der Zweckdienlichkeit andererseits, vgl. Herzig, N. (2000), S. 1864. Im Folgenden wird im Hinblick auf die Praktikabilität ausschließlich der Aspekt der Anwendbarkeit betrachtet.

[2] So stellt die Abgabe einer ordnungsgemäßen, vollständigen und richtigen Steuererklärung die bedeutsamste Pflicht eines Steuerpflichtigen dar, vgl. Lammerding, J. (2002), S. 177.

[3] Das Ermittlungsverfahren und das Steuerfestsetzungsverfahren bilden zusammen das Veranlagungsverfahren, vgl. Friemel, R./Schiml, K. (2001), S. 86. Zu der Forderung, das Besteuerungsverfahren in die Betriebswirtschaftliche Steuerlehre einzubeziehen, vgl. Breithecker, V. (2002), S. 326 ff.

liche Ausgangsgrößen ohnehin zu ermitteln sind und im Gründungsrecht nur eine wie in den Abschnitten III-2.2.3.1 bzw. III-2.2.3.2 beschriebene Weiterverarbeitung dieser Daten vorzunehmen ist;[1] diesem Mehraufwand stehen jedoch (insbesondere im Bereich der Fremdfinanzierung) auch „erklärungstechnische" Vereinfachungen gegenüber.[2]

Schließlich ist, sofern das Beteiligungsunternehmen Kapitalüberlassungsentgelte entrichtet, den die Entgelte empfangenden Anteilseignern mitzuteilen, in welcher Höhe die zugeflossenen Entgelte für Steuerzwecke zu korrigieren sind und in welchem Umfang die von dem Unternehmen bereits entrichteten Steuern anrechenbar sind. Veranlagungstechnisch könnte das mittels einer Bescheinigung erfolgen, was auf Unternehmensebene allerdings einen zusätzlichen Aufwand bedeutet, da eine solche Bescheinigung auch für Fremdkapitalzinsen zu erteilen wäre, wogegen im geltenden Recht Bescheinigungen nur im Zusammenhang mit Ausschüttungen auszustellen sind.[3] In Folge des überschaubaren Anteilseignerkreises sollte sich der damit verbundene Mehraufwand jedoch in vertretbaren Grenzen halten. Falls diese Vorarbeiten durch das Gründungsunternehmen geleistet wurden, sind in der Einkommensteuererklärung der Anteilseigner nicht die Kapitalüberlassungsentgelte, sondern die Werte gemäß Bescheinigung anzusetzen;[4] hierbei handelt es sich lediglich um einen Übertragungsvorgang, was die Erstellung der Steuererklärung vereinfacht und darüber hinaus eine korrespondierende steuerliche Erfassung der für die Kapitalüberlassung geleisteten Entgelte auf Unternehmens- und Gesellschafterebene gewährleisten sollte.[5] Ein in dieser Form ausgestaltetes Gründungsrecht ermöglicht relativ unkompliziert eine ordnungsgemäße Steuerdeklaration und wird – zumindest soweit die Steuerpflichtigen betroffen sind – der im Hinblick auf eine mögliche Implementierung eingangs formulierten Forderung nach Praktikabilität gerecht.[6]

---

[1] Die im Vergleich zum geltenden Recht zusätzlich benötigten Informationen – beispielsweise die Höhe der maximal möglichen Entgelte oder die steuerbedingte Dividendenänderung – können grundsätzlich ohne steuerrechtliche Würdigung der Sachverhalte durch weitgehend „mechanische" Rechenvorgänge ermittelt werden.

[2] Eine wesentliche Vereinfachung betrifft die Behandlung der Zinsen in den Steuererklärungen, da die Aussonderung von Dauerschuldentgelten entfällt und die „8-Tage-Regel" bei laufenden Kontokorrentschulden (Abschn. 45 Abs. 7 Satz 9 GewStR) vernachlässigt werden kann.

[3] So ist im geltenden Recht eine Kapitalgesellschaft beispielsweise dazu verpflichtet, ihren Gesellschaftern diejenigen Leistungen nach amtlich vorgeschriebenem Vordruck zu bescheinigen, die als Abgang auf dem steuerlichen Einlagekonto zu berücksichtigen sind (§ 27 Abs. 3 KStG).

[4] Dies entspricht prinzipiell der bereits im Geltungsbereich des körperschaftsteuerlichen Anrechnungsverfahrens praktizierten Vorgehensweise, die sich in der Praxis bewährt hat.

[5] Eine weitere, im Hinblick auf die Erstellung der Steuererklärung bedeutsame Vereinfachung resultiert aus der mit der vollen steuerlichen Erfassung der Gewinnausschüttungen verbundenen Unbeachtlichkeit des § 3c Abs. 2 EStG. Zur Wirtschaftlichkeit des geltenden Einkommensteuerrechts aus der Sicht der Steuerberatung vgl. Heinhold, M. (2004), S. 449 ff.

[6] Zu einer möglichen Reform des Veranlagungsverfahrens vgl. Seer, R. (2005), S. 53 ff.

Wie sich die Gründungsbesteuerung auf das Veranlagungsverfahren auswirkt, ist die zweite Seite der zu betrachtenden Medaille. Sofern die Besteuerung der Kapitalgeber an die (mit der Einkommensteuererklärung einzureichende) Bescheinigung gekoppelt wird, erscheint es zweckmäßig, die Richtigkeit der bescheinigten Werte zu überprüfen. Dabei bietet es sich an, die für die Bescheinigung maßgebenden Werte in der Steuererklärung des Gründungsunternehmens der zuständigen Finanzbehörde offen zu legen, welche die zu bescheinigenden Werte entweder in einem für die Steuerveranlagung der Kapitalgeber maßgebenden Grundlagenbescheid verarbeitet oder diese dem jeweiligen Wohnsitzfinanzamt (beispielsweise durch eine Kontrollmitteilung) zugänglich macht.[1] So könnte die korrespondierende Besteuerung der für die Kapitalüberlassung entrichteten Entgelte sowie die korrekte Ermittlung der auf Anteilseignerebene anrechenbaren Steuern bereits im Veranlagungsverfahren durch die Finanzbehörden überprüft werden.

Im Hinblick auf die Steuerdeklarationstätigkeit kann eine eindeutige Aussage, ob die Gründungsbesteuerung im Vergleich zum Halbeinkünfteverfahren „einfacher" ist, nicht getroffen werden.[2] Durch die relativ enge Verzahnung der Besteuerung des Gründungsunternehmens und seiner gesellschaftsrechtlich verbundenen Kapitalgeber steigt jedenfalls die Veranlagungskomplexität im Vergleich zum Status Quo.[3] Mit dem beschriebenen Bescheinigungsverfahren wurde jedoch eine Möglichkeit aufgezeigt, wie trotzdem eine in sich geschlossene Veranlagung der von der Gründungsfinanzierungsbesteuerung berührten Steuersubjekte erreicht werden kann. Ein weiterer Vorteil dieses Verfahrens ist darin begründet, dass die Ermittlung der steuerlich relevanten Werte „in einer Hand" liegt, was das in dem (unkoordinierten) Zusammenwirken mehrerer Personen liegende Fehlerpotential ausschließt. Da die Ermittlung dieser Werte frei von individuellen Würdigungen objektiv nachprüfbar ist, wird eine fehlerfreie Gesetzesanwendung sowohl für die Steuerpflichtigen wie auch für die Finanzverwaltung erleichtert.[4]

---

1 Eine Überprüfung der für die jeweiligen Bescheinigungen maßgebenden Werte durch die Finanzämter könnte anhand des Jahresabschlusses und der Vorjahresveranlagung erfolgen, so dass sich der von behördlicher Seite zu betreibende Prüfungsaufwand in Grenzen hält.

2 Zum Begriff der Steuervereinfachung vgl. Maiterth, R. (2000), S. 508 und zur Frage der Steuervereinfachung bei entscheidungsneutralen Steuersystemen vgl. Wagner, F. W. (2005), S. 93 ff.

3 Die Komplexität eines Steuersystems stellt per se kein unüberwindbares Hindernis für dessen Umsetzung dar. So war auch das körperschaftsteuerliche Anrechnungsverfahren kompliziert, hat jedoch in der Praxis kaum zu Auseinandersetzungen zwischen der Steuerverwaltung und den Steuerpflichtigen geführt, vgl. Unvericht, W. (2000), S. 797.

4 Im Zusammenhang mit der Veranlagung ist neben der Anwendung der Gesetze auch deren Auslegung von zentraler Bedeutung. Der Entwurf wirkt diesbezüglich insoweit „vereinfachend", da sich in vielen Fällen unterschiedliche Auffassungen nicht mehr in der Höhe der Steuerbelastung niederschlagen. So kommt beispielsweise der Frage keine Bedeutung zu, ob es sich bei den Fremdkapitalvergütungen um Dauerschuldentgelte im Sinne des § 8 Nr. 1 GewStG handelt.

In der Besteuerungspraxis ist – insbesondere bei finanzamtlichen Außenprüfungen – die Frage der Angemessenheit schuldrechtlicher Leistungsbeziehungen zwischen Unternehmen und Gesellschafter oftmals Gegenstand von Diskussionen.[1] Diesem potentiellen Streitpunkt kommt im Gründungsrecht keine bestimmende Bedeutung mehr zu, da Leistungsbeziehungen in der Gesamtschau von Gesellschaft und Anteilseigner grundsätzlich unterschiedslos besteuert werden.[2] Dementsprechend wurde zahlreichen (im geltenden Recht bedeutsamen) Zweifels- bzw. Auslegungsfragen die Diskussionsgrundlage entzogen.[3] Aus diesem Grund ist damit zu rechnen, dass sich die ertragsteuerlichen Betriebsprüfungsfeststellungen vorwiegend auf steuerbilanzielle Gewinnunterschiede beschränken werden, die jedoch die Vermögensposition der Gesellschafter über die Totalperiode – das heißt von ihrer Bildung bis hin zu ihrer (systemübergreifenden) Auflösung – nicht beeinflussen.[4] Das wiederum bedeutet für die Kapitalgeber, dass die Wahrscheinlichkeit betriebsprüfungsbedingter Steuernachzahlungen sinkt bzw. dass die im Vorfeld geplante steuerliche Belastung ihres Engagements weniger unsicherheitsbehaftet ist.[5] Somit kann festgehalten werden, dass Steuerplanung sowie (endgültige) Steuerfestsetzung näher zusammenrücken, was ebenfalls für die Praktikabilität des Entwurfs spricht.

Des Weiteren sind die von den beteiligten Parteien zu erbringenden Steuervorauszahlungen zu betrachten, welche grundsätzlich auf Basis der für das abgelaufene Steuerjahr festgesetzten Steuerschuld ermittelt werden. Dabei ist bedeutsam, dass die Steuerschuld der jeweiligen Steuersubjekte maßgeblich von der Ausschüttungspolitik bestimmt wird, so dass in Abhängigkeit hiervon die Vorauszahlungen (in erheblichem Umfang) von der später festzusetzenden Steuerschuld abweichen können.[6] Dieser ausschüttungsbedingten

---

1 Zu der Problematik, dass im geltenden Recht nachträglich festgestellte verdeckte Gewinnausschüttungen ungerechtfertigte Zusatzbelastungen nach sich ziehen, vgl. DWS-Institut (2005), S. 989 ff.

2 Leistungsvergütungen werden wie die Kapitalüberlassungsentgelte mit der persönlichen Einkommensteuer der Zahlungsempfänger belastet, erfahren jedoch keine Anpassungen bezüglich ihrer Höhe und berechtigen auch nicht zur Steueranrechnung.

3 So können im Geltungsbereich des Gründungsrechts die Frage nach dem angemessenen Fremdkapitalzinssatz oder die im Zusammenhang mit der Vorschrift des § 3c Abs. 2 EStG relevanten Zuordnungs- und Qualifikationsprobleme weitgehend vernachlässigt werden; vgl. zu dem letztgenannten Problembereich auch Crezelius, G. (2001), S. 227.

4 Um eine systemübergreifende Neutralität von Steuerbilanzabweichungen zu gewährleisten, ist die Bemessungsgrundlage der Anteilseigner um die steuerbedingte Dividendenminderung zu erhöhen, wobei nur die um die steuerbilanziell bedingte Mehrbelastung geminderte Dividendenänderung anzurechnen ist. Damit beeinflussen steuerbilanzielle Unterschiedsbeträge das Einkommen der Anteilseigner lediglich temporär über eine zunächst geringere Ausschüttung, nicht jedoch in der Totalperiode.

5 Gerade im Hinblick auf den zweitgenannten Punkt sind in den letzten Jahren die Folgen abnehmender Praktikabilität des Steuerrechts zu spüren, vgl. Herzig, N. (2000), S. 1864.

6 Etwaige Differenzbeträge zwischen den Vorauszahlungen und der Steuerschuld sollten steuersubjektbezogen ausgeglichen werden, um eine vorauszahlungsbedingte Beeinflussung der Steueranrechnung zu vermeiden.

Steuerlastverschiebung zwischen den verschiedenen Steuersubjekten kann durch einen rechtzeitig gestellten Antrag auf Erhöhung bzw. Herabsetzung der Vorauszahlungen begegnet werden.[1] Ein solcher Antrag erfordert jedoch die Kenntnis der voraussichtlichen Ausschüttungen, was Gegenstand des folgenden Abschnittes ist.[2]

III-3.3.2 Jahresabschlussrelevante Aspekte

Der Systemdualismus von Abzugs- und Anrechnungsverfahren bewirkt, dass die Ertragsteuerbelastung und infolgedessen auch der handelsrechtliche Ergebnisausweis von der Ausschüttungspolitik gleichermaßen beeinflusst werden. Da die Ergebnisermittlung und die Ergebnisverwendung wechselseitig voneinander abhängen, schlägt sich die Abzugsfähigkeit der Gewinnausschüttungen im Jahresabschluss (neben dem im Folgenden nicht zu behandelnden Eigenkapitalausweis) in zwei Positionen nieder:[3] so erfordert der zutreffende Ausweis der Steuern vom Einkommen und vom Ertrag, dass zum Zeitpunkt der Jahresabschlusserstellung feststeht, in welcher Höhe der Gewinn des laufenden Geschäftsjahres an die Anteilseigner ausgeschüttet werden soll.[4] Der Gründer hat in seiner Eigenschaft als Geschäftsführer den Jahresabschluss des Unternehmens innerhalb der in § 264 Abs. 1 Satz 2 und 3 HGB bestimmten Fristen aufzustellen und der Gesellschafterversammlung zur Feststellung vorzulegen (§ 42a Abs. 1 Satz 1 GmbHG). Nach Vorlage des Jahresabschlusses beschließen die Gesellschafter über dessen Feststellung sowie die Ergebnisverwendung.[5] Die Beschlüsse sind eigenständig und damit gesondert zu fassen, wobei die endgültige Entscheidung über die Höhe der auszuschüttenden Dividende dem

---

1 Ein hier nicht zu vertiefendes Problem betrifft die Verschiebung der Gesamtsteuerbelastung innerhalb der Ertragsteuern, was sich insoweit als problematisch darstellen könnte, als das Aufkommen der Gewerbesteuer überwiegend den Gemeinden zusteht, wogegen die Ertragshoheit betreffend die Einkommen- und Körperschaftsteuer im Wesentlichen bei Bund und Ländern liegt. Dem könnte dadurch begegnet werden, dass das Umlageverfahren um eine gründungsrechtspezifische Komponente erweitert wird oder indem der Gesetzgeber von der in Art. 106 Abs. 5 Satz 3 GG kodifizierten Ermächtigung Gebrach macht, ein Gesetz zu erlassen, das es den Gemeinden (für den Fall der Ausschüttung laufender Gewinne) ermöglicht, Hebesätze für den Gemeindeanteil am Aufkommen der Einkommensteuer festzusetzen.

2 Werden die Vorauszahlungen absichtlich in zu niedriger Höhe beantragt, setzt sich ein Steuerpflichtiger gegebenenfalls dem Vorwurf der Steuerhinterziehung (§ 370 AO) aus; vgl. dazu ausführlich Dürn, H. (1998), S. 494 ff.

3 Was unter Ergebnisverwendung zu verstehen ist, ist im Gesetz nicht näher bestimmt, eine solche liegt jedoch vor, wenn es sich um einen Vorgang handelt, welcher anlässlich der Jahresabschlusserstellung zu berücksichtigen ist, indem bestimmte Maßnahmen zur Weiterentwicklung der Bilanzposition „Jahresüberschuss/-fehlbetrag" führen, vgl. Adler, H./Düring, W./Schmaltz, K. (1997), § 268, Rn. 15.

4 Das ähnelt der aus dem Anrechnungsverfahren bekannten Situation, da auch bei diesem Steuersystem die Ertragsteuerbelastung einer Kapitalgesellschaft von der Ergebnisverwendung beeinflusst wurde.

5 Die Ergebnisverwendung stimmt in diesem Zusammenhang nur teilweise mit dem entsprechenden Begriff des Bilanzrechts überein, vgl. Baumbach, A./Hueck, A. (2006), § 29, Rz. 7. Zum Meinungsstand hinsichtlich der Wahlrechtsausübung nach § 268 Abs. 1 HGB vgl. Coenenberg, A. G. (2005), S. 328.

Ergebnisverwendungsbeschluss vorbehalten ist.[1] Gleichwohl können die Beschlüsse im Geltungsbereich des Gründungsrechts nicht unabhängig voneinander getroffen werden, sondern sind auf Grund der Abhängigkeit der Ergebnisermittlung von der -verwendung et vice versa aufeinander abzustimmen.

Neben der Aufwandsposition „Steuern vom Einkommen und vom Ertrag" werden in der Bilanz die Forderungen bzw. die Steuerrückstellungen von der Abzugsfähigkeit der Dividenden berührt, indem unter einer dieser Positionen der Saldo aus Steuerschuld und Vorauszahlungen auszuweisen ist. Da die Vorauszahlungen auf Basis der letzten Steuerschuld festgesetzt werden und die Steuerschuld wesentlich vom Ausschüttungsverhalten abhängt, können sich auch bei relativ konstanten Unternehmensergebnissen signifikante Über- bzw. Unterdotierungen der Gewerbe- und Körperschaftsteuervorauszahlungen ergeben. In der Praxis ist es üblich, diesen durch einen Antrag auf Anpassung der Vorauszahlungen zu begegnen, wobei im Gründungsrecht hierfür – neben einer substantiierten Prognose der Ertragsentwicklung – das voraussichtliche Ausschüttungsverhalten für das laufende Wirtschaftsjahr bekannt sein muss, was ein auch unterjährig enges Zusammenwirken von Business Angel und Unternehmensgründer voraussetzt.

Informationsrechte bilden die Grundlage für die Betreuung eines Beteiligungsunternehmens.[2] Solche Informationsrechte sind oftmals ausgestaltet als Berichterstattungen zur Bilanz und zur Gewinn- und Verlustrechnung.[3] So lassen sich Business Angels zur Kontrolle der wirtschaftlichen Entwicklung einer Beteiligung („Monitoring") meistens die Abschlüsse (Monats- und Quartalsabschlüsse sowie den Jahresabschluss) vorlegen.[4] Sofern diese Informationsrechte regelmäßig wahrgenommen werden, bedingt das einen relativ hohen Interaktionsgrad zwischen Kapitalgeber und Kapitalnehmer.[5] Die laufende Analyse der wirtschaftlichen Situation des Gründungsunternehmens umfasst neben dem

---

1 Notwendige Voraussetzung für die Ergebnisverwendung ist der rechtswirksam – und damit bindend – festgestellte Jahresabschluss, vgl. Baumbach, A./Hueck, A. (2006), § 29, Rz. 9.

2 Vgl. Heitzer, B. (2000), S. 179. Bei den Informationsrechten handelt es sich um einen Katalog, in dem nach sachlichem Inhalt und zeitlichem Rhythmus die Art und der Umfang der einem Kapitalgeber zur Verfügung zu stellenden Informationen festgelegt sind, vgl. Leopold, G./Frommann, H. (1998), S. 145. Zu den formalen Informationsrechten vgl. die bei Schefczyk, M. (2000a), S. 210 zitierte Literatur. Zur Risikokontrolle bei Wagnisfinanzierungen vgl. Roling, J. (2001), S. 61 ff., zum Risikomanagement vgl. Heitzer, B. (2002), S. 471 ff.

3 Vgl. Schefczyk, M./Gerpott, T. J. (1998), S. 146, deren Aussagen sich allerdings auf Venture Capital-Gesellschaften beziehen. Zur Berichterstattung vgl. auch Mellert, C. R. (2003), S. 1099.

4 Nach einer empirischen Untersuchung aus dem Jahr 2002 setzen 72% der befragten Business Angels den Jahresabschluss der Gründungsunternehmen als Kontrollinstrument ein, vgl. Peters, H.-H./Stedler, H. R. (2002), S. 555.

5 So auch Peters, H.-H./Stedler, H. R. (2002), S. 555, deren Untersuchung ebenfalls einen hohen Aktivitätsgrad für Business Angels bei der Betreuung der Unternehmen ergeben hat.

operativen Geschäftsverlauf insbesondere die Einhaltung der Liquiditätsplanung.[1] Dabei ist davon auszugehen, dass neben den laufenden Ein- und Auszahlungen sowie dem Investitions- und Finanzierungsbedarf auch die Ergebnisverwendung Gegenstand der Diskussionen ist.[2] Wenn aber Business Angels die wirtschaftliche Entwicklung des Beteiligungsunternehmens regelmäßig und zeitnah überwachen, sollte – zumindest näherungsweise – das voraussichtliche Ausschüttungsverhalten antizipiert werden können, so dass der Ermittlung und auch der rechtzeitigen Beantragung angemessener Vorauszahlungen keine wesentlichen (organisatorischen) Schwierigkeiten entgegenstehen sollten.

Wurde in der Gesellschafterversammlung die (teilweise) Ausschüttung des laufenden Gewinns beschlossen und dies im Jahresabschluss des Gründungsunternehmens korrekt berücksichtigt, ist für diesen auszuschüttenden Teil des Gewinns keine Steuerbelastung auszuweisen. Das hat zur Folge, dass hinsichtlich der Unternehmensteuerbelastung und des Jahresüberschusses nur eine eingeschränkte Vergleichbarkeit von Jahresabschlüssen gegeben ist.[3] Ohne diesen Aspekt an dieser Stelle zu vertiefen, soll abschließend nur auf die Möglichkeit hingewiesen werden, dass für der Gründungsbesteuerung unterliegende Unternehmen eine analoge Anwendung des § 264c Abs. 3 Satz 2 HGB erwogen werden könnte, indem für Vergleichbarkeitszwecke ein Ausweis fiktiver Gewerbe- und Körperschaftsteuer – beispielsweise nach der Gewinn- und Verlustrechnung – zugelassen oder vorgeschrieben wird.[4]

---

1 Vgl. dazu die empirische Studie von Feinendegen, S./Hommel, U./Wright, M. (2001), S. 575, wonach von Beteiligungsgesellschaften die Bedeutung der Überwachung sowohl der finanziellen als auch der operativen Geschäftsentwicklung auf einer Skala von 1 (unwichtig) bis 5 (sehr wichtig) bei Frühphasenfinanzierungen jeweils mit dem Wert 4,3 eingestuft wird.

2 Die Ergebnisverwendung beeinflusst (von den Steuervorauszahlungen abgesehen) nicht die Liquidität des laufenden Geschäftsjahres. Jedoch hat die Investitions- und Finanzierungsplanung für das nächste Wirtschaftsjahr auch ausschüttungsbedingte Zahlungsmittelabflüsse zu berücksichtigen, weshalb eine vorausschauende Ergebnisverwendungsplanung unterstellt werden kann.

3 Dies gilt für den unternehmensinternen Vergleich der Jahresabschlüsse des Beteiligungsunternehmens genau dann, wenn die Ausschüttungspolitik im Zeitablauf schwankt.

4 Nach § 264c Abs. 3 Satz 2 HGB darf in der Gewinn- und Verlustrechnung bestimmter Personenhandelsgesellschaften nach dem Posten „Jahresüberschuss/Jahresfehlbetrag" ein dem Steuersatz der Komplementärgesellschaft entsprechender Steueraufwand der Gesellschafter offen abgesetzt oder hinzugerechnet werden. Hier wären diejenigen Steuern auszuweisen, die sich ergeben würden, falls keine Gewinnausschüttungen für das laufende Geschäftsjahr vorgenommen würden und § 8 Nr. 1 GewStG zur Anwendung käme.

Teil IV: Zusammenfassung

In der Untersuchung wurde eine betriebswirtschaftliche und steuerliche Analyse des Finanzierungsengagements eines typisierten Business Angels durchgeführt. Dabei sollte nach der Zielsetzung dieser Untersuchung in einem ersten Schritt dargestellt werden, inwieweit die Finanzierungsentscheidung eines Risikokapitalinvestors und damit auch die Kapitalstruktur eines (in der Rechtsform der GmbH geführten) Gründungsunternehmens von dem geltenden Steuerrecht beeinflusst wird. In einem zweiten Schritt wurde hierauf aufbauend eine mögliche Neugestaltung der Besteuerung von Gründungsfinanzierungen angeregt, welche dazu führen sollte, dass die Finanzierungsentscheidung eines Business Angels von steuerlichen Überlegungen entlastet wird. Die Untersuchung kann wie folgt zusammengefasst werden:

Teil I: Grundlagen

Auf eine kurze terminologische und inhaltliche Abgrenzung folgte eine grundlegende Charakterisierung der von Venture Capitalists im Allgemeinen bzw. Business Angels im Besonderen vollzogenen Innovationsfinanzierungen. Im Anschluss hieran wurde auf die Bedeutung, die Notwendigkeit sowie die Möglichkeiten bzw. Grenzen steuerorientierter Gestaltungen bei Frühphasenfinanzierungen eingegangen.

(1) Business Angels engagieren sich regelmäßig in der Gründungs- bzw. Expansionsphase eines jungen Unternehmens. Wenngleich die Aufnahme einer unternehmerischen Tätigkeit meist mit längerfristigen Anlaufverlusten verbunden ist, muss die Besteuerung bereits in dieser Phase der Unternehmensentwicklung in die Finanzierungsentscheidung einbezogen werden.

(2) Bei der Finanzierungsentscheidung sind die Steuern des Gründungsunternehmens (Gewerbe- und Körperschaftsteuer) wie auch die Einkommensteuer der Anteilseigner zu berücksichtigen, da diese in ihrem absoluten wie auch ihrem relativen Umfang materiell von Bedeutung sind und mittels kapitalstrukturorientierter Sachverhaltsgestaltungen beeinflusst werden können.

Teil II: Steuerplanung

In dem am geltenden Steuerrecht orientierten zweiten Teil der Untersuchung wurden diejenigen de lege lata ertragsteuerlich bedeutsamen Fragestellungen analysiert, die sich im Hinblick auf die Risikokapitalausstattung junger Unternehmen stellen. Die Analyse orientierte sich an dem für Risikokapitalfinanzierungen maßgebenden dreistufigen Standardmodell, welches das Engagement der Kapitalgeber in die Investitions-, Betreuungs- und Desinvestitionsphase unterteilt. Dabei wurde unterstellt, dass sich das Engagement im steuerlichen Privatvermögen des Business Angels abspielt.

(3) Dominierende nicht steuerliche Faktoren bestimmen den äußeren Rahmen für die Finanzierungsentscheidung von Business Angels. In diesem Zusammenhang kommt der Ertragslage des Gründungsunternehmens wesentliche Bedeutung zu, wobei die hier angenommene „kurzfristig negative Ertragslage" die Situation beschreibt, dass anfänglich Verluste erwirtschaftet werden, das Gründungsunternehmen aber noch vor dem Exit des Business Angels den Turnaround vollzieht.

(4) Werden zu Beginn der unternehmerischen Tätigkeit Verluste erwirtschaftet, stellt die Beteiligungsfinanzierung das aus betriebswirtschaftlicher Sicht grundsätzlich geeignete Finanzierungsinstrument dar. Andererseits ist die ausschließliche Befriedigung des Kapitalbedarfs in der ersten Finanzierungsrunde über Beteiligungskapital oftmals nicht möglich oder nicht gewünscht. Um den individuellen Ansprüchen der Kapitalgeber und -nehmer gerecht zu werden, kommen in der Praxis situationsabhängig neben der Eigenfinanzierung auch eigenkapitalähnliche Mittel und Fremdkapital zum Einsatz.

(5) Falls auf Unternehmensebene Verluste erwirtschaftet werden, entfaltet der Abzug von Fremdkapitalzinsen als Betriebsausgabe zunächst keine steuermindernde Wirkung, wogegen der Kapitalgeber bei Zufluss den entsprechenden Zinsertrag zu versteuern hat. Da in dieser Unternehmensentwicklungsphase regelmäßig keine Gewinnausschüttungen möglich sind, stellt sich die verzinsliche Fremdfinanzierung bei nicht endfälligen Zinsen in der Verlustphase (bei einer Gesamtbetrachtung von Gesellschafts- und Anteilseignerebene) als vergleichsweise nachteilig dar. Das gilt entsprechend, sofern das Gründungsunternehmen den Turnaround vollzogen hat und Gewinne erwirtschaftet, diese in Folge von steuerlichen Verlustvorträgen jedoch nicht oder im Geltungsbereich der Mindestbesteuerung nur eingeschränkt zu Steuerzahlungen führen.

(6) Durch verzinsliche Fremdfinanzierung lässt sich in Bezug auf den Business Angel zumeist keine Minderung der „Basissteuerbelastung" – definiert als Steuerbelastung des Gründungsunternehmens einschließlich seiner Gesellschafter bei Eigenfinanzierung und Gewinnthesaurierung – erzielen. Werden jedoch Gewinnausschüttungen vorgenommen, ist die Fremdfinanzierung de lege lata begünstigt, da in der Zusammenschau von Unternehmen und Anteilseigner Zinsen niedriger belastet sind als Dividenden.

(7) Während des Engagements des Business Angels kann eine Anpassung der anfangs realisierten Kapitalstruktur sinnvoll sein, wobei die Situation, dass die Zielbeteiligungsquote zunächst überschritten wurde und nachträglich zu mindern ist, in der Praxis einen Ausnahmefall darstellt. Daher wird die „Umfinanzierung" des Gründungsunternehmens die Umwandlung von Nicht-Eigenkapital in Beteiligungskapital zum Gegenstand haben. Sofern in der Gewinnzone der Steuervorteil der Fremdfinanzierung genutzt werden soll, ist das Gründungsunternehmen bereits in einer relativ frühen Phase seiner Entwicklung zumindest anteilig mit Fremdkapital oder eigenkapitalähnlichen Mitteln zu finanzieren. Aus diesem Grund ist der Steuergesetzgeber weiter gefordert, ein die Eigenfinanzierung risikokapitalbedürftiger (Jung-)Unternehmen nicht länger diskriminierendes steuerliches Umfeld zu schaffen.

(8) Gerät das Unternehmen in eine Krise, ist hierauf ebenfalls in der Betreuungsphase zu reagieren. Dabei ist sorgfältig abzuwägen, welches finanzwirtschaftliche Sanierungsinstrument zum Einsatz kommt, da diese unterschiedliche, gegebenenfalls auch negative steuerliche Folgen nach sich ziehen, welche den Sanierungsprozess unter Umständen erheblich gefährden können.

(9) Sofern der Business Angel eigenfinanziert oder im Rahmen einer Umfinanzierung Fremdkapital in Anteile an dem Gründungsunternehmen eingetauscht hat, werden diese in der Desinvestitionsphase veräußert, um so eine risikoadäquate Zielrendite zu erlösen. Hierfür stehen unterschiedliche Exit-Kanäle zur Verfügung, weshalb die Desinvestition auch unter steuerlichen Gesichtspunkten einer sorgfältigen Planung bedarf.

Teil III: Reformvorschlag

Im dritten Teil der Untersuchung wurde de lege ferenda ein Konzept für die Besteuerung risikokapitalfinanzierter junger Unternehmen angeregt, das dazu beitragen könnte, dass Wachstumsunternehmen vermehrt Beteiligungskapital zur Verfügung gestellt wird. Da die Eigenkapitalausstattung von Unternehmen in Bezug auf die Realisierung innovativer und risikoreicher Geschäftsideen einen kritischen Erfolgsfaktor darstellt, sollte die Neuordnung der Besteuerung von Gründungsfinanzierungen einen Beitrag dazu leisten, dass die Finanzierung junger Unternehmen allein an ökonomischen Kriterien orientiert gestaltet werden kann. Ein weiteres Anliegen des Entwurfs war es, dass – insbesondere im Hinblick auf den nach Beendigung der Gründungsphase zu vollziehenden Übergang auf das Halbeinkünfteverfahren – keine Wirkungen auftreten, welche einen rein steuerlich motivierten Liquiditätstransfer an die Anteilseigner bedingen.

Vor dem Hintergrund dieser Zielsetzungen war erstens darzustellen, welchen Anforderungen ein auf Existenzgründungsunternehmen fokussierter Reformvorschlag gerecht zu werden hat. Zweitens war zu analysieren, welche Besteuerungskonzeption hierfür in Frage kommt und in welcher Form die Besteuerung zu modifizieren ist und drittens wie sich ein solchermaßen ausgestaltetes „Gründungsrecht" in das bestehende Steuersystem integrieren und in der Besteuerungspraxis umsetzen ließe.

(10) Ein in der theoretischen Diskussion bisweilen vernachlässigter Aspekt betrifft die Realisierungschancen von Reformvorschlägen. Diese sind als umso höher einzustufen, je weniger Interessengruppen sich genötigt sehen, für die Aufrechterhaltung eigener Privilegien zu kämpfen und je geringer die Belastungswirkungen für den Fiskus ausfallen. Die gesonderte Besteuerung von Gründungsfinanzierungen könnte im Rahmen einer integrativen Partialreform umgesetzt werden, was den Reformansatz beschreibt, dass der Finanzierung einer Kapitalgesellschaft durch ihre Gesellschafter eine gesonderte steuerliche Behandlung zuteil wird, das Unternehmen und seine Anteilseigner in allen anderen Belangen aber dem geltenden Steuerrecht unterliegen. Ein solches Gründungsrecht ließe die bereits am Markt agierenden Steuerpflichtigen unberührt. Sofern darüber hinaus auf eine in Anbetracht der öffentlichen Haushaltslage nicht finanzierbare Begünstigung von Existenzgründungen verzichtet wird, sind die Realisierungschancen einer Partialreform als überwiegend positiv zu beurteilen.

(11) Gleichwohl hat die Konzeptionierung von Steuersystemen theoriegeleitet zu erfolgen, wobei insbesondere die Anforderungen der Betriebswirtschaftlichen Steuerlehre zu berücksichtigen sind. Diese hat das Konzept der Entscheidungsneutralität zum Besteuerungsideal erhoben, so dass sich hieran jeder Reformvorschlag zu messen hat. Aus dem Kanon der in der Literatur propagierten Neutralitätsbegriffe wurden die Finanzierungs- und die Gewinnverwendungsneutralität als diejenigen Neutralitätspostulate identifiziert, welche die Kapitalstruktur junger Unternehmen beeinflussen, wobei die Forderung nach Finanzierungsneutralität auf die Gesellschafter-Außenfinanzierung beschränkt wurde.

(12) Ferner sind auch die tatsächlichen Gegebenheiten angemessen zu berücksichtigen. Diese konkretisieren sich in der Frage, wer als der eigentliche Träger unternehmerischer Entscheidungen anzusehen und von welchen wirtschaftlichen Zielsetzungen demzufolge auszugehen ist. Falls man sich der Ansicht anschließt, dass in Unternehmen letztlich die Vorstellungen ihrer Anteilseigner realisiert werden, folgt daraus, dass die ökonomischen Zielsetzungen der Gesellschafter von dem Reformvorschlag zu berücksichtigen sind.

(13) Aufbauend auf diesem Unternehmensverständnis wurde das Trennungsprinzip als grundsätzlich geeignete Besteuerungskonzeption identifiziert, um eine Neuordnung der Besteuerung von Gründungsfinanzierungen im Rahmen einer integrativen Partialreform umzusetzen. Eine solche Neuordnung sollte sich an den Postulaten der „Irrelevanz von Bestandströmen" und der „Einmalbesteuerung" als systemtragende Prinzipien orientieren. Die mit dem letztgenannten Prinzip verbundene Forderung nach Vermeidung einer wirtschaftlichen Mehrfachbelastung von Unternehmensgewinnen führt bei Berücksichtigung der Finanzierungs- sowie Gewinnverwendungsneutralität zu den für die Kapitalüberlassung geleisteten Entgelten als maßgebende Ansatzpunkte, wogegen ein allein bei dem Veräußerungsgewinn ansetzendes Gründungsrecht zu kurz greifen würde.

(14) Werden die im Fall der Fremdfinanzierung entrichteten Zinsen als nicht abzugsfähig behandelt, ist die Unternehmenssteuerbelastung von der realisierten Kapitalstruktur unabhängig und entspricht der eines eigenfinanzierten Unternehmens. Die Vermeidung einer wirtschaftlichen (nicht rechtlichen) Mehrfachbelastung der Zinsen erfordert deren korrespondierende Steuerbefreiung auf Ebene der Gläubiger, was in Verbindung mit der im Halbeinkünfteverfahren gegebenen hälftigen Nachversteuerung der Dividenden nicht dazu führt, die Diskriminierung der Beteiligungsfinanzierung zu beseitigen und die Verbreiterung der Eigenkapitalbasis junger Unternehmen zu unterstützen.

(15) Alternativ könnte deshalb erwogen werden, Dividenden mit steuerlicher Wirkung zum Abzug zuzulassen (falls der Gewinn des laufenden Jahres ausgeschüttet wird) bzw. die von einem Gründungsunternehmen entrichtete Gewerbe- und Körperschaftsteuer auf die Einkommensteuerschuld der Anteilseigner anzurechnen (falls temporär vorbelastete Gewinne früherer Geschäftsjahre ausgeschüttet werden). Um die dem Trennungsprinzip inhärente Definitivbelastung auf Unternehmensebene finanzierungsneutral zu beseitigen ist einerseits die Hinzurechnung der Dauerschuldentgelte in der Gründungsphase auszusetzen, andererseits ist die Anrechnung der von dem Unternehmen entrichteten Steuern gleichermaßen an die den Gesellschaftern zugeflossenen Ausschüttungen und Zinsen zu binden. Diese Entgelte sind grundsätzlich als voll steuerpflichtig zu behandeln, wobei in der Steuerveranlagung der Anteilseigner punktuelle Anpassungen vorzunehmen sind, da der Zahlungsmittelzufluss nicht mit der steuerpflichtigen Höhe der Kapitalüberlassungsentgelte identisch ist.

(16) Die Veräußerung der Beteiligung durch den Business Angel bildet den Abschluss seines Engagements, so dass sich die Besteuerung des Veräußerungsgewinns zumindest

insoweit an den systemtragenden Prinzipien des Gründungsrechts zu orientieren hat, als der Veräußerungserlös auf die in der Gründungsphase erzielten Gewinne entfällt. Sofern bis zum Systemwechsel nicht alle Gewinne ausgeschüttet wurden, sollten die auf diesen Gewinnen lastenden Steuern des Gründungsunternehmens insoweit auf den (voll steuerpflichtigen) Veräußerungsgewinn anzurechnen sein, als sie dem veräußerten Geschäftsanteil zuzuordnen sind. Dies bewirkt in Bezug auf den ausscheidenden Business Angel die Einmalbesteuerung der in der Gründungsphase erwirtschafteten Gewinne. Soweit der Anteilskaufpreis hingegen nach dem Systemwechsel entstehende Überschüsse vergütet, ist auf diesen Teil des Veräußerungserlöses prinzipiell das geltende Recht anzuwenden.

(17) Nach dem Ausstieg des Business Angels sind sowohl das Gründungsunternehmen als auch der Unternehmer im Rahmen der Integration in das geltende Recht zu überführen. Diese Überleitung sollte nicht das Ziel einer steuerlastbezogenen Gleichstellung mit etablierten Kapitalgesellschaften verfolgen, sondern vielmehr dem Zweck dienen, Rückwirkungen des geltenden Rechts auf den steuerlichen Gründungszeitraum zu vermeiden. Auf Ebene des Unternehmens sind ungeachtet der nach dem Systemwechsel gegebenen Trennung der Kapitalgesellschafts- von der Anteilseignerbesteuerung keine integrationsbezogenen Anpassungen vorzunehmen. Diese betreffen die Person des Gründers, wobei das Gründungsrecht insoweit anwendbar bleiben sollte, als während des Gründungszeitraums thesaurierte Gewinne nach dem Systemwechsel an ihn ausgeschüttet werden. Des Weiteren sollte die für den Business Angel maßgebende Behandlung des Veräußerungsgewinns für den Unternehmer analog anwendbar sein, soweit er seine Anteile veräußert und zu diesem Zeitpunkt noch nicht sein gesamtes Anrechnungspotential genutzt hat.

(18) Schließlich war die administrative Integration zu behandeln, welche den aus Sicht der Finanzverwaltung und der Steuerpflichtigen gleichermaßen bedeutsamen Aspekt der Praktikabilität des Reformvorschlags im Hinblick auf Steuererklärung bzw. -festsetzung und auch dessen Auswirkungen auf den Jahresabschluss des Gründungsunternehmens in der Gründungsphase umfasst. Hier konnte gezeigt werden, dass die eingangs formulierte Forderung nach praktischer Umsetzbarkeit einer Implementierung des Gründungsrechts nicht entgegensteht.

Rechtsprechungsverzeichnis

BFH (2006)	25.01.2006	I R 104/04	IStR 2006	S. 316
BFH (2005)	30.11.2005	I R 3/04	DB 2006	S. 130
BFH (2005a)	27.10.2005	IX R 15/05	BStBl. II 2006	S. 171
BFH (2005b)	31.05.2005	I R 35/04	GmbHR 2005	S. 1571
BFH (2005c)	10.11.2005	IV R 13/04	DStR 2006	S. 75
BFH (2005d)	19.04.2005	VIII R 68/04	BStBl. II 2005	S. 762
BFH (2004)	20.04.2004	VIII R 4/02	BStBl. II 2004	S. 597
BFH (2004a)	20.04.2004	VIII R 52/02	BStBl. II 2004	S. 556
BFH (2002)	23.07.2002	VIII R 36/01	BStBl. II 2002	S. 858
BFH (2001)	25.07.2001	X R 55/97	BStBl. II 2001	S. 809
BFH (2001a)	16.05.2001	I B 143/00	BStBl. II 2002	S. 436
BFH (2001b)	27.11.2001	VIII R 36/00	BStBl. II 2002	S. 731
BFH (2000)	10.01.2000	I R 24/99	BStBl. II 2000	S. 545
BFH (2000a)	12.12.2000	VIII R 36/97	BFH/NV 2001	S. 761
BFH (2000b)	12.12.2000	VIII R 22/92	BStBl. II 2001	S. 385
BFH (1999)	19.08.1999	I R 77/96	BStBl. II 2001	S. 43
BFH (1999a)	25.05.1999	VIII R 59/97	BStBl. II 2001	S. 226
BFH (1999b)	13.07.1999	VIII R 31/98	BStBl. II 1999	S. 724
BFH (1999c)	26.01.1999	VIII R 50/98	BStBl. II 1999	S. 559
BFH (1999d)	06.07.1999	VIII R 9/98	BStBl. II 1999	S. 817
BFH (1998)	11.02.1998	I R 89/97	BStBl. II 1998	S. 691
BFH (1998a)	29.10.1998	XI R 80/97	BStBl. II 1999	S. 448
BFH (1998b)	15.10.1998	IV R 18/98	BStBl. II 1999	S. 286
BFH (1998c)	10.11.1998	VIII R 6/96	BStBl. II 1999	S. 348
BFH (1997)	19.02.1997	XI R 1/96	BStBl. II 1997	S. 399
BFH (1997a)	04.11.1997	VIII R 18/94	BStBl. II 1999	S. 344
BFH (1997b)	24.04.1997	VIII R 16/94	BStBl. II 1999	S. 339
BFH (1997c)	09.06.1997	GrS 1/94	BStBl. II 1998	S. 307
BFH (1997d)	15.10.1997	I R 103/93	BFH/NV 1998	S. 572
BFH (1997e)	28.05.1997	VIII R 25/96	BStBl. II 1997	S. 724
BFH (1995)	20.09.1995	X R 225/93	BStBl. II 1997	S. 320
BFH (1995a)	06.12.1995	I R 109/94	BStBl. II 1998	S. 685
BFH (1994)	19.01.1994	I R 67/92	BStBl. II 1996	S. 77

BFH (1993)	21.05.1993	VIII R 1/91	BStBl. II 1994	S. 93
BFH (1993a)	18.02.1993	IV R 132/91	BFH/NV1993	S. 647
BFH (1993b)	27.05.1993	IV R 1/92	BStBl. II 1994	S. 700
BFH (1993c)	28.01.1993	IV R 109/91	BFH/NV 1993	S. 590
BFH (1993d)	26.11.1993	VI R 3/92	BStBl. II 1994	S. 242
BFH (1993e)	16.11.1993	VIII R 33/92	BStBl. II 1994	S. 632
BFH (1993f)	03.06.1993	VIII R 81/91	BStBl. II 1994	S. 162
BFH (1993g)	03.06.1993	VIII R 23/92	BFH/NV 1994	S. 459
BFH (1992)	05.02.1992	I R 127/90	BStBl. II 1992	S. 532
BFH (1992a)	13.10.1992	VIII R 3/89	BStBl. II 1993	S. 477
BFH (1992b)	29.07.1992	I R 28/92	BStBl. II 1993	S. 247
BFH (1990)	11.12.1990	VIII R 122/86	BFHE 163	S. 346
BFH (1990a)	30.05.1990	I R 41/87	BStBl. II 1991	S. 588
BFH (1987)	05.02.1987	IV R 105/84	BStBl. II 1987	S. 448
BFH (1984)	14.02.1984	VIII R 221/80	BStBl. II 1984	S. 480
BFH (1984a)	14.02.1984	VIII R 126/82	BStBl. II 1984	S. 580
BFH (1984b)	17.10.1984	I R 22/79	BStBl. II 1985	S. 69
BFH (1981)	23.06.1981	VIII R 102/80	BStBl. II 1982	S. 245
BFH (1978)	10.08.1078	IV R 54/74	BStBl. II 1979	S. 74
BFH (1977)	31.03.1977	V R 44/73	BStBl. II 1977	S. 684
BFH (1974)	25.06.1974	VIII R 109/69	BStBl. II 1974	S. 735
BFH (1973)	21.02.1973	I R 106/71	BStBl. II 1973	S. 460
BFH (1969)	03.02.1969	GrS 2/68	BStBl. II 1969	S. 291
BFH (1951)	22.08.1951	IV 246/50 S	BStBl. III 1951	S. 181
BGH (2005)	19.09.2005	II ZR 229/03	GmbHR 2005	S. 1570
BGH (2001)	08.01.2001	II ZR 88/99	BGHZ 146	S. 264
BGH (1997)	24.02.1997	II ZB 11/96	BGHZ 134	S. 392
BVerfG (2002)	04.12.2002	2 BvR 400/98	BVerfGE 107	S. 27
BVerfG (1999)	07.12.1999	2 BvR 301/98	BStBl. II 2000	S. 162
BVerfG (1998)	11.11.1998	2 BvL 10/95	BStBl. II 1999	S. 502
BVerfG (1961)	10.10.1961	2 BvL 1/59	BVerfGE 13	S. 153
RFH (1944)	20.01.1944	III 38/43	RStBl. 1944	S. 435
RFH (1944a)	24.08.1944	I 21/44	RFHE 54	S. 128

Verzeichnis der Verwaltungsanweisungen

BMF-Schreiben (2006)	08.09.2006	IB B 2 – S 2133 – 10/06	DStR 2006	S. 1700
BMF-Schreiben (2006a)	04.10.2006	IV A 5 – S 7300 – 69/06	DStR 2006	S. 1841
BMF-Schreiben (2005)	26.05.2005	IV B 2 – S 2175 – 7/05	BStBl. I 2005	S. 699
BMF-Schreiben (2005a)	20.12.2005	IV C 3 – S 2256 – 255/05	BStBl. I 2006	S. 8
BMF-Schreiben (2004)	26.03.2004	IV A 6 – S 2240 – 46/04	BStBl. I 2004	S. 434
BMF-Schreiben (2004a)	18.08.2004	IV A 6 – S 2133 – 2/04	BStBl. I 2004	S. 850
BMF-Schreiben (2004b)	25.10.2004	IV C 3 – S 2256 – 238/04	BStBl. I 2004	S. 1034
BMF-Schreiben (2003)	27.03.2003	IV A 6 – S 2140 – 8/03	BStBl. I 2003	S. 240
BMF-Schreiben (2003a)	02.12.2003	IV A 2 – S 2743 – 5/03	BStBl. I 2003	S. 648
BMF-Schreiben (2003b)	26.08.2003	IV A 2 – S 2760 – 4/03	BStBl. I 2003	S. 434
BMF-Schreiben (2002)	15.05.2002	IV A 5 – S 2296a – 16/02	BStBl. I 2002	S. 533
BMF-Schreiben (2002a)	25.07.2002	IV A 2 – S 2750a – 6/02	BStBl. I 2002	S. 712
BMF-Schreiben (2001)	02.03.2001	IV C 1 – S 2252 - 56/01	BStBl. I 2001	S. 206
BMF-Schreiben (2000)	25.02.2000	IV C 2 – S 2171b – 14/00	BStBl. I 2000	S. 372
BMF-Schreiben (2000a)	07.12.2000	IV A 2 – S 2810 - 4/00	BStBl. I 2001	S. 47
BMF-Schreiben (1999)	16.04.1999	IV C 6 – S 2745 – 12/99	BStBl. I 1999	S. 455
BMF-Schreiben (1999a)	23.08.1999	IV C 2 – S 2175 - 25/99	BStBl. I 1999	S. 818
BMF-Schreiben (1998)	02.12.1998	IV C 6 – S 2741 – 12/98	BStBl. I 1998	S. 1509

OFD Düsseldorf (2001)	23.03.2001	S 2136 A – St 11	DB 2001	S. 1337
OFD Erfurt (2003)	23.10.2003	S 2241 A – 08 – L 221	FR 2003	S. 1299
OFD Frankfurt (1995)	29.03.1995	S 2150 A – 6 – St II 21	BB 1995	S. 1345
OFD München (2000)	22.08.2000	S 2136 – 1 St 41/42	BB 2000	S. 2628

Literaturverzeichnis

Achilles, W.-A./Ensthaler, J./Schmidt, B. (2005): Kommentar zum GmbH-Gesetz, München 2005.

Achleitner, A.-K. (2001): Start-up-Unternehmen: Bewertung mit der Venture-Capital-Methode, in: BB 2001, S. 927-933.

Achleitner, A.-K./Nathusius, E. (2005): First-Chicago-Methode – Alternativer Ansatz zur Bewertung von innovativen Unternehmensgründungen bei Venture-Capital-Finanzierungen, in: BFuP 2005, S. 333-347.

Achleitner, A.-K./Wahl, S. (2004): Private Debt: Neue Finanzierungsalternative für den größeren Mittelstand, in: BB 2004, S. 1323-1329.

Achleitner, A.-K./Bassen, A./Funke, F. (2001): Kritische Erfolgsfaktoren bei Börsengängen am Neuen Markt – eine empirische Studie, in: Die Bank 2001, S. 34-39.

Adam, D. (1998): Über den Konflikt zwischen Steuersparmodellen und der Einkommensmaximierung nach Steuern, in: DStR 1998, S. 54-56.

Adler, H./Düring, W./Schmaltz, K. (1997): Rechnungslegung und Prüfung der Unternehmen: Kommentar zum HGB, AktG, GmbHG, PublG nach den Vorschriften des Bilanzrichtliniengesetzes, 6. Aufl. in mehreren Teilbänden, Stuttgart 1997 ff.

Aerni, M. (1999): Die „pecking order“ der Unternehmensfinanzierung und dessen Gültigkeit für Wachstumsunternehmen, in: Behr, G. (Hrsg.): Wachstumsfinanzierung, Bern/Stuttgart/Wien 1999, S. 221-240.

Albach, H. (1999): Unternehmensgründungen in Deutschland – Potentiale und Lücken, in: Hahn, D./Esser, K. (Hrsg.): Unternehmensgründungen – Wege in die Selbständigkeit, Chancen für innovative Unternehmen, Stuttgart 1999, S. 1-13.

Albach, H. (1997): Rahmenbedingungen für Existenzgründungen in Deutschland, in: ZfB 1997, S. 441-451.

Albach, H./Hunsdiek, D. (1987): Die Bedeutung von Unternehmensgründungen für die Anpassung der Wirtschaft an veränderte Rahmenbedingungen, in: ZfB 1987, S. 562-580.

Albach, H./Hunsdiek, D./Kokalj, L. (1986): Finanzierung mit Risikokapital, Stuttgart 1986.

Altfelder, S./Hellmer, J./Grobshäuser, U./Preißer, M./Rümelin, J./Schütte, N./Zwirner, T. (2006): Die Besteuerung der GmbH, Stuttgart 2006.

Arnold, A. (2005): Die Zukunft des Verhältnisses von Handelsbilanz und steuerlicher Gewinnermittlung, in: StuW 2005, S. 148-157.

Arnold, W. (1989): Finanzierungsziele – Anforderungen mittelständischer Unternehmungen an Beteiligungskapital, Frankfurt am Main 1989.

Auge-Dickhut, S./Moser, U./Widmann, B. (2000): Die geplante Reform der Unternehmensbesteuerung – Einfluss auf die Berechnung und die Höhe des Werts von Unternehmen, in: FB 2000, S. 362-371.

Ax, R./Große, T./Melchior, J. (2001): Abgabenordnung und Finanzgerichtsordnung, 17. Aufl., Stuttgart 2001.

Bach, S. (1993): Die Idee der Cash-flow-Steuer vor dem Hintergrund des gegenwärtigen Steuersystems, Berlin 1993.

Bader, H. (1996): Private Equity als Anlagekategorie, Bern 1996.

Baier, W./Pleschak, F. (1996): Marketing und Finanzierung junger Technologieunternehmen: Den Gründungserfolg sichern, Wiesbaden 1996.

Bareis, P. (2000): Das Halbeinkünfteverfahren im Systemvergleich, in: StuW 2000, S. 133-143.

Barthel, C. W. (1999): Unternehmenswert- und Kaufpreisfundierung mittels Schwerpunktanalysen im Rahmen einer Due Diligence, in: DStZ 1999, S. 365-376.

Bascha, A./Walz, U. (2000): Hybride Finanzierungsinstrumente als Anreiz- und Kontrollmechanismen bei Venture Capital, in: FB 2000, S. 410-418.

Baumbach, A./Hueck, A. (2006): GmbH-Gesetz, 18. Aufl., München 2006.

Bayer, W./Graff, S. (2006): Das neue Eigenkapitalersatzrecht nach dem MoMiG, in: DStR 2006, S. 1654-1659.

Becker, H. (1994): Unternehmensbesteuerung als Standortproblem aus deutscher Sicht, in: Grundfragen der Unternehmensbesteuerung, Veröffentlichungen der Deutschen Steuerjuristischen Gesellschaft e.V., Band 17, Köln 1994, S. 195-219.

Beisel, W./Klumpp, H.-H. (2006): Der Unternehmenskauf – Gesamtdarstellung der zivil- und steuerrechtlichen Vorgänge einschließlich gesellschafts-, arbeits- und kartellrechtlicher Fragen bei der Übertragung eines Unternehmens, 5. Aufl., München 2006.

Bell, M. G. (1999): Venture Capitalist oder Angel – Welcher Kapitalgeber stiftet größeren Nutzen, in: Die Bank 1999, S. 372-377.

Benjamin, G. A./Margulis, J. (1996): Earth angels: finding the hard-to-find, affluent, private, early-stage investor, New York 1996.

Benner, W. (1985): Genußscheine als Instrument der Innovationsfinanzierung, in: BFuP 1985, S. 438-452.

Beranek, A. (1999): Steuerlicher Rechtsformvergleich zwischen Personen- und Kapitalgesellschaften, in: SteuerStud 1999, S. 494-505.

Beranek, A. (1993): Die steuerlich optimale Rechtsform der Unternehmung, Hamburg 1993.

Bessler, W./Kurth, A./Thies, S. (2003): Grundsätzliche Überlegungen zur Kapital- und Aktionärsstruktur beim Börsengang von jungen Wachstumsunternehmen, in: FB 2003, S. 651-665.

Betriebsteuerausschuß der Verwaltung für Finanzen (1949): Berichte und Gesetzentwürfe zur Betriebsteuer, in: StuW 1949, Sp. 931-1068.

Betsch, O./Groh, A. P./Lohmann, L. G. E. (2000): Corporate Finance, 2. Aufl., München 2000.

Betsch, O./Groh, A. P./Schmidt, K. (2000): Gründungs- und Wachstumsfinanzierung innovativer Unternehmen, München/Wien/Oldenbourg 2000.

Bezzenberger, T. (2002): Erwerb eigener Aktien durch die AG, Köln 2002.

Blumers, W./Beinert, S./Witt, S.-C. (2002): Individuell gesteuerter Gewinnfluss zur Gesellschafterebene bei Kapitalgesellschaften (Teil I), in: DStR 2002, S. 565-570.

Blumers, W./Beinert, S./Witt, S.-C. (2002a): Individuell gesteuerter Gewinnfluss zur Gesellschafterebene bei Kapitalgesellschaften (Teil II), in: DStR 2002, S. 616-621.

BMF (1999): Brühler Empfehlungen zur Reform der Unternehmensbesteuerung, BMF-Schriftenreihe, Heft 66, Bonn 1999.

Bieg, H. (1998): Finanzierung und Besteuerung (Teil I); in: StB 1998, S. 351-361.

Bieg, H. (1998a): Die Selbstfinanzierung – zugleich ein Überblick über die Innenfinanzierung, in: StB 1998, S. 186-195.

Bieg, H. (1997): Genussrechte als Sonderform der Außenfinanzierung, in: StB 1997, S. 481-488.

Blaurock, U. (2003): Handbuch der Stillen Gesellschaft, 6. Aufl., Köln 2003.

Blöse, J. (2006): Rangrücktritt und Besserungsvereinbarung in der Praxis rechtssicher einsetzen, in: GStB 2006, S. 210-216.

Blumers, W./Witt, S.-C. (2002): Gewerblichkeit durch Beteiligung an Kapitalgesellschaften – Stellungnahme zum Erlass-Entwurf zu Venture Capital und Private Equity Fonds sowie zum BFH-Urteil vom 25.7.2001 X R 55/97, in: DB 2002, S. 60-65.

Bock, V. (2005): Steuerliche und bilanzielle Aspekte mezzaniner Nachrang-Darlehen, in: DStR 2005, S. 1067-1072.

Bock, V./Meissner, B. (1999): Körperschaftsteuerlicher Verlustabzug – Ausgewählte Zweifelsfragen zum BMF-Schr. v. 16.4.1999, in: GmbHR 1999, S. 1069-1077.

Bösl, K./Sommer, M. (2006): Mezzanine Finanzierung, München 2006.

Bohne, A. (1998): Kapitalzustrom verändert die Spielregeln der Branche – Venture Capital, in: Handelsblatt, Nr. 110/12 (12./13. Juni 1998), S. 14.

Bordewin, A./Brandt, J. (2005): Kommentar zum Einkommensteuergesetz, 260. Aktualisierung (Stand: Oktober 2005), Heidelberg 2005.

Born, K. (1996): Überleitung von der Discounted-Cash-Flow-Methode (DCF-Methode) zur Ertragswertmethode bei der Unternehmensbewertung, in: DB 1996, S. 1885-1889.

Brandenberg, H. B. (2000): Neuralgische Punkte der Einschränkung der Verlustverrechnung, in: StbJb 1999/2000, S. 267-291.

Bredow, G. (1996): Gewährleistungsklauseln für Steuern in Unternehmenskaufverträgen – Steuerliche Auswirkungen und Vertragsgestaltung, in: WiB 1996, S. 518-519.

Breer, E. (1999): Venture Capital – Eine Chance für junge Unternehmen im Handel, in: Hahn, D./Esser, K. (Hrsg.): Unternehmensgründungen – Wege in die Selbständigkeit, Chancen für innovative Unternehmen, Stuttgart 1999, S. 37-44.

Breithecker, V. (2002): Das Besteuerungsverfahren als Gegenstand der Betriebswirtschaftlichen Steuerlehre, in: StuW 2002, S. 326-335.

Breithecker, V./Baumann, A. (1998): Beratereinfluß auf die Rechtsformwahlentscheidung für Existenzgründer, in: DStR 1998, S. 219-224.

Brettel, M. (2002): Entscheidungskriterien von Venture Capitalists – Eine empirische Analyse im internationalen Vergleich, in: DBW 2002, S. 305-325.

Brettel, M./Jaugey, C./Rost, C. (2000): Business Angels – Der informelle Beteiligungskapitalmarkt in Deutschland, Wiesbaden 2000.

Brettel, M./Meier, D./Reißig-Thust, S. (2004): Vertragsgestaltung von Venture Capitalists und Business Angels im Vergleich, in: DBW 2004, S. 431-447.

Bretz, M. (1998): Eigenkapitalausstattung und Insolvenzen im Mittelstand, in: BFuP 1998, S. 263-278.

Breuer, R.-E. (1997): Venture Capital – besseres Umfeld ist nötig, in: Die Bank 1997, S. 324-329.

Breuninger, G. E./Prinz, U. (2006): Ausgewählte Bilanz- und Steuerrechtsfragen vom Mezzaninefinanzierungen, in: DStR 2006, S. 1346-1349.

Brösel, G./Matschke, M. J. (2003): Einflüsse von „Basel II" auf den Wert kleiner und mittelgroßer Unternehmen – Eine Analyse aus Sicht des präsumtiven Verkäufers (Teil I), in: DStR 2003, S. 2176-2180.

Brokamp, J./Hölzer, L. (2006): Innovative Finanzierungen mittels mezzaniner Finanzinstrumente – Ein Vergleich zwischen Genussscheinen und Anleihen mit ewiger bzw. langer Laufzeit, in: FR 2006, S. 272-276.

Budde, W. D./Förschle, G. (2002): Sonderbilanzen – Von der Gründungsbilanz bis zur Liquidationsbilanz, 3. Aufl., München 2002.

Bürkle, T./Knebel, A. (1998): Bilanzierung von Beteiligungen an Personengesellschaften, in: DStR 1998, S. 1067-1072.

Burchert, H./Hering, T./Hoffjan, A. (1998): Finanzwirtschaftliche Probleme mittelständischer Unternehmen, in: BFuP 1998, S. 241-262.

Busse von Colbe, W. (1992): Gesamtwert der Unternehmung, in: Busse von Colbe, W./ Coenenberg, A. G. (Hrsg.): Unternehmensakquisition und Unternehmensbewertung, Stuttgart 1992, S. 55-65.

Buttenhauser, O. R./Steinhauser, H. (2005): Umsatzsteuerrechtliche Beurteilung des Börsengangs einer Aktiengesellschaft – Kretztechnik-Entscheidung des EuGH vom 26. Mai 2005, in: UR 2005, S. 415-420.

Butz-Seidl, A. (2002): Vor- und Nachteile von Finanzplankrediten aus wirtschaftlicher und steuerlicher Sicht, in: GStB 2002, S. 400-408.

BVK (1998): Jahrbuch 1998, hrsg. vom Bundesverband deutscher Kapitalbeteiligungsgesellschaften e.V., Berlin 1998.

BVK (1999): Jahrbuch 1999, hrsg. vom Bundesverband deutscher Kapitalbeteiligungsgesellschaften e.V., Berlin 1999.

Cansier, D./Wellisch, D. (1991): Betriebsteuer und intertemporale Neutralität, in: StuW 1991, S. 179-185.

Carlé, T. (2006): Steuerfallen bei der Unternehmens- und Anteilsveräußerung, in: KÖSDI 2006, S. 15096-15107.

Christ, J. (2000): Überschuldung – Neue Risiken für Unternehmen?, in: Harzburger Steuerprotokoll 1999 – 38. Steuerfachtagung des Steuerberaterverbandes Niedersachsen, Sachsen-Anhalt e.V., Köln 2000, S. 205-223.

Clemm, H. (1997): Zur Bilanzierung von Rückstellungen für drohende Verluste, vor allem aus schwebenden Dauerschuldverhältnisses – Gedanken angesichts erkennbarer Tendenzen zur Reduzierung von Rückstellungen in Handels- und Steuerbilanzen, in: Budde, W. D./Moxter, A./Offerhaus, K. (Hrsg.): Handelsbilanzen und Steuerbilanzen – Festschrift für Heinrich Beisse, Düsseldorf 1997, S. 123-138.

Coenenberg, A. G. (2005): Jahresabschluss- und Jahresabschlussanalyse: betriebswirtschaftliche, handelsrechtliche, steuerrechtliche und internationale Grundsätze – HGB, IFRS und US-GAAP, 20. Aufl., Stuttgart 2005.

Coenenberg, A. G. (2003): Kostenrechnung und Kostenanalyse, 5. Aufl., Stuttgart 2003.

Coenenberg, A. G./Baum, H.-G. (1992): Strategisches Controlling – Grundfragen der strategischen Planung und Kontrolle, Stuttgart 1992.

Crezelius, G. (2001): Dogmatische Grundstrukturen der Unternehmenssteuerreform, in: DB 2001, S. 221-229.

Crezelius, G. (1999): Vermeidung von Sanierungsgewinnen, in: EStB 1999, S. 85-88.

Daragan, H./Ley, U./Strahl, M. (2000): Steuerliche Gestaltungsüberlegungen zum Jahresende, in: DStR 2000, S. 1973-1988.

Dautel, R. (2002): Steuerliche Gestaltungsmöglichkeiten bei der Sanierung von Unternehmen, in: BB 2002, S. 1124-1130.

Dierkes, M./Weber, C. (2002): Investitionsentscheidungen klassischer Venture Capital-Gesellschaften und Corporate Venture Capital-Gesellschaften – Ebenen und Kriterien sowie die Bedeutung der Partnerbeziehung zwischen Venture Capitalist und Portfoliounternehmen, in: FB 2002, S. 685-694.

Dietel, M. (2002): Bilanzierung von Anteilen an Personengesellschaften in Handels- und Steuerbilanz, in: DStR 2002, S. 2140-2144.

Dirrigl, H. (1994): Konzepte, Anwendungsbereiche und Grenzen einer strategischen Unternehmensbewertung, in: BFuP 1994, S. 409-432.

Djanani, C./Herbener, R. (2003): Trends in der Besteuerung von Kapitalgesellschaften und deren Anteilseigner: Einzel- oder Doppelbesteuerung? – Generalthema I des IFA-Kongresses Sydney, in: IStR 2003, S. 506-514.

Dörner, B. M. (2001): Die Steuern der GmbH und ihrer Gesellschafter – Neue Gestaltungsmöglichkeiten und Ausschüttungspolitik nach der Unternehmenssteuerreform, 4. Aufl., Freiburg/Berlin/München 2001.

Dörscher, M. (2004): Mezzanine Capital als Wachstumskapital für KMU – Ein Fallbeispiel, in: FB 2004, S. 161-169.

Dörscher, M./Hinz, H. (2003): Mezzanine Kapital – Ein flexibles Finanzierungsinstrument für KMU, in: FB 2003, S. 606-610.

Dötsch, E./Jost, W. F./Pung, A./Witt, G. (2006): Die Körperschaftsteuer – Kommentar zum Körperschaftsteuergesetz, zum Umwandlungssteuergesetz und zu den einkommensteuerrechtlichen Vorschriften der Anteilseignerbesteuerung, 56. Ergänzungslieferung (Stand: April 2006), Stuttgart 2006.

Dötsch, E./Cattelaens, H./Gottstein, S./Stegmüller, H./Zenthöfer, W. (2002): Körperschaftsteuer, 13. Aufl., Stuttgart 2002.

Drenseck, W. (2006): Einkommensteuerreform und objektives Nettoprinzip, in: FR 2006, S. 1-7.

Dreyer, G./Herrmann, H. (2001): Die Besteuerung von Aktien-, Wandel- und Umtauschanleihen, in: BB 2001, S. 705-710.

Drukarczyk, J. (2001): Unternehmensbewertung, 3. Aufl., München 2001.

Drukarczyk, J. (1997): Zur Bewertung von Verlustvorträgen, in: DStR 1997, S. 464-469.

Dürn, H. (1998): Vorwurf der Steuerhinterziehung (§ 370 AO) nach Beantragung der Herabsetzung von Vorauszahlungen, in: Stbg 1998, S. 494-496.

DWS-Institut (2005): Gefahr der Doppelbesteuerung bei einer nachträglich festgestellten verdeckten Gewinnausschüttung, in: DStR 2005, S. 989-992.

Eberhart, J. (2000): Venture Capital – Perspektive aus der Sicht eines Venture Capitalisten, in: DB 2000, Beilage Allfinanz, S. 10-13.

Eberhart, J. (2000a): Auswahlkriterien für „start-up"-Investments, in: FB 2000, S. 335-339.

Eberle, R. (1999): Mezzanine Finanzierung als Substitut des klassischen Beteiligungskapitals, in: Behr, G. (Hrsg.): Wachstumsfinanzierung, Bern/Stuttgart/Wien 1999, S. 159-178.

Eder, U. (1995): Die Abspaltung von Kaufpreisbestandteilen beim Anteilserwerb, in: DStR 1995, S. 1937-1944.

Eggesiecker, F./Ruhl, U. (1980): Erleichterung der Teilsteuerrechnung durch Verwendung von Matrizen, in: StuW 1980, S. 167-171.

Ehlers, H. (1999): Die Chancen und die Nachteile eines Börsengangs, in: NWB 1999, Fach 18, S. 3679-3684.

Eisenach, M. (1974): Entscheidungsorientierte Steuerplanung – Grundlagen, Instrumente und Konzept zur Planung der Steuerbelastung der Unternehmung mittels dynamischer Teilsteuerrechnung, Wiesbaden 1974.

Eisgruber, T./Glass, M. (2003): Auswirkungen der Einführung des Halbeinkünfteverfahrens auf die Preise von Anteilen an Kapitalgesellschaften, in: DStR 2003, S. 389-396.

Eisolt, D./Wickinger, S. (2001): Mitarbeiterbeteiligungen: Endbesteuerung auch im Fall von Wandelschuldverschreibungen, in: BB 2001, S. 122-127.

Elicker, M. (2002): Darf der Steuerzugriff ein Unternehmen zahlungsunfähig machen?, in: StuW 2002, S. 217-234.

Elschen, R. (1991): Entscheidungsneutralität, Allokationseffizienz und Besteuerung nach der Leistungsfähigkeit – Gibt es ein gemeinsames Fundament der Steuerwissenschaften?, in: StuW 1991, S. 99-115.

Elschen, R. (1988): Steuerliche Gerechtigkeit – Unzulässiger oder unzulänglicher Forschungsgegenstand der Steuerwissenschaften?, in: StuW 1988, S. 1-16.

Elschen, R. (1983): Betriebsteuer – von niemandem gewünscht und doch wünschenswert?, in: StuW 1983, S. 318-333.

Elschen, R./Trompeter, F./Wolf, R. (1998): Simultane Finanz-, Bilanz- und Erfolgsplanung am Beispiel des § 7g EStG, in: DB 1998, S. 1825-1830.

Elser, T. (2001): Warum die GmbH nur selten als Spardose taugt, in: BB 2001, S. 805-811.

Elser, T./Jetter, J. (2005): Steuereffiziente Ausgestaltung von Mezzanine-Kapital, in: FB 2005, S. 625-635.

Engel, R./Hofacker, K. (2001): Mehrwertschaffung durch Beteiligungskapitalgeber im Lebenszyklus des finanzierten Unternehmens, in: FB 2001, S. 204-214.

Engelmann, A./Heitzer, B. (2001): Beteiligungsprozess von Venture Capital-Gesellschaften und Business Angels bei Marktunvollkommenheiten, in: FB 2001, S. 215-221.

Engelmann, A./Heitzer, B. (1999): Mobilisierung von Business Angels in Deutschland, in: FB 1999, S. 457-462.

Engelmann, A./Juncker, K./Natusch, I./Tebroke, H.-J. (2000): Moderne Unternehmensfinanzierung – Risikokapital für Unternehmensgründung und Wachstum, Frankfurt am Main 2000.

Engels, W./Stützel, W. (1968): Teilhabersteuer – Ein Beitrag zur Vermögenspolitik, zur Verbesserung der Kapitalstruktur und zur Vereinfachung des Steuerrechts, 2. Aufl., Frankfurt 1968.

Engers, T. (2006): Schädlicher Gesellschafterwechsel i.S.v. § 8 Abs. 4 KStG beim Zusammentreffen von kapitalverändernden Maßnahmen und Anteilsübertragungen, in: BB 2006, S. 743-747.

Englisch, J. (1997): Rechtsformneutralität der Unternehmensbesteuerung bei Ertragsteuern, in: DStZ 1997, S. 778-787.

Even, F./Vera, A. (2002): Die Techniken des Going Private in Deutschland, in: DStR 2002, S. 1315-1321.

Fanselow, K.-H. (1993): Finanzierung besonderer Unternehmensphasen (Management-Buy-Out, Management-Buy-In, Spin-off, Existenzgründung, Innovationsvorhaben), in: Gebhardt, G./Gerke, W./Steiner, M. (Hrsg.): Handbuch des Finanzmanagements, Instrumente und Märkte der Unternehmensfinanzierung, München 1993, S. 383-399.

Fanselow, K.-H./Stedler, H. (1988): Venture Capital in Deutschland, in: Die Bank 1988, S. 554-560.

Fasolt, V. (2000): Das deutsche Steuerrecht zu Beginn des 21. Jahrhunderts – Notwendige Reformen aus Sicht des steuerberatenden Berufsstandes, in: DStR 2000. S. 7-10.

Federmann, R. (1996): Über Steuermanagement und Steuermanager(innen), in: StuW 1996, S. 237-247.

Feldhoff, M. (1989): Die Cash-flow-Besteuerung und ihre Problematik, in: StuW 1989, S. 53-63.

Feinendegen, S./Hommel, U./Wright, M. (2001): Stand der Beteiligungskapitalfinanzierung in Deutschland – Ergebnisse einer empirischen Untersuchung, in: FB 2001, S. 569-578.

Fels, G. (1986): Reform der Unternehmensbesteuerung – Stärkung der Wettbewerbsfähigkeit der deutschen Wirtschaft im internationalen Vergleich, in: StBKR 1986, Bonn 1986, S. 19-30.

Fessler, B./Hegmann, G./Lemaitre, C. (2000): Die Behandlung von Börseneinführungskosten unter Beachtung internationaler Rechnungslegungsnormen bei Unternehmen des „Neuen Marktes“, in: DStR 2000, S. 1069-1072.

Fett, T./Spiering, C. (2002): Typische Probleme bei der Kapitalerhöhung aus Gesellschaftsmitteln, in: NZG 2002, S. 358-368.

Fichtelmann, H. (2000): GmbH & Still im Steuerrecht, 5. Auslage, Heidelberg 2000.

Findling, M. (1995): Die politische Ökonomie der Steuerreform – Eine Untersuchung der politischen Grenzen von Steuerreform unter besonderer Berücksichtigung der Steuerreform 1990, Aachen 1995.

Finsterer, H./Abelein, J. (2000): Finanzwirtschaftliche Sanierung im Insolvenzverfahren, in: Der Langfristige Kredit 2000, S. 49-54.

Fischer, L. (1987): Problemfelder und Perspektiven der Finanzierung durch Venture Capital in der Bundesrepublik Deutschland, in: DBW 1987, S. 8-32.

Fischer, L./Warneke, P. (1998): Internationale betriebswirtschaftliche Steuerlehre, 4. Aufl., Bielefeld 1998.

Fischer, P. (1997): Auch der Mitunternehmer ist ein Unternehmer des Betriebs – Ein Beitrag zur subjektiven Zurechnung des einkommensteuerbaren Handlungs- und Erfolgstatbestands, in: Budde, W. D./Moxter, A./Offerhaus, K. (Hrsg.): Handelsbilanzen und Steuerbilanzen – Festschrift für Heinrich Beisse, Düsseldorf 1997, S. 189-205.

Flämig, C. (1980): Rechtsformneutrale Besteuerung der Unternehmen?, in: ZRP 1980, S. 237-245.

Fleischmann, G./Meyer-Scharenberg, D. (2006): Der neue § 15b EStG: Der endgültige Tod der Steuersparmodelle, in: DB 2006, S. 353-355.

Fluck, A./Roos, R. (2001): Unternehmenskauf und -verkauf, in: FB 2001, S. 8-14.

Flume, W. (1971): Die Betriebsertragsteuer als Möglichkeit der Steuerreform, in: DB 1971, S. 692-696.

Förster, G./Felchner, J. (2006): Auszahlung des Körperschaftsteuerguthabens nach dem SEStEG-RegE, in: DStR 2006, S. 1725-1729.

Förster, G./Wendland, J. (2006): Steuerliche Folgen von Gesellschafterdarlehen in der Krise der GmbH, in: GmbHR 2006, S. 169-178.

Förster, W./Grönwoldt, J. (1987): Das Bilanzrichtlinien-Gesetz und die Liquidationsbilanz, in: BB 1987, S. 577-581.

Frank, H./Korunka, C./Lueger, M. (1999): Konfigurationsanalyse von Unternehmensgründungen – Hemmende und fördernde Faktoren beim Gründen von Unternehmen, in: BFuP 1999, S. 256-271.

Franke, N./Gruber, M./Henkel, J./Hoisl, K. (2004): Die Bewertung von Gründerteams durch Venture-Capital-Geber – eine empirische Analyse, in: DBW 2004, S. 651-670.

Franke, S. F. (1993), Steuerpolitik in der Demokratie – Das Beispiel der Bundesrepublik Deutschland, Berlin 1993.

Frenz, W. (1997): Unternehmensteuerkonzeptionen im Lichte des Eigentumsgrundrechts und des Leistungsfähigkeitsprinzips, in: StuW 1997, S. 116-130.

Friemel, R./Schiml, K. (2001): Lehrbuch der Abgabenordnung. Mit Finanzgerichtsordnung, 14. Aufl., Herne/Berlin 2001.

Frieß, R. (2004): Die Sanierungsentscheidung im Insolvenzfall – eine Frage der Unternehmensbewertung?, in: DStR 2004, S. 654-660.

Frizlen, U./Möhrle, M. (2003): Ausgewählte steuerliche Probleme bei der Gründung und Eigenkapitalbeschaffung von Technologieunternehmen, in: FB 2003, S. 121-130.

Frotscher, G. (2001): Die Ausgabenabzugsbeschränkung nach § 3c EStG und ihre Auswirkung auf Finanzierungsentscheidungen, in: DStR 2001, S. 2045-2054.

Funk, J. (1995): Aspekte der Unternehmensbewertung in der Praxis, in: zfbf 1995, S. 491-514.

Funke, K.-H. (1992): Beteiligungsgesellschaften als Finanzpartner, in: DStR 1992, S. 1106-1112.

Ganzert, S./Kramer, L. (1995): Due Diligence Review – eine Inhaltsbestimmung, in: WPg 1995, S. 576-581.

Gattermann, H. H. (1993): Steuerstandort Bundesrepublik als Gestaltungsaufgabe der Steuerpolitik, in: StbJb 1992/1993, Köln 1993, S. 13-29.

Gattermann, H. H. (1989): Perspektiven der Steuerpolitik, in: BB 1989, S. 917-921.

Gattermann, H. H. (1986): Marktwirtschaftliche Steuerpolitik – Notwendigkeit und Chancen einer Neuordnung der Einkommen- und Körperschaftsteuer, in: StbJb 1985/1986, Köln 1986, S. 47-59.

Gebhardt, C./Rose, M. (2004): Steuerforum Fulda: „Ein neues Steuersystem für Deutschland" – Bericht über eine Konferenz zur Vereinfachung des deutschen Steuerrechts, in: StuW 2004, S. 84-86.

Geck, R. (1998): Überlegungen zur Verwendung der GmbH & Co. KGaA in der mittelständischen Wirtschaft, in: NZG 1998, S. 586-589.

Gehrke, H.-D./Krohn, D. (2000): Verlust der wirtschaftlichen Identität nach § 8 Abs. 4 KStG (ehemalige „Mantelkauf-Regelung") – Gesamtabhandlung zur Anwendung des § 8 Abs. 4 KStG unter Berücksichtigung des BMF-Schreibens vom 16.4.1999, in: StBp 2000, S. 46-54.

Gerke, W. (1995): Venture Capital, in: Gerke, W./Steiner, M. (Hrsg.): Handwörterbuch des Bank- und Finanzwesens, 2. Aufl., Stuttgart 1995, Sp. 1883-1890.

Gerke, W./Bank, M. (1999): Finanzierungsprobleme mittelständischer Unternehmen, in: FB 1999, S. 10-20.

Gerke, W./Bank, M./Neukirchen, D./Rasch, S./Rasch, S./Schröder, M./Spengel, C./Steiger, M./Westerheide, P. (1995): Probleme deutscher mittelständischer Unternehmen beim Zugang zum Kapitalmarkt: Analyse und wirtschaftspolitische Schlussfolgerungen, Baden-Baden 1995.

Giloy, J. (1989): Reform der Unternehmensbesteuerung, in: DStZ 1989, S. 547-553.

Göckeler, S. (2001): Gestaltungsüberlegungen zum Börsengang – Ein Praxisbericht für Unternehmen und Unternehmer aus rechtlicher und steuerlicher Sicht, in: DSWR 2001, S. 15-18.

Goksch, S./Buge, R. (2004): Pauschalierung von nicht abzugsfähigen Betriebsausgaben gemäß § 8b KStG und Gewerbesteuer – Auswirkungen bei Zwischenschaltung einer Personengesellschaft, in: DStR 2004, S. 1549-1553.

Golland, F. (2000): Equity Mezzanine Capital, in: FB 2000, S. 34-39.

Golland, F./Gehlhaar, L./Grossmann, K./Eickhoff-Kley, X./Jänisch, C. (2005): Mezzanine-Kapital, in: BB-Special 4/2005, S. 1-32.

Gosch, D. (2005): Körperschaftsteuergesetz – Kommentar, München 2005.

Grisebach, R. (1989): Innovationsfinanzierung durch Venture Capital – Eine juristische und ökonomische Analyse, München 1989.

Groh, M. (2002): Hände weg von Optionsanleihen? – Anmerkungen zum BFH-Urteil vom 16.5.2001 I R 102/00, in: DB 2002, S. 860-864.

Groh, M. (2000): Disquotale Gewinnverteilung in Kapitalgesellschaften – Ein Freibrief des BFH?, in: DB 2000, S. 1433-1438.

Groß, S./Steiger, J. (2004): Gestaltungen zur Verlustnutzung trotz Mindestbesteuerung, in: DStR 2004, S. 1203-1205.

Grotherr, S. (2000): Das neue Körperschaftsteuersystem mit Anteileignerentlastung bei der Besteuerung von Einkünften aus Beteiligungen, in: BB 2000, S. 849-861.

Grube, F./Altrichter-Herzberg, T. (2005): Aktuelles im Bereich von steuerlichen Verlustvorträgen bei Körperschaften im Zusammenhang mit § 8 Abs. 4 KStG, in: GmbHR 2005, S. 284-287.

Grünbichler, A./Keiber, K. (1999): Zur Finanzierungsproblematik von Gründungsunternehmen aus optionstheoretischer Sicht, in: ZfB-Ergänzungsheft 3/99, S. 151-168.

Gschwendtner, H. (1999): Darlehensverluste eines wesentlich an einer Kapitalgesellschaft beteiligten Gesellschafters, in: NJW 1999, S. 2165-2167.

Günkel, M./Fenzl, B./Hagen, C. (2000): Diskussionsforum Unternehmenssteuerreform: Steuerliche Überlegungen zum Übergang auf ein neues Körperschaftsteuersystem, insbesondere zum Ausschüttungsverhalten von Kapitalgesellschaften, in: DStR 2000, S. 445-453.

Haase, D./Lüdemann, L. (2000): Auswirkungen der Unternehmenssteuerreform auf die Finanzierungspolitik der Kapitalgesellschaften, in: DStR 2000, S. 747-752.

Hachmeister, D. (1996): Die Abbildung der Finanzierung im Rahmen verschiedener Discounted Cash Flow-Verfahren, in: zfbf 1996, S. 251-276.

Häger, M./Elkemann-Reusch, M. (2004): Mezzanine Finanzierungsinstrumente, Berlin 2004.

Häger, M./Forst, P. (1999): Verlustabzug im Sanierungsfall nach Mantelkauf, in: EStB 1999, S. 98-99.

Häuselmann, H. (2003): Die steuerliche Erfassung von Pflichtwandelanleihen, in: BB 2003, S. 1531-1537.

Häuselmann, H. (2000): Wandelanleihen in der handels- und Steuerbilanz des Emittenten, in: BB 2000, S. 139-146.

Häuselmann, H./Wagner, S. (2002): Steuerbilanzielle Erfassung aktienbezogener Anleihen: Options-, Wandel-, Umtausch- und Aktienanleihen, in: BB 2002, S. 2431-2436.

Häuselmann, H./Rümker, D./Westermann, H. P. (1992): Die Finanzierung der GmbH durch ihre Gesellschafter, Frankfurt am Main 1992.

Hafner, R. (1993): Unternehmensbewertungen als Instrumente zur Durchsetzung von Verhandlungspositionen, in: BFuP 1993, S. 79-89.

Hagen, O./Schynol, D. (2001): Die Besteuerung außerordentlicher Einkünfte nach dem Steuersenkungsgesetz und dem Steuersenkungsänderungsgesetz, in: DB 2001, S. 397-407.

Hahn, V. (1997): Das Informationsrecht des Kommanditisten, in: BB 1997, S. 741-745.

Haisch, M. (2002): Steueränderungsgesetz 2001 – Auswirkungen auf die Besteuerung von Finanzinnovationen, in: DStR 2002, S. 247-251.

Haisch, M. (2001): Besteuerung von niedrigverzinslichen Optionsanleihen im Privatvermögen – Anmerkungen zu den Urteilen des BFH vom 16.5.2001, I R 102/00, und vom 24.10.2000, VIII R 28/99, in: DStR 2001, S. 1968-1970.

Haisch, M./Danz, T. (2006): Aktuelle Fragen zur Besteuerung von Options- und Wandelanleihen – Anmerkungen zu den BFH-Urteilen vom 30.11.2005, I R 3/04 und I R 26/04 sowie vom 27.10.2005, IX R 15/05, in: DStZ 2006, S. 229-233.

Halasz, C./Kloster, L./Kloster, A. (2002): Die GmbH & Co. KGaA – Eine Rechtsformalternative zur GmbH & Co. KG?, in: GmbHR 2002, S. 77-92.

Haller, H. (1999): Eigenkapital aus Förderprogrammen, in: FB 1999, S. 269-273.

Hammer, A. (2000): Gründungsdarlehen und andere Finanzierungshilfen, in: BC 2000, S. 154-158.

Harthaus, R. (1998): Typische oder atypische stille Gesellschaft oder bloßes Darlehnverhältnis? Eine Betrachtung aus handelsrechtlicher, unternehmenssteuerlicher, zivilrechtlicher und bewertungsrechtlicher Sicht, in: StB 1998, S. 14-18.

Hartmann, R. (1974): Wagnisfinanzierung – neue Möglichkeiten der Kapitalbeschaffung, München 1974.

Hartmann-Wendels, T. (1987): Venture Capital aus finanzierungstheoretischer Sicht, in: zfbf 1987, S. 16-30.

Hauber, B./Kiesel, H. (2000): Abzinsungsgebot nach § 6 Abs. 1 Nr. 3 EStG: Auswirkungen auf Verbindlichkeiten aus unverzinslichen Gesellschafterdarlehen, in: BB 2000, S. 1511-1515.

Hauer, G. (1993): Grundlagen der betrieblichen Steuerplanung, München 1993.

Hauschildt, J./Grape, C./Schindler, M. (2006): Typologien von Unternehmenskrisen im Wandel, in: DBW 2006, S. 7-25.

Haux, J. F. (2001): Handbuch Beteiligungsmanagement, München 2001.

Hebig, M. (1986): Steuerlicher Beratungsbedarf und Betriebswirtschaftliche Steuerlehre, in: StB 1986, S. 1-9.

Heckschen, H. (2001): Agio und Bezugsrechtsausschluss bei der GmbH, in: DStR 2001, S. 1437-1445.

Heckschen, H./Heidinger, A. (2005): Die GmbH in der Gestaltungspraxis, Köln/Berlin/München 2005.

Heerma, J. D. (2005): Passivierung bei Rangrücktritt: Widersprüchliche Anforderungen an Überschuldungsbilanz und Steuerbilanz?, in: BB 2005, S. 537-544.

Heinhold, M. (2004): Wirtschaftlichkeitsanalyse des Einkommensteuerrechts, in: Stbg 2004, S. 449-456.

Heinhold, M. (1999): Zur Entscheidungsneutralität konsumorientierter Steuersysteme, in: Altenburger, O. A. (Hrsg.): Fortschritte im Rechnungswesen: Vorschläge für Weiterentwicklungen im Dienste der Unternehmens- und Konzernsteuerung durch Unternehmensorgane und Eigentümer – Festschrift für Gerhard Seicht, Wiesbaden 1999, S. 73-99.

Heinhold, M. (1996): Unternehmensbesteuerung Band 1: Rechtsform, Stuttgart 1996.

Heinhold, M. (1996a): Unternehmensbesteuerung Band 3: Investition und Finanzierung, Stuttgart 1996.

Heinhold, M. (1996b): Der Jahresabschluß, 4. Aufl., München/Wien/Oldenbourg 1996.

Heinhold, M. (1989): Simultane Unternehmensplanungsmodelle – ein Irrweg?, in: DBW 1989, S. 689-708.

Heinhold, M./Coenenberg, A. (2005): Aktivierung von Werbeaufwand? – Kritische Fragen zum BMF-Schreiben vom 20.6.2005, in: DB 2005, S. 2033-2039.

Heinhold, M./Bachmann, C./Hüsing, S. (2004): Lehrbuch Besteuerung der Gesellschaften – Rechtsformen und ihre steuerliche Behandlung, Herne/Berlin 2004.

Heitzer, B. (2002): Risikomanagement bei Venture Capital-Finanzierungen, in: FB 2002, S. 471-478.

Heitzer, B. (2000): Finanzierung junger innovativer Unternehmen durch Venture Capital-Gesellschaften, Lohmar/Köln 2000.

Heitzer, B./Engelmann, A. (2001): Private Equity durch Inkubatoren – Analyse einer alternativen Form der Kapitalvergabe, in: M&A 2001, S. 96-103.

Heitzer, B./Sohn, C. (1999): Zur Bedeutung des Neuen Marktes für die Venture Capital-Finanzierung in Deutschland, in: FB 1999, S. 397-405.

Helm, M. T./Krinninger, M. (2005):Steuerrechtliche Folgen des Gesellschafterverzichts auf Forderungen gegenüber einer KG, in: DB 2005, S. 1989-1994.

Helsper, H (1995): Die Chaotisierung der Steuerrechtsordnung als Folge eines verfehlten Zusammenspiels von politischer Führung und juristischer Expertenkompetenz, in: BB 1995, S. 17-25.

Hemer, J. (1999): Mobilisierung von Business Angels in Deutschland, in: Berrios Amador, M./Lohmann, K./Pleschak, F. (Hrsg.): Beteiligungskapital in der Unternehmensfinanzierung: Grundfragen – Konzepte – Erfahrungen, Wiesbaden 1999, S. 185-200.

Hemmelrath, A. (1999): GmbH-Anteile als Sonderbetriebsvermögen II bei der GmbH & atypisch Still, in: NWB 1999, S 573-575.

Hennrichs, J. (2002): Dualismus der Unternehmensbesteuerung aus gesellschaftsrechtlicher und steuersystematischer Sicht – oder: Die nach wie vor unvollendete Steuerreform, in; StuW 2002, S. 201-216.

Hergeth, A./Mingau, K. (2001): Beteiligungsverträge bei der GmbH, in: DStR 2001, S. 1217-1220.

Herold, C. (2002): Sind Darlehen vorteilhafter als Gewinnausschüttungen?, in: GStB 2002, S. 217-221.

Herrmann, C. (1999): Veräußerung einer Beteiligung – Mitverkauf von Gewinn oder Ausschüttung an den Veräußerer? – in: BB 1999, S. 2054-2061.

Herrmann, C./Heuer, G./Raupach, A. (2005): Einkommensteuer- und Körperschaftsteuergesetz: Kommentar, 230. Ergänzungslieferung (Stand: November 2005), Köln 1950/2005.

Herzig, N. (2001): Aspekte der Rechtsformwahl für mittelständische Unternehmen nach der Steuerreform, in: WPg 2001, S. 253-270.

Herzig, N. (2000): Praktikables Steuerrecht aus betriebswirtschaftlicher Sicht, in: BB 2000, S. 1863-1869.

Herzig, N. (1994): Spannungsverhältnis zwischen Finanzierungsfreiheit und fehlender Finanzierungsneutralität der Besteuerung, in: FR 1994, S. 589-602.

Herzig, N. (1981): Die Beendigung eines unternehmerischen Engagements als Problem der Steuerplanung (unveröffentlichte Habilitationsschrift), Köln 1981.

Herzig, N./Wagner, T. (2003): Einschränkung der Verlustberücksichtigung bei Kapitalgesellschaften, in: DStR 2003, S. 225-233.

Herzig, N./Watrin, C. (2000): Betriebswirtschaftliche Anforderungen an eine Unternehmenssteuerreform, in: StuW 2000, S. 378-388.

Herzig, N./Zimmermann, M. (1998): Steuercontrolling – Überflüssige Begriffsverbindung oder Innovation?, in: DB 1998, S. 1141-1150.

Herzig, N./Schiffers, J. (1994): Rechtsformwahl unter Beachtung der laufenden Besteuerung und von aperiodischen Besteuerungstatbeständen, in: StuW 1994, S. 103-120.

Herzig, N./Kessler, W. (1992): Steuerorientierte Wahl der Unternehmensform GmbH, OHG, GmbH & Co. und Betriebsaufspaltung – Ein EDV-gestützter Steuerbelastungsvergleich, in: GmbHR 1992, S. 232-249.

Heß, I. (2004): Die Fortsetzung der Investitionsförderung durch das Investitionszulagengesetz 2005, in: DStR 2004, S. 940-943.

Heßler, A./Mosebach, P. (2002): Ertragsteuern bei Wachstumsunternehmen: Unternehmen – Anteilseigner – aktive Schlüsselpersonen, Stuttgart 2002.

Heßler, A./Mosebach, P. (2001): Verlustabzug bei Start-up-Unternehmen, in: DStR 2001, S. 813-820.

Hey, F. E. (2002): BB-Kommentar, in: BB 2002, S. 870-871.

Hölzl, M. (2003): Die Besteuerung der Kommanditgesellschaft auf Aktien (KGaA) – Eine betriebswirtschaftliche Analyse, Frankfurt am Main 2003.

Hölzle, G. (2005): Der qualifizierte Rangrücktritt als Sanierungsmittel – und Steuerfalle?, in: GmbHR 2005, S. 852-859.

Hörger, H./Endres, N. (1999): Körperschaftsteuerlicher Verlustabzug – Besprechung des BMF-Schr. v. 16.4.1999 zur Anwendung von § 8 Abs. 4 KStG und § 12 Abs. 3 S. 2 UmwStG, in: GmbHR 1999, S. 569-582.

Hötzel, O. (1997): Unternehmenskauf und Steuern, 2. Aufl., Düsseldorf 1997.

Hötzel, O./Beckmann, K. (2000): Einfluss der Unternehmenssteuerreform 2001 auf die Unternehmensbewertung, in: WPg 2000, S. 696-701.

Hofert, S./Arends, V. (2005): Mezzanine-Finanzierung der GmbH, in: GmbHR 2005, S. 1381-1386.

Hoffmann, P./Ramke, R. (1992): Management Buy-Out in der Bundesrepublik Deutschland – Anspruch, Realität und Perspektiven, 2. Aufl., Berlin 1992.

Hoffmann, R./Hölzle, A. (2004): Meilensteinregelungen in Venture Capital-Verträgen nach deutschem Recht, in: FB 2004, S. 233-238.

Hoffmann, W.-D. (2001): Vermeidung der Verlustvernichtung beim Wechsel der Anteilsmehrheit, in: GmbH-StB 2001, S. 124.

Hohaus, B./Inhester, M. (2003a): Rahmenbedingungen von Management-Beteiligungen, in: DStR 2003, S. 1765-1768.

Hollatz, A. (2002): Auflösungsverlust durch kapitalersetzende Bürgschaften, in: NWB 6/2002, S. 373-384.

Holler, G./Gold, F. (2001): Steuerplanung von Kapitalerhöhungsmaßnahmen zur Vorbereitung und Durchführung des Börsengangs, in: DStR 2001, S. 1-7.

Homburg, S. (2003): Allgemeine Steuerlehre, 3. Aufl., München 2003.

Hommel, U./Ritter, M./Wright, M. (2003): Verhalten der Beteiligungsfinanzierer nach dem "Downturn" – Ergebnisse einer empirischen Untersuchung, in: FB 2003, S. 323-333.

Hommelhoff, P./Hartmann, U./Hillers, K. (1986): Satzungsklauseln zur Ergebnisverwendung in der GmbH, in: DNotZ 1986, S. 323-342.

Hohaus, B./Inhester, M. (2003): Besteuerung von Wagniskapitalgesellschaften – Quo Vadis?, in: DB 2003, S. 1080-1081.

Hubert, F. (1998): Kapitalstruktur und Wettbewerbsstrategie, in: ZfB-Ergänzungsheft 2/98, S. 167-185.

Hüffer, U. (2006): Aktiengesetz, 7. Aufl., München 2006.

Hundsdoerfer, J. (2001): Beteiligungsaufwendungen im Halbeinkünfteverfahren, in: BB 2001, S. 2242-2250.

Hunsdiek, D. (1987): Unternehmensgründung als Folgeinnovation – Struktur, Hemmnisse und Erfolgsbedingungen der Gründung industrieller innovativer Unternehmen, Stuttgart 1987.

Husmann, S./Kruschwitz, L./Löffler, A. (2002): Unternehmensbewertung unter deutschen Steuern, in: DBW 2002, S. 24-42.

IDW (2002): Wirtschaftsprüfer-Handbuch 2002: Handbuch für Rechnungslegung, Prüfung und Beratung – Teil II, 12. Aufl., Düsseldorf 2002.

IDW (2000): Grundsätze zur Durchführung von Unternehmensbewertungen (IDW S 1), in: WPg 2000, S. 825-842.

Isensee, J. (1994): Vom Beruf unserer Zeit für Steuervereinfachung, in: StuW 1994, S. 3-14.

Jacobs, N./Wittmann, H.-J. (2000): Steuersenkungsgesetz: Besteuerung von Anteilserwerben, in: GmbHR 2000, S. 1015-1022.

Jacobs, O. H. (1997): Ist die zinskorrigierte Besteuerung ein Ansatz zur Harmonisierung der Unternehmensbesteuerung in Europa, in: Burmester, G./Endres, D. (Hrsg.): Aussensteuerrecht, Doppelbesteuerungsabkommen und EU-Recht im Spannungsverhältnis – Festschrift für Helmut Debatin, München 1997, S. 207-233.

Jacobs, O. H./Scheffler, W. (1995): Steueroptimale Rechtsform – Eine Belastungsanalyse für mittelständische Unternehmen, 2. Aufl., München 1995.

Jäger, A. (2006): Die Entwicklung der Judikatur zur AG in den Jahren 2003-2005, in: NZG 2006, S. 166-174.

Jäger, A. (1998): Thema Börse (2): Alternative Maßnahmen der Kapitalbeschaffung, in: NZG 1998, S. 718-720.

Jäger, A. (1998a): Thema Börse (3): Prüfung der Börsenreife, in: NZG 1998, S. 932-934.

Jänisch, C./Moran, K./Waibel, N. (2002): Mezzanine-Finanzierung – Intelligentes Fremdkapital und deutsches Steuerrecht, in: DB 2002, S. 2451-2456.

Jakob, F. (2000): Besteuerung hybrider Finanzierung in grenzüberschreitenden Situationen, in: IWB, Fach 1, S. 1521-1546.

Janssen, B. (2005): Neues zur Beschränkung des Verlustabzugs gemäß § 8 Abs. 4 KStG, in: DStZ 2005, S. 857-861.

Jung, H. (1984): Instrumente der betrieblichen Steuerplanung von Personengesellschaften, München 1984.

Kaden, J./Wagner, W./Weber, T./Wenzel, K. (1997): Kritische Überlegungen zur Discounted Cash Flow-Methode, in: ZfB 1997, S. 499-508.

Kamp, A./Solmecke, H. (2005): Mezzanine-Kapital: Ein Eigenkapitalsubstitut für den Mittelstand?, in: FB 2005, S. 618-625.

Kaserer, C./Achleitner, A.-K./Moldenhauer, B. (2005): Entrepreneurial Firms: Einfluss der Eigentümerstruktur auf Unternehmensperformance und Kapitalmarktfähigkeit, in: BB-Special 5/2005, S. 2-8.

Kaufmann, F. (1997): Besonderheiten der Finanzierung kleiner und mittlerer Unternehmen – Ein Überblick über die Problemlage, in: Kredit und Kapital 1997, S. 140-155.

Kaufmann, F./Kokalj, L. (1996): Risikokapitalmärkte für mittelständische Unternehmen, Stuttgart 1996.

Keller, R. (1999): Unternehmenskrisen, in: BBK 1999, Fach 26, S. 817-824.

Keller, R. (1999a): Unternehmenssanierung, in: BBK 1999, Fach 26, S. 825-834.

Kessler, W./Schiffers, J./Teufel, T. (2002): Rechtsformwahl, Rechtsformoptimierung, München 2002.

Kessler, W./Teufel, T. (2001): Gesellschafterfremdfinanzierung nach der Unternehmenssteuerreform, in: DB 2001, S. 1955-1962.

Kirchhof, F. (2002): Der Weg zur verfassungsgerechten Besteuerung – Bestand, Fortschritt, Zukunft, in: StuW 2002, S. 185-200.

Kirchhof, P. (2006): EStG Kompaktkommentar, 6. Aufl., Heidelberg 2006.

Kirchhof, P. (2000): Verfassungsrechtliche Maßstäbe der Steuergesetzgebung, in: Steuerberater-Jahrbuch 1999/2000, Köln 2000, S. 17-34.

Kirchhof, P. (1987): Die Kunst der Steuergesetzgebung, in: NJW 1987, S. 3217-3226.

Kirchhof, P. (1985): Der verfassungsrechtliche Auftrag zur Besteuerung nach der finanziellen Leistungsfähigkeit, in: StuW 1985, S. 319-329.

Kirchner, H. (1998): Privatinvestoren, in: Achleitner, A.-K./Thoma, G. F. (Hrsg.): Handbuch Corporate Finance: Konzepte, Strategien und Praxiswissen für das moderne Finanzmanagement, Loseblattausgabe, Köln 1998.

Kiwitz, T./Melzer, G. (2001): Die Kosten der Börseneinführung eines mittelständischen Unternehmens, in: DStR 2001, S. 42-56.

Klandt, H./Michalowski, K. (1999): Existenz- und Unternehmensgründung: ein Thema für die Beratungspraxis des Steuerberaters, in: FB 1999, S. 100-105.

Klein, F. (1990): Die nationale Besteuerung als Faktor des internationalen Wettbewerbs – Ein Plädoyer für eine Harmonisierung des Unternehmenssteuerrechts, in: StuW 1990, S. 390-396.

Klein, F. (1988): Steuerreform und Wirtschaft, in: StuW 1988, S. 217-222.

Klein, M. (2005): Rangrücktrittsvereinbarungen – als Sanierungsinstrument ein Auslaufmodell?, in: GmbHR 2005, S. 663-670.

Klein, W./Paarsch, A. (1994): Aufbau eines Restrukturierungskonzepts, in: BFuP 1994, S. 177-189.

Klemm, A. H. (1988): Die Finanzierung und Betreuung von Innovationsvorhaben durch Venture Capital Gesellschaften – Möglichkeiten und Grenzen der Übertragung des amerikanischen Venture Capital Konzeptes auf die Bundesrepublik Deutschland, Frankfurt am Main 1988.

Klöne, H. (1980): Steuerplanung, Neuwied 1980.

Knobbe-Keuk, B. (1993): Bilanz- und Unternehmenssteuerrecht, 9. Aufl., Köln 1993.

Knops, K.-O./Bamberger, H. G./Maier-Reimer, G. (2005): Recht der Sanierungsfinanzierung, Heidelberg 2005.

Koch, L. T. (1999): Externes Gründungsmanagement – Globalisierungsbedingte Anforderungen an eine nationale Gründungskultur, in: BFuP 1999, S. 307-321.

Koch, W./Wegmann, J. (1998): Going Public im Mittelstand – Erfahrungsberichte vom Neuen Markt, in: BFuP 1998, S. 289-298.

König, R./Wosnitza, M. (2004): Betriebswirtschaftliche Steuerplanungs- und Steuerwirkungslehre, Heidelberg 2004.

König, R./Sureth, C. (2001): Der Einfluss der Unternehmenssteuerreform auf die rechtsformspezifische Steuerbelastung, in: StuB 2001, S. 117-121.

König, R./Sureth, C. (1998): Besteuerung und Rechtsformwahl, Landsberg am Lech 1998.

König, W./Zeidler, G. W. (1996): Die Behandlung von Steuern bei der Unternehmensbewertung, in: DStR 1996, S. 1098-1103.

Köster, T./Schiffers, J. (2002): Steuervergünstigungsabbaugesetz – Geplante Änderungen und mögliche Konsequenzen für die GmbH, in: GmbHR 2002, S. 1218-1226.

Koetz, A./Heinz, C. (2005): Einfluss der (neuen) Mindestbesteuerung auf die Ermittlung der Gewerbesteuer, in: GmbHR 2005, S. 670-672.

Kohl, T./Schulte, J. (2000): Ertragswertverfahren und DCF-Verfahren – Ein Überblick vor dem Hintergrund der Anforderungen des IDW S1, in: WPg 2000, S. 1147-1164.

Kollmann, T. (2004): Risikomanagement von Business Angels: Strategien für ein erfolgreiches Investment, Kiel 2004.

Kommission zur Reform der Unternehmensbesteuerung (1999): Brühler Empfehlungen zur Reform der Unternehmensbesteuerung, in: FR 1999, S. 580-586.

Korezkij, L. (2003): Steuerermäßigung für gewerbliche Einkünfte nach § 35 EStG, Stuttgart 2003.

Korn, C. B. (2003): Rechtfertigung einer unterschiedlichen Besteuerung von Wandel- und Umtauschanleihen, in: FR 2003, S. 1101-1108.

Korn, K. (2004): Einkommensteuergesetz Kommentar, 19. Ergänzungslieferung (Stand Juni 2004), Bonn/Berlin 2004.

Korn, K. (2001): Neue Beratungsaspekte zu verdeckten Gewinnausschüttungen, in: KÖSDI 2001, S. 12811-12823.

Korn, K./Fuhrmann, C. (2001): „Steuerfalle" Behalte-, Besteuerungs- und Nachversteuerungsfristen, in: KÖSDI 2001, S. 12845-12860.

Kort, M. (1997): Das Informations- und Prüfungsrecht des stillen Gesellschafters gemäß § 233 HGB, in: DStR 1997, S. 1372-1376.

Kraft, G. (2001): § 8 Abs. 4 KStG – Totengräber zahlreicher „dot.coms"?, in: DB 2001, S. 112-115.

Krebühl, H.-H. (2001): Zur Reform und Reformnotwendigkeit der deutschen Konzernbesteuerung, in: DStR 2001, S. 1730-1741.

Krolle, S. (2001): Unsicherer tax shield in der Unternehmensbewertung, in: FB 2001, S. 18-30.

Krolle, S./Knollmann, J. (2000): Überlegungen zum relevanten Einkommensteuersatz bei der Ermittlung des Unternehmenswerts, in: FB 2000, S. 77-82.

Kroschel, J. (1999): Rechtskritische Anmerkungen zur steuerlichen Behandlung von Sanierungsgewinnen, in: DStR 1999, S. 1383-1388.

Krüger, H. (2002): Steuerliche Aspekte des Corporate Venture Capital – Rechtsformproblematik und Managementvergütung, in: FB 2002, S. 57-70.

Kruschwitz, L./Lodowicks, A./Löffler, A. (2005): Zur Bewertung insolvenzbedrohter Unternehmen, in: DBW 2005, S. 221-236.

Kruse, H.-W. (1990): Über die Gleichmäßigkeit der Besteuerung, in: StuW 1990, S. 322-330.

Kühn, H.-U./Herold, C. (2002): Chancen und Risiken der vermögensverwaltenden GmbH, in: GStB 2002, S. 417-428.

Kulicke, M./Broß, U./Gundrum, U. (1997): Innovationsdarlehen als Instrument zur Förderung kleiner und mittlerer Unternehmen, Heidelberg 1997.

Kupper, C. H. (1999): Möglichkeiten und Grenzen der maßgeschneiderten Wachstumsfinanzierung, in: Behr, G. (Hrsg.): Wachstumsfinanzierung, Bern/Stuttgart/Wien 1999, S. 25-40.

Kupsch, P./Achtert, F./Göckeritz, B. (1997): Unternehmungsbesteuerung, München 1997.

Kußmaul, H. (1998): Betriebswirtschaftliche Steuerlehre: Arbeitsbuch, München 1998.

Kußmaul, H. (1996): Gesamtbewertung von Unternehmen als spezieller Anwendungsfall der Investitionsrechnung (Teil 1); in: StB 1996, S. 262-312.

Kußmaul, H. (1996a): Betriebswirtschaftliche Aspekte bei der Zuführung von Eigen- oder Fremdkapital (Teil I), in: StB 1996, S. 437-441.

Kußmaul, H. (1995): Die Betriebswirtschaftliche Steuerlehre als steuerliche Betriebswirtschaftslehre?, in: StuW 1995, S. 3-14.

Kußmaul, H./Junker, A. (2000): Vorteilhaftigkeitsveränderungen bei Kapitalbeteiligungsgesellschaften im Kontext des „Steuersenkungsgesetzes"?, in: FB 2000, S. 418-430.

Kußmaul, H./Richter, L. (2000): Betriebswirtschaftliche Aspekte von Venture Capital-Gesellschaften und ihre Bedeutung im Hinblick auf Existenzgründungen: Einordnung, Funktionsweise, Beteiligungsformen, Finanzierungsphasen, in: DStR 2000, S. 1155-1160.

Kußmaul, H./Richter, L. (2000a): Betriebswirtschaftliche Aspekte von Venture Capital-Gesellschaften und ihre Bedeutung im Hinblick auf Existenzgründungen: Zeitlicher Ablauf und öffentliche Finanzierungsprogramme, in: DStR 2000, S. 1195-1204.

Kußmaul, H./Schäfer, R. (2000): Finanzierungshilfen für Existenzgründer in Form von Zuschüssen, Zulagen und Bürgschaften, in: INF 2000, S. 340-343.

Kußmaul, H./Dreger, M. (1997): Einfluss des Jahressteuergesetzes 1997 und der weiteren geplanten Steuerrechtsänderungen auf die Kapitalkosten der Eigen- und Fremdfinanzierung bei „unternehmensbezogenen" Kapitalgesellschaften, in: BB 1997, S. 2349-2354.

Kußmaul, H./Dreger, M. (1996): Eigen- oder Fremdfinanzierung bei „unternehmensbezogenen" Kapitalgesellschaften – ein steuerlich orientierter Finanzierungsvergleich, in: DStR 1996, S. 1179-1183.

Kußmaul, H./Dreger, M./Leiderer, B. (1996): Steuerliche Überlegungen zur Außenfinanzierung, in: INF 1996, S. 341-345.

Land, V./Hasselbach, K. (2000): „Going Private" und „Squeeze-out" nach deutschem Aktien-, Börsen- und Übernahmerecht, in: DB 2000, 557-562.

Lang, J. (2000): Notwendigkeit und Verwirklichung der Unternehmensteuerreform in der 14. Legislaturperiode, in: Harzburger Steuerprotokoll 1999, Köln 2000, S. 33-63.

Lang, J. (1993): Wege aus dem Steuerchaos, in: Deutscher Steuerberaterverband e.V. (Hrsg.): Steuerchaos – und kein Ende?, Bonn 1993, S. 49-72.

Lang, J. (1993a): Entwurf eines Steuergesetzbuchs, BMF-Schriftenreihe, Heft 49, Bonn 1993.

Lang, J. (1990): Reform der Unternehmensbesteuerung auf dem Weg zum europäischen Binnenmarkt und zur deutschen Einheit, in: StuW 1990, S. 107-129.

Lang, J. (1989): Reform der Unternehmensbesteuerung, in: StuW 1989, S. 3-17.

Lang, J./Englisch, J. (2005): Zur Verfassungswidrigkeit der neuen Mindestbesteuerung, in: StuW 2005, S. 3-24.

Langbein, V. (1989): Die Steuerreform aus der Sicht eines Großunternehmens, in: FR 1989, S. 158-163.

Langholz, H.-G./Vahle, P. (2000): Handels- und steuerrechtliche Behandlung des Abfindungsguthabens des ausscheidenden atypisch stillen Gesellschafters für einen Geschäfts- oder Firmenwert, in: DStR 2000, S. 763-765.

Lammerding, J. (2002): Abgabenordnung, Finanzgerichtsordnung und Nebengesetze, 14. Aufl., Achim 2002.

Laule, G. (1983): Steuerplanung in Verlustjahren, in: DStZ 1983, S. 311-319.

Leopold, G. (1999): Venture Capital – Das Eigenkapitalgeschäft mit kleinen und mittleren Unternehmen, in: DStR 1999, S. 470-476.

Leopold, G./Frommann, H. (1998): Eigenkapital für den Mittelstand – Venture Capital im In- und Ausland, München 1998.

Leopold, K./Reichling, C. (2004): Alternative Finanzierungsformen: Mezzanine-Finanzierung für die Masse?, in: DStR 2004, S. 1360-1364.

Lessat, V./Hemer, J./Eckerle, T./Kulicke, M./Licht, G./Nerlinger, E. (1999): Beteiligungskapital und technologieorientierte Existenzgründung. Markt – Finanzierung – Rahmenbedingungen, Wiesbaden 1999.

Leuner, R./Lindenau, L./Westphal, R. (2002): Steuerliche Rahmenbedingungen in Deutschland für informelle Investoren (Business Angels), in: BB 2002, S. 700-708.

Leuner, R./Lindenau, L./Westphal, R. (2002a): Änderung der steuerlichen Rahmenbedingungen in Deutschland für Risikokapitalinvestoren (Business Angels und VC-Gesellschaften), in: BB 2002, S. 2411-2412.

Lind, H./Faulmann, A. (2001): Die Bilanzierung von Eigenkapitalbeschaffungskosten nach IAS, US-GAAP und HGB – Ein Querschnitt auf Basis einer empirischen Analyse der Bilanzierungspraxis, in: DB 2001, S. 601-605.

Link, G./Reichling, P. (2000): Mezzanine Money – Vielfalt in der Finanzierung, in: Die Bank 2000, S. 266-269.

Littmann, E./Bitz, H./Pust, H. (2006): Das Einkommensteuerrecht: Kommentar zum Einkommensteuerrecht, 15. Aufl., 70. Ergänzungslieferung, Stuttgart 2006.

Lobe, S. (2001): Marktbewertung des Steuervorteils der Fremdfinanzierung und Unternehmensbewertung, in: FB 2001, S. 645-652.

Löffler, C. (2002): Tax Due Diligence beim Unternehmenskauf, Düsseldorf 2002.

Löhr, D. (2001): Bewertung von Kapitalgesellschaften mit den Zukunftserfolgswert – Auswirkungen des Steuersenkungsgesetzes, in: BB 2001, S. 351-357.

Löhr, D. (2000): Die Brühler Empfehlungen – Wegweiser für eine Systemreform der Unternehmensbesteuerung?, in: StuW 2000, S. 33-44.

Löhr, D. (1999): Systemreform der Ertragsbesteuerung von Unternehmen, in: StuB 1999, S. 873-879.

Löhr, D. (1992): Unternehmensbewertung: Ausschüttungspolitik und Vollausschüttungshypothese, in: WPg 1992, S. 525-531.

Lorenz, C. (2001): Auswirkungen der Unternehmenssteuerreform 2001 auf die Gestaltung von Venture Capital-Fonds, in: DStR 2001, S. 821-825.

Lorenz, M./Seeliger, C. W. (2000): Corporate Venture Capital, in: FB 2000, S. 658-662.

Lübke, N. (2004): Business Angels und Existenzgründer. Strategien für eine erfolgreiche Transaktionsbeziehung, Düsseldorf 2004.

Lutter, M./Hommelhoff, P. (2004): GmbHG – Kommentar, 16. Aufl., Köln 2004.

Maidl, J./Kreifels, R. (2003): Beteiligungsverträge und ergänzende Vereinbarungen, in: NZG 2003, S. 1091-1095.

Maiterth, R. (2005): Der Einfluss der Besteuerung auf die internationale Wettbewerbsfähigkeit von Unternehmen, in: StuW 2005, S. 47-60.

Maiterth, R. (2003): Beurteilung unterschiedlicher Reformvorschläge für die Gewerbesteuer aus betriebswirtschaftlicher Sicht, in: DBW 2003, S. 479-496.

Maiterth, R. (2000): Unternehmenssteuerreform: Wird das Steuerrecht durch die Einführung des „Halbeinkünfteverfahrens" einfacher?, in: FR 9/2000, S. 507-511.

Maiterth, R./Wirth, H. (2004): Anmerkungen zur unendlichen Diskussion über Beteiligungsaufwendungen bei Kapitalgesellschaften aus steuersystematischer Sicht, in: DStR 2004, S. 433-438.

Mann, G. (1991): Steuerökonomische Modelle in der Steuerberatung, in: Herzig, N./ Bauer, J./Groh, M. (Hrsg.): Betriebswirtschaftliche Steuerlehre und Steuerberatung – Festschrift für Gerd Rose, Wiesbaden 1991, S. 56-69.

Mauritz, P. (1995): Derivative Finanzinstrumente beim Privatanleger – Steuerliche Behandlung und Überlegungen zur Steuerplanung, in: DB 1995, S. 698-704.

Maute, H. (1999): Börsenfähigkeit mittelständischer Unternehmen – Empirische Studie am Neuen Markt und Prädikatsmarkt München, in: DStR 1999, S. 687-692.

Meffert, H. (1998): Marketing – Grundlagen marktorientierter Unternehmensführung: Konzepte – Instrumente – Praxisbeispiele, 8. Aufl., Wiesbaden 1998.

Meinhövel, H./Brands, B. (2003): Stellen Mehrerlöse aus der Wiederveräußerung eigener Anteile Gewinn dar?, in: DBW 2003, S. 673-683.

Melchior, J. (2006): Änderungen durch das Steueränderungsgesetz 2007 und durch das Erste Gesetz zum Abbau bürokratischer Hemmnisse insbesondere in der mittelständischen Wirtschaft, in: DStR 2006, S. 1301-1302.

Mellert, C. R. (2003): Venture Capital Beteiligungsverträge auf dem Prüfstand, in: NZG 2003, S. 1096-1100.

Mertens, K. (2000): Die stille Beteiligung an der GmbH und ihre Überleistung bei Umwandlungen in die AG, in: AG 2000, S. 32-39.

Mihm, A. (2006): BB-Kommentar, in: BB 2006, S. 321.

Mildner, M. (2004): Die handelsrechtliche und steuerliche Zuordnung von Gewinnbezugsrechten bei Unternehmenskaufverträgen, in: NZG 2004, S. 1025-1032.

Mitschke, J. (2004): Die Neuordnung der Unternehmensbesteuerung, in: DStR 2004, Beihefter 1 zu Heft 14/2004, S. 1-4.

Mitschke, J. (2004a): Erneuerung des deutschen Einkommensteuerrechts – Gesetzesentwurf und Begründung. Mit einer Grundsicherungsvariante, Köln 2004.

Moxter, A. (1983): Grundsätze ordnungsmäßiger Unternehmensbewertung, 2. Aufl., Wiesbaden 1983.

Müller, H./Semmler, B. (2003): Steuerbedingter Kaufpreisabschlag bei Anteilen an einer Kapitalgesellschaft, in: ZfB 2003, S. 583-599.

Müller-Dott, P. (1990): Die Messung der Steuerlast deutscher Unternehmen aus der Sicht der Wirtschaft, in: BB 1990, Beilage 8, S. 1-11.

Müller-Gatermann, G. (2000): Grundentscheidungen der Unternehmenssteuerreform, Entlastungswirkungen und Gegenfinanzierungsmaßnahmen, in: GmbHR 2000, S. 650-657.

Müller-Seils, H.-J. (2000): Deutsches Unternehmenssteuerrecht im internationalen Kontext, in: IWB, Fach 3, Seite 1615-1630.

Müller-Stewens, G./Roventa, P./Bohnenkamp, G. (1996): Wachstumsfinanzierung für den Mittelstand – Ein Leitfaden zur Zukunftssicherung durch Unternehmensbeteiligung, 2. Aufl., Stuttgart 1996.

Nathusius, K. (2003): Finanzierungsinstrumente für unterschiedliche Gründungs-Modelle, in: zfbf 2003, S. 158-193.

Neu, N. (2000): Sanierungszuschuß und Forderungsverzicht in der Bilanz des Gesellschafters, in: GmbH-StB 2000, S. 41-46.

Neu, N. (2000a): Die Liquidationsbesteuerung der GmbH, in: GmbHR 2000, S. 57-65.

Neu, N./Neumann, R./Neumayer, J. (2003): GmbH-Handbuch – Teil III (Steuerrecht), 102. Ergänzungslieferung, Köln 2003.

Neufang, B./Oettinger, H.-J. (2006): Kapitalersatz und Steuerrecht: Ein Beratungsfeld in der Quadratur des Kreises, in: BB 2006, S. 294-296.

Niederöcker, B. (2001): Die Vorteilhaftigkeit von Business Angels für die Innovationsfinanzierung in jungen Unternehmen, in: FB 2001, S. 280-286.

Nieland, M. (1997): Betriebliche Steuergestaltung: eine Einführung in die Unternehmensbesteuerung und ihre Einflußfaktoren, Herne/Berlin 1997.

Niemann, R. (2004): Investitionswirkungen steuerlicher Verlustvorträge – Wie schädlich ist die Mindestbesteuerung?, in: ZfB 2004. S. 359-384.

Nittka, I. (2000): Informelles Venture Capital am Beispiel von Business Angels, Stuttgart 2000.

Nittka, I. (2000a): Informelles Venture Capital und Business Angels, in: FB 2000, S. 253-262.

Offerhaus, K. (2000): Die Steuerreform – eine Herausforderung an den Rechtsstaat, in: DStZ 2000, S. 9-14.

Offerhaus, K. (1996): Wertneutralität im Steuerrecht – Zur Abziehbarkeit von Schmier- und Bestechungsgeldzahlungen, in: Crezelius, G./Raupach, A./Schmidt, L./Uelner, A. (Hrsg.): Steuerrecht und Gesellschaftsrecht als Gestaltungsaufgabe – Freundesgabe für Franz Josef Haas, Herne/Berlin 1996, S. 237-252.

Olbing, K. (2003): Sanierung durch Steuergestaltung, 3. Aufl., Köln 2003.

Olbrich, C. (1981): Unternehmensbewertung – Ein Leitfaden für die Praxis, Herne/Berlin 1981.

Ollmann, M./Richter, F. (1999): Kapitalmarktorientierte Unternehmensbewertung und Einkommensteuer – Eine deutsche Perspektive im Kontext internationaler Praxis, in: Kleineidam, H.-J. (Hrsg.): Unternehmenspolitik und Internationale Besteuerung – Festschrift für Lutz Fischer, Berlin 1999, S. 159-178.

Ossola-Haring, C. (1999): Aktuelles Handbuch der GmbH für Wirtschaftsprüfer und Steuerberater: Gesellschaftsrecht, Steuerrecht, Sozialversicherungsrecht, Neuwied 1999.

Ostermayer, F./Erhart, G. (2003): Kapitalersetzende Gesellschafterdarlehen: BFH harmonisiert Darlehensausfall und Darlehensverzicht, in: BB 2003, S. 449-454.

Ott, H. (2006): Körperschaftsteuer-Guthaben und Ausschüttungspolitik, in: DStR 2006, S. 113-118.

Ott, H. (2002): Möglichkeiten zur steuerneutralen Beendigung der atypisch stillen Gesellschaft mit einer GmbH, in: INF 2002, S. 493-498.

Ottersbach, J. H. (2000): Die Teilsteuerrechnung nach dem Steuerentlastungsgesetz 1999/2000/2002 – Änderungen der Multifaktoren und Teilsteuersätze, in: DB 2000, S. 781-786.

o.V. (2006): Steuerreform kostet 5 Mrd. Euro pro Jahr, in: FTD vom 03.07.2006, S. 9.

o.V. (2005): Bedeutung des Mezzanine-Kapitals steigt, in: FB 2005, S. 708.

o.V. (1999): Venture Capital als Finanzierungsinstrument, in: GmbH-StB 1999, S. 265.

o.V. (1998): Die Deutsche Bank baut ihr Risikokapitalgeschäft aus – Neue Gesellschaft will Unternehmensgründer finanzieren und beraten, in: FAZ vom 19.06.1998, S. 23.

Pahlen, D. (1998): WGZ Venture-Capital Gesellschaft: Erwartungen an ein junges Unternehmen, in: ZfgK 1998, S. 224-225.

Pape, D. (2003): Alternative Finanzierungsformen für den Mittelstand – Mittelstandsfonds als erfolgversprechende Lösung, in: DStR 2003, S. 950-954.

Pape, U./Beyer, S. (2001): Venture Capital als Finanzierungsalternative innovativer Wachstumsunternehmen, in: FB 2001, S. 627-638.

Pausch, A. (1992): Steuerstaat und Steuerkultur, in: NWB 1/1992, S. 3-15.

Peemöller, V. H. (1997): Unternehmensbewertung bei ertragsteuerlichen Verlustvorträgen, in: BB 1997, S. 303-309.

Peemöller, V. H./Beckmann, C. (2001): Bewertung von Unternehmen der New Economy, in: DSWR 2001, S. 5-7.

Peemöller, V. H./Geiger, T./Barchet, H. (2001): Bewertung von Early-Stage-Investments im Rahmen der Venture Capital-Finanzierung, in: FB 2001, S. 334-344.

Pelka, J. (2000): Rechtsformneutralität im Steuerrecht – Verfassungsmäßigkeit der Steuersatzsenkung für Kapitalgesellschaften, in: StuW 2000, S. 389-398.

Perridon, L./Steiner, M. (2003): Finanzwirtschaft der Unternehmung, 12. Aufl., München 2003.

Peters, H.-H./Stedler, H. R. (2002): Erfolgsbeitrag von Business Angels bei Unternehmensgründung, in: FB 2002, S. 553-557.

Pfeifer, A. (1999): Venture Capital als Finanzierungs- und Beteiligungsinstrument – Im Blickpunkt: Begriffe, Beteiligte, Ablauf und Vertragsgestaltung, in: BB 1999, S. 1665-1672.

Pflüger, H. (2006): Steuerliche Folgen des Rangrücktritts: Ist eine Besserungsvereinbarung sinnvoller?, in: GStB 2006, S. 217-220.

Pflüger, H. (2003): Stundung und Erlass von Steuern auf Sanierungsgewinne, in: GStB 2003, S. 237-245.

Pickert, G. (1994): Gewinnermittlung durch Einnahmen-Überschussrechnung oder durch Betriebsvermögensvergleich – Die Wahl der Gewinnermittlung unter dem Aspekt der Steuerplanung, in: DB 1994, S. 1581-1587.

Picot, G. (2004): Unternehmenskauf und Restrukturierung, 3. Aufl., München 2004.

Pinne, J. (2000): Die Unternehmenssteuerreform aus der Sicht kleiner und mittlerer Unternehmen, in: Stbg 2000, S. 353-356.

Pleschak, F./Stummer, F. (1999): Beteiligungskapital in Finanzierungskonzepten junger Technologieunternehmen der neuen Bundesländer, in: FB 1999, S. 327-332.

Pleschiutschnig, U. (1999): Business Angels in Deutschland: Situation und internationaler Vergleich, in: Behr, G. (Hrsg.): Wachstumsfinanzierung, Bern/Stuttgart/Wien 1999, S. 179-200.

Posdziech, O. (2002): Steuerliche Vorteile von krisenbestimmten Darlehen, in: GStB 2002, S. 450-452.

Posner, D. (1996): Early Stage-Finanzierungen: Spannungsfeld zwischen Gründern, Investoren und staatlichen Rahmenbedingungen, Wiesbaden 1996.

Posselt, J.-W. (1999): Die Technologie-Beteiligungs-Gesellschaft zwischen öffentlichem und privaten Risikokapital, in: Berrios Amador, M./Lohmann, K./Pleschak, F. (Hrsg.): Beteiligungskapital in der Unternehmensfinanzierung: Grundfragen – Konzepte – Erfahrungen, Wiesbaden 1999, S. 75-86.

Preisendörfer, P. (1999): Zugangswege zur beruflichen Selbständigkeit und die Erfolgschancen neugegründeter Betriebe, in: von Rosenstiel, L./Lang-von Wins, T. (Hrsg.): Existenzgründung und Unternehmertum – Themen, Trends und Perspektiven, Stuttgart 1999, S. 49-71.

Priester, H.-J. (1988): Die Erhöhung des Stammkapitals mit kapitalersetzenden Gesellschafterdarlehen, in: Knobbe-Keuk, B./Klein, F./Moxter, A. (Hrsg.): Handelsrecht und Steuerrecht – Festschrift für Georg Döllerer, Düsseldorf 1988, S. 475-493.

Prinz, U./Von Freeden, A. (2005): Erwerb eigener Anteile als Ausschüttungsalternative bei einer Kapitalgesellschaft, in: FR 2005, S. 533-538.

Rams, A./Remmen, J. (1999): Perspektiven der Venture-Finanzierung in Deutschland, in: Die Bank 1999, S. 687-691.

Ratschow, E. (2005): Verfassungswidrigkeit der Zinsbesteuerung? Zugleich Besprechung des BFH-Urteils vom 7.9.2005 und des Beschlusses des FG Köln vom 22.9.2005, in: DStR 2005, S. 2006-2010.

Raupach, A. (2000): Perspektiven für den Steuerstandort Deutschland, in: StuW 2000, S. 341-368.

Reiß, W. (1999): Diskussionsbeitrag: Kritische Anmerkungen zu den Brühler Empfehlungen zur Reform der Unternehmensbesteuerung, in: DStR 1999, S. 2011-2019.

Reiß, W. (1994): Rechtsformabhängigkeit der Unternehmensbesteuerung, in: Grundfragen der Unternehmensbesteuerung, Veröffentlichungen der Deutschen Steuerjuristischen Gesellschaft e.V., Band 17, Köln 1994, S. 3-42.

Richter, F. (1996): Die Finanzierungsprämissen des Entity-Ansatzes vor dem Hintergrund des APV-Ansatzes zur Bestimmung von Unternehmenswerten, in: zfbf 1996, S. 1076-1097.

Riebell, C. (1999): Kreditaufnahme und Bilanzanalyse, 4. Aufl., Stuttgart 1999.

Rieck, U. (2003): Aufteilung von Wertpapierverwaltungskosten auf Einkünfte aus Kapitalvermögen und Einkünfte aus privaten Veräußerungsgeschäften?, in: DStR 2003, S. 1958-1962.

Ring, S./Castedello, M./Schlumberger, E. (2000): Auswirkungen des Steuersenkungsgesetzes auf die Unternehmensbewertung, in: FB 2000, S. 356-361.

Ritter, W. (1997): Erwartungen der Unternehmen an eine Steuerreform, in: Stbg 1997, S. 486-492.

Ritter, W. (1990): Konzept einer Reform der Unternehmensbesteuerung, in: BB 1990, S. 2197-2202.

Ritter, W. (1989): Reform der Unternehmensbesteuerung aus Sicht der Wirtschaft, in: StuW 1989, S. 319-327.

Robisch, M. (1993): Steuerliche Vorteilhaftigkeit der Personen- gegenüber der Kapitalgesellschaft – Ein Vergleich vor und nach Inkrafttreten des Standortsicherungsgesetzes, in: DStR 1993, S. 1379-1383.

Rödder, T. (1991): Gestaltungssuche im Ertragsteuerrecht, Wiesbaden 1991.

Rödder, T. (1988): Unternehmenspolitische und im Steuerrecht begründete Grenzen der Steuerplanung, in: FR 1988, S. 355-360.

Rödder, T./Schumacher, A. (2004): Ertragsteuerliche Änderungen für Unternehmen zum Jahreswechsel 2003/2004 – Die wesentlichen Veränderungen der verabschiedeten Gesetze gegenüber den Regierungsentwürfen, in: DStR 2004, S. 207-210.

Rödder, T./Schumacher, A. (2003): Das Steuervergünstigungsabbaugesetz, in: DStR 2003, S. 805-819.

Römer, H.-J./Müller, H. D. (2000): Anforderungen des Going Public mittelständischer Unternehmen, in: DB 2000, S. 1085-1090.

Rogall, M. (2003): Steuerliche Einflussfaktoren beim Kapitalgesellschaftskauf, in: DStR 2003, S. 750-756.

Rogall, M. (2001): Zur Systematik des Abzugs von Refinanzierungsentgelten im Zusammenhang mit Dividenden unter Berücksichtigung der Steuerreform, in: DB 2001, S. 1903-1907.

Roling, J. (2001): Venture Capital und Innovation: theoretische Zusammenhänge, empirische Befunde und wirtschaftspolitische Implikationen, Lohmar/Köln 2001.

Rose, G. (1985): Überlegungen zur Steuergerechtigkeit aus betriebswirtschaftlicher Sicht, in: StuW 1985, S. 330-344.

Rose, G. (1979): Einführung in die Teilsteuerrechnung, in: BFuP 1979, S. 293-308.

Rose, G. (1976): Verunsicherte Steuerpraxis, in: StbJb 1975/1976, Köln 1976, S. 41-85.

Rose, G. (1973): Die Steuerbelastung der Unternehmung: Grundzüge der Teilsteuerrechnung, Wiesbaden 1973.

Rose, G. (1968): Untersuchungen über die Steuerbelastung der Unternehmung, in: DB 1968, Beilage 7, S. 1-12.

Rose, M. (2000): Sinn und Unsinn einer Besteuerung von Gewinnen aus der Veräußerung von Anteilen an Unternehmen, in: BB 2000, S. 1062-1069.

Roser, F. (2006): Aktienoptionsrechte, in: AG 2006, S. 109-110.

Rudolph, B./Fischer, C. (2000): Der Markt für Private Equity, in: FB 2000, S. 49-56.

Sagasser, B./Bula, T./Brünger, T. R. (2002): Umwandlungen: Verschmelzung – Spaltung – Formwechsel – Vermögensübertragungen, 3. Aufl., München 2002.

Sarrazin, V. (1996): Negative Steuern – Zur Wandlung des Steuerbegriffs, in: Crezelius, G./Raupach, A./Schmidt, L./Uelner, A. (Hrsg.): Steuerrecht und Gesellschaftsrecht als Gestaltungsaufgabe, Freundesgabe für Franz Josef Haas, Herne/Berlin 1996, S. 305-312.

Schäfer, H. (2002): Renaissance der Wandelanleihen – Neuere Kontraktstrukturen und deren Kapitalmarktrelevanz, in: FB 2002, S. 514-524.

Schaumburg, H. (2004): Gewinnermittlung im Wandel, in: Stbg 2004, S. 545-550.

Schefczyk, M. (2000): Finanzieren mit Venture Capital: Grundlagen für Investoren, Finanzintermediäre, Unternehmer und Wissenschaftler, Stuttgart 2000.

Schefczyk, M. (2000a): Erfolgsstrategien deutscher Venture-Capital-Gesellschaften, 2. Aufl., Stuttgart 2000.

Schefczyk, M. (1999): Zur empirischen Erforschung der Erfolgsdeterminanten junger, Venture Capital-finanzierter Unternehmen, in: BFuP 1999, S. 272-292.

Schefczyk, M./Peterson, C. (2001): Neue steuerliche Regelungen und Gestaltungsmöglichkeiten für Gesellschafter junger Unternehmen, in: BB 2001, S. 441-446.

Schefczyk, M./Gerpott, T. J. (1998): Beratungsunterstützung von Portfoliounternehmen durch deutsche Venture Capital-Gesellschaften – Eine empirische Untersuchung, in: ZfB-Ergänzungsheft 2/98, S. 143-166.

Scheffler, W. (2001): Besteuerung von Unternehmen I: Ertrag-, Substanz- und Verkehrsteuern, 4. Aufl., Heidelberg 2001.

Scheffler, W. (2000): Der Einfluss der Steuerreform auf die Finanzierung von deutschen Kapitalgesellschaften, in: BB 2000, S. 2441-2450.

Scheffler, W. (1991): Veranlagungssimulation versus Teilsteuerrechnung, in: WiSt 1991, S. 69-75.

Scheipers, T./Schulz, A. (2000): Das bringt die Unternehmenssteuerreform 2001 für mittelständische Unternehmen: Inhalt – Auswirkungen – Gestaltungsansätze, München 2000.

Schiffer, K. J./Wein, V. (1999): Steuerbelastung contra Existenzgründung? – Eine Skizze zur Gründungsberatung, in: StuB 1999, S. 57-63.

Schiffers, J. (2003): Gewinnverwendungspolitik als Mittel der steuerlichen Rechtsformoptimierung – Personengesellschaft, Kapitalgesellschaft und GmbH & Co. KG, in: DStR 2003, S. 302-308.

Schiffers, J. (2000): Die Besteuerung der Kapitalgesellschaften und deren Anteilseigner nach dem Regierungsentwurf eines „StSenkG“, in: GmbHR 2000, S. 205-214.

Schiffers, J. (1997): Teilsysteme einer zukunftsgerichteten Steuerberatung, in: StuW 1997, S. 42-50.

Schiffers, J./Frings, T. (2002): Steuergünstiger Gewinn-Transfer auf die Gesellschafterebene bei der GmbH – Gestaltungswege, Belastungseffekte und Gestaltungsgrenzen, in: GmbH-StB 2002, S. 12-17.

Schildknecht, U. (2005): Passivierungsverbote nach Rangrücktrittsvereinbarungen, in: DStR 2005, S. 181-184.

Schlößer, D. (2005): Verzinsung eigenkapitalersetzender Darlehen aus gesellschafts-, bilanz- und steuerrechtlicher Sicht, in: GmbHR 2005, S. 273-278.

Schmeisser, W. (2000): Venture Capital und Neuer Markt als strategische Erfolgsfaktoren der Innovationsförderung, in: FB 2000, S. 189-193.

Schmidt, A. (1999): Kapitalerhöhung als Steuerfalle: Risiken der Gewinnrealisierung und ihre Vermeidung, in: GmbH-StB 1999, S. 355-357.

Schmidt, B. (2004): Auswirkungen des GewStÄndG auf Unternehmen und die GewSt-Hebesätze der Gemeinden, in: StuB 2004, S. 249-253.

Schmidt, J. G. (1995): Die Discounted Cash-flow-Methode – nur eine kleine Abwandlung der Ertragswertmethode?, in: zfbf 1995, S. 1088-1118.

Schmidt, K. (2005): Vom Eigenkapitalersatz in der Krise zur Krise des Eigenkapitalersatzrechts? Betrachtungen zu §§ 32a, b GmbHG, §§ 129a, 172a HGB, §§ 39, 135 InsO, in: GmbHR 2005, S. 797-807.

Schmidt, K. (1996): Die Besteuerung nach der Leistungsfähigkeit, Reflexionen über ein altes Thema, in: JbFfSt 1995/1996, Herne/Berlin 1996, S. 31-47.

Schmidt, L. (2006): Einkommensteuergesetz, 25. Aufl., München 2006.

Schmidt, R. H. (1985): Venture Capital aus Sicht der Finanzierungstheorie, in: BFuP 1985, S. 421-437.

Schmidt, R. H./Terberger, E. (1996): Grundzüge der Investitions- und Finanzierungstheorie, 4. Aufl., Wiesbaden 1996.

Schmiel, U. (2005): Werturteilsfreiheit als Postulat für die Betriebswirtschaftliche Steuerlehre?, in: zfbf 2005, S. 525-545.

Schmiel, U. (2002): Zur Bedeutung des Gesellschaftsrechts für die Unternehmensbesteuerung aus der Perspektive betriebswirtschaftlicher Rechtskritik, in: DBW 2002, S. 474-487.

Schmude, J./Leiner, R. (1999): Zur Messung des Unternehmensgründungsgeschehens: theoretische Überlegungen und empirische Befunde, in: von Rosenstiel, L./Lang-von Wins, T. (Hrsg.): Existenzgründung und Unternehmertum – Themen, Trends und Perspektiven, Stuttgart 1999, S. 109-128.

Schneeloch, D. (1997): Rechtsformwahl und Rechtsformwechsel mittelständischer Unternehmen, Herne/Berlin 1997.

Schneeloch, D. (1994): Besteuerung und betriebliche Steuerpolitik, Band 2: Betriebliche Steuerpolitik, München 1994.

Schneider, D. (1993): Selbstfinanzierung als Entscheidungsproblem, in: WiSt 1993, S. 497-502.

Schneider, D. (1992): Investition, Finanzierung und Besteuerung, 7. Aufl., Wiesbaden 1992.

Schneider, D. (1991): Zwei Gutachten zur Reform der Unternehmensbesteuerung, in: StuW 1991, S. 354-365.

Schneider D. (1990): Messkonzepte zur Steuerbelastung von Unternehmen, in: WiSt 1990, S. 497-502.

Schneider, D. (1990a): Die Messung der Unternehmenssteuerbelastung: Methoden und Ergebnisse, in: BB 1990, S. 534-539.

Schneider D. (1989): Reform der Unternehmensbesteuerung aus betriebswirtschaftlicher Sicht, in: StuW 1989, S. 328-339.

Schneider, D. (1989a): Die überfällige Neuordnung der Unternehmensbesteuerung, in: StBKR 1989, München 1989, S. 47-62.

Schneider, D. (1987): Messung des Eigenkapitals als Risikokapital, in: DB 1987, S. 185-191.

Schneider, D. (1986): Lücken bei der Begründung einer „Eigenkapitallücke“, in: DB 1986, S. 2293-2298.

Schneider, D. (1970): Sofortiger Verlustausgleich statt Teilwertabschreibung - ein Problem der Steuerreform, in: WPg 1970, S. 68-72.

Schön, W. (2004): Steuergesetzgebung zwischen Markt und Grundgesetz, in: StuW 2004, S. 62-75.

Schön, W. (2002): Vermeidbare und unvermeidbare Hindernisse der Steuervereinfachung, in: StuW 2002, S. 23-35.

Schön, W. (2002a): Steuersystematische Überlegungen zur Unternehmenssteuerreform, in: StbJb 2001/2002, S. 53-61.

Scholz, F. (2000): Kommentar zum GmbH-Gesetz, 9. Aufl., Köln 2000.

Schoor, H. W. (2001): Die GmbH & Still im Steuerrecht, 3. Aufl., Herne/Berlin 2001.

Schreiber, U. (1996): Notwendigkeit und Alternativen einer Reform der Besteuerung von Kapitaleinkommen, in: Jacobs, O. H./Spengel, C. (Hrsg.): Aspekte der Unternehmensbesteuerung in Europa, Baden-Baden 1996, S. 85-115.

Schreiber, U. (1987): Vertragsneutrale Erfolgsbesteuerung der Unternehmen, in: StuW 1987, S. 1-10.

Schreiber, U. (1987a): Rechtsformabhängige Unternehmensbesteuerung? – Eine Kritik des Verhältnisses von Einkommen- und Körperschaftsteuer auf der Grundlage eines Modells für mehrperiodige Steuerbelastungsvergleiche, Köln 1987.

Schreiber, U./Rogall, M. (2000): Der Einfluss der Reform der Körperschaftsteuer auf Investitionsentscheidungen und den Wert der Gewinnrücklagen von Kapitalgesellschaften, in: DBW 2000, S. 721-737.

Schrell, T. K./Kirchner, A. (2003): Mezzanine Finanzierungsstrategien, in: BKR 2003, S. 13-20.

Schröder, C. (1992): Strategien und Management von Beteiligungsgesellschaften – Ein Einblick in Organisationsstrukturen und Entscheidungsprozesse von institutionellen Eigenkapitalinvestoren, Baden-Baden 1992.

Schüler, A. (2000): Unternehmensbewertung und Halbeinkünfteverfahren, in: DStR 2000, S. 1531-1536.

Schüppen, M./Ehlermann, C. (2000): Corporate Venture Capital, Köln 2000.

Schütz, C. (2005): Exitstrategien von Business Angels, Köln 2005.

Schult, E./Freyer, T./Blaufus, K. (2001): Unternehmenssteuerreform 2001: Neue Dimensionen für die Finanzierung mittelständischer Unternehmen, in: FB 2001, S. 353-361.

Schulz, G. (1993): Zurück zur Berechenbarkeit der Steuerpolitik!, in: DB 1993, S. 1255-1257.

Schumacher, A. (2003): Besteuerung innovativer Finanzprodukte im Privatvermögen, in: StbJb 2002/2003, S. 441-468.

Schwedhelm, R. (2006): Die Unternehmensumwandlung – Verschmelzung, Spaltung, Formwechsel, Einbringung, 5. Aufl., Köln 2006.

Schwedhelm, R./Binnewies, B. (2000): Inkongruente Einlagen und inkongruente Ausschüttungen – Hinweise zur Steuerplanung anhand typischer Fallgestaltungen, in: GmbH-StB 2000, S. 281-287.

Schween, K. (1996): Corporate Venture Capital – Risikokapitalfinanzierung deutscher Industrieunternehmen, Wiesbaden 1996.

Schweyer, E./Dannecker, A. (1999): § 17 EStG: Anwartschaft und wesentliche Beteiligung, in: BB 1999, S. 1732-1736.

Seeger, S. F. (2000): Das deutsche Steuerrecht zu Beginn des 21. Jahrhunderts – Notwendige Reformen aus Sicht der Finanzgerichtsbarkeit, in: DStR 2000, S. 10-15.

Seer, R. (2005): Reform der Steuerveranlagung, in: StbJb 2004/2005, S. 53-78.

Seer, R. (1995): Steuergerechtigkeit durch Steuervereinfachung – Symposium der Deutschen Steuerjuristischen Gesellschaft e.V. vom 18. Februar 1995, Bundesfinanzakademie Brühl, in: StuW 1995, S. 184-193.

Seibert, H.-D. (1998): Vier-Stufen-Modell der Venture-Capital-Finanzierung, in: ZfgK 1998, S. 231-233.

Seibt, C. H. (2000): Unternehmenskauf und -verkauf nach dem Steuersenkungsgesetz, in: DStR 2000, S. 2061-2076.

Seidl, C. (1987): Krise oder Reform des Steuerstaates?, in: StuW 1987, S. 185-214.

Sidler, S. (1997): Risikokapital-Finanzierung von Jungunternehmen, 2. Aufl., Bern 1997.

Sieben, G./Diedrich, R. (1992): Aspekte der Wertfindung bei strategisch motivierten Unternehmensakquisitionen, in: Busse von Colbe, W./Coenenberg, A. G. (Hrsg.): Unternehmensakquisition und Unternehmensbewertung, Stuttgart 1992, S. 219-235.

Sieben, G./Sielaff, M. (1989): Unternehmensakquisition, Stuttgart 1989.

Siegel, T./Bareis, P./Herzig, N./Schneider, D./Wagner, F. W./Wenger, E. (2000): Verteidigt das Anrechnungsverfahren gegen unbedachte Reformen!, in: BB 2000, S. 1269-1270.

Siegel, T. (1982): Steuerwirkungen und Steuerpolitik in der Unternehmung, Würzburg/Wien 1982.

Sigloch, J. (2000): Unternehmenssteuerreform 2001 – Darstellung und ökonomische Analyse, in: StuW 2000, S. 161-176.

Söffing, A./Thümmel, R. C. (2003): Praxishandbuch der Unternehmensgestaltung, Heidelberg 2003.

Söffing, G. (1984): „Gewinn“ bei der Veräußerung einer stillen Beteiligung, in: DStR 1984, S. 268.

Solbach, M. C. (1999): Besonderheiten der Bewertung von Wachstumsunternehmen, in: Behr, G. (Hrsg.): Wachstumsfinanzierung, Bern/Stuttgart/Wien 1999, S. 201-220.

Spengel, C. (1995): Europäischer Steuerbelastungsvergleich: Deutschland – Frankreich – Großbritannien, Düsseldorf 1995.

Staehle, W. (1999): Management – Eine verhaltenswissenschaftliche Analyse, 8. Aufl., München 1999.

Stahlschmidt, M. (2006): Die wirtschaftliche Identität beim Verlustabzug der Kapitalgesellschaft nach § 8 Abs. 4 KStG, in: BB 2006, S. 913-917.

Starke, P. (2005): Gewerbesteuerliche Behandlung von Dividenden, in: FR 2005, S. 681-684.

Stehle, H./Stehle, A. (1995): Die rechtlichen und steuerlichen Wesensmerkmale der verschiedenen Gesellschaftsformen, 16. Aufl., Stuttgart et. al. 1995.

Steiner, M./Mader, W./Starbatty, N. (2003): Aktuelle Entwicklungen in der Unternehmensfinanzierung, in: FB 2003, S. 513-524.

Steiner, M./Kölsch, K. (1989): Finanzierung – Zielsetzungen, zentrale Ergebnisse und Entwicklungsmöglichkeiten der Finanzierungsforschung, in: DBW 1989, S. 409-432.

Stellpflug, T. (1998): Der Einfluß der Besteuerung auf die Kapitalkosten, in: StuW 1998, S. 138-145.

Stollenwerk, A. (2000): Finanzierung von GmbH-Anteilen im Privatvermögen, in: GmbH-StB 2000, S. 186-190.

Stollenwerk, A. (1997): Steuerliche Berücksichtigung von Anlaufverlusten insbesondere bei innovativen GmbH-Unternehmen, in: GmbH-StB 1997, S. 113-116.

Streck, M. (2003): Körperschaftsteuergesetz mit Nebengesetzen, 6. Aufl., München 2003.

Streck, M./Mack, A. (1992): Unternehmenskauf und Steuerklauseln, in: BB 1992, S. 1398-1401.

Streck, M./Schwedhelm, R. (1992): Management Buy-Out und verdeckte Gewinnausschüttungen, in: BB 1992, S. 792-795.

Streitferdt, F. (2004): Ertragsteuerliche Verlustvorträge in den DCF-Verfahren zur Unternehmensbewertung, in: ZfB 2004, S. 669-693.

Struck, J. (1999): Eigenkapitalmangel als Investitionshemmnis – Eine Bilanzstrukturanalyse junger Unternehmen aus den neuen Bundesländern, in: BFuP 1999, S. 293-306.

Süß, S./Zankl, H. (2005): Aktienerwerb durch Wandlung von Wandelanleihen: Anschaffung im Sinne des § 23 EStG?, in: DStR 2005, S. 547-549.

Sureth, C. (2003): Die Besteuerung von Beteiligungsveräußerungen und Rechtsformneutralität, in: ZfB 2003, S. 793-824.

Swoboda, P./Zechner, J. (1985): Unternehmensbesteuerung und Risikokapitalbildung, in: BFuP 1985, S. 403-420.

Taraschka, F. (2006): Zur bilanzsteuerrechtlichen Behandlung des Rangrücktritts, in: DStR 2006, S. 109-111.

Thömmes, O. (2005): Abzugsbeschränkungen nach § 8b KStG und dem Halbeinkünfteverfahren, in: IStR 2005, S. 685-693.

Thömmes, O./Scheipers, T. (1999): Ausgewählte Fragen zum Steuerentlastungsgesetz 1999/2000/2002: Internationales Steuerrecht, in: DStR 1999, S. 609-615.

Tillich, P. (2002): Die Steuerbelastungen von Personenunternehmen und Kapitalgesellschaften unter Berücksichtigung der neuen Teilsteuersätze, in: BB 2002, S. 1515-1521.

Tipke, K. (1993): Die Steuerrechtsordnung, Band I (Wissenschaftsorganisatorische, systematische und grundrechtlich-rechtsstaatliche Grundlagen), Band II (Steuerrechtfertigungstheorie, Anwendung auf alle Steuerarten, sachgerechtes Steuersystem),

Band III (Föderative Steuerverteilung, Rechtsanwendung und Rechtsschutz, Gestalter der Steuerrechtsordnung), Köln 1993.

Tipke, K. (1989): Lehren aus der Steuerreform 1990, in: StuW 1989, S. 291-310.

Tipke, K. (1980): Zur Problematik einer rechtsformunabhängigen Besteuerung der Unternehmen, in: NJW 1980, S. 1079-1084.

Tipke, K. (1976): Die Steuergesetzgebung in der Bundesrepublik Deutschland aus der Sicht des Steuerrechtswissenschaftlers – Kritik und Verbesserungsvorschläge, in: StuW 1976, S. 293-310.

Tipke, K./Lang, J. (2005): Steuerrecht, 18. Aufl., Köln 2005.

Tipke, K./Lang, J. (1996): Steuerrecht, 15. Aufl., Köln 1996.

Tischer, F. (2000): Rechtsformwahl nach der Unternehmenssteuerreform im Endwertmodell, in: FR 2000, S. 1009-1013.

Töpfer, A./Sommerlatte, T. (1991): Technologie-Marketing, München 1991.

Treisch, C. (2004): Europataugliche Ausgestaltung des körperschaftsteuerlichen Anrechnungsverfahrens, in: zfbf 2004, S. 365-392.

Uhländer, C. (2005): Eigenkapitalersetzende Darlehen im Steuer- und Gesellschaftsrecht – ein systematischer Überblick, in: BB 2005, S. 70-76.

Unvericht, W. (2000): Schwachstellen des Steuersenkungsgesetzes – Alternativen, in: BB 2000, S. 797-801.

Van Lishaut, I. (2000): Die Reform der Unternehmensbesteuerung aus Gesellschaftersicht, in: StuW 2000, S. 182-196.

Van Lishaut, I. (1999): Der kleine Aktionär in der großen Unternehmenssteuerreform – vom Halbeinkünfteverfahren zum Teilsatzverfahren, in: FR 1999, S. 938-942.

Völlmeke, M. (2005): Der Auflösungsgewinn oder -verlust gemäß § 17 EStG, in: DStR 2005, S. 2024-2027.

Vogel, H. A. (1978): Die wachsende steuerliche Belastung der Wirtschaft – zur Notwendigkeit der Reform der Unternehmensbesteuerung, in: StBKR, München 1978, S. 103-129.

Vogel, K. W. (1994): Die Krise nutzen: Umfassende Restrukturierung als Chance für deutsche Unternehmen, in: BFuP 1994, S. 225-235.

Vogt, G. (2001): Steuerliche Behandlung des Verzichts auf eigenkapitalersetzende Darlehen, in: DStR 2001, S. 1881-1882.

Volk, G. (2000): Die Kosten einer Börseneinführung, in: FB 2000, S. 318-323.

Volkenner, T./Walter, K.-F. (2004): Die Endfassung der Neuen Baseler Eigenkapitalvereinbarung (Basel II), in: DStR 2004, S. 1399-1404.

Von Bernuth, W. H. (1999): Die Gewährleistungshaftung des Unternehmensverkäufers für Angaben in Geschäftsplänen (Business Plans), in: DB 1999, S. 1689-1693.

Von Boehm-Bezing, C. L. (1999): Business Angels und ihre Netzwerke, in: Die Bank 1999, S. 598-601.

Von Collrepp, F. (1998): Handbuch Existenzgründung – Für die ersten Schritte in die dauerhaft erfolgreiche Selbständigkeit, Stuttgart 1998.

Von Einem, C./Schmid, S./Pütz, S. (2005): Mittelstandsfinanzierung mittels Private Debt: Welche Form ist die richtige aus rechtlicher, steuerlicher und bilanzrechtlicher Sicht, in: BB-Special 5/2005, S. 9-15.

Vormbaum, H. (1995): Finanzierung der Betriebe, 9. Aufl., Wiesbaden 1995.

Wagner, F. W. (2005): Steuervereinfachung und Entscheidungsneutralität – konkurrierende oder komplementäre Leitbilder für Steuerreformen?, in: StuW 2005, S. 93-108.

Wagner, F. W. (2000): Welche Kriterien bestimmen die internationale Wettbewerbsfähigkeit der Methoden steuerlicher Gewinnermittlung?, in: BFuP 2000, S. 183-203.

Wagner, F. W. (2000a): Unternehmenssteuerreform und Corporate Governance, in: StuW 2000, S. 109-120.

Wagner, F. W. (1997): Kann es eine Beseitigung aller steuerlichen Ausnahmen geben, wenn es keine Regel gibt, in: DStR 1997, S. 517-521.

Wagner, F. W. (1993): Steuerplanung, in: Wittmann, W. et. al. (Hrsg.): Handwörterbuch der Betriebswirtschaft, 5. Aufl., Stuttgart 1993, Sp. 4051-4062.

Wagner, F. W. (1992): Neutralität und Gleichmäßigkeit als ökonomische und rechtliche Kriterien steuerlicher Normkritik, in: StuW 1992, S. 2-13.

Wagner, F. W. (1991): Perspektiven der Steuerberatung: Steuerrechtspflege oder Planung der Steuervermeidung?, in: DB 1991, S. 1-7.

Wagner, F. W./Baur, T. B./Wader, D. (1999): Was ist von den „Brühler Empfehlungen" für die Investitionspolitik, die Finanzierungsstrukturen und die Neugestaltung von Gesellschaftsverträgen mit Unternehmen zu erwarten?, in: BB 1999, S. 1296-1300.

Wagner, F. W./Dirrigl, H. (1980): Die Steuerplanung der Unternehmung, Stuttgart/New York 1980.

Wagner, S. (2002): Probleme bei der Umsetzung der Sonderregelung des § 8 Abs. 7 KStG für „Finanzdienstleister" – Kritische Auseinandersetzung mit dem BMF-Schreiben vom 25.7.2002, in: StBp 2002, S. 361-366.

Walter, W. (2000): Die atypisch stille Gesellschaft als Instrument der Verlustnutzung, in: GStB 2000, S. 50-55.

Waschbusch, G. (1998): Finanzierung durch Vermögensumschichtung und Umfinanzierung (Teil I), in: StB 1998, S. 269-277.

Waschbusch, G. (1998a): Finanzierung durch Vermögensumschichtung und Umfinanzierung (Teil II), in: StB 1998, S.311-318.

Watermeyer, H. J. (2006): BFH entscheidet zum qualifizierten Rangrücktritt, in: GmbHR 2006, S. 240-243.

Watermeyer, H. J. (2004): Aktuelle Entwicklungen zum Rangrücktritt, in: GmbH-StB 2004, S. 369-374.

Watrin, C./Struffert, R. (2004): Steuerliche Aspekte bei der Strukturierung von Business Angel Investments, in: FB 2004, S. 563-575.

Weber, C./Dierkes, M. (2002): Strukturmerkmale klassischer Venture Capital-Gesellschaften und Corporate Venture Capital-Gesellschaften in Deutschland im Vergleich, in: FB 2002, S. 545-553.

Weber, T. (2001): Der Einfluss von Venture Capital-Gesellschaften auf die Beteiligungsunternehmen und die deutsche Wirtschaft, in: FB 2001, S. 620-626.

Weber, T. (2000): Methoden der Unternehmensbewertung unter Berücksichtigung von Ertragsteuern und Finanzpolitik, in: FB 2000, S. 464-472.

Weber-Grellet, H. (1998): Anschaffungskosten und Beteiligungskosten im Rahmen des § 17 EStG, in: DStR 1998, S. 1617-1622.

Wehrheim, M. (1998): Die einkommensteuerliche Qualifikation der Einkünfte des atypisch stillen Gesellschafters einer GmbH & Still, in: DStR 1998, S. 1533-1535.

Weitnauer, W. (2000): Handbuch Venture Capital – Von der Innovation zum Börsengang, München 2000.

Wellkamp, L. (1996): Das Informationsrecht des Kommanditisten in der GmbH & Co. KG., in: INF 1996, S. 51-54.

Wendt, R. (1992): Reform der Unternehmensbesteuerung aus europäischer Sicht, in: StuW 1992, S. 66-80.

Wengel, T. (2001): Die handelsrechtliche Eigen- und Fremdkapitalqualität von Genussrechtskapital, in: DStR 2001, S. 1316-1324.

Wenger, E. (2000): Die Steuerfreiheit von Veräußerungsgewinnen: Systemwidrigkeiten und systematische Notwendigkeiten, in: StuW 2000, S. 177-181.

Wenger, E. (1989): Allgemeine Betriebswirtschaftslehre und ökonomische Theorie, in: Kirsch, W./Picot, A. (Hrsg.): Die Betriebswirtschaftslehre im Spannungsfeld zwischen Generalisierung und Spezialisierung – Festschrift für Edmund Heinen, Wiesbaden 1989, S. 155-181.

Wesselbaum-Neugebauer, C. (2001): Unternehmenssteuerreform 2001: Auswirkungen der pauschalierten Gewerbesteueranrechnung auf Einzel- und Mitunternehmer in Abhängigkeit von Einkunftsart und anzuwendendem Gewerbesteuer-Hebesatz, in: DStR 2001, S. 180-188.

Westerburg, J./Schwenn, D. (2006): Rangrücktrittsvereinbarungen für Gesellschafterdarlehen bei der GmbH – Entwicklung zu mehr Rechtssicherheit?, in: BB 2006, S. 501-506.

Westphal, R. (2005): Kundennutzen und Auswirkungen von Business Angels-Netzwerken, Köln 2005.

Wienbracke, M. (2005): Das grundgesetzliche Steuerstaatsprinzip, in: StuW 2005, S. 81-86.

Wiese, G. T. (2002): Gewerblicher Handel mit Beteiligungen an Kapitalgesellschaften – Stellungnahme zur Abgrenzung von Vermögensverwaltung und gewerblichem Handel in der jüngeren Rechtsprechung und Verwaltungspraxis, in: GmbHR 2002, S. 293-298.

Wiese, G. T./Dammer, T. (1999): Zusammengesetzte Finanzinstrumente der AG: Hybride Kapitalmaßnahmen, strukturierte Anleihen und Kreditderivate im Bilanz-, Ertragsteuer- und Aktienrecht – Ein Überblick, in: DStR 1999, S. 867-876.

Wiese, G. T./Schäfer, P. (1999): Die betriebswirtschaftlichen, steuerrechtlichen und gesellschaftsrechtlichen Auswirkungen von Kapitalmaßnahmen bei Börsengängen, in: DStR 1999, S. 2084-2092.

Wilden, P. (1989): Alternative Ansätze zur Verbesserung der unternehmerischen Kapitalausstattung, in: Die Bank 1989, S. 479-484.

Wilke, K.-M. (2002): Lehrbuch des internationalen Steuerrechts, 7. Aufl., Herne/Berlin 2002.

Winkeljohann, N./Solfrian, G. (2003): Basel II – Neue Herausforderungen für den Mittelstand und seine Berater, in: DStR 2003, S. 88-92.

Winnefeld, R. (2000): Bilanzhandbuch, 2. Aufl., Stuttgart 2000.

Witt, P./Brachtendorf, G. (2002): Gründungsfinanzierung durch Großunternehmen, in: DBW 2002, S. 681-692.

Wittneben, D. (1997): Innovationsförderung kleinerer und mittlerer Unternehmen durch Bereitstellung von Wagniskapital, Frankfurt an der Oder 1997.

Wöhe, G. (1983): Die Aufgaben der Betriebswirtschaftlichen Steuerlehre und das Postulat der Wertfreiheit, in: Fischer, L. (Hrsg.): Unternehmung und Steuer – Festschrift für Peter Scherpf, Wiesbaden 1983, S. 5-20.

Wöhe, G./Bilstein, J. (1998): Grundzüge der Unternehmensfinanzierung, 8. Aufl., München 1998.

Wolff, S. (1998): Gründer – Langer Atem zahlt sich aus, in: wiwo 41/98, S. 166-167.

Wosnitza, M. (2000): Die Beschränkung der ertragsteuerlichen Verlustverrechnung – Ein Beitrag zu Steuervereinfachung, Steuergerechtigkeit und Förderung von Wachstum und Beschäftigung?, in: StuB 2000, S. 763-772.

Wossidlo, P. R. (1993): Mittelständische Unternehmungen, in: Wittmann, W. et. al. (Hrsg.): Handwörterbuch der Betriebswirtschaft, 5. Aufl., Stuttgart 1993, Sp. 2888-2898.

Wotschofsky, S. (2001): Teilsteuerrechnung – Eine Idee mit Erfolg, in: WPg 2001, S. 652-655.

Wotschofsky, S. (1999): Steuerpolitik von Freiberuflern, in: DB 1999, S. 1615-1619.

Woywode, M. (2004): Determinanten des Wachstums und Scheiterns von Unternehmen, in: ZfB 2004, S. 1009-1046.

Wupperfeld, U. (1996): Management und Rahmenbedingungen von Beteiligungsgesellschaften auf dem deutschen Seed-Capital Markt: Empirische Untersuchung, Frankfurt am Main 1996.

Wurmsdobler, N. (2001): Unternehmensteuerreform und Steuerplanung, in: DStZ 2001, S. 841-849.

Zemke, I. (1995): Die Unternehmensverfassung von Beteiligungskapital-Gesellschaften: Analyse des institutionellen Designs deutscher Venture Capital-Gesellschaften, Wiesbaden 1995.

Zenthöfer, W./Schulze zur Wiesche, D. (2001): Einkommensteuer, 6. Aufl., Stuttgart 2001.

Ziebe, J. (1991): Rechtsnatur und Ausgestaltung von Genussrechten, in: DStR 1991, S. 1594-1597.

Zitzelsberger, H. (2001): Zum Generalthema II: Die Deutsche Steuerreform im internationalen Kontext, in: IStR 2001, S. 527-533.

Zimmermann, M. (1997): Steuercontrolling – Beziehungen zwischen Steuern und Controlling, Wiesbaden 1997.

AUSGEWÄHLTE VERÖFFENTLICHUNGEN

EUL VERLAG

VENTURE CAPITAL UND INVESTMENT BANKING

Herausgegeben von Prof. Dr. Klaus Nathusius

Band 1
Dieter Räbel
Venture Capital als Instrument für Innovationsfinanzierung – Eine kritische Analyse unter besonderer Berücksichtigung des Projektbewertungsproblems
Köln 1986, ISBN 3-87156-076-6 (erschienen beim Deutschen Wirtschaftsdienst, John von Freyend GmbH)

Band 2
Andreas Fendel
Investmententscheidungsprozesse in Venture Capital-Unternehmungen – Darstellung und Möglichkeiten der instrumentellen Unterstützung
Köln 1987, ISBN 3-87156-086-3 (erschienen beim Deutschen Wirtschaftsdienst, John von Freyend GmbH)

Band 3
European Venture Capital Institute – Proceedings of EVCI No. 1 Organized by the European Venture Capital Association Brussels
Köln 1988, ISBN 3-87156-094-4 (erschienen beim Deutschen Wirtschaftsdienst, John von Freyend GmbH)

Band 4
Internationales Venture Capital – Proceedings "FAIR GENES" Köln 1988
Köln 1989, ISBN 3-87156-110-X (erschienen beim Deutschen Wirtschaftsdienst, John von Freyend GmbH)

Neue Folge, Band 5
Klaus Nathusius, Judith Winand und Andy Klose
Analyse des Finanzbedarfs von Universitätsausgründungen – Theoretische und empirische Voruntersuchung zu einem START Early Stage Venture Capital Fonds in Hessen und Niedersachsen
Lohmar – Köln 2005 • 294 S. • € 49,- (D) • ISBN 3-89936-363-9

Neue Folge, Band 6
Johannes Steegmann
Funktionen der Hausbank bei der Unterstützung von Unternehmensgründungen
Lohmar – Köln 2006 • 302 S. • € 49,- (D)
ISBN-13: 978-3-89936-507-8 • ISBN-10: 3-89936-507-0

Neue Folge, Band 7
Judith Winand
Venture Capital als Finanzierungsinstrument für Medienunternehmen – Analyse für TV-Produktionsunternehmen und Internet-Content-Providing-Unternehmen
Lohmar – Köln 2006 • 138 S. • € 36,- (D)
ISBN-13: 978-3-89936-524-5 • ISBN-10: 3-89936-524-0

Neue Folge, Band 8
Jens Ortgiese
Value Added by Venture Capital Firms – An Analysis on the Basis of New Technology-Based Firms in the USA and Germany
Lohmar – Köln 2007 • 366 S. • € 54,- (D) • ISBN 978-3-89936-621-1

Neue Folge, Band 9
Björn Wolf
Einflussfaktoren der Finanzierung junger Unternehmen – Eine empirische Untersuchung des Finanzierungsverhaltens deutscher Gründungen
Lohmar – Köln 2007 • 286 S. • € 48,- (D) • ISBN 978-3-89936-626-6

Neue Folge, Band 10
Axel Löntz
Finanzierung junger Unternehmen durch Business Angels – Eine betriebswirtschaftliche und steuerliche Analyse
Lohmar – Köln 2007 • 324 S. • € 52,- (D) • ISBN 978-3-89936-637-2

FGF ENTREPRENEURSHIP-RESEARCH MONOGRAPHIEN

Herausgegeben von Prof. Dr. Heinz Klandt, Oestrich-Winkel, Prof. Dr. Dr. h. c. Norbert Szyperski, Köln, Prof. Dr. Michael Frese, Gießen, Prof. Dr. Josef Brüderl, Mannheim, Prof. Dr. Rolf Sternberg, Hannover, Prof. Dr. Ulrich Braukmann, Wuppertal, und Prof. Dr. Lambert T. Koch, Wuppertal

Band 30
Cecile Nieuwenhuizen and Heinz Klandt (Eds.)
IntEnt2001 – Internationalizing Entrepreneurship Education and Training – Proceedings of the IntEnt-Conference Technikon SA, Kruger National Park, South Africa, July 2-4, 2001
Lohmar – Köln 2002 • 502 S. • € 62,- (D) • ISBN 3-89012-972-2

Band 31
Heiko Karcher
Multimediaunternehmen – Standortvoraussetzungen und Standortwahl in Deutschland
Lohmar – Köln 2002 • 148 S. • € 37,- (D) • ISBN 3-89012-997-8

Band 32
Heinz Klandt und Hermann Weihe (Hrsg.)
Gründungsforschungs-Forum 2001 – Dokumentation des 5. G-Forums – Lüneburg, 4./5. Oktober 2001
Lohmar – Köln 2002 • 444 S. • € 57,- (D) • ISBN 3-89936-024-9

Band 33
Ulrich Faisst
Performance Measurement in Corporate Venturing
Lohmar – Köln 2002 • 246 S. • € 45,- (D) • ISBN 3-89936-045-1

Band 34
Alexander Keßler
Unternehmensgründungen in europäischen Transformationsländern – Dargestellt am Beispiel der Tschechischen Republik
Lohmar – Köln 2003 • 330 S. • € 49,- (D) • ISBN 3-89936-080-X

Band 35
Friedrich Kugler
Unter Mitarbeit von Nina Rosenbusch und Jörg Möller
Erfolgsfaktoren und Erfolgsmuster von Unternehmensgründungen – Eine empirische Analyse aus Südthüringen
Lohmar – Köln 2003 • 258 S. • € 47,- (D) • ISBN 3-89936-021-4

Band 36
Heinz Klandt and Ahmad Zaki Abu Bakar (Eds.)
IntEnt2002 – Internationalizing Entrepreneurship Education and Training – Proceedings of the IntEnt-Conference Johore Bahru, Malaysia, July 8-10, 2002
Lohmar – Köln 2003 • 384 S. • € 54,- (D) • ISBN 3-89936-133-4

Band 37
Gideon Joffe
Entstehung und Entwicklung des Unternehmertums in der VR China – und sein Einfluß auf Transformation und Demokratisierung
Lohmar – Köln 2003 • 230 S. • € 45,- (D) • ISBN 3-89936-175-X

Band 38
Christian Ege
Unterstützungsnetzwerke für forschungsnahe Unternehmensgründungen
Lohmar – Köln 2004 • 288 S. • € 48,- (D) • ISBN 3-89936-187-3

Band 39
Christian E. Schmitz
Zur Entwicklung des Unternehmerbegriffs
Lohmar – Köln 2004 • 106 S. • € 33,- (D) • ISBN 3-89936-195-4

Band 40
Enrico Purle
Management von Komplexität in jungen Wachstumsunternehmen – Eine fallstudiengestützte Analyse
Lohmar – Köln 2004 • 388 S. • € 55,- (D) • ISBN 3-89936-196-2

Band 41
Holger Berg
Evolution der Gründungsunternehmung im Lichte des Resource-Based View
Lohmar – Köln 2004 • 136 S. • € 36,- (D) • ISBN 3-89936-214-4

Band 42
Ilona Ebbers
Wirtschaftsdidaktisch geleitete Unternehmenssimulation im Rahmen der Förderung von Existenzgründungen aus Hochschulen
Lohmar – Köln 2004 • 306 S. • € 49,- (D) • ISBN 3-89936-224-1

Band 43
Roland Castringius
Regionale Gründungsförderung
Lohmar – Köln 2004 • 356 S. • € 54,- (D) • ISBN 3-89936-247-0

Band 44
Sascha Kraus
unter Mitwirkung von Carl Henning Reschke
Evolutionäres Strategisches Management von Gründungsunternehmen
Lohmar – Köln 2004 • 132 S. • € 36,- (D) • ISBN 3-89936-255-1

Band 45
Christian Lendner
Organisationsmodell und Erfolgsfaktoren von Hochschulinkubatoren –
Eine internationale Studie
Lohmar – Köln 2004 • 240 S. • € 46,- (D) • ISBN 3-89936-280-2

Band 46
Christian Schütz
Exitstrategien von Business Angels
Lohmar – Köln 2004 • 430 S. • € 57,- (D) • ISBN 3-89936-283-7

Band 47
Stefan Roskos
The Influence of Entrepreneurial and Market Orientation on the Degree of Innovation and Success of New Ventures in Technology-Oriented Industries
Lohmar – Köln 2005 • 478 S. • € 62,- (D) • ISBN 3-89936-312-4

Band 48
Rouven Westphal
Kundennutzen und Auswirkungen von Business Angels-Netzwerken –
Eine empirische Analyse
Lohmar – Köln 2005 • 332 S. • € 53,- (D) • ISBN 3-89936-335-3

Band 49
Robert B. Mellor
Achieving Enterprise – Teaching Entrepreneurship and Innovation in Business and Academia
Lohmar – Köln 2005 • 164 S. • € 42,- (D) • ISBN 3-89936-338-8

Band 50
Felix-Michael Weber
Der Einfluss der Postgründer-Generation auf die Performance – Eine empirische Analyse deutscher und österreichischer Familienunternehmen
Lohmar – Köln 2005 • 254 S. • € 47,- (D) • ISBN 3-89936-353-1

Band 51
Stefanie Pesch
Wirtschaftliche Wirkungen von öffentlichen Förderprogrammen für Existenz- und Unternehmensgründungen in Deutschland
Lohmar – Köln 2005 • 286 S. • € 48,- (D) • ISBN 3-89936-367-1

Band 52
Michael A. Seidel
Unter Mitarbeit von Thomas Hack
Von der Arbeitslosigkeit in die Selbständigkeit – Evaluation eines Modellprojekts zur Gründerberatung
Lohmar – Köln 2005 • 294 S. • € 49,- (D) • ISBN 3-89936-390-6

Band 53
Christian King
Erfolgreiche Marketingstrategien für innovative technologieorientierte Unternehmensgründungen
Lohmar – Köln 2006 ◆ 356 S. ◆ € 54,- (D) ◆ ISBN 3-89936-444-9

Band 54
Christian Schwens
Internationalisierung mittelständischer Unternehmen – Eine empirische Analyse unter Berücksichtigung von Born Globals
Lohmar – Köln 2006 ◆ 78 S. ◆ € 32,- (D) ◆ ISBN 3-89936-473-2

Band 55
Heiko Haase und Arndt Lautenschläger
Die GET UP-Initiative – Best Practice-Ansätze der Gründungsförderung an Hochschulen
Lohmar – Köln 2006 ◆ 320 S. ◆ € 52,- (D)
ISBN-13: 978-3-89936-483-5 ◆ ISBN-10: 3-89936-483-X

Band 56
Peter Jaskiewicz
Performance-Studie börsennotierter Familienunternehmen in Deutschland, Frankreich und Spanien
Lohmar – Köln 2006 ◆ 408 S. ◆ € 56,- (D)
ISBN-13: 978-3-89936-502-3 ◆ ISBN-10: 3-89936-502-X

Band 57
Bernadette Sager
Strategische Marketing-Planung in jungen Wachstumsunternehmen
Lohmar – Köln 2006 ◆ 352 S. ◆ € 54,- (D)
ISBN-13: 978-3-89936-537-5 ◆ ISBN-10: 3-89936-537-2

Band 58
Jasmina Haus
Förderung von Unternehmertum und Unternehmensgründungen an deutschen Hochschulen – Eine Handlungsempfehlung zur Verankerung von Entrepreneurship in Forschung und Lehre
Lohmar – Köln 2006 ◆ 434 S. ◆ € 58,- (D)
ISBN-13: 978-3-89936-542-9 ◆ ISBN-10: 3-89936-542-9

Band 59
Julia Kaden
Regionale Unterschiede der Selbstständigkeit in Deutschland
Lohmar – Köln 2007 ◆ 174 S. ◆ € 43,- (D)◆ ISBN 978-3-89936-558-0

Band 60
Thomas Raueiser
Syndizierungsstrategien von Business Angels – Eine fallstudiengestützte Analyse
Lohmar – Köln 2007 ◆ 320 S. ◆ € 52,- (D) ◆ ISBN 978-3-89936-593-1

Weitere Schriftenreihen:

UNIVERSITÄTS-SCHRIFTENREIHEN

- Reihe: Steuer, Wirtschaft und Recht
Herausgegeben von vBP StB Prof. Dr. Johannes Georg Bischoff, Wuppertal, Dr. Alfred Kellermann, Vorsitzender Richter (a. D.) am BGH, Karlsruhe, Prof. (em.) Dr. Günter Sieben, Köln, und WP StB Prof. Dr. Norbert Herzig, Köln

- Reihe: Rechnungslegung und Wirtschaftsprüfung
Herausgegeben von Prof. (em.) Dr. Dr. h. c. Jörg Baetge, Münster, Prof. Dr. Hans-Jürgen Kirsch, Münster, und Prof. Dr. Stefan Thiele, Wuppertal

- Reihe: Informationsmanagement und Unternehmensführung – Schriften des IMU, Universität Osnabrück
Herausgegeben von Prof. Dr. Uwe Hoppe, Prof. Dr. Bodo Rieger, Jun.-Prof. Dr. Frank Teuteberg und Prof. Dr. Thomas Witte

- Reihe: Controlling
Herausgegeben von Prof. Dr. Volker Lingnau, Kaiserslautern, und Prof. Dr. Albrecht Becker, Innsbruck

- Reihe: Planung, Organisation und Unternehmungsführung
Herausgegeben von Prof. Dr. Dr. h. c. Norbert Szyperski, Köln, Prof. Dr. Winfried Matthes, Wuppertal, Prof. Dr. Udo Winand, Kassel, Prof. (em.) Dr. Joachim Griese, Bern, Prof. Dr. Harald von Kortzfleisch, Koblenz, Prof. Dr. Ludwig Theuvsen, Göttingen, und Prof. Dr. Andreas Al-Laham, Kaiserslautern

- Reihe: Wirtschaftsinformatik
Herausgegeben von Prof. Dr. Dietrich Seibt, Köln, Prof. Dr. Hans-Georg Kemper, Stuttgart, Prof. Dr. Georg Herzwurm, Stuttgart, Prof. Dr. Dirk Stelzer, Ilmenau, und Prof. Dr. Detlef Schoder, Köln

- Reihe: Schriften zu Kooperations- und Mediensystemen
Herausgegeben von Prof. Dr. Volker Wulf, Siegen, Prof. Dr. Jörg Haake, Hagen, Prof. Dr. Thomas Herrmann, Bochum, Prof. Dr. Helmut Krcmar, München, Prof. Dr. Johann Schlichter, München, Prof. Dr. Gerhard Schwabe, Zürich, und Prof. Dr.-Ing. Jürgen Ziegler, Duisburg

- Reihe: Telekommunikation @ Medienwirtschaft
Herausgegeben von Prof. Dr. Dr. h. c. Norbert Szyperski, Köln, Prof. Dr. Udo Winand, Kassel, Prof. Dr. Dietrich Seibt, Köln, Prof. Dr. Rainer Kuhlen, Konstanz, Dr. Rudolf Pospischil, Bonn, Prof. Dr. Claudia Löbbecke, Köln, und Prof. Dr. Christoph Zacharias, Köln

- Reihe: Electronic Commerce
Herausgegeben von Prof. Dr. Dr. h. c. Norbert Szyperski, Köln, Prof. Dr. Beat F. Schmid, St. Gallen, Prof. Dr. Dr. h. c. August-Wilhelm Scheer, Saarbrücken, Prof. Dr. Günther Pernul, Regensburg, Prof. Dr. Stefan Klein, Münster, Prof. Dr. Detlef Schoder, Köln, und Prof. Dr. Tobias Kollmann, Essen

- Reihe: E-Learning
Herausgegeben von Prof. Dr. Dietrich Seibt, Köln, Prof. Dr. Freimut Bodendorf, Nürnberg, Prof. Dr. Dieter Euler, St. Gallen, und Prof. Dr. Udo Winand, Kassel

- Reihe: InterScience Reports
Herausgegeben von Prof. Dr. Dr. h. c. Norbert Szyperski, Köln, Prof. Dr. Harald F. O. von Kortzfleisch, Koblenz, und Prof. Dr. Dietrich Seibt, Köln

- Reihe: Venture Capital und Investment Banking, Neue Folge
Herausgegeben von Prof. Dr. Klaus Nathusius

- Reihe: Technologiemanagement, Innovation und Beratung
Herausgegeben von Prof. Dr. Dr. h. c. Norbert Szyperski, Köln, vBP StB Prof. Dr. Johannes Georg Bischoff, Wuppertal, und Prof. Dr. Heinz Klandt, Oestrich-Winkel

- Reihe: Kleine und mittlere Unternehmen
Herausgegeben von Prof. Dr. Jörn-Axel Meyer, Flensburg

- **Reihe: Wissenschafts- und Hochschulmanagement**
  Herausgegeben von Prof. Dr. Detlef Müller-Böling, Gütersloh, und Prof. Dr. Reinhard Schulte, Lüneburg

- **Reihe: Personal, Organisation und Arbeitsbeziehungen**
  Herausgegeben von Prof. Dr. Fred G. Becker, Bielefeld, und Prof. Dr. Walter A. Oechsler, Mannheim

- **Reihe: Forum Finanzwissenschaft und Public Management**
  Herausgegeben von Prof. Dr. Kurt Reding, Kassel, und PD Dr. Walter Müller, Kassel

- **Reihe: Finanzierung, Kapitalmarkt und Banken**
  Herausgegeben von Prof. Dr. Hermann Locarek-Junge, Dresden, Prof. Dr. Klaus Röder, Regensburg, und Prof. Dr. Mark Wahrenburg, Frankfurt

- **Reihe: Marketing**
  Herausgegeben von Prof. Dr. Heribert Gierl, Augsburg, Prof. Dr. Roland Helm, Jena, Prof. Dr. Frank Huber, Mainz, und Prof. Dr. Henrik Sattler, Hamburg

- **Reihe: Marketing, Handel und Management**
  Herausgegeben von Prof. Dr. Rainer Olbrich, Hagen

- **Reihe: Kundenorientierte Unternehmensführung**
  Herausgegeben von Prof. Dr. Hendrik Schröder, Essen

- **Reihe: Agrarökonomie**
  Herausgegeben von Prof. Dr. Achim Spiller, Göttingen, und Prof. Dr. Ludwig Theuvsen, Göttingen

- **Reihe: Produktionswirtschaft und Industriebetriebslehre**
  Herausgegeben von Prof. Dr. Jörg Schlüchtermann, Bayreuth

- **Reihe: Europäische Wirtschaft**
  Herausgegeben von Prof. Dr. Winfried Matthes, Wuppertal

- **Reihe: Katallaktik – Quantitative Modellierung menschlicher Interaktionen auf Märkten**
  Herausgegeben von Prof. Dr. Otto Loistl, Wien, und Prof. Dr. Markus Rudolf, Koblenz

- **Reihe: Quantitative Ökonomie**
  Herausgegeben von Prof. Dr. Eckart Bomsdorf, Köln, Prof. Dr. Wim Kösters, Bochum, und Prof. Dr. Winfried Matthes, Wuppertal

- **Reihe: Internationale Wirtschaft**
  Herausgegeben von Prof. Dr. Manfred Borchert, Münster, Prof. Dr. Gustav Dieckheuer, Münster, und Prof. Dr. Paul J. J. Welfens, Wuppertal

- **Schriftenreihe des Europäischen Instituts für Internationale Wirtschaftsbeziehungen**
  Herausgegeben von Prof. Dr. Wilfried Fuhrmann, Potsdam, und Prof. Dr. Paul J. J. Welfens, Wuppertal

- **Reihe: Industrieökonomik**
  Herausgegeben von Prof. Dr. Frank C. Englmann, Stuttgart, Prof. Dr. Mathias Erlei, Clausthal, Prof. Dr. Ulrich Schwalbe, Hohenheim, und Prof. Dr. Bernd Woeckener, Stuttgart

- **Reihe: Studien zur Dynamik der Wirtschaftsstruktur**
  Herausgegeben von Prof. Dr. Heinz Grossekettler, Münster

- **Reihe: Versicherungswirtschaft**
  Herausgegeben von Prof. (em.) Dr. Dieter Farny, Köln, und Prof. Dr. Heinrich R. Schradin, Köln

- **Reihe: Wirtschaftsgeographie und Wirtschaftsgeschichte**
  Herausgegeben von Prof. Dr. Ewald Gläßer, Köln, Prof. Dr. Josef Nipper, Köln, Dr. Martin W. Schmied, Köln, und Prof. Dr. Günther Schulz, Bonn

- Reihe: Wirtschafts- und Sozialordnung: FRANZ-BÖHM-KOLLEG – Vorträge und Essays
Herausgegeben von Prof. Dr. Bodo B. Gemper, Siegen

- Reihe: WISO-Studientexte
Herausgegeben von Prof. Dr. Eckart Bomsdorf, Köln, und Prof. (em.) Dr. Dr. h. c. Dr. h. c. Josef Kloock, Köln

- Reihe: Europäisches Wirtschaftsrecht
Herausgegeben von Prof. Dr. Dieter Krimphove, Paderborn

- Reihe: Rechtswissenschaft

FACHHOCHSCHUL-SCHRIFTENREIHEN

- Reihe: Institut für betriebliche Datenverarbeitung (IBD) e. V. im Forschungsschwerpunkt Informationsmanagement für KMU
Herausgegeben von Prof. Dr. Felicitas Albers, Düsseldorf

- Reihe: FH-Schriften zu Marketing und IT
Herausgegeben von Prof. Dr. Doris Kortus-Schultes, Mönchengladbach, und Prof. Dr. Frank Victor, Gummersbach

- Reihe: Medienmanagement
Herausgegeben von Prof. Dr. Thomas Breyer-Mayländer, Offenburg

- Reihe: FuturE-Business
Herausgegeben von Prof. Dr. Michael Müßig, Würzburg-Schweinfurt

- Reihe: Controlling-Forum – Wege zum Erfolg
Herausgegeben von Prof. Dr. Jochem Müller, Ansbach

- Reihe: Unternehmensführung und Controlling in der Praxis
Herausgegeben von Prof. Dr. Thomas Rautenstrauch, Bielefeld

- Reihe: Economy and Labour
Herausgegeben von EUR ING Prof. Dr.-Ing. Hans-Georg Nollau MBCS, Regensburg

- Reihe: Institut für Regionale Innovationsforschung (IRI)
Herausgegeben von Prof. Dr. Rainer Voß, Wildau

- Reihe: Interkulturelles Medienmanagement
Herausgegeben von Prof. Dr. Edda Pulst, Gelsenkirchen

PRAKTIKER-SCHRIFTENREIHEN

- Reihe: Transparenz im Versicherungsmarkt
Herausgegeben von *ASSEKURATA* GmbH, Köln

- Reihe: Betriebliche Praxis
Herausgegeben von vBP StB Prof. Dr. Johannes Georg Bischoff, Wuppertal

- Reihe: Regulierungsrecht und Regulierungsökonomie
Herausgegeben von Piepenbrock ♦ Schuster, Düsseldorf